D1657803

Paula Hahn-Weinheimer
Alfred Hirner
Klaus Weber-Diefenbach

Röntgenfluoreszenz-analytische Methoden

Paula Hahn-Weinheimer
Alfred Hirner
Klaus Weber-Diefenbach

Röntgenfluoreszenzanalytische Methoden

Grundlagen und praktische Anwendung in den Geo-, Material- und Umweltwissenschaften

Die Deutsche Bibliothek – CIP-Einheitsaufnahme

Hahn-Weinheimer, Paula:
Röntgenfluoreszenzanalytische Methoden: Grundlagen und praktische Anwendung in den Geo-, Material- und Umweltwissenschaften / Paula Hahn-Weinheimer; Alfred Hirner; Klaus Weber-Diefenbach. – Braunschweig; Wiesbaden: Vieweg, 1995
Früher u. d. T.: Hahn-Weinheimer, Paula: Grundlagen und praktische Anwendung der Röntgenfluoreszenzanalyse (RFA)
ISBN 3-528-06579-6

NE: Hirner, Alfred:; Weber-Diefenbach, Klaus:

Das Buch ist eine überarbeitete Fassung des 1984 unter dem Titel „Grundlagen und praktische Anwendung der Röntgenfluoreszenzanalyse (RFA)" erschienenen Werkes (ISBN 3-528-08565-7).

Der Verlag Vieweg ist ein Unternehmen der Bertelsmann Fachinformation GmbH.

Druck und buchbinderische Verarbeitung: Lengericher Handelsdruckerei, Lengerich
Gedruckt auf säurefreiem Papier
Printed in Germany

ISBN 3-528-06579-6

Geleitwort

Die Röntgenfluoreszenzanalyse (RFA) gehört zu den klassischen physikalischen Methoden der zerstörungsfreien Multielementanalytik. Meilensteine in der "Vorgeschichte" dieser Analysenmethoden waren die Entdeckung der "X-Strahlen" selbst durch W.C. Röntgen vor 100 Jahren (1895) und die Aufstellung des Moseleyschen Gesetzes (1913). Erste analytische Anwendungen wurden in den zwanziger Jahren u.a. auch von G. von Hevesy in Freiburg durchgeführt. Ihren Durchbruch als Analysenmethode erlebte die RFA jedoch erst mit der Entwicklung von Zählrohren und Halbleiter-Detektoren und mit den Fortschritten in der Mikroelektronik ganz allgemein nach dem Zweiten Weltkrieg.

Heute hat diese instrumentell ausgereifte Methode ihren Stellenwert nicht nur in der anorganischen Feststoffanalytik, d.h. in der Analyse von Gesteinen, Boden- und Staubproben, Metallen und Legierungen. Die ausgearbeiteten Verfahren der Probenpräparation haben auch die Anwendung auf organisches Material wie Lebensmittel, Pflanzenmaterial und Körpergewebe möglich gemacht. Die Technik der Totalreflexionsanordnung (TRFA) hat darüber hinaus seit Beginn der neunziger Jahre insbesondere spurenanalytische Anwendungen erschlossen. Somit lassen sich z.B. nach entsprechender Probenvorbereitung auch Elementanalysen in Wässern durchführen.

Das Buch von P. Hahn-Weinheimer, A. Hirner und K. Weber-Diefenbach, dessen erste Auflage ich für meinen "Taschenatlas Analytik" (erschienen 1982) intensiv genutzt habe, verbindet die für den anwendungsorientierten Analytiker notwendigen theoretischen Grundlagen mit einer detailliert dargestellten Praxis. Die Neuauflage berücksichtigt auch die bereits genannte TRFA, die Praxis steht wiederum eindeutig im Vordergrund. Ich möchte daher diesem bereits bewährten Buch auch in seiner 2. Auflage eine weite Verbreitung in allen Bereichen der Materialforschung, der Geowissenschaften und der Umweltanalytik wünschen.

TU Clausthal *Georg Schwedt*

Vorwort

Nachdem unser Fachbuch "Grundlagen und praktische Anwendung der Röntgenfluoreszenzanalyse (RFA)" 1992 vergriffen war, entschloß sich der Vieweg-Verlag, das Werk in einer vollständig überarbeiteten Version wieder aufzulegen.

Die bisherigen Texte wurden an vielen Stellen aktualisiert bzw. gestrafft; trotz einiger Streichungen ist die Zahl der Referenzen inzwischen auf knapp 800 angewachsen. Neuere Methoden der RFA wie Totalreflexion, Synchroton- oder Feinstrukturabsorptionstechnik wurden neu aufgenommen bzw. erweitert, umweltrelevante Anwendungen wurden unter Einbeziehung von Boden und Abfall in einem Kapitel zusammengefaßt.

Die Autoren danken der bisherigen Leserschaft und den Rezensenten für die geäußerte konstruktive Kritik und hoffen, daß letztere auch zu vorstehendem Buch eingehen wird. Weiterhin gilt unser Dank Herrn Prof. Dr. G. Schwedt für das Geleitwort, den Firmen für das aktuelle Bildmaterial und insbesondere Frau Dipl.-Chem. M. Sulkowski für die umfangreichen Arbeiten zur Erstellung des druckreifen Manuskriptes.

Nachdem die RFA im Laufe des letzten Jahrzehnts in der angewandten analytischen Chemie an Bedeutung gewonnen hat, hoffen wir, daß dies auch für die weitere Zukunft zutrifft und diese Neuauflage unseres Fachbuches nicht die letzte sein möge.

München, im Juli 1994

P. Hahn-Weinheimer A. Hirner K. Weber-Diefenbach

Inhaltsverzeichnis

1 Einführung

Zwei grundlegende Ereignisse sind mit der Röntgenfluoreszenzanalyse (RFA) direkt verknüpft: die Entdeckung der Röntgenstrahlen ("X-Strahlen") durch W. C. Röntgen im Jahre 1895 und die Erkenntnis von Moseley (1913), daß zwischen der Frequenz einer Röntgenlinie der K-Serie und dem Quadrat der Ordnungszahl Z der Elemente eine lineare Abhängigkeit besteht. Die Anfänge der RFA (engl. XRF=X-ray fluorescence) reichen bis in die ersten Jahrzehnte dieses Jahrhunderts. Die praktische Anwendung der Röntgenstrahlen in der chemischen Analytik natürlicher Substanzen geht auf A. Hadding (1922), R. Glocker und H. Schreiber (1928) und G. von Hevesy zurück. Der letztere versammelte in Freiburg i.Br. einen Kreis von Mitarbeitern um sich, die praktische Röntgenspektroskopie betrieben; eine ihrer wichtigsten Publikationen ist die von Hevesy, Böhm und Faessler mit dem Titel: "Quantitative röntgenspektroskopische Analyse mit Sekundärstrahlen" (1930).

Erst nach dem zweiten Weltkrieg, etwa seit Beginn der fünfziger Jahre, waren die instrumentellen Hilfsmittel so weit entwickelt, daß die Photoplatte durch photoelektrische Detektoren ersetzt und Analysenapparaturen industriell serienmäßig gefertigt werden konnten. Von da an konnte sich ein großer Kreis von Analytikern aus den verschiedensten Gebieten der röntgenfluoreszenzanalytischen Methode bedienen und damit zu deren Vervollkommnung beitragen. Gerade die weitgefächerte Verbreitung von RFA-Geräten in den verschiedenen Forschungsgebieten (auch in nichttechnischen Disziplinen wie Archäometrie und forensischer Analytik) förderte die Weiterentwicklung der Applikation und Automation, so daß die RFA immer stärker zu einer außerordentlich wichtigen Methode, sowohl in der Forschung als auch im Routinebetrieb, geworden ist. Zur Zeit stellt die RFA zusammen mit der Atomabsorptions- und Atomemissionsspektroskopie, neben nur wenigen Analytikern zugänglichen Methoden, z.B. der instrumentellen Neutronenaktivierungsanalyse, wohl eine der wichtigsten instrumentellen analytischen Methoden dar.

Diese Situation ließ es gerechtfertigt erscheinen, 1984 ein anwendungsbezogenes Fachbuch der RFA in deutscher Sprache herauszubringen, zumal seit dem Erscheinen des Buches von R. Müller (1967) mit Ausnahme der 1977 publizierten deutschen Übersetzung des englischsprachigen Buches von Jenkins (1974) und einiger Übersichtsartikel (z.B. Schroll 1975, Klockenkämper 1980) in der Bundesrepublik Deutschland kein solches Buch mehr erschienen war. Nachdem dieses Fachbuch mit dem Titel "Grundlagen und praktische Anwendung der Röntgenfluoreszenzanalyse (RFA)" als Basisliteratur beim Entwurf der DIN 51418 Verwendung fand, 1993 aber vergriffen war, wurde das Buchmanuskript unter Einbeziehung neuerer Literatur aktualisiert, der EDRFA-Teil gekürzt, die Methode der Totalreflexion eingearbeitet und unter neuem Titel veröffentlicht. Gerade die letztgenannte Methode hat sich in den letzten Jahren besonders im Umweltbereich etabliert und ist auf jeder Analytikertagung vertreten (z.B. Colloquium Spectroscopicum Internationale in York (1993) und Leipzig (1995)); auch wurden bereits vier Workshops abgehalten (Geesthacht 1986, Dortmund 1988, Wien 1990, Beesthacht 1992).

Das vorliegende Buch besteht aus drei Hauptteilen: Im ersten Teil (Kapitel 2 und 3) werden die methodischen und apparativen Grundlagen allgemeinverständlich behandelt. Teil zwei (Kapitel 4) beinhaltet die praktische Anwendung generell, während im Teil drei (Kapitel 5 und 6) zahlreiche spezielle Anwendungsbeispiele aus den verschiedenen Zweigen der internationalen Praxis mit umfangreichen Literaturhinweisen mitgeteilt werden.

In Kapitel 6 werden die Vor- und Nachteile der RFA im Rahmen der anderen derzeitig angewandten quantitativen Analysenmethoden vergleichend diskutiert. Im Anhang finden sich Angaben über Massenabsorptionskoeffizienten, Analysatorkristalle und Linienkoinzidenzen.

Hinsichtlich der Symbole und Terminologie werden die von der Internationalen Union für Reine und Angewandte Chemie (IUPAC, Kommission 5.4) gemachten Vorschläge weitgehend verwendet. Da es bei der Vielzahl der in den Naturwissenschaften üblichen Begriffsbildungen unmöglich ist, sich vollständig an eine Terminologie anzulehnen, wurde versucht, unter Berücksichtigung von DIN 1304 die Formelzeichen in möglichst überschneidungsfreier Weise einzuführen (Anhang A.2).

Als Hauptziel verfolgt das Buch, einerseits den praktisch arbeitenden Analytikern in Industrie und Forschungsinstituten Anregungen zu geben, und andererseits den Studenten der analytischen Chemie, der Metallkunde, der Umweltwissenschaft und der Werkstoffkunde sowie der Geowissenschaften eine Einführung und Anleitung zu sein, um ihnen den Anschluß an die Spezialliteratur zu ermöglichen. Diesem Bestreben trägt auch das umfangreiche Literaturverzeichnis Rechnung.

2 Methodische Grundlagen

2.1 Röntgenspektralanalytische Methoden für die chemische Analyse

Die in der Röntgenspektralanalyse im Bereich der chemischen Analytik eingesetzten Verfahren beruhen auf folgendem Prinzip: Durch Bestrahlung mit Elektronen-, Röntgen- oder Gammastrahlen werden die Atome bzw. Ionen (bei Lösungen) in der zu untersuchenden Probe zur charakteristischen Röntgenstrahlung angeregt, die unter einem bestimmten Winkel (beim Minimum der rückgestreuten Primärstrahlung) von einem Detektorsystem auf ihre Intensität und spektrale Verteilung hin untersucht wird. Da zwischen der chemischen Zusammensetzung der Probe und dem Spektrum der angeregten Fluoreszenzstrahlung ein direkter Zusammenhang besteht, sind diese Methoden zur chemischen Analyse einer Probe geeignet. Durch weitgehende Kompensation störender Matrixeffekte mittels experimenteller und theoretischer Verfahren sind die Voraussetzungen zur Durchführung nicht nur qualitativer, sondern auch quantitativer Bestimmungen von Haupt-, Neben- und Spurenelementen gegeben.

Bei der chemischen Materialanalyse ist als röntgenfluoreszenzanalytische Methode die *wellenlängendispersive Röntgenfluoreszenzanalyse (WDRFA)* weit verbreitet. Hierbei werden Röntgenröhren mit verschiedenem Anodenmaterial (u.a. Cr, Mo, Rh, Ag, W, Au) bei einer Leistung von 1...3 kW als Anregungsquellen und das "wellenlängendispersive System" zur spektralen Zerlegung und zum Nachweis der Fluoreszenzstrahlung eingesetzt. Ein wellenlängendispersives Spektrometer ähnelt stark dem zur Kristallstrukturanalyse eingesetzten Röntgendiffraktometer, mit dem Unterschied, daß an die Stelle des Primärfokus der Röntgenröhre die mittels der RFA zu untersuchende, von der Röntgenröhre bestrahlte Probe und anstelle des Präparates für die Strukturanalyse ein Analysatorkristall bekannten Netzebenenabstands gebracht wird (Bild 2.1). Aufgrund der Braggschen Formel (Gl. (2.12)) kann durch Verstellen des Goniometerwinkels (2θ) die Wellenlänge der auf den Detektor treffenden Strahlung ermittelt werden. Die so beschriebene RFA-Anlage zeichnet sich durch die Möglichkeit zur schnellen und zerstörungsfreien Durchführung von quantitativen Bestimmungen chemischer Elemente mit Ordnungszahlen $Z \geq 5$ bis in den Spurenbereich an festen und flüssigen Proben aus. Kann zu jedem Zeitpunkt jeweils nur eine Wellenlänge der von der Probe emittierten Fluoreszenzstrahlung erfaßt werden, spricht man von einem *Sequenzspektrometer*. Wird anstelle der bei Sequenzspektrometern meist üblichen Seitfenster-Röntgenröhre dagegen eine mit Endfenster eingesetzt, so können bis zu ca. 30 verschiedene Spektrometersysteme radial um die Probe angeordnet werden; jeder Spektrometerkanal wird auf eine bestimmte Elementlinie fest eingestellt. Mit diesem *Simultanspektrometer* kann eine Probe gleichzeitig auf alle eingestellten Elemente hin untersucht werden. Das vor der Veröffentlichung stehende Nomenklatursystem der IUPAC wird von Jenkins et al. (1991) ausführlich besprochen.

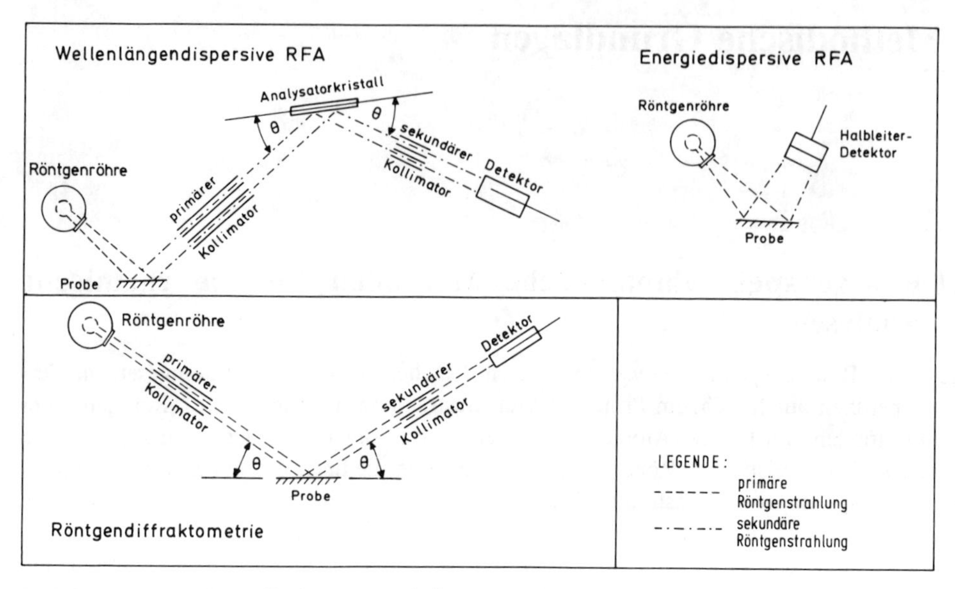

Bild 2.1 Prinzip der wellenlängen- und der energiedispersiven RFA im Vergleich zur Röntgendiffraktometrie

Zur Aufklärung von chemischen Bindungsverhältnissen sind Energieauflösungen von etwa 1...10 eV notwendig, die von den normalerweise in Analysenlaboratorien verwendeten RFA-Anlagen nicht erreicht werden. Mittels einer hochauflösenden wellenlängendispersiven RFA-Apparatur, bei der besondere Anforderungen an die Strahlengeometrie, Kristallanordnung und Beschaffenheit der Kristalle (oder Gitter) gestellt werden, ist die Aufklärung des Valenzzustandes eines Elements, der Struktur von Festkörpern und deren Elektronenstruktur, z.B. auch der Elektronenverteilung im Leitungsband von Metallen und Halbleitern, möglich. Während mit der Methode der RFA derartige Informationen für den Gesamtkörper erhalten werden können, liefert die Untersuchungsmethode der ESCA (electron spectroscopy for chemical analysis) solche Aussagen für die Probenoberfläche; anzustreben ist daher eine Kombination beider Methoden.

Mittels hochauflösender Absorptionsspektrometrie im Bereich der Absorptionskanten einzelner Atome ist es möglich, die Nachbaratome des Analyten zu erfassen (s. Kap. 2.2). Diese Methoden mit den Bezeichnungen EXAFS (extended X-ray absorption fine structure) und XANES (X-ray absorption near edge structure) werden in Kap. 2.2 im Abschnitt "Absorption der Röntgenstrahlung" besprochen.

Bei der Methode der *energiedispersiven Röntgenfluoreszenzanalyse (EDRFA)* besteht das Detektorsystem aus einem fest montierten Halbleiterdetektor (Bild 2.1). Die Röntgenfluoreszenzstrahlung wird durch einen ihrer Energie proportionalen Energieverlust im Detektor nachgewiesen. Die verstärkten Detektorsignale werden in einem Vielkanalanalysator ihrer Energie nach geordnet und auf einem Sichtschirm als Spektrum dargestellt. Dieses Gerät zeichnet sich u.a. durch die Durchführbarkeit von Simultananalysen innerhalb weniger Minuten aus, hat gegenüber dem wellenlängendispersiven System derzeit aber noch die Nachteile von einer teilweise geringeren Nachweisempfindlichkeit und einer schlechteren Energieauflösung, insbesondere für leichte Elemente. Energiedispersive Spektrometer mit Radionuklidquellen sind durch eine kompakte Bauweise und durch die Möglichkeit zur

Durchführung von minutenschnellen qualitativen und mitunter quantitativen Analysen gekennzeichnet und daher besonders für den mobilen Einsatz im Gelände (unter- und übertage) bei der geochemischen Exploration geeignet. Durch die Verwendung einfacher Detektorsysteme (teilweise nur in Form von Dispersionsfiltern) ist es möglich, Bohrlochsonden mit kleinen äußeren Abmessungen herzustellen. Eine besondere Spielart der EDRFA ist die TRFA (Totalreflexions-Röntgenfluoreszenzanalyse), bei der infolge einer bestimmten Strahlführung (streifender Einfall) eine Reduktion des Untergrundes und damit wesentlich bessere Nachweisgrenzen erreicht werden (s. Kap. 3.2.3).

Von den zur makroskopischen chemischen Materialanalyse eingesetzten röntgenspektrometrischen Methoden besitzen die der wellenlängen- und energiedispersiven RFA die größte Verbreitung; sie werden als Thema dieses Buches in den folgenden Kapiteln behandelt. Zuvor wird jedoch ein Überblick über anderweitige Anregungsverfahren gegeben, die ebenfalls von der Analyse der spektralen Intensitätsverteilung der von der Probe emittierten Röntgenstrahlung Gebrauch machen.

Für die Bestimmung der leichten Elemente (B, C, N, O) sind Geräte geeignet, bei denen die *Anregung mittels Elektronenstrahlen* erfolgt; auch bei der Bestimmung der Elemente F, Mg, Al und K ergibt sich eine gegenüber der üblichen Anregung durch Röntgenstrahlen erhöhte Nachweisempfindlichkeit. Aufgrund der geringen Eindringtiefe der Elektronenstrahlen ist die Analyse jedoch als oberflächen- und nicht als volumenbezogen zu betrachten, insbesondere bei Anregung durch niederenergetische Elektronen (LEEIXS = low-energy electron induced X-ray spectroscopy; Bador et al. 1981). Historisch gesehen dominierte die direkte Anregung der charakteristischen Röntgenstrahlung durch Elektronenbeschuß in den Frühphasen der chemischen Röntgenspektralanalyse (s. Kap. 1).

Zur Erhöhung des Nachweisvermögens kann die Probe (z.B. Aerosole) in einen Teilchenbeschleuniger gebracht (s. z.B. Menu et al. 1990) und dort mit Ionenstrahlen (z.B. Protonen, Alphateilchen) zur Emission von Röntgenstrahlung angeregt werden (Raith et al. 1977, van der Kam et al. 1977, Khan und Crumpton 1981, Johansson und Campbell 1988); diese Methode wird mit *PIXE (particle induced X-ray emission spectroscopy)* bezeichnet. Angeregt durch Probleme der Umweltanalytik gelang es durch zahlreiche neue Applikationen der konventionellen Röntgenfluoreszenzanalyse und besonders durch die Einführung der TRFA, die Nachweisempfindlichkeiten stetig zu verbessern, was den Einsatz der sehr teuren und aufwendigen Beschleuniger in zunehmendem Maße entbehrlich macht (s. Kap. 5).

Bei Anregung der Röntgenfluoreszenzstrahlung durch *Synchrotronstrahlung (SYRFA, engl. SYXRF, auch SRIXE = synchrotron radiation induced X-ray emission)* können aufgrund der hohen Intensität und des hohen Polarisationsgrades der anregenden Strahlung und deren Totalreflexion am Probenträger Streueffekte weitgehend vermieden und daher der Linienuntergrund sehr klein gehalten werden. Außer durch Nachweisgrenzen im pg-Bereich zeichnet sich diese Methode aufgrund des weißen Spektrums der Synchrotronstrahlung durch günstige Anregungsbedingungen für alle Elemente mit etwa der gleichen Intensität sowie durch Ortsauflösung bis in den µm-Bereich aus (z.B. Gilfrich et al. 1983, Chevalier et al. 1988, Knöchel 1990, Jaklevic et al. 1990).

Zur Analyse im Mikrobereich wird der *Elektronenstrahlmikrosondenanalysator (EMA)* eingesetzt. Die Anregung der charakteristischen Röntgenstrahlung erfolgt hierbei im Vakuum durch einen gebündelten Elektronenstrahl (Durchmesser < 1 µm). Mit dem EMA ist es möglich, definierte Positionen auf der Probenoberfläche zerstörungsfrei zu untersuchen. Ebenso wie für die makroskopische Analyse werden zur Messung der von der in geeigneter Weise vorbereiteten Probe emittierten Röntgenstrahlung sowohl wellenlängen- als auch energiedispersive Spektrometer für qualitative und insbesondere quantitative Bestimmungen eingesetzt. Häufig sind auch energiedispersive Zusatzsysteme für konventionelle Raster- bzw. Durchstrahlungselektronenmikroskope im Gebrauch. Hierdurch ist es möglich, strukturelle und qualitative chemische Informationen im Mikromaßstab miteinander zu korrelieren.

Angaben über weiterführende Literatur zu den Standard- bzw. Sondermethoden der röntgenspektralanalytischen Materialanalyse finden sich im Anhang.

2.2 Anregung der Röntgenstrahlen

Bei röntgenspektralanalytischen Methoden zur chemischen Analyse wird die spektrale Verteilung der beim Übergang der Hüllenelektronen aus angeregten Zuständen in energetisch stabilere Konfigurationen emittierten Röntgenstrahlung (charakteristische Strahlung) untersucht. Die charakteristische Strahlung im Röntgenbereich tritt bei Elektronenübergängen im Bereich der inneren Schalen der Atomhülle auf; sie steht somit in erster Näherung nicht mit den Bindungsverhältnissen des betrachteten Atoms mit anderen Atomen, sondern nur mit der speziellen Struktur seiner eigenen Elektronenhülle in Zusammenhang. Verschiedene Bindungsverhältnisse desselben Atoms äußern sich im Spektrum als Feinstruktureffekte, die nur mit hochauflösenden Absorptions-Spektrometern quantitativ erfaßt werden können.

Der Energiebereich der Röntgenstrahlung reicht von ca. 50 eV bis ca. 100 keV . Im Spektrum der elektromagnetischen Strahlung wird der Röntgenbereich in Richtung niedrigerer Energien durch den im Falle der Optischen Spektralanalyse interessierenden Spektralbereich der (Vakuum-)Ultraviolett-Strahlung (VUV) und des sichtbaren Lichtes (VIS), in Richtung höherer Energien durch den der Gammastrahlung fortgesetzt; die erstgenannte Strahlung entsteht bei Elektronenübergängen im Bereich der äußeren Schalen der Atomhülle, die letztgenannte bei Wechselwirkungsprozessen zwischen Kernteilchen. Mit Hilfe der Planckschen Beziehung

$$E = h \cdot \nu = h \cdot c / \lambda \tag{2.1}$$

können Energie E, Frequenz ν und Wellenlänge λ der elektromagnetischen Strahlung ineinander umgerechnet werden (mit h ist das Plancksche Wirkungsquantum und mit c die Lichtgeschwindigkeit bezeichnet). Somit umfaßt die Röntgenstrahlung einen Wellenlängenbereich von ca. 25 nm bis zu ca. 0,01 nm, von dem für analytische Zwecke jedoch meist nur der Teilbereich von ca. 2 nm bis zu ca. 0,02 nm ausgenützt wird.

Im folgenden Teil dieses Kapitels wird ein Überblick über die der RFA zugrunde liegenden physikalischen Vorgänge, wie die der Entstehung der charakteristischen und der kontinuierlichen Strahlung sowie der Strahlungsabsorption im Probenmaterial, gegeben. Eine theoretische Behandlung dieses Themenkreises auf quantenmechanischer Grundlage findet sich bei Azároff (1974).

Entstehung der charakteristischen Spektrallinien

Charakteristische Röntgenstrahlung tritt auf, wenn durch energiereiche Strahlung (Elektronen-, Ionen-, Röntgen- oder Gammastrahlen) Elektronen aus den inneren Elektronenschalen entfernt ("herausgeschlagen") werden und Elektronen von weiter außen liegenden Schalen die Leerplätze wieder besetzen. Die dabei in Form von emittierter Röntgenstrahlung

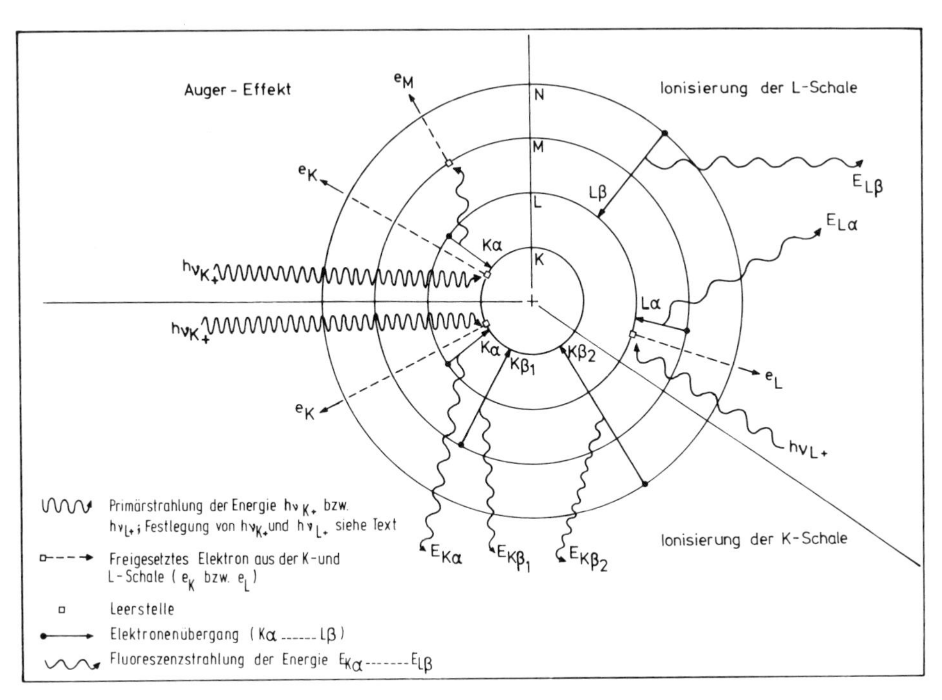

Bild 2.2 Prinzip der Anregung von Röntgenfluoreszenzstrahlung

freiwerdende Energie entspricht der Energiedifferenz zwischen den Energieniveaus der verschiedenen Elektronenschalen.

Zur Darstellung dieser grundsätzlichen Prozesse wird in Bild 2.2 eine modellmäßig angenommene Atomhülle mit den Elektronenschalen K, L, M und N herangezogen; alle folgenden Überlegungen sind auf tatsächliche Vorgänge bei Vorliegen einer realen elementspezifischen Hüllenstruktur, wie weiter unten besprochen, direkt übertragbar.

Ist die Energie $h\nu$ der anregenden Strahlung größer als die Bindungsenergie $h\nu_K$ eines Elektrons e_K in der K-Schale ($h\nu = h\nu_{K+} > h\nu_K$), so kann bei Energieübertrag von $h\nu$ auf e_K das Elektron die Atomhülle verlassen. Die von e_K hinterlassene Leerstelle in der K-Schale wird nun von einem Elektron aus der L-, M- oder N-Schale besetzt. Der Elektronenübergang, der mit $K\alpha$, $K\beta_1$ bzw. $K\beta_2$ (K-Serie) bezeichnet wird, verursacht Fluoreszenzstrahlung der Energien $E_{K\alpha}$, $E_{K\beta_1}$ bzw. $E_{K\beta_2}$, die den Differenzen der Bindungsenergien des "springenden" Elektrons zwischen Ausgangs- und Endschale entsprechen.

Reicht die anregende Strahlungsenergie $h\nu$ nicht zur Ionisation der K-Schale, jedoch für die der L-Schale aus ($h\nu_K > h\nu = h\nu_{L+} > h\nu_L$), so sind u.a. die Übergänge $L\alpha$ und $L\beta$ möglich, um die durch die Entfernung von e_L entstandene Leerstelle in der L-Schale wieder zu besetzen. In diesen Fällen wird Fluoreszenzstrahlung der Energie $E_{L\alpha}$ bzw. $E_{L\beta}$ emittiert.

Die anregende Strahlung kann aber nicht nur zur einfachen Ionisation des Atoms, sondern auch — auf Kosten der Ausbeute an emittierter Fluoreszenzstrahlung — zur mehrfachen Ionisation des Atoms führen: Zum Beispiel kann die $K\alpha$-Fluoreszenzstrahlung die Entfernung eines Elektrons aus der M-Schale (e_M) bewirken. Man bezeichnet diesen Vorgang als *Auger-Effekt* und dementsprechend in diesem Fall e_M als *Auger-Elektron.* Der Auger-Effekt ist somit als Konkurrenz zur normalen Fluoreszenzemission aufzufassen. Man hat deshalb den Begriff der Fluoreszenzausbeute als das Verhältnis der Anzahl der emittierten Fluoreszenzstrahlungsquanten zur Anzahl der in derselben Zeit erzeugten Leerstellen eingeführt. Die Fluoreszenzausbeute ist von der Elektronenkonfiguration des Probenatoms, den beteiligten Elektronenschalen und der betrachteten Wellenlänge abhängig; sie beträgt für schwere Elemente 70% bis 90%, für leichte dagegen nur 2% bis 4%. Der Auger-Effekt kann auch mit der Emission von Photonen verbunden sein (Aberg und Utriainen 1969, Kasrai und Urch 1978). Diese Emissionslinien sind aber sehr intensitätsschwach, ebenso wie die sog. Satellitenlinien, die aufgrund der durch zwei Elektronenleerstellen veränderten Orbitalelektronenenergien auftreten.

Die Energie der emittierten Fluoreszenzstrahlung hängt mit den Bindungsenergien der Elektronen in den jeweiligen Schalen (E_K, E_L, E_M, E_N usw.) bzw. Unterschalen ($E_{LI,II,III}$, $E_{MII,III,IV,V}$, $E_{NII,III,V}$ usw.) auf einfache Weise zusammen; z.B. gilt:

$$\begin{aligned} E_{K\alpha_{1,2}} &= E_K - E_{L_{III,II}} & E_{L\alpha_{1,2}} &= E_{L_{III}} - E_{M_{V,IV}} \\ E_{K\beta_{1,3}} &= E_K - E_{M_{III,II}} & E_{L\beta_{1,3}} &= E_{L_{II,I}} - E_{M_{IV,III}} \\ E_{K\beta_2} &= E_K - E_{N_{II,III}} & E_{L\beta_2} &= E_{L_{III}} - E_{N_V} \end{aligned} \tag{2.2}$$

Mit Hilfe von Gl. (2.1) und durch Einsetzen der Zahlenwerte für h und c können die den Energien E äquivalenten Wellenlängen errechnet werden:

$$\lambda = 1239{,}6/E. \tag{2.3}$$

Hierbei ist die Energie E in eV einzusetzen, womit sich die Wellenlänge λ in nm ergibt.

Nach der von Moseley aufgestellten Beziehung, die von ihm selbst im Jahre 1913 für alle Elemente experimentell verifiziert wurde (Moseley-Gerade), hängt die Wellenlänge λ der emittierten $K\alpha$-Strahlung mit der Ordnungszahl Z des chemischen Elements folgendermaßen zusammen

$$1/\lambda = \text{const} \cdot (Z - \sigma^*)^2. \tag{2.4}$$

σ^* stellt die sogenannte Abschirmkonstante dar.

Eine wesentliche Voraussetzung für die eindeutige Zuordnungsmöglichkeit von Röntgenspektrum und chemischer Zusammensetzung der Probe ist die Tatsache, daß sich die chemischen Elemente in der Konfiguration ihrer Elektronenhüllen in charakteristischer Weise voneinander unterscheiden. Die Anzahl der Elektronen in der Atomhülle entspricht der Ordnungszahl Z des Elements und für die Besetzung der einzelnen Elektronenschalen gilt das Pauli-Prinzip. Der Zustand eines jeden Hüllenelektrons wird durch die Angabe von vier Quantenzahlen (n, l, m, s) charakterisiert: Mit der Hauptquantenzahl n werden die Elektronenschalen bezeichnet (n(K)=1, n(L)=2, n(M)=3, usw.), die Drehimpuls-Quantenzahl l durchläuft die natürlichen Zahlen von 0 bis (n−1), die magnetische Quantenzahl m positive und negative ganze Zahlen von 0 bis $\pm l$, die Spinquantenzahl s schließlich kann die Werte +1/2 und −1/2 annehmen. Zustände mit l=0 werden auch mit s-, solche mit l=1 mit p-, mit l=2 mit d- und mit l=3 mit f-Orbital bezeichnet. Da jede Kombination der Quantenzahlen nur einmal vorkommen darf, kann die K-Schale maximal mit 2, die L-, M- und N-Schale mit maximal 8, 18 bzw. 32 Elektronen besetzt sein. Auf eine Tabellierung der Elektronenkonfiguration für jedes chemische Element wird in diesem Buch verzichtet; sie findet sich in zahlreichen Physik- und Chemiebüchern.

Nicht alle theoretisch möglichen Elektronenübergänge sind nach den Dipol-Auswahlregeln auch erlaubt. Nur Übergänge mit einer Änderung der Hauptquantenzahl um

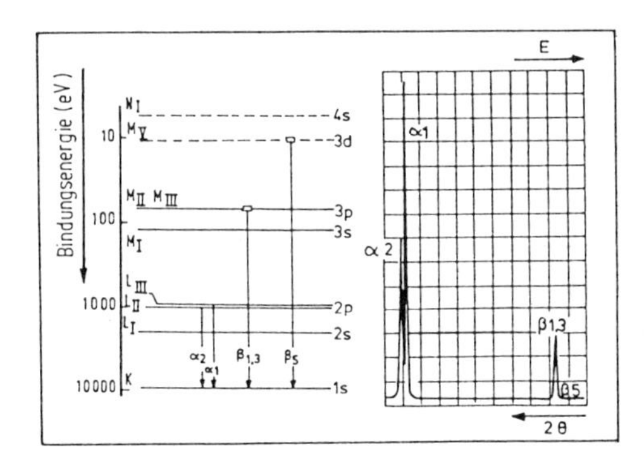

Bild 2.3
K-Emissionsspektrum von Kupfer

mindestens 1 und einer Änderung der Drehimpuls-Quantenzahl um ±1 stellen erlaubte Übergänge dar, die zu intensitätsstarken Spektrallinien führen. Daneben treten noch Satellitenlinien bei mehrfach ionisierten Atomen auf.

In der Röntgenspektrometrie ist die Bezeichnung der Linien nach Element- und Liniensymbol üblich (Siegbahn-Notation). Die weitere Untergliederung der Linien einer Serie erfolgt mittels natürlicher Zahlen: Zum Beispiel werden im Fall der K-Serie die zu den Übergängen $2p_{3/2} \rightarrow 1s$ und $2p_{1/2} \rightarrow 1s$ gehörenden Emissionslinien $K\alpha_1$ bzw. $K\alpha_2$ genannt. Für das Element Gold werden demnach die vier wichtigen Kα- und Kβ-Linien mit $AuK\alpha_2$, $AuK\alpha_1$, $AuK\beta_3$ und $AuK\beta_1$ bezeichnet. Wenn eine Trennung zwischen der α_2- und der α_1-Linie und zwischen der β_3- und der β_1-Linie apparativ nicht möglich ist, faßt man jeweils beide Linien zusammen (AuKα bzw. AuKβ).

Bild 2.3 stellt die Elektronenübergänge in die K-Schale für Kupfer im Energietermschema dar; im rechten Teil des Bildes ist ein Registrierdiagramm einer wellenlängendispersiven RFA-Anlage mit den Linien $CuK\alpha_1$, $CuK\alpha_2$, $CuK\beta_{1,3}$ und $CuK\beta_5$ wiedergegeben. Ähnliche Spektrendarstellungen für die K-Serie von Zinn, Calcium, Aluminium und Sauerstoff, die L-Serien von Gold und Strontium und die M-Serie von Wolfram finden sich bei Jenkins (1977). Die wichtigsten Emissionslinien der Elemente im Röntgenspektralbereich haben u.a. Azároff (1974) sowie Norrish und Chapell (1967) zusammengestellt. Bearden (1979) gibt eine vollständige Auflistung der Röntgenemissionslinien für die Elemente Lithium bis Americium. Für den praktischen Gebrauch sind zahlreiche handliche Tabellen, Wellenlängentafeln und Spektralatlanten, z.B. von Philips ("X-Ray Wavelengths and 2θ Tables") oder von ASTM[1] (Data Series DS 37 A) bzw. JCPDS[2], erhältlich.

Die Unterbezeichnung der Linien einer Serie mit griechischen Buchstaben ist historisch bedingt und in der Weise zu verstehen, daß α die intensitätsstärkste Linie darstellt, β die nächststärkste, usw. Obwohl diese grundsätzliche Ordnung oft zutrifft, gibt es im einzelnen doch viele Ausnahmen in der Reihenfolge der Linienintensitäten. Allgemein wird die Wahrscheinlichkeit für das Auftreten von Kα- und Kβ-Linien für jedes Element als Gewichtsfaktor g angegeben:

$$g = I(K\alpha) \,/\, I(K\beta); \qquad I \text{ Linienintensität} \qquad (2.5)$$

[1] ASTM = American Society for Testing and Materials

[2] JCPDS = Joint Committee on Powder Diffraction Standards

Quantitative Angaben zu der der Linienintensität entsprechenden Übergangswahrscheinlichkeit für K- und L-Linien finden sich im "Handbook of Physics and Chemistry".

Entstehung der Kontinuumstrahlung

Trifft ein Elektronenstrahl auf ein festes Target (engl. Zielscheibe; in der Röntgentechnik Anode oder Antikathode), so tritt er mit dem elektrischen Feld der Elektronen des Targetmaterials in Wechselwirkung. Bei diesem Vorgang, der in der Röntgenröhre beim Beschuß der Anode durch Elektronen gegeben ist, entsteht neben der vom Anodenmaterial abhängigen charakteristischen Strahlung auch eine Kontinuumstrahlung, die sog. Bremsstrahlung, die bei der Abbremsung der Elektronen im Feld des Atomkerns auftritt.

Die spektrale Häufigkeitsverteilung der Röntgenquanten der Kontinuumstrahlung ergibt sich nach der Kramerschen Formel zu:

$$I(\lambda)\,d\lambda = \text{const} \cdot i \cdot Z \cdot \left(\frac{\lambda}{\lambda_{min}} - 1\right) \cdot \frac{1}{\lambda^2}\,d\lambda. \qquad (2.6)$$

Hierbei stellen I(λ) die Intensitätsdichte und I(λ)dλ die spektrale Intensität dar; die gesamte Intensität ist dann das Integral der spektralen Intensität über alle Wellenlängen des Spektrums. Die Einheit der Intensitätsdichte ist $s^{-1}nm^{-1}$ bzw. $s^{-1}eV^{-1}$, wenn diese als I(λ) bzw. I(E) angegeben wird.

Die spektrale Intensität hängt nach Gl. (2.6) direkt vom Röhrenstrom *i* und der Ordnungszahl Z des Anodenmaterials ab. λ_{min} ist die kürzeste Wellenlänge des Kontinuums und ist nach Gl.(2.3) nur eine Funktion der Betriebsspannung V_0 der Röntgenröhre:

$$\lambda_{min} = 1239{,}6/\,V_0 \qquad (2.7)$$

Zum Beispiel ergibt sich bei V_0 = 50 kV die kürzeste Wellenlänge der Kontinuumstrahlung zu 0,025 nm. Etwa zwischen 1,5 λ_{min} und 2 λ_{min} hat die spektrale Verteilung der Kontinuumstrahlung ein Maximum und fällt dann in Richtung größerer Wellenlängen stetig ab (vgl. auch Bild 2.4).

Primäre Röntgenstrahlung

In RFA-Anlagen werden zur Anregung von Proben Röntgenröhren mit Spannungen bis zu ca. 100 kV und Leistungen bis zu etwa 3 kW eingesetzt. Nur weniger als ca. 1% der aufgewendeten Leistung kann aber direkt in Strahlung umgewandelt werden; der Rest wird als Wärme frei und muß durch Kühlung des Geräts abgeführt werden.

In der evakuierten Röntgenröhre werden Elektronen mit der Spannung V_0 beschleunigt und auf die Anode geschossen. Die dabei emittierte Röntgenstrahlung besteht, wie bereits oben ausführlicher beschrieben wurde, aus einem diskreten und einem kontinuierlichen Anteil. Während die Maximalenergie E_{max} entsprechend λ_{min} der Kontinuumstrahlung nach Gl. (2.7) von der Röhrenspannung V_0 abhängig ist, ergibt sich das charakteristische Linienspektrum aus der Elektronenkonfiguration der Atome des Anodenmaterials. Zur qualitativen Übersicht über diesen Sachverhalt sind in Bild 2.4 die Spektren einiger üblicher Röntgenröhren mit Rh, Ag, Mo, Au, W und Cr als Anode und einer Betriebsspannung von 50 kV dargestellt. Quantitative Angaben zur spektralen Verteilung der Strahlungsintensität für Röntgenröhren mit Cr- und W-Anoden finden sich in Anhang 5 und 6 von Tertian und Claisse (1982).

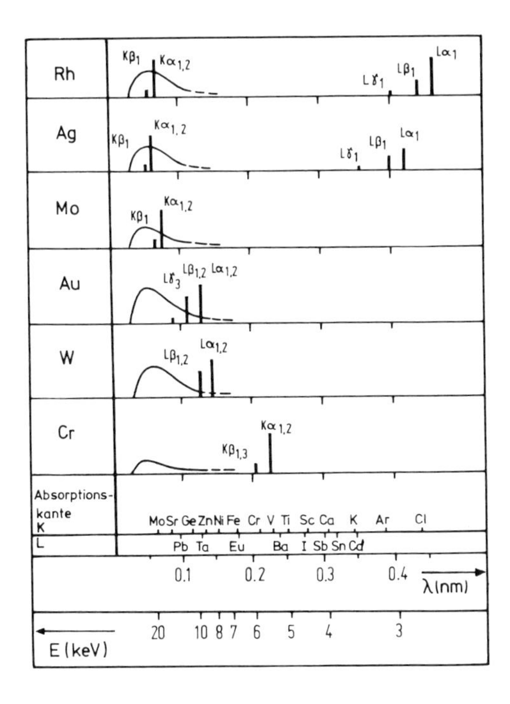

Bild 2.4
Zum Prinzip der Anregung wichtiger Emissionslinien mit Röntgenröhren unterschiedlichen Anodenmaterials

Die hier beschriebenen Röntgenröhren senden *polychromatische Strahlung* aus. Durch die Verwendung eines Sekundärtargets oder von ausgewählten Filtern ist es — allerdings auf Kosten der Strahlungsintensität — möglich, nahezu *monochromatische Strahlung* zu erhalten (weitere Ausführungen siehe Kap. 3).

Sekundäre Röntgenstrahlung (Fluoreszenzstrahlung)
Damit eine Analysenlinie angeregt werden kann, muß die anregende Strahlung kurzwelliger, d.h. energiereicher als die Absorptionskante der Analysenlinie sein. In Bild 2.4 sind die Absorptionskanten einiger für die Analyse wichtiger K- und L-Linien eingezeichnet. So ist es z.B. unmöglich, mit der charakteristischen Strahlung der Cr-Röhre die K-Linien von Eisen und Nickel anzuregen. Im nächsten Abschnitt wird gezeigt, daß andererseits die Anregung bei zunehmender Energie der Anregungsstrahlung immer ineffektiver wird, so daß z.B. die Anregung der L-Linien von Cadmium mit einer Mo-Röhre als nahezu unwirksam bezeichnet werden muß. Allgemein gilt deshalb, daß schwere Elemente mit harter Röntgenstrahlung (z.B. Röhre mit Ag-Anode) und leichte Elemente mit weicher Röntgenstrahlung (z.B. Röhre mit Sc-Anode) angeregt werden müssen.

Da zur Erzeugung einer Leerstelle auf einer inneren Elektronenschale soviel Energie aufgewendet werden muß, daß das entsprechende Elektron in das Leitungsband gehoben oder in den freien Zustand versetzt wird, das Füllen dieser Leerstelle jedoch durch ein bereits in den äußeren Elektronenschalen gebundenes Elektron erfolgt, ist die bei diesem Prozeß primär absorbierte Energie höher als die sekundär emittierte. Dementsprechend ist die Absorptionskante einer Serie immer kurzwelliger als die energiereichste Emissionslinie dieser Serie. Quantitative Angaben zu den Absorptionskanten der K- und L-Linien finden sich z.B. im "Handbook of Physics and Chemistry".

Reflexion der Röntgenstrahlung

Die Möglichkeit einer vollständigen Reflexion von Röntgenstrahlung wurde 1919 von Stenström theoretisch vorhergesagt und 1922 von Compton experimentell nachgewiesen.

Es dauerte dann bis 1971, als Y. Yoneda und T. Horiuchi von der Reflexion der Röntgenstrahlung in Anwendung auf die RFA im Aufsatz "Method of quantitative X-ray fluorescence analysis in the nanogram region" (Rev. Sci. Instrum. **42**, 1969) Gebrauch machten. In den folgenden Jahren wurden diese Gedanken von Wiener und Geesthachter Forschergruppen aufgegriffen und in vermarktungsfähige Geräte zur TRFA umgesetzt (s. Kap. 3.2.3).

Wie in Bild 2.5a dargestellt, wird monochromatische Röntgenstrahlung bei sehr kleinen Einfallswinkeln φ_o (nur wenige mrad, sog. streifender Einfall) an einer ebenen festen Oberfläche unter demselben Winkel φ_o wieder reflektiert. Bei einem kritischen Einfallswinkel φ_c würde der reflektierte Strahl gleichsam oberflächenparallel verlaufen, bei größeren Einfallswinkeln φ tritt keine Reflexion auf und die Primärstrahlung dringt — wie für die konventionelle RFA beschrieben — in den Festkörper ein. Obwohl die Eindringtiefe x_p in die Festkörperoberfläche im Reflexionsfall um mehr als zwei Größenordnungen kleiner als im letztgenannten Fall ist, ist sie dennoch endlich groß (Bild 2.5c).

Der kritische Einfallswinkel φ_c hängt von Materialeigenschaften des Festkörpers (Dichte ρ, Ordnungszahl Z und Atomgewicht A) und von der Energie E der Röntgenstrahlung ab (Aiginger 1991):

$$\varphi_c \propto \sqrt{\frac{Z \cdot \rho}{A}} \cdot \frac{1}{E} \qquad (2.8)$$

Bei vorgegebenem Festkörper entspricht also dem Winkel $\varphi_o < \varphi_c$ eine Energie E_o und natürlich über (2.3) eine Wellenlänge λ_o. Wie in Bild 2.5b dargestellt, werden nur niedrigere Energien mit $\lambda > \lambda_o$ reflektiert. In diesem Sinne kann die Reflexionsanordnung auch als Energiefilter eingesetzt werden ("cut-off-Reflektor").

Die zu analysierende Probe ist entweder die Festkörperoberfläche selbst (Probe = Probenträger) oder eine unmittelbar auf den festen Träger aufgebrachte Probe, die im Realfall von einem Primärstrahlbündel endlicher Abmessungen "beleuchtet" und damit angeregt wird (Bild 2.5d). Wie aus Bild 2.5c zu ersehen, ist die Intensität der angeregten Fluoreszenzstrahlung bei φ_c maximal (Kregsamer 1991).

Das einfallende Strahlenbündel I_o fällt in einem im Querschnitt dreiecksförmigen Bereich mit dem reflektierten Strahlenbündel I_R räumlich zusammen, so daß sich als Interferenz stehende Wellen der Periode D (üblicherweise 10 bis 100 nm) ausbilden (Bild 2.5d); diesbezügliche Berechnungen finden sich bei De Boer (1991). Die daraus erwachsende Möglichkeit, Schichtstrukturen im nm-Bereich zu analysieren, zusammen mit einer ausgezeichneten Empfindlichkeit von ca. 10 pg Probe entsprechend ca. 10^{11} Atomen pro cm^2 bei einer angeregten Fläche von 1 cm^2 macht die TRFA in der Oberflächenanalytik zu einer äußerst interessanten Methode (Sakurai und Jida 1990, Weisbrod et al. 1991, De Boer und Van den Hoogenhof 1991, Van den Hoogenhof und de Boer 1993, Knoth et al. 1993, Horiuchi 1993, Horiuchi und Matsushige 1993; s. Kap. 5.2.3).

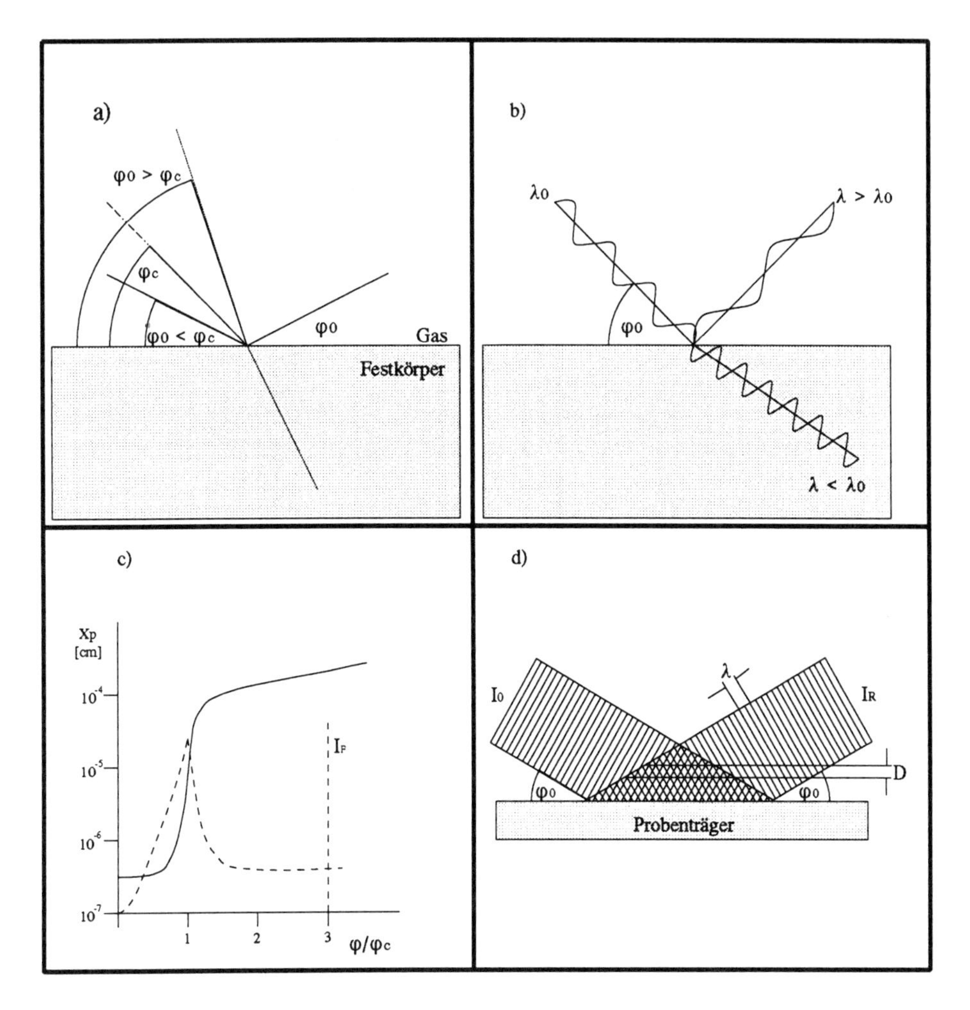

Bild 2.5 Beugung und Reflexion von Röntgenstrahlen auf ebenen Oberflächen (modifiziert nach Aiginger et al. 1987 und Kregsamer 1991)

Absorption der Röntgenstrahlung
Beim Durchdringen von Röhrenfenster und Luft sowie beim Eindringen in die Probe wird die Primärstrahlung der Röntgenröhre absorbiert. Hierbei gilt das Lambert-Beersche Gesetz:

$$I|_x = I|_0 \cdot e^{-\mu x} = I|_0 \cdot e^{-(\mu/\rho)\rho x} \quad , \tag{2.9}$$

$I|_0$ einfallende Strahlungsintensität,
$I|_x$ Intensität der Strahlung nach Passieren des Absorbers,
μ linearer Absorptionskoeffizient,
μ/ρ Massenabsorptionskoeffizient,
ρ Dichte des Absorbers,
x Dicke des Absorbers.

Für nicht zu langwellige Strahlung ist der lineare Absorptionskoeffizient der Dichte proportional. Deshalb macht man in der Röntgenspektrometrie meist vom Massenabsorptionskoeffizienten μ/ρ (Maßeinheit cm^2g^{-1}) Gebrauch, der dann unabhängig von der Dichte der absorbierenden Probe ist und für jedes Element des Absorbers (Probe) und für jede Wellenlänge der Primärstrahlung einen bestimmten Wert besitzt. Auf der Grundlage der Ergebnisse früherer physikalischer Untersuchungen von J. A. Victoreen publizierten Jenkins und De Vries (1970) eine für den praktischen Gebrauch geeignete Tabelle für Massenabsorptionskoeffizienten für Z = 1 bis Z = 92 (Uran) und λ=0,01 bis 1,19 nm (in 63 λ-Schritten). Werte für die Massenabsorptionskoeffizienten geben z.B. auch Liebhafsky et al. (1960), Birks (1963) und Heinrich (1966) an; Massenabsorptionskoeffizienten für λ>1 nm finden sich bei Lurio et al. (1977). Nach kritischer Durchsicht zahlreicher theoretischer und experimenteller Ergebnisse wurden von Burr (1979) Werte für Z = 1 bis Z = 95 (Plutonium) und für λ=0,0497 nm (Ag$K\beta_1$) bis λ=0,275 nm (Ti$K\alpha$) angegeben; allerdings sind nur die Koeffizienten für die $K\alpha$- und $K\beta$-Linien von 12 ausgewählten Elementen tabelliert. Ein Vergleich der von Liebhafsky et al. (1960) und von Jenkins und De Vries (1970) publizierten μ/ρ-Werte mit den von Burr (1979) angegebenen als Referenz führt zu folgendem Ergebnis: Während bei Jenkins und De Vries (1970) im Mittel bei kleinen Wellenlängen zu hohe (bei λ=0,05 nm um 7,3%, bei λ=0,15 nm um 2,4%) und bei größeren Wellenlängen zu niedrige Werte (bei λ=0,275 nm um 3%) angegeben werden, zeigen die von Liebhafsky et al. (1960) publizierten Werte zwar kleinere mittlere Abweichungen (bei λ=0,05 nm um 3,1% zu hoch, bei λ=0,15 nm um 0,3% und bei λ=0,275 nm um 1,3% zu niedrig), aber besonders für größere Wellenlängen deutlich größere Schwankungen (bei λ=0,275 nm bis zu 15% für 1s). Mit Ausnahme der μ/ρ-Werte für besonders schwere Elemente, die erhebliche Abweichungen aufweisen (z.B. für Uran Unterschiede bis zu ±30%), sind die von Jenkins und De Vries (1970) veröffentlichten Angaben für die näherungsweise Berechnung der Absorption der Probenelemente für den praktischen Gebrauch relativ gut geeignet; sie sind im Anhang A.3 dieses Buches bis zu Z = 80 angegeben.

Die von Tertian und Claisse (1982) angeführten Massenabsorptionskoeffizienten unterscheiden sich von den Burrschen Werten im Mittel nur um −0,9, −0,1 und +3,2 Rel.-% bei λ=0,05, 0,15 bzw. 0,275 nm und erweisen sich auch für schwere Elemente viel genauer als z.B. die von Liebhafsky et al. (1960) oder von Jenkins und De Vries (1970) angegebenen. Diesem Vorteil der Angabe genauer Werte stehen aber als Nachteil große Interpolationsintervalle gegenüber. Beim Gebrauch dieser Tabellen muß daher besonders darauf geachtet werden, ob zwischen den Interpolationseckwerten Absorptionskanten liegen: So würde man z.B. für Ni bei 0,15 nm anstelle eines μ/ρ-Wertes von 45,2 cm^2g^{-1} durch Interpolation der Tabellenwerte von Tertian und Claisse (1982) fälschlicherweise einen Wert von 172,6 cm^2g^{-1} erhalten.

Weitere Angaben über die Zahlenwerte von Massenabsorptionskoeffizienten (insbesondere auch von Verbindungen) finden sich in Anhang 2 von Jenkins et al. (1981).

Mit Hilfe der tabellierten Werte ist es möglich, den gesamten Massenabsorptionskoeffizienten $(\mu/\rho)_\Sigma$ eines Mehrstoffsystems bei einer gegebenen Wellenlänge aus den jeweiligen Massenabsorptionskoeffizienten $(\mu/\rho)_j$ von k Systemkomponenten j bei derselben Wellenlänge zu bestimmen:

$$(\mu/\rho)_\Sigma = \sum_{j=1}^{k} (\mu/\rho)_j \cdot C_j . \tag{2.10}$$

C_j ist dabei der Massenanteil der Komponente j im Mehrstoffsystem $(\sum_{j=1}^{k} C_j = 1)$.

Überträgt man obige Überlegungen zur Absorption auf die speziell bei der RFA vorliegende Strahlungsgeometrie, und postuliert man, daß die Eindringtiefe der Röntgenstrahlen in das Probenmaterial (~ 10^{-6} bis 10^{-1} cm) geringer als die Probendicke ist, so erhält man im Prinzip die in Bild 2.6 skizzierte Situation.

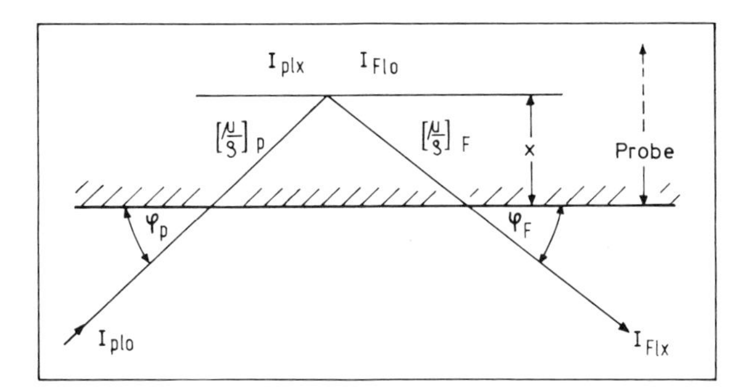

Bild 2.6
Geometrie der Röntgenstrahlen im Bereich der Probenoberfläche

Nicht nur die unter dem Winkel φ_P mit der Intensität $I_P|_0$ einfallende Primärstrahlung erleidet beim Durchdringen der Schichtdicke x teilweise Absorption (Absorptionskoeffizient $(\mu/\rho)_P$), sondern auch die im Probeninnern erzeugte Fluoreszenzstrahlung der Intensität $I_F|_0$ (Absorptionskoeffizient $(\mu/\rho)_F$). Für die Intensität $I_F|_x$ der unter dem Winkel φ_F aus der Probenoberfläche austretenden Fluoreszenzstrahlung erhält man durch zweimalige Anwendung der Beerschen Formel Gl. (2.9) und zusätzliche Berücksichtigung der Proportionalität der Fluoreszenzintensität zur Anregung ($I_F|_0 \propto I_P|_x$):

$$I_F|_x = \text{const} \cdot f(Z) \cdot I_P|_0 \cdot e^{-(\mu/\rho)_{eff} \cdot \rho \cdot x} \tag{2.11}$$

(const · f(Z) = Proportionalitätskonstante für jedes Element)
mit $(\mu/\rho)_{eff} = (\mu/\rho)_P \cdot (\sin\varphi_P)^{-1} + (\mu/\rho)_F \cdot (\sin\varphi_F)^{-1}$.

Diesem Absorptionsprozeß ist jede einzelne Emissionslinie der Fluoreszenzstrahlung unterworfen.

Der Massenabsorptionskoeffizient μ/ρ ist von der Wellenlänge der absorbierten Strahlung und von der Ordnungszahl Z des absorbierenden Elements abhängig. Sein charakteristischer Verlauf mit der Wellenlänge ist in Bild 2.7 skizziert.

Die Gesamtabsorption in der Probe ist die Summe aus photoelektrischer Absorption, die zur Anregung der Probenatome führt, und aus der Streuung im Probenmaterial. Der weitaus bedeutendste Anteil ist die photoelektrische Absorption, die etwa proportional zu $Z^4\lambda^3$ ist und das Ansteigen von μ/ρ mit λ bewirkt. Diesem stetigen Kurvenverlauf sind diskrete Absorptionskanten überlagert, deren Wellenlängen den Anregungsenergien der jeweiligen Röntgenlinien entsprechen.

Die bei der RFA verwendeten Analysenlinien entsprechen Elektronenübergängen im Bereich der inneren Elektronenschalen. Effekte durch unterschiedliche chemische Bindung des Analysenelements (Oxidationszustand, Art und Zahl der Liganden) wirken sich dagegen

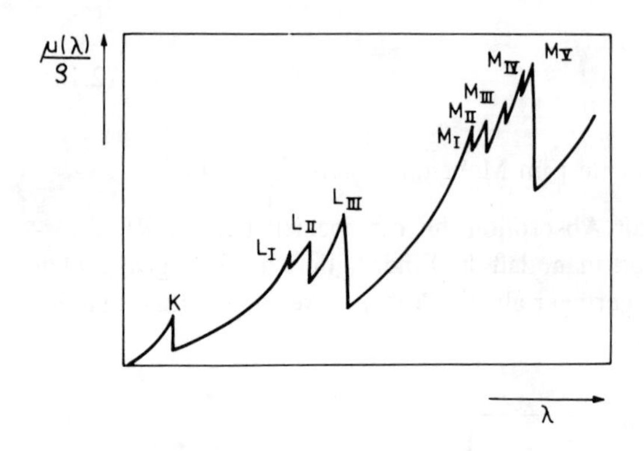

Bild 2.7
Schematischer Verlauf des Massenabsorptionskoeffizienten mit der Wellenlänge

nur bei Übergängen im Bereich der äußeren Elektronenschalen (besonders Valenzelektronen) aus und können bei niedrigen Röntgenenergien für K-Linien der leichten Elemente und Al sowie für L-Linien von Fe und Ti auch beobachtet werden (z.B. Källne und Aberg 1975, Andermann und Fujiwara 1986, Ristic und Pavicevic 1982, Pavicevic et al. 1972, 1993, Pinkerton et al. 1990, Liang 1991, Husain und Narula 1992). Um diesen begrenzten Anwendungsbereich zu überschreiten und die Röntgenspektrometrie auch in größerem Maßstab in der Molekülanalytik einsetzen zu können, wurden in der Chemie im letzten Jahrzehnt in zunehmendem Maße die instrumentellen Methoden der EXAFS (extended X-ray absorption fine structure) und XANES (X-ray absorption near edge structure) eingesetzt, welche eine hochauflösende Absorptionsspektrometrie im Umgebungsbereich der Absorptionskanten beinhalten (Bianconi et al. 1983, Koningsberger und Prins 1988, Okamoto et al. 1990, Yamashita et al. 1992).

Vergrößert man in Bild 2.7 den Bereich um eine Absorptionskante, d.h. streckt man den Wellenlängen- bzw. Energiemaßstab, so kann man deutlich eingelagerte Schwingungsformen erkennen (Bild 2.8), die von Streueffekten der Photoelektronen an den Nachbaratomen gleichsam modelliert werden. Art, Anzahl und räumliche Orientierung der Nachbaratome werden aber durch die jeweilige Verbindung festgelegt, in der das zu analysierende Atom vorliegt. Im mit XANES bezeichneten Bereich finden Mehrfach-Streuungen des vom Analysenatom emittierten Photoelektrons an mehreren Nachbaratomen statt, im EXAFS-Bereich dagegen nur Einfachstreuungen bei höheren Energien.

Für EXAFS/XANES wird meist Synchrotonstrahlanregung verwendet. Um die Absorptionskurven unterschiedlicher Proben noch besser miteinander vergleichen zu können, benützt man auch oft die Ableitungen der Kurven nach Bild 2.8.

Röntgenfeinstrukturuntersuchungen werden in der Chemie zur Speziesanalyse (Oxidationszustand eines Elements, Molekülsymmetrie) eingesetzt (Gordon und Jones 1991). Von den zahlreichen Applikationen seien im folgenden nur einige beispielhaft herausgegriffen:

Bei Mikroanalysen im oberen μm-Bereich konnten Sutton et al. (1993) mit Hilfe von XANES zeigen, daß in Mondproben im Olivin hauptsächlich Cr^{2+} und im Pyroxen bevorzugt Cr^{3+} vorkommen. Bidoglio et al. (1993) wiesen die Sorption von Tl(I) und Cr(III) an Mineraloxiden nach und Paris et al. (1993) sowie Quatieri et al. (1993) zeigten, daß Ti^{4+} in synthetischen Amphibolen und in natürlichen diopsidischen Pyroxenen auf Tetraederplätzen vorkommt. Singh und Chetal (1993) bestimmten in ausgewählten Nickelverbindungen die Atomabstände mit XANES und verglichen diese mit kristallographischen Daten; Shrivastava et al. (1993) beschäftigten sich mit der Gruppe der Seltenen Erden.

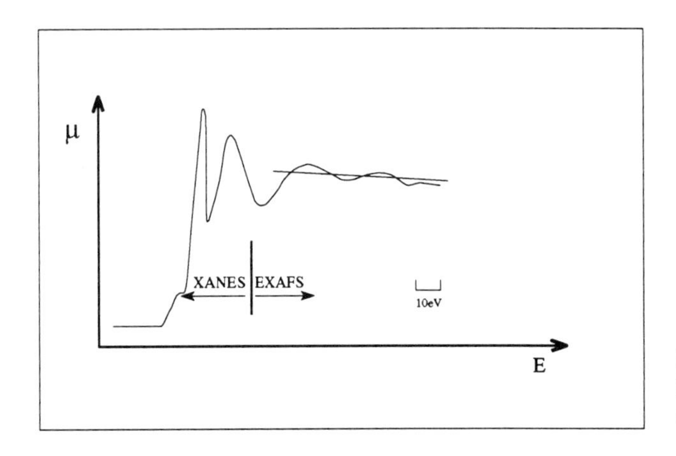

Bild 2.8
Feinstruktureffekte in der Nähe der Absorptionskante

Mit Hilfe von EXAFS untersuchten Waychunas et al. (1993) die Geometrie der Oberflächensorption von Arsenat auf FeOOH, Strasdeit et al. (1991) die Struktur vielkerniger Komplexe von Cd(II) mit Phytochelatinen und Farges et al. (1993) die Stabilität von Au(III)-Komplexen in Chloridlösungen.

Weitere XANES/EXAFS-Studien finden sich u.a. in der Mineralogie, Metallurgie und Erdölchemie (z.B. Koul und Padalia 1985, Chattopadhyay et al. 1986, Khadikar 1988, Vishnoi et al. 1988, Akimoto et al. 1988, Calas et al. 1988, Charnock et al. 1988, Davoli et al. 1988, Baricco et al. 1993, Goulon et al. 1984).

Primäre und sekundäre Röntgenstrahlung wird im Absorptionsmaterial (Probe) verschiedenartig gestreut (Fernandez 1992). Während bei der *kohärenten Streuung* an freien Elektronen (Rayleigh-Streuung) keine Energie- und Wellenlängenverschiebungen auftreten, wird die Energie E eines Photons bei der *inkohärenten Streuung* an einem lose gebundenen Elektron (Compton-Streuung) durch Energieübertrag auf das Elektron um einen Betrag ΔE[1] vermindert. Für ΔE folgt aus Gründen der Energie- und Impulserhaltung:

$$\Delta E = E_0 \cdot \left(1 - \frac{1}{1 - 0{,}001957 \cdot E_0 (1 - \cos\phi)}\right). \tag{2.12}$$

ϕ ist der Streuwinkel zwischen einfallendem und gestreutem Photon.

Der Anteil der inkohärenten Streuung nimmt mit zunehmender Strahlungsenergie, abnehmender Ordnungszahl und steigendem Streuwinkel zu. Da der Untergrund eines Röntgenfluoreszenzspektrums von Streuvorgängen in der Probe herrührt, kann die Untergrundintensität als ein die Probenmatrix charakterisierender Parameter in geeigneter Weise ausgewertet werden (s. Kap. 4).

Zur Ableitung der Gl. (2.11) wurde von der Proportionalität zwischen der Intensität der anregenden Strahlung und der der emittierten Fluoreszenzstrahlung Gebrauch gemacht. Im Falle der Anregung durch Kontinuumstrahlung läßt sich die Intensitätsdichte der Fluo-

---

[1] Einen kurzen, oft verwendeten Ausdruck für die dem Energieverlust ΔE entsprechende Wellenlängenverschiebung $\Delta\lambda$ erhält man aus Gl.(2.12) mit Hilfe von Gl.(2.1) und der Näherung $E_0 \approx E_0 - \Delta E$ zu:

$$\Delta\lambda = 0{,}00243 \cdot (1-\cos\phi).$$

reszenzstrahlung durch das Produkt aus dem kontinuierlichen Anteil des primären Röntgenspektrums $I_P(\lambda)$ (vgl. Bild 2.6) und dem spektralen Verlauf des Massenabsorptionskoeffizienten $\mu(\lambda)/\rho$ (vgl. Bild 2.7) abschätzen. Dieser Sachverhalt wird an einem einfachen Beispiel in Bild 2.9 aufgezeigt: Die Intensität der Fluoreszenzstrahlung ist dem sogenannten Anregungsintegral proportional, das durch Integration von $I_P(\lambda)\mu(\lambda)/\rho$ zwischen λ_{min} (nach Gl. (2.7)) und λ_{Kante} der entsprechenden Absorptionskante gebildet wird (Jenkins 1977); die so erhaltene Fläche ist in Bild 2.9 schraffiert eingezeichnet. Aus der Skizze ist ersichtlich, daß die effektivste Anregung nahe der Absorptionskante stattfindet. Die mathematischen Formeln zur Berechnung der Intensität der Fluoreszenzstrahlung bei Anregung durch mono- und polychromatische Röntgenstrahlung finden sich bei Gedcke et al. (1977). Damit läßt sich auch zeigen, daß bei Erhöhung der Energie der anregenden monochromatischen Strahlung, d.h. bei Vergrößerung der Energiedifferenz zwischen Anregung und Analysenlinie, die Intensität einer Fluoreszenzlinie überproportional abnimmt.

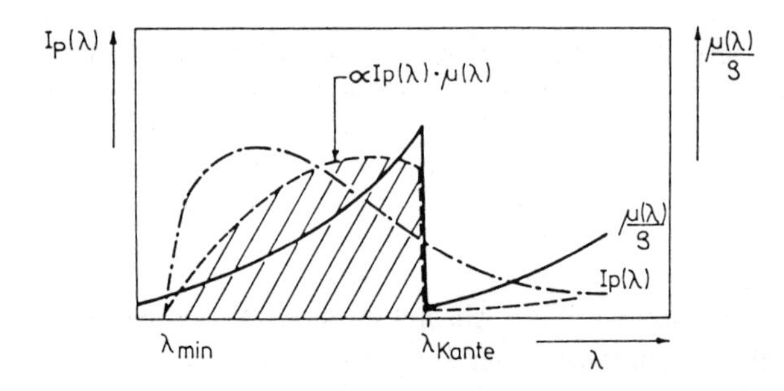

Bild 2.9
Schematische Darstellung des Anregungsintegrals

Für die quantitative Berechnung der Fluoreszenzintensität $I_F|_x$ (nach Bild 2.6) ist neben dem Anregungsintegral für alle möglichen Absorptionskanten sowohl die Primär- und die Sekundärabsorption (nach Gl. (2.11)) als auch für Mehrstoffsysteme die Zusammensetzung des Massenabsorptionskoeffizienten (nach Gl. (2.10)) zu berücksichtigen. Besonders komplex werden die Verhältnisse, wenn zusätzlich Interelementanregung (Sekundär- und Tertiäranregung) auftritt, d.h., wenn die emittierte hochenergetische Fluoreszenzstrahlung ihrerseits andere Probenatome zur Fluoreszenzstrahlung niedrigerer Energie anregt. Im Abschnitt 4.4 (mathematische Korrekturmethoden) und im Kapitel 5 (Anwendungsbeispiele) wird aufgezeigt, auf welche Weise man in Theorie und Praxis versucht, diese hier angeschnittenen Probleme für natürliche und künstliche Mehrstoffsysteme zu lösen.

2.3 Dispersion der Fluoreszenzstrahlung

Die spektrale Verteilung der Röntgenfluoreszenzstrahlung wird entweder durch Beugung am Analysatorkristall (wellenlängendispersive Methode) oder mittels Halbleiterdetektor ermittelt (energiedispersive Methode). Von Bertin (1978) stammt eine interessante vergleichende Darstellung des Dispersionsprinzips beider RFA-Methoden, die im wesentlichen in Bild 2.10 wiedergegeben ist: Die Probe wird energiereicher (kurzwelliger) Röntgenstrahlung ausgesetzt. Von der emittierten Fluoreszenzstrahlung sind beispielhaft drei verschiedene Wellenlängen (mit [1], [2] und [3] bezeichnet) herausgegriffen und schematisch in Bild 2.10 eingezeichnet. Während bei der Methode der energiedispersiven RFA im Si(Li)-Detektor die Strahlungsquanten direkt in energieproportionale Spannungsimpulse umgewandelt werden,

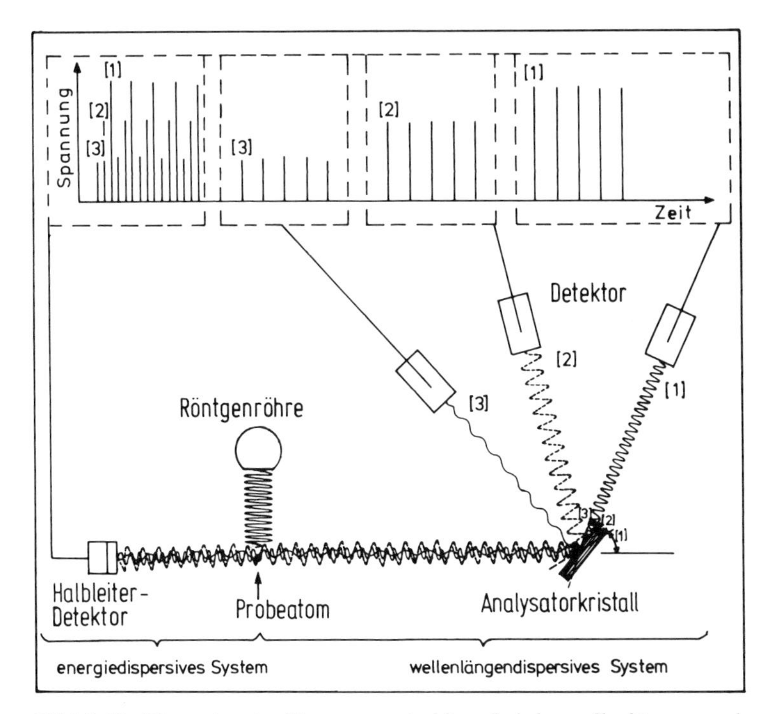

Bild 2.10 Dispersion der Fluoreszenzstrahlung bei der wellenlängen- und energiedispersiven RFA

erhält man bei der wellenlängendispersiven Methode die Fluoreszenzstrahlung verschiedener Wellenlängen durch Beugung am Analysatorkristall bekannten Netzebenenabstands d bei unterschiedlichen Goniometerwinkeln 2θ. Im oberen Teil des Bildes 2.10 ist die zeitliche Abfolge der verstärkten Detektorsignale schematisch dargestellt. Dabei ist die Spannung der Detektorimpulse der Energie und die Dichte ihrer zeitlichen Abfolge der Intensität der vom (symbolisch eingezeichneten) Probenatom emittierten Fluoreszenzstrahlung proportional.

Auf die Methode zur Dispersion der Fluoreszenzstrahlung bei der WDRFA wird in diesem Abschnitt näher eingegangen, auf die bei der EDRFA in Abschnitt 2.4.

Das Prinzip der wellenlängendispersiven RFA wurde in den Bildern 2.1 und 2.10 schematisch dargestellt. Die von der Probe ausgehende Fluoreszenzstrahlung wird nach Passieren eines Kollimators am Kristallgitter des Analysatorkristalls gebeugt, indem sie an jeder Netzebene des Gitters eine Reflexion erfährt. Alle reflektierten Strahlen verstärken sich durch Interferenz, wenn die Braggsche Gleichung erfüllt ist:

$$n \cdot \lambda = 2\,d \cdot \sin\theta\ . \tag{2.13}$$

Mit d wird der Abstand der zur Schnittfläche parallelen Netzebenen des Analysatorkristalls und mit θ der Winkel der einfallenden Strahlung zu dieser Netzebene bezeichnet; der Goniometerwinkel, d.h. der Winkel zwischen Detektorachse und Primärstrahl, beträgt dann 2θ; n ist eine natürliche Zahl, sie bezeichnet die Ordnung der Beugung. $n \cdot \lambda$ entspricht — in Einheiten der Wellenlänge λ — der Wegdifferenz zwischen von benachbarten Netzebenen gebeugten Strahlen. Gewöhnlich wird mit handelsüblichen Spektrometern zur Vermeidung von Rand- und anderen Störeffekten nur der 2θ-Bereich von etwa 10...20° bis zu 120...150° analytisch für die RFA genutzt. Trotz dieser Einschränkung kann der gesamte für die Analyse interessante Spektralbereich nach Gl. (2.13) bei Verwendung von Analysatorkristallebenen unterschiedlichen Abstandes (von d≈0,05 nm bis über 5 nm) erfaßt werden.

Die bei der Beugung am Kristall vorliegende Winkeldispersion ergibt sich theoretisch durch Differentiation von Gl. (2.13):

$$d\theta/d\lambda = n/(2d \cdot \cos\theta). \quad (2.14)$$

Die Winkelauflösung eines Kristalls nimmt also mit abnehmendem Netzebenenabstand und zunehmendem Beugungswinkel zu. In der Praxis wird das Auflösungsvermögen des wellenlängendispersiven Spektrometers durch die Restdivergenz der die meist einige cm langen Kollimatoren passierenden Strahlenbündel verschlechtert. Daher verwendet man vorzugsweise Kollimatoren (Soller-Typ) aus nahe beieinander liegenden parallelen Metallfolien ("feiner Kollimator" mit z.B. 160 μm Lamellenabstand). Kann, wie im Falle der Spurenanalyse, der durch den Kollimator erfolgende große Intensitätsverlust nicht hingenommen werden, so macht man von dem "groben Kollimator" (Lamellenabstand z.B. 480 μm) Gebrauch, sofern dessen schlechtere Winkelauflösung akzeptiert werden kann.

Außer durch Netzebenenabstand und Auflösung wird ein Analysatorkristall besonders durch sein sog. Reflexionsvermögen (eigentlich durch die "Beugungsintensität") charakterisiert, welches von der Elektronenverteilung in den Atomen des Kristalls, von der Atomanordnung im Kristallgitter und von der Anzahl der Kristallbaufehler abhängt. In Tab. A.4 des Anhangs wird eine Übersicht über 26 in der RFA gebräuchliche Analysatorkristalle mit Netzebenenabständen von 0,0812...5,02 nm gegeben, die mit einem üblichen Goniometer die Analyse von Spektrallinien im Wellenlängenbereich von 0,016...2,5 nm ermöglichen. Neben dem Auflösungsvermögen und Reflexionsgrad sind in der Tabelle noch weitere Angaben über wichtige physikalische Eigenschaften der Kristalle (Eigenstrahlung, thermische und mechanische Eigenschaften, Unterdrückungsfähigkeit für Reflexionen höherer Ordnung) aufgelistet. In Abschnitt 4.2.1 wird auf diese speziellen Eigenschaften der Analysatorkristalle näher eingegangen.

Zur Beugung der von großflächigen Proben (Oberfläche einige Quadratzentimeter) ausgehenden Fluoreszenzstrahlung werden üblicherweise ebene Analysatorkristalle in Verbindung mit einem primären Kollimator (zwischen Probe und Analysatorkristall) und einem sekundären Kollimator (zwischen Analysatorkristall und Detektor) eingesetzt. Für Proben mit sehr kleiner Oberfläche und für fest eingestellte Spektrometerkanäle von Simultanspektrometern gelangen aber auch gekrümmte Kristalle zum Einsatz. Hierbei wird die gesamte, den Eintrittspalt passierende und am Kristall um 2θ gebeugte Fluoreszenzstrahlung in einer Ebene auf den Detektorspalt fokussiert.

Auf die sehr speziellen Methoden der RFA mit Zwei-Kristall- — oder Doppel-Kristall- — und Gitterspektrometern wird im Rahmen dieses Buches nicht eingegangen; sie werden von Azároff (1974) beschrieben.

Beugungseffekte spielen bei der RFA nicht nur die erwünschte (Beugung der Fluoreszenzstrahlung am Analysatorkristall), sondern besonders bei polychromatischer Anregung und polykristallinem Probenmaterial auch eine unerwünschte Rolle (Beugung der Primärstrahlung an der Probe). Dabei treten Intensitätsverluste (WDRFA) und/oder zusätzliche Peaks (diffraction peaks) im Energiespektrum auf (EDRFA). Unter Ausnützung dieses Effekts können mit der EDRFA sogar Beugungsanalysen durchgeführt werden (Giessen und Gordon 1967).

2.4 Qualitativer und quantitativer Nachweis der Fluoreszenzstrahlung

Die in der Probe erzeugte Röntgenfluoreszenzstrahlung kann nur dann mit elektronischen Meßgeräten quantitativ erfaßt werden, wenn die Energie der Röntgenquanten in dazu proportionale elektrische Größen (Ladungsquanten) umgesetzt wird. Diese Aufgabe ist dem Röntgendetektor gestellt. Die Amplitude V_{max} der am Detektorausgang anstehenden Spannungsimpulse mit dem zeitlichen Verlauf V(t) muß bei identischer Impulsform (bedingt durch schaltungsinterne Zeitkonstanten) der Energie $h\nu_F$ der Fluoreszenzstrahlung proportional sein, ebenso wie die Anzahl der in einem beliebigen Zeitintervall Δt erzeugten Impulse der Intensität I_F der Fluoreszenzstrahlung. Das heißt, ein proportional arbeitender Detektor muß die folgenden beiden Bedingungen erfüllen:

$$V_{max} \propto h\nu_F \; ; \qquad \int_{\Delta t} V(t)\,dt \propto I_F \quad . \tag{2.15}$$

Im Gegensatz zu der idealisierten Darstellung von Bild 2.10 zeigen die Detektorsignale statistische Schwankungen sowohl bezüglich ihrer Amplitude als auch hinsichtlich deren zeitlicher Abfolge. Bei der Messung einer monochromatischen Strahlung bestimmt die Breite der Verteilung der statistisch um einen Mittelwert schwankenden Impulshöhen V_{max} (Impulshöhenverteilung) die Meßunschärfe und damit das *Auflösungsvermögen* des Detektors. Die Breite der Impulshöhenverteilung wird üblicherweise an der Stelle des halben Maximums als *Halbwertbreite* (HWB oder FWHM = full width at half maximum) angegeben. Je kleiner die Halbwertbreite eines Detektorsignals ist, um so besser ist die Energieauflösung dieses Detektors. Mit *Totzeit* (dead time) eines Detektors bezeichnet man die Zeitspanne, die ein Detektor nach Erfassen eines Ereignisses benötigt, um wieder in den Ausgangspunkt zurückzukehren (reset) und zur Aufnahme des nächsten Ereignisses bereit zu sein. Die gesamte Totzeit eines Meßsystems wird sowohl vom Detektor als auch von der Meßelektronik bedingt. Die Totzeit geht somit der wirklichen Meßzeit (Realzeit) verloren; dieser Effekt kann aber durch entsprechende Verlängerung der vorgegebenen Meßzeit ausgeglichen oder rechnerisch korrigiert werden (Totzeitkorrektur, Plesch 1975). Die gemessene Zählrate I_M und die wahre Zählrate I_W hängen über die Totzeit t_d folgendermaßen zusammen:

$$I_W = \frac{I_M}{1 + \sum_{i=1}^{\infty} (-1)^i \frac{I_M^i \, t_d^i}{i!}} \quad . \tag{2.16}$$

Da die Reihe im Nenner der Gl. (2.16) sehr schnell konvergiert, genügt in der Praxis meist die Berücksichtigung des ersten Entwicklungsgliedes $(-I_M \cdot t_d)$:

$$I_W \approx \frac{I_M}{1 - I_M \cdot t_d} \quad . \tag{2.17}$$

Nach Ablauf der Totzeit sind die neuentstandenen Impulse aber noch zu klein, um von der Zählelektronik der WDRFA erfaßt zu werden. Erst nach der "Auflösungszeit" (resolving time) können die neugebildeten Impulse die Diskriminatorschwelle überschreiten und damit gezählt werden. Nach der "Erholungszeit" (recovery time) haben die Impulse schließlich

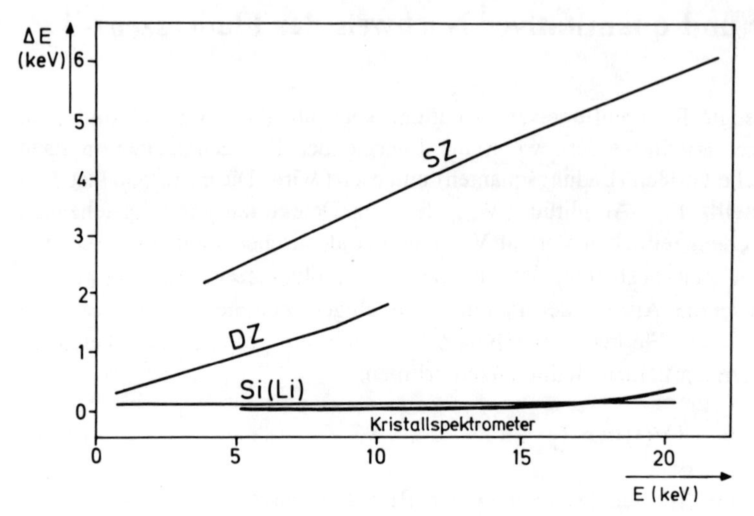

Bild 2.11 Energieauflösungsvermögen von Durchflußzähler (DZ), Szintillationszähler (SZ), Halbleiterdetektor (Si(Li)) und Kristallspektrometer

wieder ihre ursprüngliche Höhe erreicht. Für die EDRFA ergeben sich etwas andere Verhältnisse; z.B. wird hier nach der Erholungszeit nicht der Ausgangszustand wieder erreicht, sondern lediglich ein Zustand, in dem wieder registriert werden kann.

Die zweite in Gl. (2.15) angegebene Beziehung gilt natürlich nur, falls sich die erzeugten Registrierimpulse zeitlich nicht überlappen. Entscheidend ist hierbei allerdings nicht die Impulsform am Detektorausgang, sondern die nach Verstärker und Impulsformer; letztere haben die Aufgabe, die elektrischen Signale hinsichtlich Zeitverlauf und Spannungsbetrag so aufzubereiten, wie sie zur Weiterverarbeitung in der nachfolgenden Elektronik (Diskriminatoren, Zähler) benötigt werden. Ist nun die Länge eines so aufbereiteten Registrier- oder Zählimpulses größer als die Totzeit des Systems, so können sich Impulse zeitlich überlappen; in einem solchen Fall spricht man von *Summensignalen* (Aufsetzimpulse, "pile up"-Impulse). Bedingt durch die Effekte der Summenimpulse und der Totzeit ist der Bereich der Zählraten, der zur Erzielung sinnvoller Meßergebnisse herangezogen werden kann, nach hohen Werten hin begrenzt.

Bei der Methode der RFA finden drei verschiedene proportional arbeitende Zähler als Detektoren für die Fluoreszenzstrahlung Verwendung: der Gasdurchflußzähler (im Proportionalbereich gefahrenes offenes Geiger-Müller-Zählrohr) oder kurz Durchflußzähler (DZ), der Szintillationszähler (SZ) und der Halbleiterdetektor (Si(Li), Ge(Li)). Die Umwandlung von Strahlungsenergie in elektrisch meßbare Signale erfolgt beim erstgenannten Detektor durch Ionisation des Zählrohrgases, beim zweitgenannten über die Erzeugung von Lichtblitzen im Szintillator durch die Umwandlung von letzteren in Spannungsimpulse im Photovervielfacher. Beim Halbleiterdetektor geschieht die Umwandlung durch Erzeugung von Elektron-Loch-Paaren im Halbleiter.

Der erste Schritt zu diesen Prozessen ist die photoelektrische Absorption der einfallenden Röntgenquanten durch Atome des Detektormaterials, d.h. durch Gasatome im Durchflußzähler, durch Jod-Atome im mit Thallium aktivierten Natriumjodidkristall beim Szintillationszähler oder durch Silicium-Atome in der aktiven Zone des Halbleiterdetektors. Je energiereicher die Röntgenstrahlung ist, um so mehr kinetische Energie wird auf die

Photoelektronen übertragen; von deren Energie hängt wiederum die Anzahl der oben erwähnten sekundär ablaufenden Prozesse ab. Zusammenfassend ergibt sich aus diesen Beziehungen die geforderte Proportionalität zwischen dem Detektorsignal und der Energie der Fluoreszenzstrahlung.

Wie durch Vergleich mit Bild 2.10 deutlich wird, bestehen für die Methode der EDRFA bedeutend höhere Anforderungen an das Energie- und Zeitauflösungsvermögen des Detektors als bei der WDRFA, bei der die Zerlegung der polychromatischen Fluoreszenzstrahlung bereits weitgehend durch die Beugung am Analysatorkristall erfolgt ist.

Die mit dem Durchflußzähler (DZ), dem Szintillationszähler (SZ) und dem Halbleiterdetektor (Si(Li)) erreichbare Energieauflösung ΔE in Abhängigkeit von der Energie E der Fluoreszenzstrahlung ist in Bild 2.11 dargestellt. Von den drei Detektoren erfüllt nur der Halbleiterdetektor die bei der EDRFA gestellten Anforderungen und wird daher bei dieser Methode ausschließlich eingesetzt. Bei der WDRFA finden für langwellige Strahlung (λ>0,2 nm) der Durchflußzähler und für kurzwellige Strahlung (λ<0,2 nm) der Szintillationszähler Verwendung; beide Zähler können im Energiebereich von 5...10 keV (entsprechend einem Wellenlängenbereich von ~0,25...0,12 nm) auch simultan im Tandembetrieb eingesetzt werden (Bild 2.12).

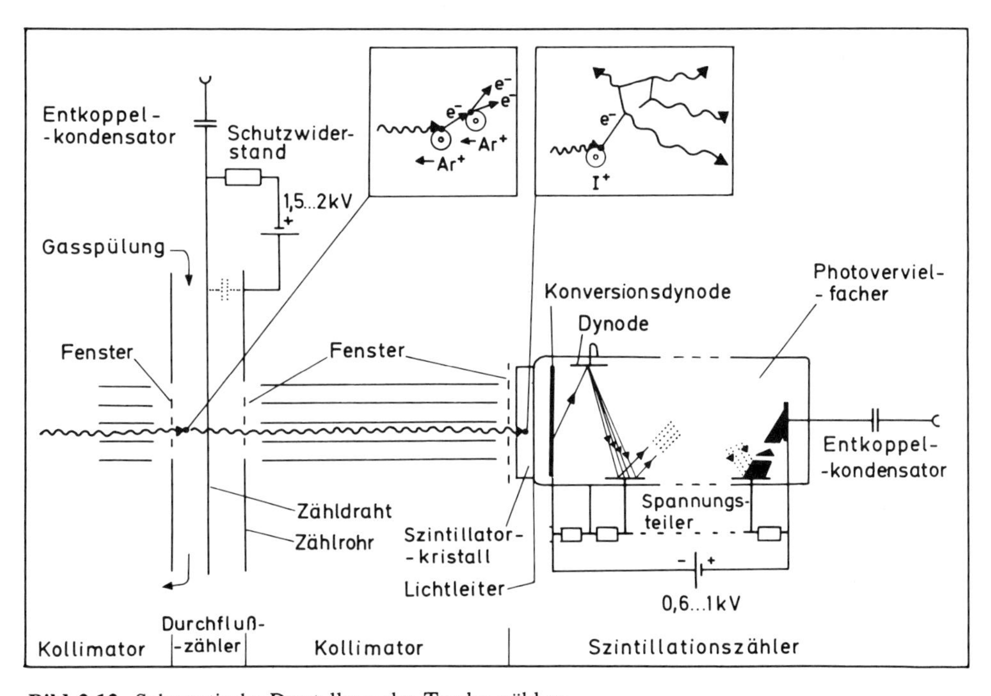

Bild 2.12 Schematische Darstellung des Tandemzählers

Durchflußzähler (DZ)

Der Durchflußzähler ist in Bild 2.12 schematisch dargestellt. Durch die Achse eines geerdeten, hohlen Metallzylinders (Durchmesser ca. 3 cm) führt ein bis etwa 100 µm dicker Zähldraht als Anode. Über einem Schutzwiderstand (schützt das Zählrohr bei größeren Entladungen vor der Zerstörung) liegt am Zähldraht eine Hochspannung von 1,5...2 kV. Das

Zählrohr wird unter Normaldruck von einer Mischung aus Zähl- und Löschgas durchströmt; es sind Gemische von Edelgasen (He, Ne, Ar, Kr, Xe als Zählgas) mit niedermolekularen Kohlenwasserstoffgasen als Löschgas, welches den Aufbau stationärer Ladungswolken verhindert, gebräuchlich. Eine oftmals eingesetzte Gasmischung ist "P 10" (90 Vol.-% Argon, 10 Vol.-% Methan); für sehr langwellige Strahlung werden neben "P 90" (90 Vol.-% Methan, 10 Vol.-% Argon) verschiedene Gasmischungen, z.B. mit Kohlendioxid oder Ethan, verwendet. Die Gase müssen frei von elektronegativen Verunreinigungen sein. Damit die langwellige Strahlung möglichst wenig absorbiert wird, sind am Strahleneinlaß (bei Durchflußzählern im Tandembetrieb auch am Strahlenauslaß) meist 3...6 µm dünne Folien aus Polyethylen-Tetraphthalat (Mylar oder Melinex), im Extremfall bis zu 1 µm dünne Polypropylen- oder 0,05...0,5 µm dünne Formvar-Folien eingesetzt.

Wird ein einfallendes Röntgenquant an einem Zählgasatom oder einem Zählgasmolekül absorbiert, so erzeugt das abgespaltene Photoelektron auf seinem Weg durch das Gas n Elektron-Ion-Paare (Ionenpaare), bis es die ihm übertragene kinetische Energie E_0 verbraucht hat:

$$n = \frac{E_0}{\epsilon} . \qquad (2.18)$$

ε ist die mittlere Ionisationsenergie zur Entfernung eines Elektrons aus der äußeren Elektronenschale und liegt bei den in Betracht kommenden Edelgasatomen zwischen 20 eV und 30 eV. Liegt am Zähldraht keine Spannung an, so rekombinieren Elektronen und Gasionen sofort. Ist die angelegte Spannung dagegen hoch genug (elektrische Feldstärke ~100 V/cm), können sowohl die Elektronen zum positiv geladenen Zähldraht als auch die Gasionen zur negativ geladenen Detektorwand diffundieren. Der für den Durchflußzähler interessante Proportionalbereich liegt jedoch bei noch höheren Spannungen (~400 V/cm), so daß die Elektronen auf ihrem Weg zum Zähldraht so stark beschleunigt werden, daß ihre kinetische Energie ausreicht, um bei Zusammenstößen mit anderen Zählgasatomen diese zu ionisieren ("Stoßionisation") und damit weitere Elektronen freizusetzen. Auf diese Weise können sich Lawineneffekte ausbilden, in deren Verlauf aus den ursprünglichen n primären Elektronen N sekundäre Elektronen entstehen. Der Gasverstärkungsfaktor N/n liegt hierbei etwa zwischen 10^4 und 10^5. Wird die Hochspannung über den Proportionalbereich hinaus weiter erhöht (~1200 V/cm), so gelangt man zunächst in den "Geiger-Bereich", in dem unabhängig von der Energie der einfallenden Röntgenstrahlung pro Ereignis eine Elektronenlawine ausgelöst wird. Daran schließt sich der Bereich der selbständigen Gasentladung an, der schließlich zur Zerstörung des Zähldrahts führt.

Die gesamte Ladung der von einem Röntgenquant ausgelösten und durch den Gasverstärkungseffekt vervielfachten Elektronen wird am Entkopplungskondensator[1] gesammelt und führt dort zu Spannungsimpulsen im Bereich von einigen Millivolt, die von nachgeschalteten Verstärkerstufen verstärkt werden. Die Zeit vom Photoneneinfall bis zur Entstehung des ersten Ionenpaares beträgt etwa 0,3 µs. Der Anstieg des am Kondensator anstehenden Impulses wird durch die Elektronenwolke bedingt, die in weniger als 0,1 ns den Zähldraht erreicht. Der gegenüber dem Impulsanstieg um Größenordnungen längere

[1] Durch den Kondensator im Impulsausgang des Detektors werden Detektor und nachfolgende Impulselektronik gleichspannungsmäßig entkoppelt.

Impulsabfall wird durch die langsam zur Zählrohrwand wandernden Gasionen bewirkt. Somit ergeben sich für den Proportionalbereich nach einer geeigneten Verstärkung und Impulsumformung Zählimpulse von einer typischen Länge von 1 μs, was nach Gl. (2.16) bereits bei einer gemessenen Zählrate von 10^5 Imp./s = cps (cps = counts per second) einen Totzeitverlust von 11% bedeutet. Bei einfallender Röntgenstrahlung mit einer kürzeren Wellenlänge als die Absorptionskante des Detektorgases kann das Zählrohrgas selbst zur charakteristischen Strahlung angeregt werden. Am Detektorausgang entsteht dann ein weiterer Peak *(Escape-Peak)*, dessen Energie der Energie der einfallenden Strahlung abzüglich der Anregungsenergie an der Absorptionskante entspricht. Bei einem Argon/Methan-Gasproportionalzähler entfallen 6,6...8,6% der gesamten Zählrate auf den Escape-Peak (Short und Tabock 1981).

Szintillationszähler (SZ)
Das Prinzip des Szintillationszählers ist in Bild 2.12 dargestellt. Der Szintillationskristall, meist ein mit Thallium aktivierter Natriumjodid-Einkristall in Form eines 2...5 mm dicken Scheibchens (Durchmesser ca. 2,5 cm) ist mittels eines Lichtleiters vor dem Eintrittsfenster eines Photovervielfachers angebracht. Die aufgrund der absorbierten Röntgenquanten im Szintillatormaterial erzeugten Lichtimpulse gelangen zu durchschnittlich 90% auf die Photokathode (Konversionsdynode) des Photovervielfachers, wo sie mit einem Wirkungsgrad von ca. 10% Elektronen erzeugen, die die erste Dynode erreichen.

Zwischen Photokathode und Anode des Photovervielfachers liegt eine Hochspannung von 600...1000 V, die von einer Widerstandskette m-fach unterteilt wird. Über diesen Widerstandsteiler werden m Dynoden so mit Spannung versorgt, daß sich die von Dynode zu Dynode bewegenden Sekundärelektronen in einem ständigen Potentialgefälle befinden. Da jedes einfallende Elektron aus der Dynode zwei bis vier Sekundärelektronen herausschlägt, erhält man an der Anode eine Elektronenwolke, die am Entkoppelkondensator zu Spannungsimpulsen im Millivoltbereich führt. Der Verstärkungsfaktor eines 10-stufigen Photovervielfachers beträgt ca. 10^6.

Obwohl die für die Entstehung eines Lichtquants im Szintillator benötigte Energie nur 3 eV beträgt, ist für diesen Vorgang eine effektive Energie von ca. 40 eV maßgebend, da in der Gesamtbilanz nur 8% der entstandenen Photonen zur Auslösung einer Elektronenlawine im Photovervielfacher und damit zur Entstehung eines Zählimpulses führen.

Die Totzeit des Systems beträgt ca. 0,2 μs. Man wählt bei der Impulsformung meist eine Abfallzeitkonstante von 1,2 μs für das Ausgangssignal des Detektors. Zeitliche Schwankungseffekte (z.B. Laufzeitunterschiede) sind, zumindest beim Photovervielfacher, normalerweise klein, so daß mit Szintillationszählern sogar Zeitauflösungen im ps-Bereich möglich sind (Schönfelder et al. 1973).

Wie beim Durchflußzähler können auch beim Szintillationszähler Escape-Peaks auftreten, falls die einfallende Röntgenstrahlung kurzwelliger als die Absorptionskante von Jod ist (L_{III}- Kante bei 0,27 nm und K-Kante bei 0,037 nm).

Halbleiterdetektor
Zum Verständnis der Wirkungsweise des Halbleiterdetektors ist es notwendig, auf einige fundamentale Gegebenheiten aus der Festkörperphysik zurückzugreifen:

> Löst man die Zustandsgleichung (Schrödingergleichung) für quasifreie Elektronen in einem periodischen Potential, so ergibt sich nur für bestimmte Energiebereiche eine oszillatorische Lösung der Ausgangsgleichung. Dabei besetzen die Kristallelektronen in

energetischer Hinsicht die sogenannten Energiebänder. Die einzelnen Energiebänder sind durch verbotene Bänder voneinander getrennt (Energielücke E_g = 1,14 eV für Si und 0,67 eV für Ge). Die Besetzungszahl der erlaubten Energiebänder mit Elektronen entscheidet, ob ein Stoff ein Metall oder einen Isolator darstellt. Isolatoren weisen einen spezifischen elektrischen Widerstand von $10^{14}...10^{22}$ Ωcm, gute Leiter dagegen einen von ca. 10^{-6} Ωcm auf. Im Zwischenbereich mit $10^{-2}...10^{9}$ Ωcm finden sich die Halbleiter.

Am absoluten Nullpunkt wären reine, fehlerfreie Kristalle der meisten Halbleiter Isolatoren. Die charakteristischen Halbleitereigenschaften werden normalerweise durch thermische Anregung, Fremdatome, Gitterfehler oder kontrollierte Beimengungen hervorgerufen. Ein Halbleiter kann somit als ein Isolator betrachtet werden, bei dem im thermischen Gleichgewicht einige Ladungsträger beweglich sind. Man unterscheidet bei Halbleitern zwischen Eigen- und Störstellenleitung. Bei einem idealen Halbleiter sind bei T=0 K alle Zustände im Valenzband besetzt und alle Zustände im Leitungsband unbesetzt. Steigt die Temperatur, so werden Elektronen aus dem Valenzband über die Energielücke hinweg ins Leitungsband thermisch angeregt, wo sie beweglich sind und die Eigenleitung des Halbleiters verursachen.

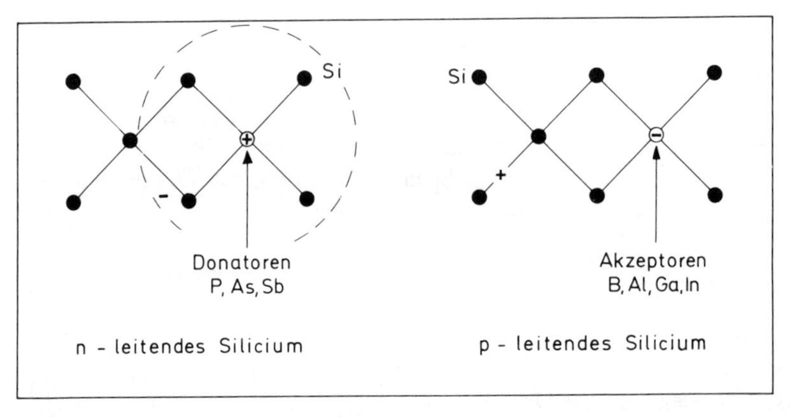

Bild 2.13 Schema der Störstellenleitung

Bestimmte Arten von Fremdatomen und Kristallfehler beeinflussen die elektrischen Eigenschaften von Halbleitern erheblich und bedingen die Störstellenleitung. Baut man z.B. Bor im Verhältnis 1 zu 10^5 in Silicium ein, so wird bei Zimmertemperatur die Leitfähigkeit 10^3 mal so groß wie bei reinem Silicium. Den kontrollierten Einbau von Fremdatomen in Halbleiter nennt man Dotieren. Silicium kristallisiert in der Diamantstruktur und besitzt entsprechend seiner Wertigkeit vier kovalente Bindungen, eine Bindung mit jedem seiner vier nächsten Nachbarn. Wird im Kristallgitter ein normales Atom durch ein fünfwertiges Atom, wie Phosphor, Arsen oder Antimon, ersetzt, so erfolgt der Einbau dieses Fremdatoms in die Kristallstruktur mit der geringstmöglichen Störung, d.h., es bilden sich vier kovalente Bindungen zu den nächsten Nachbarn aus; dabei bleibt jedoch ein Valenzelektron des Störatoms übrig und man erhält n-leitendes Silicium (Bild 2.13). Ebenso wie ein Elektron an ein fünfwertiges Fremdatom durch Coulombkräfte "quasifrei" gebunden sein kann, kann in Silicium aber auch ein Defektelektron (positives Loch) an ein dreiwertiges Fremdatom wie Bor, Aluminium, Gallium oder Indium gebunden sein und p-leitendes Silicium erzeugen. Die fünfwertigen

Fremdatome werden Donatoren und die dreiwertigen Akzeptoren genannt. Der große Einfluß der Störstellen auf die Leitfähigkeit rührt vom geringen energetischen Abstand von 0,01...0,1 eV der Störstellenniveaus von den erlaubten Energiebändern her (Bild 2.14).

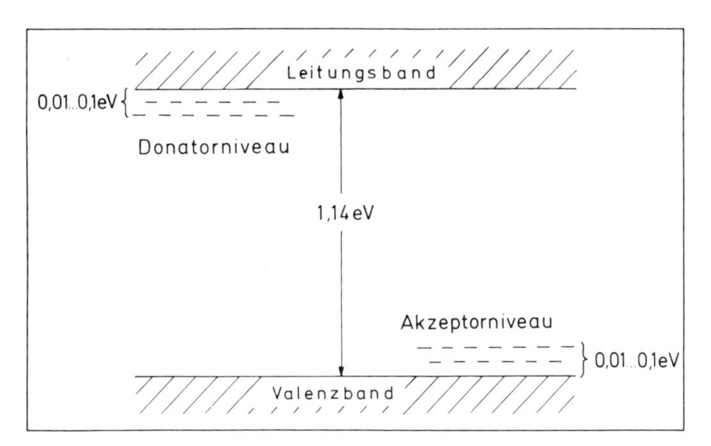

Bild 2.14 Schematische Darstellung der Störstellenniveaus im Bändermodell

Die Herstellung von rein eigenleitendem Silicium ist bis heute technisch noch nicht möglich, da hierfür die erzielbare Stoffreinheit noch um viele Zehnerpotenzen verbessert werden müßte. Man behilft sich daher derart, daß man in p-leitende Siliciumscheibchen als Ausgangsmaterial Lithium eindiffundieren läßt; so werden z.B. bei 400 °C in 200 s Eindringtiefen von 70 µm erreicht. Nach Abkühlen auf 120 °C wird eine hohe Spannung in Sperrichtung angelegt, wodurch die leichtbeweglichen Lithiumionen unter dem Einfluß dieses elektrischen Feldes in das p-Gebiet driften. Dort werden dann so viele Lithiumionen eingebaut, wie Akzeptoren vorhanden sind. Aufgrund ihrer großen Beweglichkeit nehmen die Lithiumionen, die als Donatoren wirken, keinen festen Platz im Kristallgitter ein. Es erfolgt die Kompensation der Störstellen und die Störstellenleitung geht in Eigenleitung über. Man nennt einen derartigen Prozeß zur Erzeugung einer an Ladungsträgern verarmten Zone i ("intrinsic") in einer unter einer hohen Sperrspannung stehenden pn-Diode (=p-Silicium-Lithium-Diode) Driften. Eine 3 mm dicke i-Schicht wird bei einer Spannung von 500 V in etwa 80 h erreicht.

Der Si(Li)-Detektor (Bild 2.15) ist ein Detektor vom Typ p-i-n. Er ist beidseitig durch eine Sperrschicht in Form eines Schottky-Goldfolien-Kontaktes abgeschlossen. Durch Anlegen einer Spannung von ca. 1000 V erreicht man, daß das aktive Detektorvolumen i keine freien Ladungsträger enthält. Bei der Hochspannungsversorgung ist weniger auf Spannungskonstanz als auf extreme Rauschfreiheit zu achten. Der Detektor, einschließlich der ersten Vorverstärkerstufe, in Form eines FET (Feldeffekttransistor) muß üblicherweise ständig mit flüssigem Stickstoff gekühlt werden. Die einfallende Strahlung ionisiert das Detektormaterial hauptsächlich durch den Photoeffekt. Der Comptoneffekt tritt nur für Elemente mit großem Z auf und kann für Linien bis 40 keV vernachlässigt werden. Röntgenstrahlung der Energie

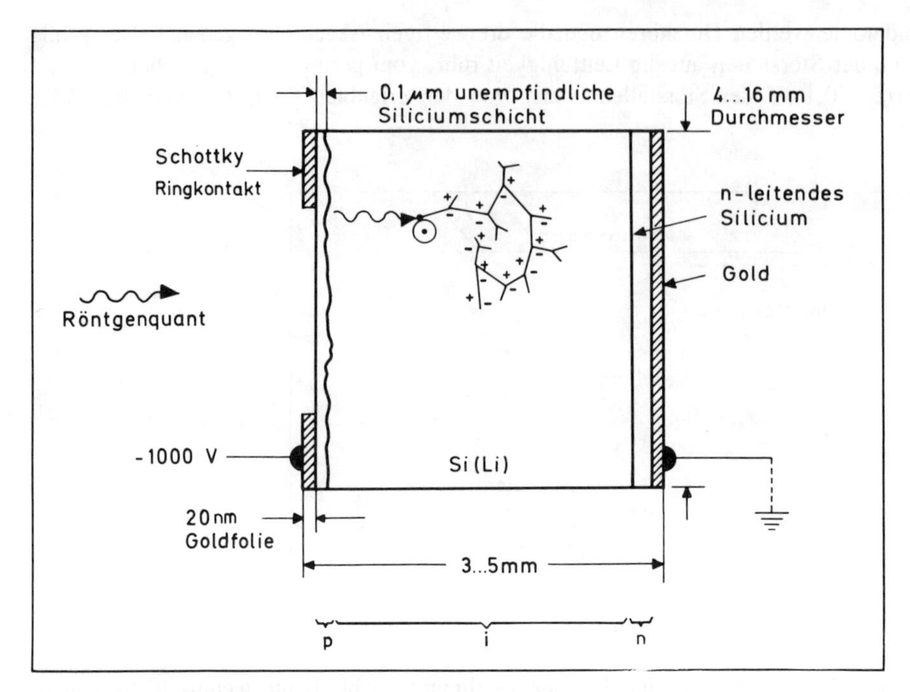

Bild 2.15 Schematische Darstellung eines Si(Li)-Detektors des Typs p-i-n

E_0 erzeugt $n = E_0/\varepsilon$ freie Ladungsträgerpaare. $\varepsilon = 3{,}72$ eV ist die zur Bildung eines Elektron-Loch-Paares in gekühltem Silicium notwendige Energie und liegt damit um eine Größenordnung tiefer als die entsprechende Energie für ein Zählrohrgas. Die n Ladungsträgerpaare werden von der Hochspannung zu den Elektroden abgezogen und in der nachfolgenden Elektronik ladungsmäßig integriert und proportional verstärkt, so daß die Amplitude des Ausgangsimpulses proportional zu n und damit zu E_0 ist.

Neben dem Teil der einfallenden Strahlungsenergie, der zu Anregung der Elektronen im Valenzband verbraucht wird und die Quantenausbeute des Detektors bestimmt, wird der andere (kleinere) Teil zur Phononenerzeugung (Phononen = Gitterschwingungen) verwendet. Aufgrund dieser statistisch voneinander abhängigen Prozesse ergibt sich bei n Ladungsträgern eine statistische Unsicherheit von $\Delta n = \sqrt{Fn}$, wobei F den sog. Fanofaktor darstellt, dessen Wert bei $\leq 0{,}1$ liegt. Typische Halbwertsbreiten für die Linienauflösung sind 140...170 eV bei 5,9 keV (Anregung von MnKα mit radioaktiver ^{55}Fe-Quelle). Die Energieauflösung wird durch das Rauschen des Detektors und der nachfolgenden Elektronik verschlechtert.

Wie Bild 2.11 entnommen werden kann, ist die Überlegenheit des Si(Li)-Detektors gegenüber Durchfluß- und Szintillationszähler hinsichtlich der Energieauflösung offensichtlich. Für Wellenlängen <0,07 nm ist die Auflösung des Halbleiterdetektors sogar besser als die eines Kristallspektrometers. Der Bereich der größten Empfindlichkeit des Halbleiterdetektors reicht von 5...20 keV; die Dicke des Eintrittfensters für die Strahlung ist für die Durchlässigkeit bei niedrigen Energien bestimmend.

Meist werden ca. 7 µm dicke Berylliumfenster verwendet, die z.B. 40% der Natriumstrahlung (Z = 11) absorbieren. In der Elektronenmikroskopie kann der Meßbereich durch

Verwendung von speziellen Formvar-Fenstern oder "fensterlosen" Versionen bis auf Fluor (Z = 9), u.U. bis auf Bor (Z = 5), ausgedehnt werden.

Der Ge(Li)-Detektor ist wegen der größeren Ordnungszahl des Detektormaterials (Z = 32) gegenüber Silicium (Z = 14) für den Nachweis von Linien mit Energien >20 keV effektiver als der Si(Li)-Detektor und wird deshalb hauptsächlich in der Gammaspektroskopie (z.B. in der Neutronenaktivierungsanalyse) eingesetzt; aufgrund eines kleineren Wertes für das Produkt εF besitzt er auch eine bessere Energieauflösung als der Si(Li)-Detektor. Für niedrigere Energien begrenzen allerdings GeK-Escape-Peaks und die GeK-Absorptionskante die Einsatzfähigkeit des Ge(Li)-Detektors, was ihn für den Gebrauch als alleinigen Detektor bei der EDRFA ungeeignet macht.

Störeffekte, die beim Halbleiterdetektor auftreten, sind hauptsächlich die Untergrundstrahlung durch Rauschen sowie die Comptonstreuung und die Absorption gestreuter Teilchen. Im Fall, daß die bei der photoelektrischen Absorption der Photonen im Detektor entstehenden SiKα-Röntgenquanten nicht in der aktiven Zone i absorbiert werden, sondern entweichen, treten Escape-Linien der Energie (E_0 -1,74 keV) auf. Das Rauschen, das durch den Dunkelstrom in der i-Schicht hervorgerufen wird und proportional zur elektrischen Kapazität des Detektors ist, kann durch spezielle Rillenstrukturen auf der Detektoroberfläche herabgesetzt werden.

Der Si(Li)-Detektor besitzt eine Eigenkapazität von 0,106 Fl · d(pF), wobei Fl die aktive Fläche (10...1250 mm^2) und d die Drifttiefe (Dicke der kompensierten Schicht i) darstellen. Bei einer Kapazität von 1 pF entstehen z.B. beim Nachweis von MnKα-Strahlung am Detektorausgang Spannungsimpulse mit einer Amplitude von 0,25 mV und Anstiegszeiten von 20...30 ns. Zur rauscharmen Weiterverarbeitung dieser Impulse dienen tiefgekühlte, ladungsempfindliche Vorverstärker (FET) mit speziellen Gegenkopplungstechniken (optoelektronische oder gepulste opto-elektronische Gegenkopplung). Ein typischer Wert für die Totzeit eines Halbleiterdetektors ist 10 µs.

3 Apparative Grundlagen

3.1 Wellenlängendispersive Röntgenfluoreszenzsysteme

3.1.1 Sequenzspektrometer

Der Einsatz kommerzieller Röntgenspektrometer für Routineanalysen erfolgte um die Mitte der fünfziger Jahre zunächst in Form von offenen Spektrometern. Da sich diese Analysenmethode rasch durchsetzen konnte, wurde die weitere Entwicklung der Röntgenfluoreszenzgeräte bis zu den heutigen nachweisstarken, vollautomatischen Spektrometern in relativ kurzer Zeit vorangetrieben.

Derzeit bieten dem potentiellen Käufer im deutschsprachigen Raum mehrere Hersteller (vgl. Tabelle A.6 im Anhang) qualitativ hochwertige Geräte zur WDRFA (Sequenzspektrometer) an. Neben wenigen Quadratmetern an Stellraum benötigen diese Apparaturen eine entsprechende Strom- (Leistungsaufnahme 5...10 kW) und Kühlwasserversorgung (Durchflußmenge 4...7 l pro Minute). Diese Meßgeräte ermöglichen in einer nicht überschaubaren Vielfalt von Probenarten (meist Festkörper, aber auch Flüssigkeiten) die quantitative Atomanalytik nahezu über das gesamte Periodensystem mit Nachweisgrenzen in der Größenordnung von 1 ppm. Lediglich die leichten Elemente stellen ein Problem dar, obwohl selbst hierzu z.B. für Be in Cu, für B in Glas und C in Stahl oder Zement Nachweisgrenzen von 0,1%, 500 ppm bzw. 100 ppm angegeben werden (Ohlig 1994).

Ein Sequenzspektrometer besteht im wesentlichen aus den Komponenten Röntgengenerator, Röntgenröhre, Goniometer mit Kollimatoren und Analysatorkristallen, Detektoren und Meßelektronik zur Impulsauswahl, -verstärkung und -zählung. Bild 3.1a zeigt einen Querschnitt durch den zentralen Teil eines Sequenzspektrometers. Die im unteren Teil des Probenhalters plan aufliegende Meßprobe wird von der Röntgenröhre aus nächster Nähe intensiv bestrahlt. Nur der Teil der von der Probe emittierten Fluoreszenzstrahlung, der den primären Kollimator passiert, wird am Analysatorkristall gebeugt. Das mechanisch hochpräzis gefertigte Goniometer sorgt dafür, daß sich die Detektoren immer exakt im doppelten Winkel (2θ) im Vergleich zu dem des Analysatorkristalls (θ) bei Bezug auf die auf den Kristall einfallende Strahlung befinden. In Bild 3.1a sind beide Detektoren (Durchfluß- und Szintillationszähler) hintereinandergeschaltet im Tandembetrieb eingezeichnet. Das gesamte Spektrometergehäuse kann evakuiert oder mit Helium gespült werden. Bild 3.1b zeigt den schematischen Aufbau eines Spektrometers aus dem Jahre 1993.

Neben der Optimierung der Einzelkomponenten des Spektrometers, insbesondere zur Steigerung der Impulsausbeute und der Auflösung, war die weitere Entwicklung von WDRFA-Geräten hauptsächlich durch die Vereinfachung der Bedienungsweise gekennzeichnet (Bild 3.2). Mechanische Tätigkeiten wie Kollimatorwahl, Proben- und Kristallwechsel, die früher vom Operator manuell durchgeführt werden mußten, werden von relaisgesteuerten Elektromotoren übernommen und sind somit automatisiert.

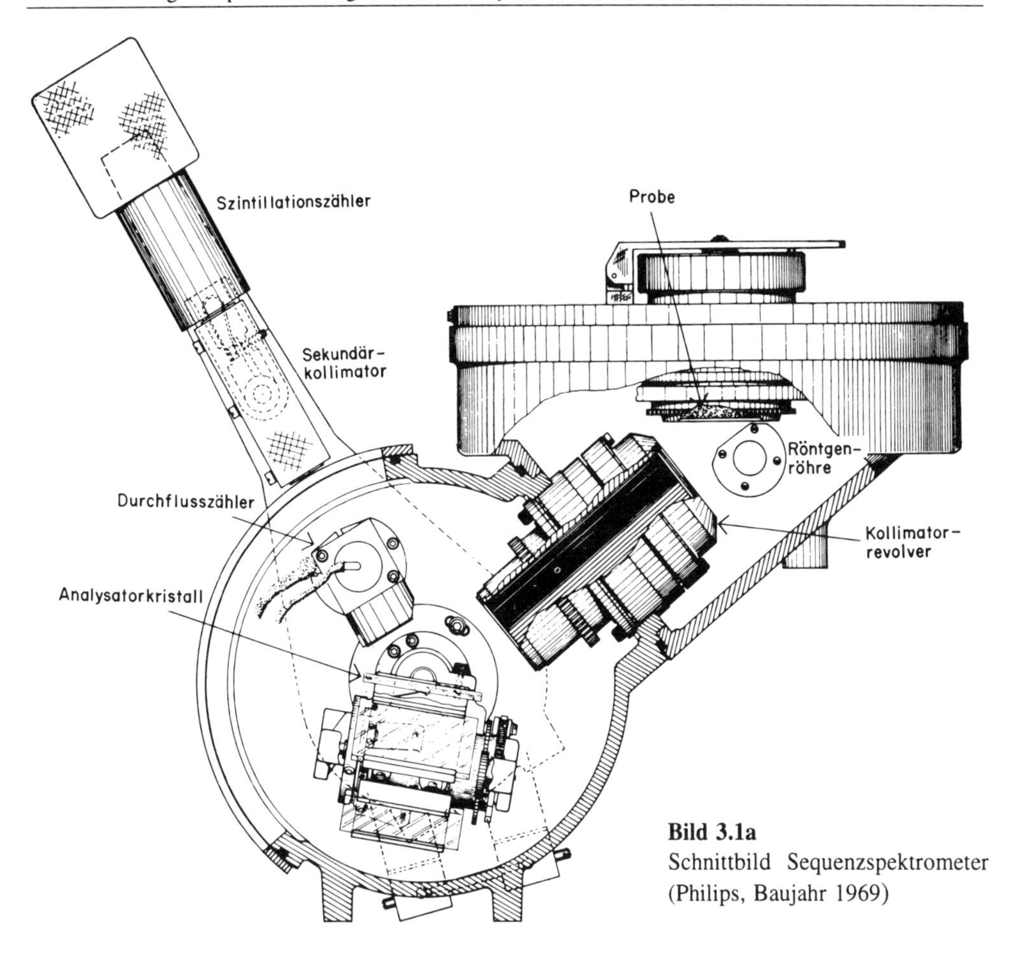

Bild 3.1a
Schnittbild Sequenzspektrometer (Philips, Baujahr 1969)

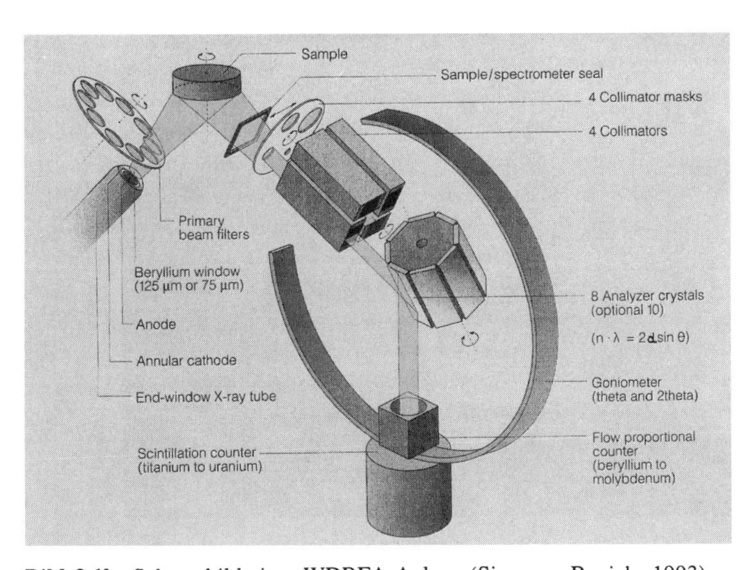

Bild 3.1b Schemabild einer WDRFA-Anlage (Siemens, Baujahr 1993)

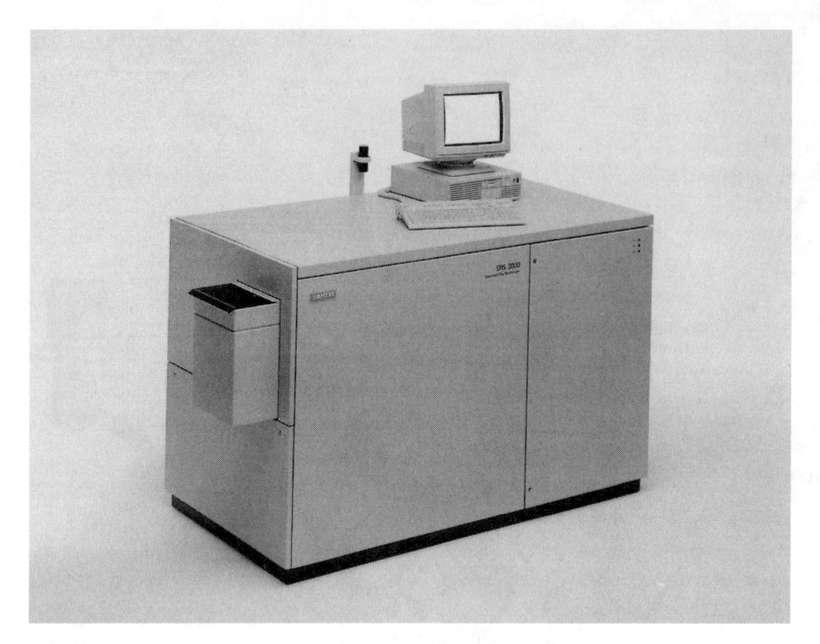

Bild 3.2a Sequenzspektrometer Siemens SRS 3000

Bild 3.2b Sequenzspektrometer Philips PW 2400

Nachdem bisher auf das Sequenzspektrometer insgesamt eingegangen wurde, werden nun die einzelnen Komponenten des Spektrometers in der Reihenfolge Röntgengenerator — Röntgenröhren — Probeneingabe — Goniometer — Analysatorkristalle — Kollimatoren — Detektoren — Steuer- und Auswerteautomatik beschrieben.

Die in vielerlei Hinsicht aufwendigste Hilfseinrichtung für ein wellenlängendispersives Röntgenfluoreszenzspektrometer ist der *Röntgengenerator*. Er hat die Aufgabe, diskrete Spannungen (20...200 kV) und Ströme (5...80 mA) hoher Stabilität (Schwankungen jeweils <0,01 Rel.-%) bei maximalen Leistungen bis zu etwa 4 kW zur Stromversorgung der Röntgenröhre zu liefern. Beim Einsatz leistungsstarker Röntgengeneratoren kann man durch Verwendung eines zusätzlichen Goniometers ohne großen finanziellen Mehraufwand einen Doppelarbeitsplatz für RFA und Röntgenbeugung schaffen.

Von der *Röntgenröhre* als primäre Strahlungsquelle ist möglichst hohe Strahlungsintensität bei gleichzeitiger hoher Stabilität und Freiheit von Störlinien zu fordern. In der Praxis werden in Sequenzspektrometern abgeschlossene Seit- oder Endfenster-Röntgenröhren mit Glühkathode und Sc, Cr, Mo, Rh, Ag, W, Pt oder Au als Anodenmaterial (teilweise auch als Doppelanode) und einer Leistung zwischen 1 kW und 3 kW eingesetzt. Bei der Doppelanode wird auf das Anodenmaterial für die harte Röntgenstrahlung dasjenige für die weiche Röntgenstrahlung aufgedampft; bei niedrigen Beschleunigungsspannungen dringen die Elektronen nur in die obere Schicht ein, bei hohen Spannungen auch in die untere. Mit Hilfe von Primärstrahlfiltern kann der Bremsstrahlungsanteil im Röhrenemissionsspektrum bei gleichzeitigem Intensitätsverlust unterdrückt werden (Sipilä 1981); weitere Angaben zur Verwendung von Primärstrahlfiltern finden sich in Abschnitt 3.2.1.

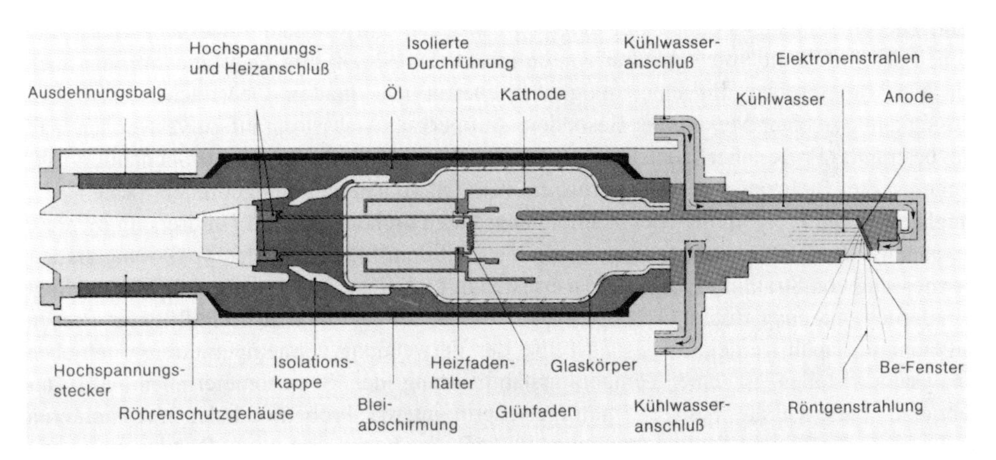

Bild 3.3 Schnittbild einer Seitfenster-Röntgenröhre (Philips)

Bild 3.3 zeigt den typischen Aufbau einer Seitfenster-Röntgenröhre. Der auf etwa 0,01 Torr evakuierte Glaskörper, an den der wassergekühlte Anodenträger aus Kupfer angeschmolzen ist, befindet sich in einem ölgefüllten Metallgehäuse. Die Kathode liegt auf negativem Potential, die Anode ist geerdet. Die auf der Anode erzeugte Röntgenstrahlung verläßt durch ein möglichst dünnes Berylliumfenster die Röhre, das aber besonders den langwelligen Anteil der Röntgenstrahlung absorbiert. Aufgrund der Erwärmung durch rückgestreute Elektronen ist der Fensterdicke jedoch auch eine untere Grenze gesetzt; bei der W-Röhre beträgt sie ca. 1 mm, bei der Cr-Röhre einige hundert µm. Der Aufheizeffekt im Strahlenaustrittsfenster kann vermindert oder sogar vermieden werden, wenn kleine Magneten zur Ablenkung der gestreuten Elektronen bzw. Röhren mit umgekehrtem Potential (Anode auf positivem Potential, alle anderen Teile geerdet) zum Einsatz gelangen. Für die Analyse von Magnesium und leichteren Elementen bringt die Verwendung fensterloser (offener) Röhren Vorteile (Mills und Belcher 1978). Bezüglich der Entstehung der charakteristischen und der kontinuierlichen Strahlungsanteile in Röntgenröhren wird auf Abschnitt 2.2 und hinsichtlich der Darstellung ausgewählter Röhrenspektren auf Bild 2.4 verwiesen. In Abschnitt 4.2.1.1 findet sich dann eine ausführliche Diskussion über Kriterien zur Röhrenauswahl, zum Einsatz von Primärstrahlfiltern und zu den Anforderungen an die spektrale Reinheit des Anodenmaterials.

Bei der End- oder Stirnfensterröhre (Bilder 3.4a und b) im Gegensatz zu der Seitfensterröhre (vgl. Bild 3.3) ist die Kathode geerdet, und die wassergekühlte Anode liegt auf positivem Potential, so daß besonders auf die Verwendung von entionisiertem Kühlwasser geachtet werden muß (geschlossener Kühlwasserkreislauf). Bei der Endfenster-Röhre ist es möglich, sehr nahe an die Meßprobe heranzukommen, was besonders für die leichten Elemente bessere Anregungsbedingungen im Vergleich zur Seitfenster-Röhre bedeutet. Letztere kann aber zur optimalen Anregung der Schwermetalle bei bis zu 100 kV betrieben werden (Endfenster-Röhre nur bis zu 60 kV).

Eine Erhöhung der Leistung konventioneller Röntgenröhren ist nur bei ausreichender Kühlung der Anode möglich, wie es z.B. bei Verwendung einer Drehanode geschieht (s. Bild 5.11).

Die *Probeneingabe* erfolgt in der Weise, daß das Probenmaterial in einen geeigneten Probenhalter gebracht wird, der genau in die Probeneinführungsschleuse des Spektrometers paßt. Die Probenhalter können mit diversen Einsätzen und Masken versehen werden. Sie dienen der Aufnahme von Tabletten von üblicherweise 32...50 mm Durchmesser oder auch von Festkörperproben mit einer möglichst ebenen und glatten Oberfläche sowie von Flüssigkeiten in einer Mylarzelle. Besondere Aufmerksamkeit ist darauf zu verwenden, daß die bestrahlte Probenoberfläche immer eben mit der Unterkante des Probenhalters abschließt. Zur Reduzierung des Einflusses von Oberflächeninhomogenitäten besteht die Möglichkeit, die Probe in der Meßposition langsam zu drehen (Zeit pro Umdrehung mehrere Sekunden). Die Probenkammer kann zusammen mit dem Innenraum des Spektrometers zur Vermeidung von Strahlungsabsorptionsverlusten in Luft (für Elemente mit $Z < 19$ unbedingt erforderlich) mit einer Rotationspumpe evakuiert oder bei der Untersuchung flüssiger Proben mit Helium gespült werden. Insbesondere bei der Verwendung von temperaturempfindlichen Analysatorkristallen ist eine Temperaturstabilisierung des Spektrometerinnenraums angebracht. Viele Geräte besitzen motorgesteuerte interne Probenwechsler mit mehreren Positionen; damit sind Referenzmessungen (z.B. in bezug auf eine Blindprobe) ohne externen Probenwechsel und ohne erneutes Evakuieren möglich.

Die von Röntgenbeugungsapparaturen her bekannten *Goniometer* werden sowohl in vertikaler als auch in horizontaler Aufstellung eingesetzt. Das mechanisch mit großer Genauigkeit arbeitende Gerät muß bei einer Drehung des Analysatorkristalls um den Winkel θ den Detektor genau um den doppelten Winkel schwenken (vgl. Bild 2.1). Das Goniometer kann sowohl manuell als auch mit Hilfe eines Elektromotors (schneller Vor- und Rücklauf, Scan-Betrieb = kontinuierlicher Vorschub von üblicherweise 1/4...4°(2θ)/min., Step-Scan-Betrieb = stufenweiser Vorschub) verstellt werden. Die Reproduzierbarkeit einer Winkelposition beträgt im praktischen Betrieb ca. 0,01°(2θ). Um systematische Verschiebungen aufgrund des Schlupfes im Goniometergetriebe zu vermeiden, soll eine Winkelposition

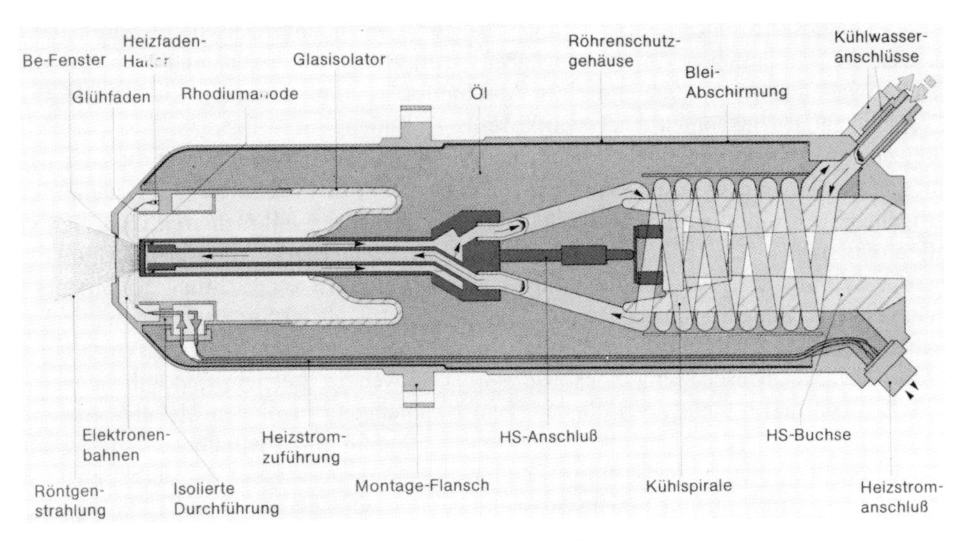

Bild 3.4a Schnittbild einer Endfenster-Röntgenröhre (Philips)

Bild 3.4b Ansicht einer Endfenster-Röntgenröhre (Siemens)

immer in derselben Weise, entweder von hohen oder von niedrigen 2θ-Werten herkommend, angefahren werden. Die optimale geometrische Anordnung und Justierung der am Goniometer angebrachten und damit den Strahlengang festlegenden Einzelkomponenten beschreiben Spielberg et al. (1959). Mit entsprechendem meßtechnischen Aufwand kann die Stabilisierung des Goniometers statt auf mechanischem auch auf elektronischem Wege erfolgen.

Die physikalischen Grundlagen der Beugung von Röntgenstrahlen an einem *Analysatorkristall* wurden in Abschnitt 2.3 erörtert. Die Beschreibung charakteristischer Parameter wichtiger Analysatorkristalle (Netzebenenabstand d, Reflexions- und Auflösungsvermögen,

Eigenstrahlung, Reflexionen höherer Ordnung, thermische und mechanische Eigenschaften) einerseits, die wesentlichen Anforderungen an einen Analysatorkristall und Kriterien zur Kristallauswahl andererseits finden sich in Abschnitt 4.2.1.2. Im Anhang ist in Tabelle A.4 ein Verzeichnis der bekannten Analysatorkristalle zu finden.

Bei den meisten kommerziell erhältlichen Spektrometern werden zur Dispersion der Fluoreszenzstrahlung ebene Analysatorkristalle eingesetzt (nichtfokussierende Systeme). In derartigen Geräten sind häufig motorgesteuerte Kristallwechsler mit mehreren vorjustierten Analysatorkristallen (z.B. LiF(200), LiF(220), ADP, PET, EDDT, Ge, TlAP, Graphit)[1] eingebaut. Wie schon in Abschnitt 2.3 angeschnitten wurde, ist zur Wahrung der Strahlengeometrie bei der Beugung am ebenen Analysatorkristall (paralleler Strahlengang) zumindest zwischen Probe und Analysatorkristall, möglichst aber auch zwischen Analysatorkristall und Detektor, die Zwischenschaltung eines *Kollimators* notwendig. Letztere sind üblicherweise vom Soller-Typ und bestehen aus dünnen, zum Strahlengang parallelen Metall-Lamellen. Der Lamellenabstand (gebräuchliche Werte: etwa 150...550 µm) bestimmt zusammen mit der Länge des Kollimators (meist einige Zentimeter) die Restdivergenz des durchtretenden Strahlenbündels. Zur Erzielung maximaler spektraler Auflösung bei schweren Elementen ist ein feiner Kollimator mit kleinem Lamellenabstand anzustreben. Schwächt dieser aber die Strahlungsintensität auf ein nicht akzeptables Maß (somit Verschlechterung der Nachweisgrenzen), so muß — wie bei leichten Elementen üblich — auf den groben Kollimator mit großem Lamellenabstand zurückgegriffen werden.

Das Reflexionsvermögen des Analysatorkristalls, das berechnet (Azároff 1974) und nach Routinemethoden experimentell bestimmt werden kann (Evans et al. 1977), läßt sich durch Verwendung speziell geschnittener Einkristalle auf Kosten der Auflösung deutlich steigern (Mathieson 1977). Trotzdem bleibt der größte Nachteil der Dispersionsmethode mit ebenen Kristallen, nämlich ein relativ geringes Nachweisvermögen aufgrund des großen Strahlungsverlustes durch die Kollimatoren, prinzipiell bestehen und muß im Einzelfall gegenüber den Vorteilen dieser Methode (einfache Handhabung und Justierung, Scan über Gesamtspektrum möglich) abgewogen werden. Empfindlichkeit und Auflösung der Dispersionsanordnung können aber — besonders bei der Untersuchung von Proben kleiner Oberfläche — durch den Einsatz von fokussierenden Systemen mit gekrümmten Analysatorkristallen wesentlich verbessert werden; die Kollimatoren werden hierbei durch Spaltblenden ersetzt. In der Praxis werden fokussierende Systeme durch unterschiedliche geometrische Anordnungen (in Reflexion: Johann- und Johannson-Typ; in Transmission: Cauchois-Typ) realisiert (Blochin 1964, Klockenkämper 1984).

Die beiden in Sequenzspektrometern eingesetzten *Detektoren,* der Durchflußzähler (DZ)[2] und der Szintillationszähler (SZ), wurden in Bild 2.12 schematisch dargestellt; in Abschnitt 2.4 wurde weiterhin eine Kurzbeschreibung der Geräteausführungen und der physikalischen Vorgänge bei der Erfassung von Intensität und Energie der Fluoreszenzstrahlung in Form von Anzahl und Amplitude der elektrischen Impulse am Detektorausgang gegeben. Spezielle Ausführungen von Sekundärelektronenvervielfachern (Spiraltron, "magnetic electron multiplier", "curved-channel electron multiplier") beschreibt Azároff (1974).

---

[1] Die Beschreibung dieser gebräuchlichen Analysatorkristalle findet sich in Abschnitt 4.2.1.2.

[2] Zuweilen werden auch abgeschlossene Proportionalzähler (PZ) eingesetzt.

In Abschnitt 4.2.1.3 werden die Detektorwahl (DZ, SZ, Tandembetrieb), die Wahl des Zählgases beim DZ und mögliche Störungen behandelt (Verschmutzung des Zähldrahtes beim DZ, Leistungsabfall des Szintillators beim SZ, Interferenz von Nutzimpulsen mit dem Escape-Peak des Zählrohrgases). An dieser Stelle sind somit nur noch einige technische Details zu erwähnen: Für den notwendigen konstanten Gasdurchfluß im DZ sorgt ein automatischer Gasdichtekompensator. Die optimale Wahl der Detektorhochspannung erfolgt durch Aufnahme der Kennlinien der Zähler (Auftragung der Zählrate gegen Versorgungsspannung) für jede Analysenlinie. Die Arbeitsspannungen sollten dann derart bemessen werden, daß Spannungsschwankungen möglichst keine Änderung der Zählrate bewirken (Plateaubereich).

Die *Meßelektronik* hat hauptsächlich zwei Aufgaben: Einerseits müssen die Detektorimpulse in dem Maße linear verstärkt werden, daß sie der Eingangsempfindlichkeit von Zähler und Schreiber entsprechen, andererseits sollte eine möglichst effektive Trennung der Nutz- von den Störimpulsen bewirkt werden.

In Abschnitt 2.4 wurde festgestellt, daß die Messung monochromatischer Röntgenstrahlung im Detektor eine statistische Verteilung der Impulshöhen um einen der Strahlungsenergie proportionalen Mittelwert ergibt (Impulshöhenverteilung). Zur Unterdrückung von Störsignalen (niederenergetisches Rauschen von Detektoren und Elektronik, Escape-Peaks, Linien 2. Ordnung, hohe Impulse durch Energieverlust atmosphärischer Höhenstrahlung im Detektormaterial) müssen die Detektorsignale, die im Spannungsbereich der Nutzsignale (Fluoreszenzstrahlung des Analysenelements) liegen, mittels eines Einkanalanalysators ausgewählt und alle anderen Impulse unterdrückt werden. Dementsprechend besteht ein derartiger Einkanalanalysator aus zwei Schwellenwertdiskriminatoren (unterer und oberer Schwellenwert), die in Antikoinzidenz geschaltet sind: Nur Impulse, deren Spannung zwischen beiden Schwellenwerten, im sog. Fenster, liegen, werden als Zählimpulse weitergeleitet. Um das Fenster richtig zu setzen, d.h. die Spannungswerte für den unteren und oberen Schwellenwert korrekt festlegen zu können, ist die Durchführung einer *Impulshöhenanalyse* notwendig. Im Normalfall wird das Fenster so gesetzt, daß der die Analysenlinie repräsentierende Impulshöhenpeak möglichst symmetrisch und seinem Flächeninhalt nach nahezu vollständig erfaßt wird, d.h. innerhalb des Fensters zu liegen kommt. Ein Richtwert für die Einstellung der Fensterbreite ist hierbei der 2,5-fache Wert der Halbwertbreite der Impulshöhenverteilung der Nutzsignale. Liegen dagegen deutliche Überlappungen der Impulshöhenverteilungen von Nutz- und Störsignalen vor, so muß das Fenster in jedem Einzelfall so gesetzt werden, daß das Verhältnis des Integrals der Nutz- zu dem der Störimpulse mit der Fensterbreite als Integrationsintervall maximal wird. Ist mit dieser Maßnahme oder durch eine mathematische Kurvenentfaltung (Grothe und Cothern 1974) eine wünschenswerte Störsignalunterdrückung nicht möglich, so muß auf die in Abschnitt 4.2.1.2 erwähnten Methoden zur Koinzidenzkorrektur nicht-diskriminierbarer störender Linien zurückgegriffen werden.

Ist der Einkanalanalysator erst einmal für eine bestimmte Analysenlinie optimal eingestellt, so läßt sich nach Gl. (2.13) eine eindeutige Beziehung zwischen dieser Fensterlage und derjenigen ermitteln, die sich bei einer anderen Analysenlinie (und damit bei einer anderen Wellenlänge und einem anderen Goniometerwinkel) und bei Verwendung eines anderen Analysatorkristalls (anderer Netzebenenabstand) ergeben würde. Bei Apparaturen mit einer Diskriminierautomatik werden oben genannte mathematische Beziehungen elektronisch mittels eines mechanisch oder magnetisch mit dem Goniometer gekoppelten $\sin\theta$-Potentiometers (zur Berücksichtigung unterschiedlicher Goniometerwinkel) und eines

Widerstandnetzwerkes (zur Berücksichtigung unterschiedlicher Analysatorkristalle) umgesetzt (vgl. auch Siemens Anal. techn. Mitt. 124).

Indem sie den Einkanalanalysator durch ein Mehrkanalsystem ersetzten, gelang es Jagoutz und Palme (1976), das Peak/Untergrund-Verhältnis um zwei Größenordnungen zu verbessern; dieser Effekt wirkt sich auf die Nachweisgrenzen bei der Spurenanalyse sehr vorteilhaft aus.

Auf eine weitere Aufgabe der Meßelektronik, nämlich auf die Totzeitkorrektur bei hohen Impulsraten, wurde bereits in Abschnitt 2.4 eingegangen; experimentelle Methoden zur Totzeitmessung beschreiben u.a. Johanning (1963) und Stecher (1981).

Bild 3.5 externer Probenwechsler (Siemens)

Zur effektiven Durchführung einer großen Anzahl von Routineanalysen mit Sequenzspektrometern werden Einrichtungen zur *automatischen Steuerung und Datenauswertung* eingesetzt. Eine wesentliche Voraussetzung für den automatischen Betrieb ist der Einsatz eines externen Probenwechslers. Die auf dem Markt angebotenen Geräte arbeiten nach unterschiedlichen mechanischen Prinzipien (Bild 3.5) und ermöglichen den automatischen Wechsel von bis zu mehreren hundert Proben, wobei manche Apparaturen die Codierung einzelner Probenpositionen gestatten. Weiterhin ist für den Ablauf festgelegter Meßprogramme eine elektronische Ansteuerung des Goniometers für die Funktion des schnellen Vor- und Rücklaufs, des Anfahrens von Peakpositionen und von Scan und Step-Scan (zur

Ermittlung des Peakintegrals) notwendig. Über ein entsprechendes Interface kann das Spektrometer an einen Rechner angeschlossen werden, der neben der Steuerung des Meßablaufs auch die Identifizierung der Elementlinien (Huang et al. 1981) und die Datenauswertung unter Berücksichtigung diverser Matrixkorrekturverfahren (Abschnitt 4.4) übernimmt (Gunn 1976). Die automatische Steuerung der Gerätefunktionen kann nicht nur durch programmierbare Rechner (Software-Steuerung), sondern auch durch Abruf von festgelegten Meßprogrammen einer festverdrahteten Steuerlogik (Hardware-Steuerung) oder durch Mikroprozessoren erfolgen. In modernen Sequenzspektrometern (z.B. Bild 3.2c) ist die Steuerungselektronik (mit Mikroprozessoren) im Gerät integriert; an der Dateneingabe-/Datenausgabeschnittstelle des Personal Computers können verschiedene Rechensysteme zur Datenauswertung, z.B. Großrechenanlagen mit peripheren Speichereinheiten, angeschlossen werden.

Bezüglich des praktischen Einsatzes von Vorrichtungen zur automatischen Steuerung und Datenauswertung bei der qualitativen und quantitativen Analyse wird auf Abschnitt 4.2.3.3 verwiesen.

3.1.2 Simultanspektrometer

Simultan- oder Mehrkanalspektrometer sind in der Lage, bis zu etwa 30 verschiedene Elementlinien gleichzeitig zu erfassen. Dementsprechend liegt das Hauptanwendungsgebiet dieser Geräte bei der Durchführung von Kontrollanalysen an in großer Zahl gefertigten industriellen Produkten und bei der Überwachung und Steuerung von Fertigungsprozessen. Während früher für voll ausgebaute und automatisierte Simultanspektrometer ein sehr hoher Geldbetrag investiert werden mußte, überschneidet sich heute aufgrund der Verwendung von standardisierten Bauteilen und von preisgünstiger Mikroelektronik (IC-Technik, modulare Bauweise, Normeinschübe) die Kaufpreisspanne derartiger Geräte oft mit der von Sequenzspektrometern.

Für viele Anwender dürften neben nur teilweise ausgebauten Geräten mit 8 bis 10 Kanälen auch Simultanspektrometer in kompakter Bauweise interessant sein. Diese preisgünstigen Geräte besitzen z.B. ölgekühlte Röntgenröhren und weniger als 10 Meßkanäle, wobei letztere vom Operator mit leicht auswechselbaren, für die gewünschte Elementlinie fertig justierten Monochromatoren belegt werden können (Gurvich et al. 1983).

In Simultanspektrometern gelangt ausschließlich die Rh-Endfensterröhre (Bild 3.4) zum Einsatz; das emittierte Röntgenspektrum dieser Röhre enthält charakteristische Linien (K- bzw. L-Linien) sowohl im lang- als auch im kurzwelligen Bereich des Spektrums (vgl. Bild 2.4). Die Röntgenröhre wird vertikal mit dem Fenster nach unten gerichtet montiert; unmittelbar darunter liegt die sich in der Meßposition befindende Probe. Am halbkugelförmigen Spektrometergehäuse können, radial um die Probe verteilt, bis zu ca. 30 diskrete Spektrometersysteme angeflanscht werden (Bild 3.6 und 3.7). Als Spektrometerkanal dienen werksmäßig fest eingestellte Beugungssysteme, die aus den Komponenten Eintrittsspalt — Analysatorkristall — Austrittsspalt — Detektor bestehen und als Monochromator für die jeweils gewünschte Wellenlänge der Röntgenfluoreszenzstrahlung wirken. Die wichtigsten, vom Sequenzspektrometer her bekannten Analysatorkristalle werden in die Form einer logarithmischen Spirale gebogen. In dieser Anordnung wird eine optimale Fokussierung der nachzuweisenden Strahlung und damit eine hohe spektrale Auflösung und ein günstiges Peak-Untergrund-Verhältnis erreicht. Von allen Spektrometerkanälen können üblicherweise maximal zwei als sog. Scanner ausgebildet werden. Zur Erzielung einer schnellen Übersichtsanalyse gelangen sowohl wellenlängen- als auch energiedispersive Spektrometer zum Einsatz. Außer zur Durchführung eines Scan kann der variable wellenlängendispersive

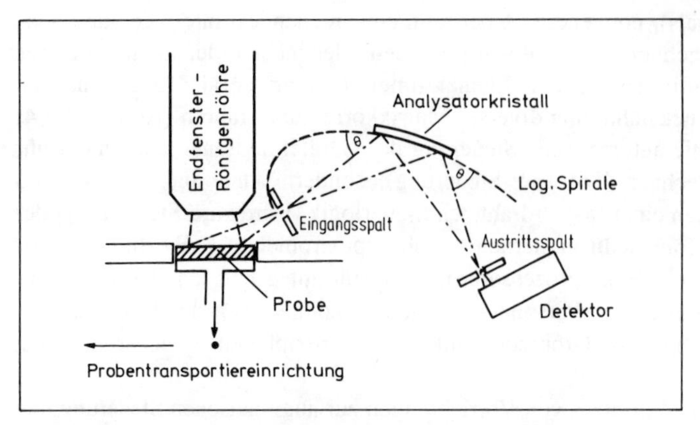

Bild 3.6 Prinzipbild zum Simultanspektrometer

Bild 3.7 Spektrometerteil eines Simultanspektrometers (Philips)

Spektrometerkanal auch auf seltener gewünschte Elementlinien oder Untergrundmeßstellen eingestellt oder als Referenzkanal zur automatischen Zählzeitkorrektur zwecks Kompensation von Variationen in der Dosisleistung der anregenden Röntgenstrahlung benützt werden. Der Probentransport von der Probeneingabestelle bzw. dem Magazin des Probenwechslers bis zur Meßposition gestaltet sich komplizierter als beim Sequenzspektrometer und wird in der Regel von einer automatisch gesteuerten Pneumatik übernommen.

Ebenso, wie bereits in Abschnitt 3.1.1 für das Sequenzspektrometer beschrieben wurde, können am Eingangs-/ Ausgangsinterface des Simultanspektrometers verschiedene periphere Geräte zur Spektrometersteuerung und Datenauswertung angeschlossen werden (Personal Computer, On-line-Verbindung mit zentraler Rechenanlage). Der Rechner bzw. Mikroprozessor steuert nicht nur den Meßablauf, sondern überwacht auch die laufenden Spektrometerfunktionen; Bedienungsfehler durch den Operator werden dadurch weitgehend ausgeschlossen.

3.1.3 Makro- und Mikrosonde

Wie bereits in Abschnitt 2.1 ausgeführt wurde, ist für den Nachweis leichter Elemente die Anregung durch Elektronenstrahlen besonders vorteilhaft. Dies geschieht u.a. in Makro- und Mikrosonden, bei denen die Probenoberfläche punktweise analysiert wird. Die angeregte Röntgenstrahlung wird von wellenlängendispersiven Spektrometersystemen (z.T. auch in Kombination mit energiedispersiven Systemen), wie sie in den beiden vorhergehenden Kapiteln beschrieben wurden, analysiert. Die Ortsauflösung auf der Probenoberfläche hängt vom Durchmesser des Brennflecks des Elektronenstrahls, von der Probenmatrix, der Anregungsspannung und vom Probenstrom ab. Der Durchmesser des Brennflecks auf der Probenoberfläche wiederum ist eine Funktion des Strahldurchmessers, der bei der Makrosonde bei etwa 1 mm, bei der Mikrosonde dagegen bei < 1 µm liegt. Während bei der Makrosonde die Rasterpunkte im lichtmikroskopischen Bild der Probenoberfläche dargestellt werden können, wird im Fall der Mikrosonde diese Korrelation mit Hilfe des dem lichtoptischen sehr ähnlichen elektronenoptischen Bildes (Messung der rückgestreuten Sekundärelektronen) bewerkstelligt.

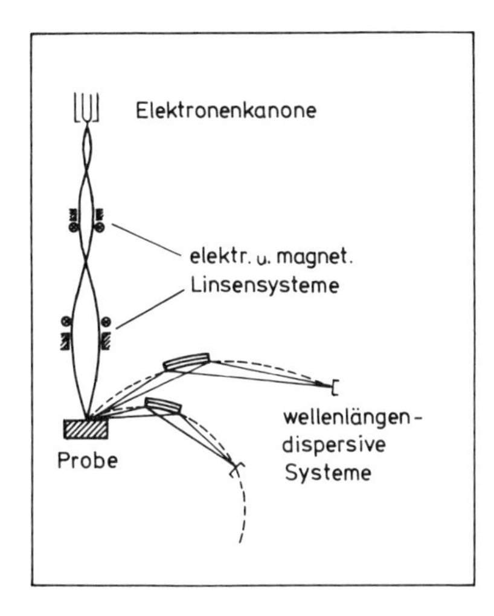

Bild 3.8
Prinzip der Elektronenstrahlmikrosonde

In Bild 3.8 ist das Prinzip der Elektronenstrahlmikrosonde dargestellt. Die Fokussierung und gezielte Ablenkung des Elektronenstrahls erfolgt durch elektrische und magnetische Felder. Die gesamte Anordnung befindet sich im Hochvakuum.

Es gibt zwei grundsätzliche Techniken der Oberflächenanalyse mit der Mikrosonde, je nachdem, ob die Position des Elektronenstrahls auf der Probenoberfläche oder die Winkelstellung des Kristallspektrometers während der Messung konstant bleibt. Während im erstgenannten Teil die Vielelementanalyse kleinster Probenoberflächenbereiche durchgeführt wird (quantitative Punktanalyse), erhält man im letztgenannten Fall ein Rasterbild der Intensitätsverteilung der eingestellten Elementlinie über einen Ausschnitt der Probenoberfläche. Aufgrund der nur kurzen Verweilzeit des Elektronenstrahls auf den einzelnen Rasterpunkten kann man bei der zuletzt genannten Technik nur relativ große Konzentrationsunterschiede erkennen. Da im Rahmen dieses Buches auf die Mikrosondentechnik nicht weiter eingegangen wird, sei der interessierte Leser auf weiterführende Literatur (z.B. Birks 1963, Heinrich 1966, Long 1967, Anderson 1973, Klockenkämper 1980, Ware 1991) verwiesen.

3.2 Energiedispersive Röntgenfluoreszenzsysteme

3.2.1 Stationäre Spektrometer

Die Möglichkeit zur Durchführung von minutenschnellen Übersichtsanalysen ("Fingerprint-Analysen") zur raschen Unterscheidung und Klassifikation unterschiedlichsten Probenmaterials macht die energiedispersive Röntgenfluoreszenzanalyse für einen großen Anwendungsbereich interessant. Dazu kommen ein relativ günstiger Anschaffungspreis und eine ständig wachsende Anzahl von Applikationsbeispielen auch zur quantitativen Analyse (Abschnitt 5.3).

Wie aus Bild 2.1 leicht zu ersehen ist, könnte im Prinzip eine wellenlängendispersive RFA-Anlage mit wenigen Handgriffen in eine energiedispersive umgebaut werden: Dazu müßte das Goniometer mit dem Analysatorkristall entfernt und der Detektor zusammen mit seitlichen Blenden so über der Probe angebracht werden, daß zu ihm zwar die von der Probe ausgehende Fluoreszenzstrahlung, nicht aber die direkte oder durch Wandeffekte und Braggreflexion abgelenkte Primärstrahlung der Röntgenröhre gelangen kann. Abgesehen von der äußerst mühsamen Aufgabe der Aufnahme eines Impulshöhenspektrums nur mit Hilfe eines Einkanaldiskriminators, wäre die Energieauflösung von Durchfluß- oder Szintillationszähler aber so unbefriedigend, daß man den Geräteumbau wohl schwer bereuen würde. Somit ist auch verständlich, daß die Entwicklung der energiedispersiven RFA mit derjenigen eines geeigneten Detektors hoher Energieauflösung in Gestalt des Halbleiterdetektors eng gekoppelt war. Erst in den siebziger Jahren konnten Halbleiter-Verstärker-Systeme mit für den analytischen Einsatz genügender Stabilität und Energieauflösung hergestellt werden. Der Entwicklung des Si(Li)-Detektors für die Röntgenspektralanalyse kam dabei viel von der langjährigen Erfahrung mit dem Ge(Li)-Detektor in der Gammaspektroskopie seit den sechziger Jahren zugute.

Bild 3.9 zeigt ein schematisches Funktionsdiagramm einer Apparatur zur EDRFA. Die durch Röntgenstrahlung in der Probe angeregte Fluoreszenzstrahlung passiert den Kollimator und fällt durch ein dünnes Fenster auf den Si(Li)-Detektor. Durch Wechselwirkung der Strahlung mit dem Halbleitermaterial werden bewegliche Ladungen erzeugt, die vom angelegten Hochspannungsfeld abgezogen und im Vorverstärker integriert und verstärkt werden (Abschnitt 2.4). Zur Minimalisierung des Rauschens und Einschränkung der Beweglichkeit von Lithiumatomen im Si(Li)-Detektor werden der Halbleiterdetektor und die erste Stufe des Vorverstärkers mit flüssigem Stickstoff gekühlt. Im Blockdiagramm folgen die Endverstärkung zusammen mit Netzwerken zur Impulsformung, bestehend aus Bandpaßfiltern und Basislinienkonstanthalter, die dazu dienen, für den dem Vielkanalanalysator vorgeschalteten Analog-Digital-Converter (ADC) akzeptable Impulse zu bilden. Mit Hilfe des sog. Pile-up-Detektors kann der Vielkanalanalysator über ein Hilfssignal am Antikoinzidenzeingang Summenimpulse erkennen und aussortieren. Im Vielkanalanalysator werden die aufbereiteten Impulse ihrer Amplitude nach geordnet und kontinuierlich gespeichert. Jede Kanalnummer des Vielkanalanalysators entspricht einem bestimmten Energiebereich der Fluoreszenzstrahlung, so daß die einzelnen Röntgenlinien mittels Tabellen identifiziert und ihre Intensitäten durch Linienintegration errechnet werden können. Diese Operationen werden von einem PC durchgeführt, der auch die Datenauswertung (Eichung, Matrixkorrektur) und beim automatischen Betrieb die Steuerung der Spektrometerfunktionen besorgt. Die aufgenommenen Spektren, Vergleichsspektren, Meß- und Korrekturprogramme werden auf der Festplatte oder Disketten gespeichert. Operatoranweisungen erfolgen über die Tastatur

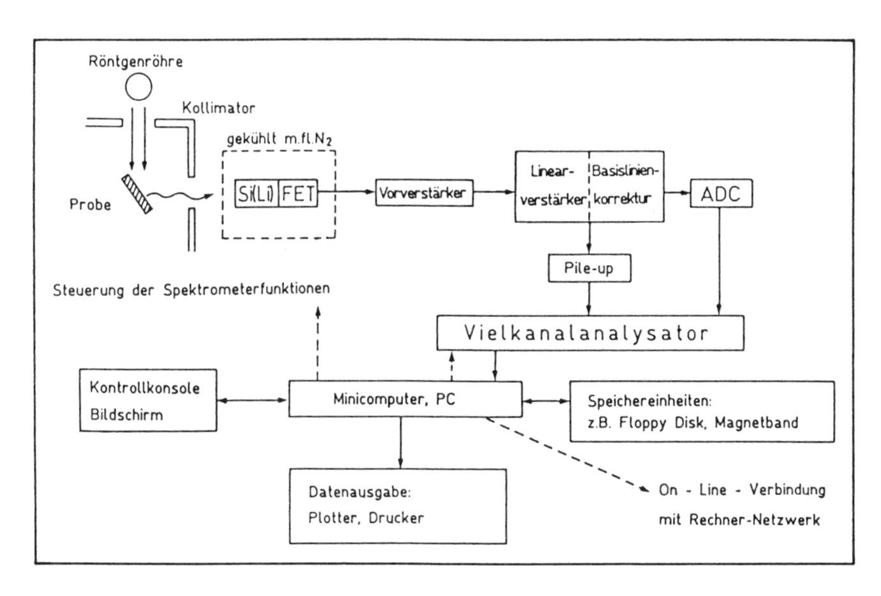

Bild 3.9 Blockdiagramm zur EDRFA

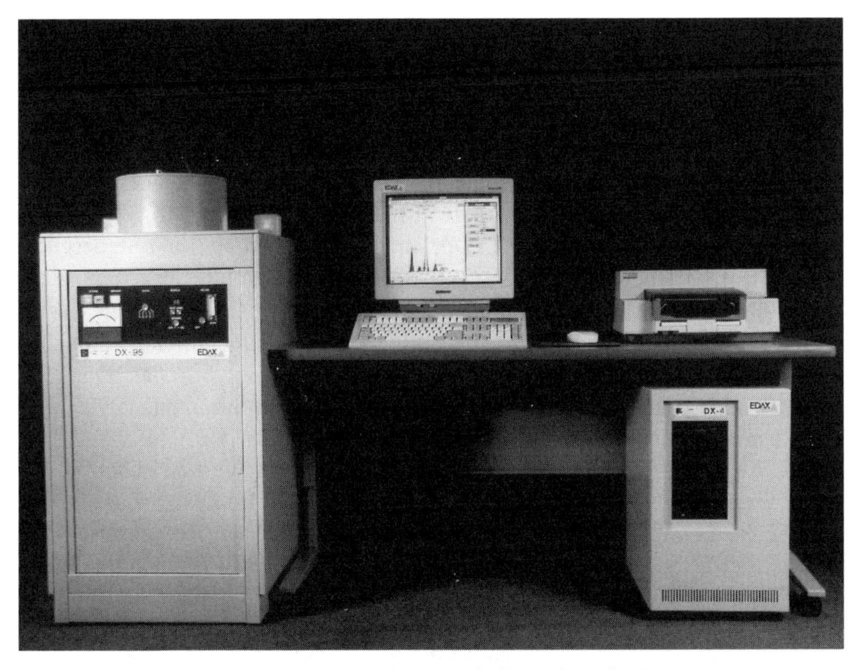

Bild 3.10 Beispiel für ein kommerzielles energiedispersives Spektrometer

einer Kontrollkonsole. In Bild 3.10 ist ein kommerziell erhältliches Spektrometer wiedergegeben. Eine EDRFA-Anlage, wie oben beschrieben, ist durch folgende typische physikalische Daten gekennzeichnet: Energiebereich ca. 1...60 keV, Energieauflösung 140...170 eV (Linienhalbwertsbreite) und maximale Zählrate (1...5) × 10^4 Imp./s.

Nachdem bisher ein Überblick über handelsübliche Meßsysteme zur EDRFA gegeben wurde, wird hier auf die einzelnen Komponenten dieser Geräte (Probeneingabe, Strahlungsquellen, Detektorsysteme, Meßelektronik, Datenverarbeitung) eingegangen; hinsichtlich des Röntgengenerators gilt das hierüber in Abschnitt 3.1.1 Gesagte. Der Schwerpunkt der folgenden Betrachtungen wird auf der Schilderung der apparativen Möglichkeiten liegen, in Abschnitt 4.2.3 folgt dann eine mehr praxisorientierte Diskussion dieser Thematik und schließlich werden in Abschnitt 4.2.4 meßtechnische Anleitungen zur Durchführung qualitativer und quantitativer Analysen gegeben.

Die *Probeneingabe* erfolgt meist mittels Drehteller. Großvolumige Probenkammern können auch einzelne größere, nicht präparierte Probenstücke aufnehmen. Probenwechsler mit bis zu mehr als vierzig Positionen und Vorrichtungen zum Drehen der Meßprobe und zur Messung in Vakuum oder Edelgasatmosphäre sind erhältlich.

Als *Strahlungsquellen* werden bei der EDRFA Röntgenröhren, Elektronenstrahlquellen oder radioaktive Strahlungsquellen eingesetzt; auf die beiden letztgenannten wird in Abschnitt 3.2.3 bzw. 3.2.2 eingegangen. Bei den üblichen stationären Spektrometern mit eingebauter Röntgenröhre kann zwischen polychromatischer (ungefiltertes Röhrenspektrum) und quasimonochromatischer Anregung (mit Sekundärtarget oder/und Monochromatorfilter im Strahlweg) gewählt werden; bei manchen Geräten können im Spektrometer bis zu zwei Röntgenröhren und drei Radioisotopenquellen gleichzeitig eingebaut sein. Die von der WDRFA her bekannten wassergekühlten Hochleistungsröhren (2...3 kW) werden nur beim Einsatz eines Sekundärtargets verwendet, da bei dieser Methode große Intensitätsverluste auftreten. Für die direkte Fluoreszenzstrahlanregung reichen aber luft- oder ölgekühlte Niederleistungs- oder Miniaturröntgenröhren aus, die in ihrer Ausgangsleistung (etwa 50 mW bis 50 W) dem hochempfindlichen Detektorsystem angepaßt sind. Diese Röhren sind mit unterschiedlichen Anodenmaterialien (meist Rh, aber auch Cr, Cu, Mo, W, seltener Zr, Ag, Re, Pt, Au), teilweise auch mit einer Doppelanode und einem internen Steuergitter für gepulsten Betrieb ausgerüstet (Skillicorn 1982, Short und Gleason 1982). Bei gepulstem Betrieb kann durch Abschaltung der Röhre während der Verarbeitungszeit eines registrierten Impulses durch die Meßelektronik die Anzahl der auftretenden Summenimpulse reduziert und die Zählrate im Vergleich zum ungepulsten Betrieb um mehr als das Doppelte gesteigert werden (Sandborg und Russ 1977). Während sich für die Simultananalyse aller Elemente eine Anregungsspannung von 50 kV (bei Stromstärken von 1 µA bis 1 mA) als optimal erweist, sollte speziell für die Anregung leichter Elemente ein Wert zwischen 10 kV und 15 kV (bei Stromstärken von 100...200 µA) eingestellt werden. In diesem Zusammenhang ist zu bemerken, daß im allgemeinen die Intensität der emittierten Röntgenstrahlung überproportional mit der Stromstärke zunimmt (Das Gupta et al. 1980). Elementlinien mit Energien zwischen 5 keV und 30 keV werden am besten durch monochromatische Röntgenstrahlung angeregt (Gedcke et al. 1977; vgl. auch Abschnitt 4.2.4.1). Die spezifische Anregung von Elementlinien durch eine Energie direkt oberhalb ihrer Absorptionskante, erzeugt durch das Sekundärtarget- bzw. Filtermaterial, ist viel effektiver als eine direkte Anregung durch die Strahlung der Röntgenröhre; weitere Verbesserungen können noch durch Einbringen diverser Filter in den Strahlengang erreicht werden (z.B. Porter 1973). Handelsübliche Geräte sind oft mit bis zu sechsfachen Wechseleinrichtungen für unterschiedliche Sekundärtargets (Ti, Cu, Ge, Zr, Mo, Ag, Ba) ausgerüstet. Nahezu monochromatische Röntgenstrahlung kann aber auch durch den Einsatz eines Graphitmonochromators (Gedcke et al. 1977) oder durch die Positionierung geeigneter kritischer Absorber zwischen Strahlungsquelle und Probe (u.U. zusätzlich auch zwischen Probe und Detektor) erhalten werden (Puumalainen 1977). Dies geschieht entweder durch die Verwendung von Röntgenröhren mit Transmissionstargets oder durch die von Seitfensterröntgenröhren in Verbindung mit externen Transmissionsfiltern, die ihre Eigenstrahlung emittieren und nur den hochenergetischen Teil der Bremsstrahlung durchlassen. Handelsübliche Geräte können mit einem mehrfachen Primärstrahlfiltersatz (Cr, Cu, Y, Mo, Ag, In, Sn, Ce) ausgestattet werden.

Die hier beschriebenen verschiedenen Methoden zur Erzeugung von quasimonochromatischer Röntgenstrahlung sind in Bild 3.11 zusammenfassend dargestellt. Der Kollimator verhindert, daß Streustrahlung in den Detektor gelangt. Bezüglich konstruktiver Details zur technischen Realisation der oben beschriebenen Anordnungen wird beispielhaft auf Spatz und Lieser (1979) verwiesen. Kriterien zur Auswahl der Transmissionsfilter und der des Sekundärtargetmaterials werden in Abschnitt 4.2.3.1 diskutiert. Bei Einsatz von mit Hilfe bestimmter Streuanordnungen erzielbarer polarisierter Primärstrahlung können der spektrale Untergrund und somit die Nachweisgrenzen reduziert werden (Zahrt und Ryon 1981, Ryon et al. 1982, Strittmatter 1982; Zahrt 1983). Durch Einschalten eines speziellen zylindrischen Bragg-Reflektors aus Pyrographitkristallen (einstellbare Transmissionsenergien E_0 zwischen 1 und 40 keV bei Bandbreiten von 2 bis 10 keV) zwischen Probe und Si(Li)-Detektor konnten Kanngieser et al. (1991) sowie Yokhin und Tisdale (1993) gegenüber einem Sekundärtarget-Spektrometer Verbesserungen der Nachweisgrenzen um Faktoren bis zu neun erzielen. Um die Nachweisgrenzen der TRFA zu erreichen, müßten allerdings schon so intensitätsstarke Strahlungsquellen wie Synchrotron oder 30 kW-Röntgenröhren mit Drehanoden verwendet werden (Wobrauschek und Aiginger 1986).

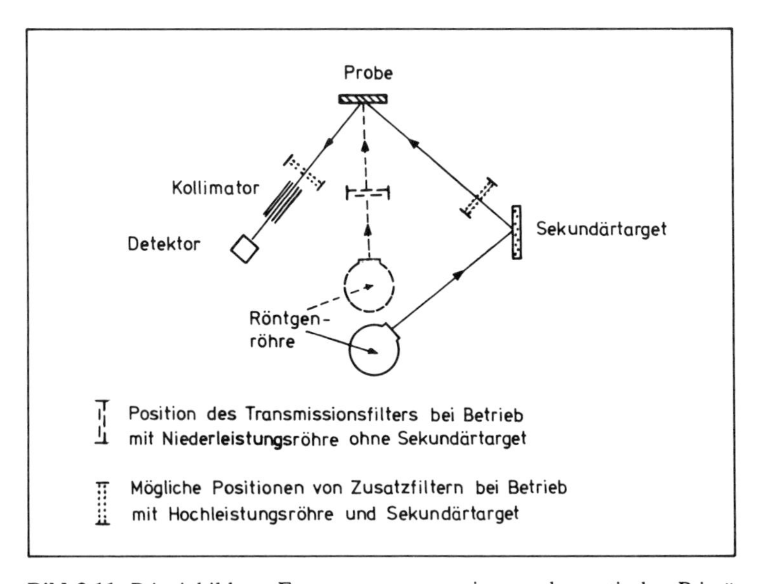

Bild 3.11 Prinzipbild zur Erzeugung von quasi-monochromatischer Primärstrahlung bei der EDRFA

Als *Detektorsysteme* werden in energiedispersiven Geräten üblicherweise Si(Li)-, für höhere Energien (etwa >20 keV) auch Ge(Li)-Detektoren eingesetzt. Die Wirkungsweise und die wichtigsten physikalischen Daten dieser Halbleiterdetektoren wurden in Abschnitt 2.4 beschrieben. Die aktive Detektorfläche beträgt in der Praxis meist 10...14 mm^2, teilweise auch bis zu ca. 80 mm^2. Die eingesetzten Be-Fenster sind zwischen 5 µm und 50 µm, meist aber 7...8 µm dick. Für die Energieauflösung werden Werte zwischen 140 eV und 170 eV (durchschnittlich 160 eV) angegeben. Dabei ist jedoch zu beachten, daß es sich nicht um eine Gerätekonstante handelt, sondern daß diese Größe stark von den Zeitkonstanten bei der Impulsformung durch die Meßelektronik abhängt (eine bessere Energieauflösung bedingt eine kleinere maximale Zählrate): Zum Beispiel wird bei einer Impulsverarbeitungszeit von 10 µs und einer Inputrate von 80000 Imp./s eine Energieauflösung von nur 200 eV erreicht, dagegen bei einer Impulsverarbeitungszeit von 40 µs und einer Inputrate von 20000 Imp./s mit demselben Detektor eine Energieauflösung von bereits ca. 150 eV (nach Angaben der Firma Link Systems für Geräte der MECA-Serie).

In der Praxis wird der Empfindlichkeitsabfall des Si(Li)-Detektors auf der langwelligen Seite des Spektrums durch das Beryllium-Fenster sowie durch Absorption in der unempfindlichen Schicht der Detektordiode (ca. 20 nm Goldfolie, ca. 1 µm unempfindliche Siliciumschicht; vgl. Bild 2.15) und auf der kurzwelligen Seite des Spektrums durch die endliche Dicke der aktiven Zone der Detektordiode verursacht. Für E<6 keV ist der Ge(Li)-Detektor unempfindlicher als der Si(Li)-Detektor, für E>25 keV empfindlicher; im Zwischenbereich wird die K-Absorptionskante von Germanium bei 11,07 keV angeregt, was zu Escape-Peaks führt. Ein Germaniumdetektor für den niederenergetischen Röntgenbereich ist der HPGe-Detektor (High Purity Germanium) mit ionenimplantierten Kontakten (Slapa et al. 1982).

Das Gefäß zur Aufnahme des zur Kühlung von Detektor und der ersten, ladungsempfindlichen Vorverstärkerstufe benötigten flüssigen Stickstoffs faßt etwa 10...30 l und reicht maximal für einige Wochen. Müssen größere Zeitspannen überbrückt werden, so ist der Einsatz externer automatischer Nachfüllgeräte notwendig.

Der verständliche Wunsch des EDRFA-Praktikers, auf die Kühlungseinrichtungen verzichten zu können, hat mit zur Entwicklung von Halbleiterdetektoren geführt, die bei Zimmertemperatur betrieben werden können. Als hierfür geeignetste Materialien, die entsprechend große Energielücken, geringe Leckströme sowie gute Ladungstransporteigenschaften besitzen, haben sich CdTe, GaAs und HgI_2 erwiesen (Dabrowski 1982). Die Kenndaten dieser Halbleiterzähler (besonders die Energieauflösung) reichen allerdings kaum aus, um gegenüber speziellen Typen konventioneller Detektoren wie dem Gas-Proportional-Szintillations-Zähler (Conde et al. 1982) in Konkurrenz zu treten.

Von der *Meßelektronik* wird gefordert, daß die Detektorsignale störungsfrei und energieproportional erfaßt werden, um für die weitere Datenverarbeitung zur Verfügung zu stehen. Um das Verstärkerrauschen, das nach dem Fehlerfortpflanzungsgesetz quadratisch zur statistisch bedingten Schwankung bei der Ladungsträgerbildung im Detektor addiert werden muß, möglichst niedrig zu halten (ca. 100 eV), befindet sich die erste Stufe des Vorverstärkers in Form eines Feldeffekttransistors (FET) direkt hinter der Detektordiode noch in der tiefgekühlten Zone. Der Vorverstärker hat eine doppelte Aufgabe: Signalverstärkung und Bildung einer Pulsrückflanke kleiner Fallzeit. Die verschiedenen schaltungstechnischen Möglichkeiten für die Konzeption der kritischen ersten Verstärkerstufe beschreibt u.a. Gedcke (1972).

Durch kapazitive Gegenkopplung wird der FET ladungsempfindlich gemacht. Aufgrund der Beziehung Spannung = Ladung/Kapazität muß die Kapazität des Rückkoppelkondensators so klein wie möglich gehalten werden, um eine möglichst hohe Impulsamplitude zu erreichen. Zur Bildung des Impulsabfalls wird optoelektronisch mittels LED (light emitting diode = Leuchtdiode) gegengekoppelt. Noch vorteilhafter verwendet man die Technik der gepulsten optoelektronischen Gegenkopplung, bei der der FET gleichspannungsmäßig ohne ständige Gegenkopplung arbeitet. Die Leuchtdiode befindet sich direkt gegenüber dem Eingangsgate des FET und steuert so den Arbeitspunkt des Transistors. Trotzdem sind weitere Verbesserungen an diesem kritischen Punkt der Signalverarbeitung möglich, und es werden daher von den verschiedenen Herstellern ständig neue Schaltungen angeboten (z.B. "kontinuierliche Rückkopplung mit dynamischer Ladungsrückstellung").

Die letzte Stufe des Vorverstärkers hat die Aufgabe, ein Wandern der Grundlinie mit steigender Zählrate in die Richtung der Versorgungsspannung zu unterbinden und das Signal so zu verstärken, daß es auf ein Koaxialkabel gegeben werden kann. Der Hauptverstärker schließlich hat eine dreifache Aufgabe: Stabilisierung und Verstärkung der Impulse bis zur Größenordnung von Volt, Umformung der Impulse zu Gaußkurven von einigen µs Länge und Beseitigung von Stör- und Mehrfachpulsen.

Somit ergeben sich im einzelnen folgende Anforderungen an den Verstärkungs- und Impulsformungsteil der Meßelektronik:

1. Bildung einer Pulsform, die einen optimalen Kompromiß zwischen Energieauflösung und Zeitauflösung gewährleistet.
   Der später zu besprechende Analog-Digital-Wandler (ADC) erfaßt die Impulsamplitude bei wachsender Impulsbreite mit zunehmender Genauigkeit. Andererseits begrenzen breite Impulse aber die maximale Zählrate. Mit wachsender Eingangszählrate nimmt die statistische Wahrscheinlichkeit für das Zusammenfallen von Impulsen zu und die direkte Proportionalität zwischen Eingangs- und Ausgangszählrate der Elektronik ist nicht mehr gewährleistet (vgl. entsprechende Kennlinien, z.B. in Gedcke 1972). Zugleich wächst die Totzeit, die nicht nur von Mehrfachimpulsen, sondern hauptsächlich von der Schnelligkeit des ADC und des Vielkanalanalysators (für Impulshöhenanalyse wird Zeit benötigt) bedingt wird. Die gesamte Impulsverarbeitungszeit wird bei fortschrittlichen EDRFA-Geräten so gewählt, daß der im Einzelfall erwünschte Kompromiß zwischen Energieauflösung und maximaler Zählrate in optimalem Maße erreicht wird (Short und Gleason 1982).
2. Rückweisung von Mehrfachimpulsen (auch Aufsetz- oder Summen-Impulse genannt).
   Wenn im Si(Li)-Detektor ein zweiter Impuls bereits kurz nach der Ladungssammlungszeit (ca. 50ns) eintrifft, so entsteht im ladungsempfindlichen Vorverstärker ein Aufsetzimpuls, der bei der Impulsformung zusammen mit dem Trägerimpuls mit Zeitkonstanten von mehreren µs aufintegriert wird. Der Vielkanalanalysator erkennt beide Einzelimpulse als einen einzigen Summenimpuls. Die Aufgabe des sog. *Pile-up-Detektors* ist es, die Registrierung derartiger falscher Informationen durch die Abgabe eines entsprechenden Signales über den Antikoinzidenzeingang an den Vielkanalanalysator zu verhindern. Zur Erkennung dieser kurzen Zeitintervalle dient ein nach dem Vorverstärkerausgang der normalen Impulselektronik parallel geschalteter Diskriminatorkreis. Statham (1977) beschreibt eine derartige Vorrichtung und diskutiert insbesondere die Problematik bei Nutzsignalen kleiner Amplitude. Die durch den Pile-up-Detektor entstehende zusätzliche Ausfallzeit muß bei der allgemeinen Totzeitkorrektur in

entsprechender Weise berücksichtigt werden (Gui-Nian und Turner 1989). Die Detektionswahrscheinlichkeit für Mehrfachimpulse kann besonders für niederenergetische Impulse in einigen praktischen Fällen noch nicht voll befriedigend sein; eine weitere Verbesserung stellt dann die volle zeitliche Synchronisation von Anregung und Elektronik beim Einsatz einer gepulsten Röntgenröhre (s. oben) dar (Short und Gleason 1982).

3. Gute Linearität der Amplituden von Eingangs- und Ausgangsimpuls.
4. Gute Stabilität von Verstärkung und Grundlinie (Verstärkungsnullpunkt) unabhängig von Zählrate und Raumtemperatur.
   Dafür sorgt ein Gleichspannungsstabilisator, der die Impulse exakt auf das Nullpotential rückstellt, was sehr wichtig ist, da der gleichspannungsgekoppelte ADC auf ein konstantes Bezugspotential justiert ist. Der Gleichspannungsstabilisator ist empfindlich gegenüber niederfrequenten Störungen (Mikrophonie).
5. Verbesserung des Signal/Rausch-Verhältnisses durch Bandpaßfilter, die sehr hohe (mittels Integrator) und sehr tiefe störende Frequenzen (mittels Differentiator) ausfiltern.
6. Kurze Erholzeit von hochenergetischen Impulsen (z.B. atmosphärische Myonenstrahlen).

Die Amplitude des Ausgangsimpulses des Linearverstärkers wird im ADC (Analog-Digital-Converter) in ein digitales Signal übertragen. Die Anforderungen an den ADC sind neben Linearität der Verstärkung und Stabilität eine möglichst kurze Totzeit.

Die Umsetzung des analogen Signals in ein digitales erfolgt meist nach dem Wilkinson-Prinzip: Im ADC wird der Eingangskondensator mit dem Meßimpuls geladen und mit konstantem Strom entladen; die Entladungszeit ist somit proportional zur Impulshöhe und wird mittels eines Quarzoszillators mit Frequenzen >50 MHz ausgezählt. Der Zählerstand des Oszillators entspricht einem bestimmten Energiekanal im Vielkanalanalysator. Ein nach derartigen Zählverfahren arbeitender ADC benötigt allerdings eine deutlich größere Impulsverarbeitungszeit als etwa ein nach dem sog. Parallelverfahren konzipierter; letztgenannte Geräte sind aber kostspieliger als erstere.

Der Vielkanalanalysator (MCA= multi channel analyser) registriert alle digitalisierten Meßimpulse, addiert sie kontinuierlich auf und speichert sie in dem entsprechenden Energiekanal; weiterhin besitzt er einen Antikoinzidenz-Eingang für den Pile-up-Detektor und Einrichtungen zur Durchführung der automatischen Totzeitkorrektur. Vielkanalanalysatoren unterteilen das gesamte Energiespektrum in 200 bis 8292, meist jedoch in 1024 oder 2048 Kanäle der Kanalbreite von 20...50 eV; bei Auswahl von Teilbereichen kann die Energiebreite eines Kanals bis auf ca. 5 eV verkleinert werden. Die Spektren werden gespeichert und können bei Verwendung eines Fernsehschirmes direkt miteinander verglichen werden.

Zur *Datenverarbeitung* identifiziert ein On-line-Computer die verschiedenen Komponenten des Spektrums wie kontinuierlicher Untergrund, Elementlinien und statistische Kanal-zu-Kanal-Fluktuationen und trennt sich überlappende Linien (Spektrenentfaltung); weiterhin können Korrekturen von geometrischen und Absorptions-Effekten, Escape-Linien, Comptoneffekt, Summenimpulsen und Impulsen mit unvollständiger Ladungssammlung im Detektor durchgeführt werden. Die Rechenoperationen zur Durchführung qualitativer (Smoothing, Stripping, Peakidentifikation, Spektrenvergleich) und quantitativer Analysen (Untergrundabzug, Fenster setzen, Peakintegration, Eichung, Normierung, Matrixkorrektur) werden in Abschnitt 4.2.4.1 beschrieben (vgl. auch Russ 1972, 1977).

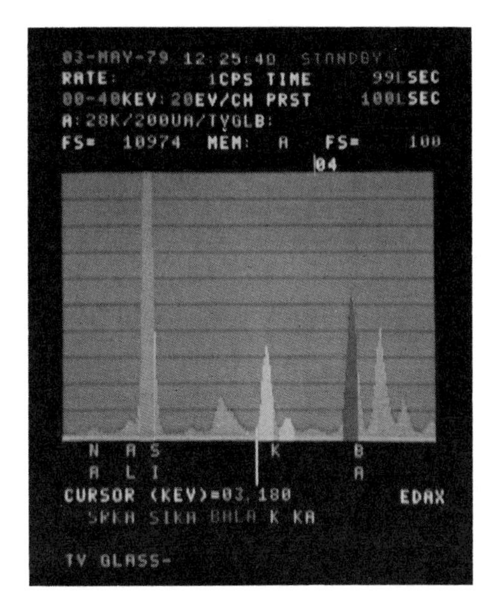

Bild 3.12
Videodisplay des Fluoreszenzspektrums vom Glas einer Fernsehröhre (Philips Spektrometer PV 9500)

Zur externen Abspeicherung von Meß- und Vergleichsspektren, Eichkurven und Matrixkorrekturprogrammen (Abschnitt 4.4) dienen meist Disketten (Floppy Disk) oder Festplattenspeicher. Die verschiedenen Operationen der Gerätesteuerung, Datenspeicherung und Korrekturrechnungen kann ein einziger Rechner quasi simultan im sog. time-sharing-Betrieb ausführen. Wie bei der WDRFA, wird auch bei der EDRFA die Prozeßablaufsteuerung von Mikroprozessoren übernommen. Als Bedienungskonsole und Ausgabeeinheit werden Personal Computer und diverse Drucker eingesetzt. Die Spektrendarstellung erfolgt auf dem Videodisplay eines Datensichtgerätes. Mit Hilfe einer Markierungslinie (Cursor) kann die Position der K-, L- und M-Emissionslinien im Spektrum optisch angezeigt werden. Auch das Setzen von Fenstern (region of interest) zur Peakintegration wird graphisch übertragen, bei Geräten mit Farbdisplay in unterschiedlichen Farben. Auf dem Bildschirm werden weiterhin alle wichtigen Meßparameter sowie die identifizierten Elementlinien aufgelistet. Als Beispiel ist in Bild 3.12 das Energiespektrum einer Videoglasröhre dargestellt. Im ausgewählten Teil des Gesamtspektrums sind die Elemente Na, Al, Si, K und Ba anhand der Linien NaKα, AlKα, SiKα, KKα und BaLα nachzuweisen. Über SiKα, KKα, KKβ und BaLα wurden Fenster gesetzt.

Während bei den bisher beschriebenen EDRFA-Geräten für jede Probenart die Eichreihen vom Operator selbst durchgeführt und geeignete Korrekturstrategien von ihm erarbeitet werden müssen, gibt es auch Apparaturen für bestimmte Applikationen (z.B. für die Bestimmung von Zusätzen in Schmieröl), die bereits im Herstellerwerk für das spezielle Analysenproblem optimiert und in denen die Eichdaten fest eingespeichert wurden.

3.2.2 Mobile Spektrometer

Obwohl seit dem routinemäßigen Einsatz der WDRFA in der chemischen Analytik wellenlängendispersive Spektrometer auch in fahrbaren Feldlaboratorien installiert wurden, so ist für dieses Einsatzgebiet aus praktischen Überlegungen (Gewicht, Größe, Energiebedarf) die EDRFA mit Radionuklidanregung besser geeignet. Kramar und Puchelt (1981) beschreiben z.B. ein mobiles EDRFA-Gerät, das als Feldmethode zur geochemischen Prospektion auf die Elemente Cu, Zn, As, Rb, Sr, Zr, Nb, Sn, Cs, Ba, La, Ce und Pb in Flußsedimenten und

Bodenproben erfolgreich (mehr als 100 Multielementanalysen pro Tag möglich) eingesetzt wird. Mit Ausnahme der radioaktiven Quellen ^{109}Cd, ^{241}Am und ^{57}Co zur Fluoreszenzanregung werden ausschließlich die in Abschnitt 3.2.1 beschriebenen Komponenten einer konventionellen EDRFA-Anlage verwendet (Si(Li)- und Ge(Li)-Detektor, 100 MHz ADC, 1024-Kanalanalysator; die gesamte Anlage einschließlich der in Normeinschüben untergebrachten Elektronik ist in einem Geländewagen mit 5-kW-Hilfsstromgenerator montiert.

Für geringere Ansprüche und zur Erzielung einer noch kompakteren Bauweise kann dem Vorverstärker eines Si(Li)-Detektors (aktive Fläche 80...200 mm^2, Energieauflösung ca. 200 eV) anstelle des Vielkanalanalysators ein Mehrkanaldiskriminator mit variabel einstellbaren Schwellenwerten zur getrennten Erfassung von einigen Analysenlinien (z.B. von Fe, Cr, V und Mn) nachgeschaltet werden.

Begnügt man sich mit einer Energieauflösung von etwa 300...400 eV (bei 5,9 keV), so kann — besonders für den Nachweis von Elementen mit hoher Ordnungszahl — ein HgI_2-Detektor eingesetzt werden, der bei Zimmertemperatur betrieben werden kann (Huth et al. 1979; Singh et al. 1980, 1981; Nissenbaum et al. 1981; Barton et al. 1982). Kühlt man zusätzlich den Vorverstärker, erreicht man bereits eine Auflösung von ca. 200 eV (Ames et al. 1983). Bei dem für den Feldeinsatz konzipierten SPECTRACE 9000 mit HgI_2-Detektor wiegt die Meßsonde 1,9 kg und die Analysatoreinheit incl. Batterien für 4 bis 5 Std. Betrieb 6,7 kg. Drei Isotopenquellen stehen zur Verfügung und werden automatisch gewechselt.

Einfache tragbare Spektrometer (z.B. Vatai und Ando 1986) benützen meist ein Proportionalzählrohr als Detektor und eine Kombination von Transmissionsfiltern zur Auswahl der Analysenlinie (Einkanalspektrometer). In derartigen Geräten, die allerdings nur Nachweisgrenzen von einigen hundert ppm erreichen, ist das punkt- oder ringförmige radioaktive Präparat nach unten hin strahlenmäßig abgeschirmt; die flächenmäßig größere Probe liegt direkt darüber, der Detektor bildet den untersten Teil der gesamten Anordnung. Es ist möglich, diese Anordnungen mit so kleinen Abmessungen herzustellen (z.B. Bohrlochsonden), daß auch an schwer zugänglichen Objekten Messungen durchgeführt werden können (Springett 1980). Entsprechende Literaturhinweise finden sich auch bei Pinta (1978) unter Abschnitt 3.5.1. Packer et al. (1985) konnten in Schmierölen von Gasturbinen Ti, Cu, Fe und Ag bis in den niedrigen ppm-Bereich mittels einer speziellen Nuklidquelle/Proportionalzähler-Durchflußzelle nachweisen.

Eine verblüffend einfache Anordnung beschreiben LaBrecque und Parker (1983): 20 mg Probe werden mit dem Radionuklid (ca. 100 µCi) vermischt, anschließend auf einen Film und dieser direkt vor das Eintrittsfenster des Detektors gebracht.

Als Radionuklide werden sowohl γ- als auch α- und β-Strahler mit γ-Energien von 5,9 keV bis 137 keV, Halbwertszeiten von 0,16 a (^{125}I) bis zu 458 a (^{241}Am) und einer Dosisleistung von 2...30 mCi (Milli-Curie) eingesetzt; hierzu zählen: ^{3}H, ^{85}Kr, ^{90}Sr, ^{90}Y, ^{147}Pm, ^{170}Tm, ^{210}Pb, ^{55}Fe, ^{57}Co, ^{75}Se, ^{109}Cd, ^{125}I, ^{145}Pm, ^{153}Gd, ^{181}W, ^{210}Pb, ^{145}Pm, ^{238}Pu, ^{241}Am, ^{244}Cm. Bei den meisten Radionuklidquellen kommt es aber nicht auf die γ-Strahlung an, sondern auf die charakteristische Röntgenstrahlung, die als Folge des Elektroneneinfangs emittiert wird.

Bei hohen Anregungsenergien tritt der Compton-Effekt besonders deutlich auf. Die Fluoreszenzanregung der mittleren und schweren Elemente — besonders von Proben in wäßriger Lösung — erfolgt dann zum Großteil durch inkohärente Streustrahlung (Carr-Brion 1974). Der in der Probe kohärent und inkohärent gestreute Teil der Primärstrahlung kann als Matrixreferenz verwendet werden (Burkhalter 1971).

Den Vorteilen der Radionuklidtechnik wie hohe Kurzzeitstabilität, niedrige Kosten und geringe Abmessungen bei großer strahlender Oberfläche stehen als Nachteile kleine nutzbare Quantenausbeuten aufgrund eines nur geringen Teilchen- bzw. Photonenflusses gegenüber (Tölgyessy et al. 1990).

3.2.3 Totalreflexionsanordnung (TRFA)

Nach Laboraufbauten mit optischen Bänken zur Realisierung der TRFA am Atominstitut in Wien im Jahre 1974 stellte die Fa. Seifert (Ahrensburg) 1981 das erste kommerzielle Spektrometer zur Spurenanalyse vor, 1988 die Fa. Atomika (München) ein solches zur Oberflächenanalyse. Die absoluten Nachweisgrenzen sanken in den achtziger Jahren auf 2 pg, später bei Einsatz von Drehanoden-Röntgenröhren und Multilayer-Monochromatoren in den oberen fg-Bereich (Prange 1993). Konzentrationen können bis herab zu 1 pg pro ml (entsprechend 1 ppt) bei wässrigen Lösungen bestimmt werden, und Mikroanalysen an nur <1 µg einer festen Probe oder <10 µl einer Lösung sind möglich (Klockenkämper und von Bohlen 1992). Somit ist verständlich, daß die TRFA innerhalb der instrumentellen Analytik einen wichtigen Platz einnimmt, insbesondere auch, weil sie neben den o.g. Spezialitäten alle übrigen Vorteile der EDRFA besitzt, darüber hinaus aufgrund kleinster Probemengen kaum Matrixeffekte aufweist und meist mit einer einfachen Einelement-Standardeichung auskommt (Prange 1987, 1989; Klockenkämper 1989, 1991).

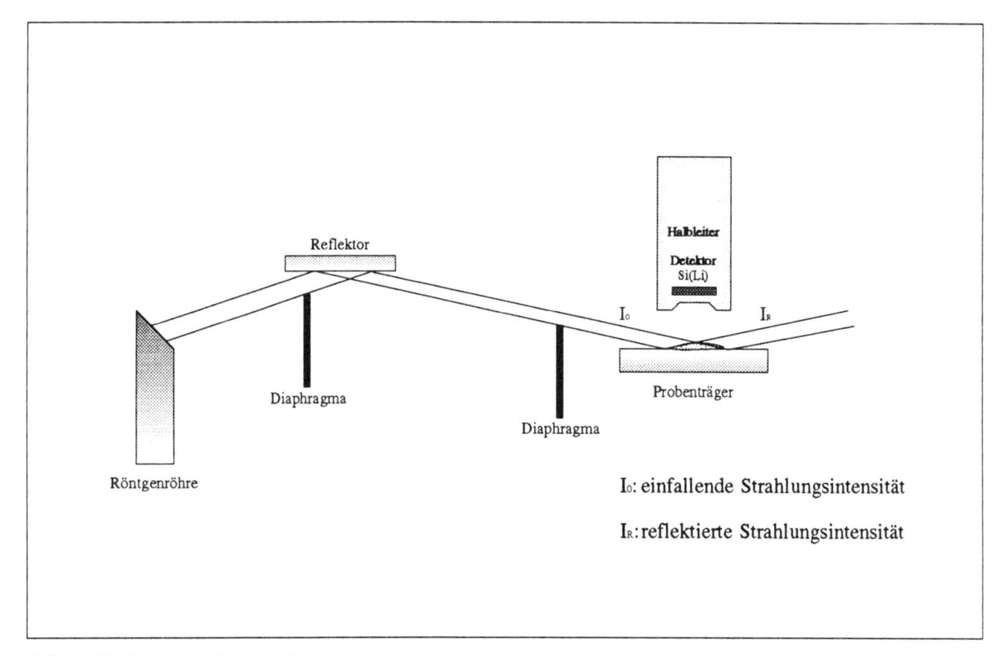

Bild 3.13 Prinzipbild der TRFA

Im Bild 3.13 ist der Aufbau eines handelsüblichen Gerätes mit Einfach-Reflektor dargestellt; es sind auch Doppel- und Mehrfach-Reflektoren wie auch anderweitige apparative Modifikationen möglich (Freitag 1985; Wobrauschek et al. 1991, 1993; Prange und Schwenke 1992). Neben üblichen Strichfokusröhren können auch andere Primärstrahlquellen wie z.B. eine Au-Röhre bei 100 kV, eine Drehanoden-Röntgenröhre oder eine Synchroton-Strahlquelle eingesetzt werden (Wobrauschek et al. 1992, 1993).

Extrem ebene und reine Probenträger stellen mit den wichtigsten Teil einer Totalreflexionsanordnung dar. Üblicherweise bestehen diese aus Quarzglas, auch Plexiglas (Acrylglas) ist gebräuchlich, weniger dagegen Reinstgermanium. Die durch besonders niedrigen spektralen Untergrund ausgezeichneten Glasträger haben den Nachteil mangelnden Widerstands gegenüber bestimmten Chemikalien (Quarzglas: HF und starke alkalische Lösungen; Plexiglas: Konzentrierte Säuren und viele organische Lösungsmittel). Abhilfe kann hier das chemisch widerstandsfähige Material pyrolytisches Bornitrid schaffen (Prange et al. 1993).

Für quantitative Bestimmungen müssen feste Proben offen in Quarzgefäßen oder geschlossen in PFTE-Bomben aufgeschlossen werden. Eine direkte Analyse ist nur für stark verdünnte Lösungen möglich, ansonsten sind Gefriertrocknung, Komplexierung und Adsorptionschromatographie zur Matrixabtrennung notwendig (Prange 1989).

Speziell für die Analyse von Elementen mit niedriger Ordnungszahl wurden einige Modifikationen vorgeschlagen (Freitag et al. 1989; Streli et al. 1989, 1991, 1993; Schwenke et al. 1993): Anregung durch WLα-Strahlung oder eine fensterlose Cu-Röhre, Si(Li)-Detektoren ohne Be-, nur mit C-Fenster, Reinstgermanium-Detektor oder spezielle wellenlängendispersive β-Detektoren bei insgesamt kompakterer Strahlführung. Selbst für Kohlenstoff und Sauerstoff werden Nachweisgrenzen im ng-Bereich erreicht.

3.2.4 Sonderausführungen und Zusatzeinrichtungen

Durch den Einsatz kompakter Halbleiterdetektoren unterschiedlicher Bauweise (planare und rundumempfindliche Versionen) erweist sich die EDRFA als eine flexible und mit anderen Meßtechniken kombinierbare Analysenmethode. Es ist an dieser Stelle unmöglich, die für spezielle Anwendungen geschaffenen Gerätemodifikationen auch nur im Überblick aufzuzeigen, vielmehr ist die Beschränkung auf einige wichtige Applikationen notwendig.

Von den *Sonderausführungen* von EDRFA-Geräten sind besonders zu nennen: Offene Spektrometer, ortsauflösende Systeme und Materialsortiergeräte sowie Vorrichtungen zur Durchführung von Analysen direkt am Förderband (s. z.B. Carr-Brion 1973).

Kann vom Untersuchungsobjekt keine Probe genommen werden, wie z.B. bei wertvollen Museumsstücken (z.B. Gemälde), so ist es möglich, die chemische Analyse mit Hilfe eines offenen Spektrometers durchzuführen. Bei offenen Spektrometern sind die Röntgenröhre und der Si(Li)-Detektor einschließlich Dewargefäß verstellbar auf einem Stativ montiert. Die Austrittsöffnung für die primäre Röntgenstrahlung und die aktive Fläche des Halbleiterdetektors sind an der Gerätefrontseite angebracht und können auf das Untersuchungobjekt fokussiert werden.

Besonders für forensische Untersuchungen eignete sich z.B. das früher von Philips entwickelte EXAM-MAX-System. An die großvolumige, evakuierbare Probenkammer sind nicht nur seitlich eine luftgekühlte Niederleistungsröhre und der Si(Li)-Detektor, sondern auch zentral ein Lichtmikroskop angeflanscht. Die in der Meßkammer befindliche Probe kann von außen in allen drei Richtungen verschoben werden. Auf diese Weise lassen sich in Verbindung mit unterschiedlichen Kollimatoren definierte Bereiche von 1...1000 mm^2 der Oberfläche auch unregelmäßig geformter Proben untersuchen.

Für die Funktion als Metallsortiergerät muß eine EDRFA-Anlage so konzipiert sein, daß in ihr die Vergleichswerte für die chemische Zusammensetzung von Produkten unterschiedlicher Qualität eingespeichert sind. Die Entscheidung (Weiterverwertung oder Aussonderung) für das Probenstück erfolgt dann innerhalb von wenigen Sekunden.

Energiedispersive *Zusatzeinrichtungen* können nicht nur in bereits bestehende Röntgenbeugungsanlagen (Jenkins 1973), sondern insbesondere auch in handelsübliche Elektronenmikroskope eingebaut werden; dies bezieht sich sowohl auf TEM = Transmissions-Elektronenmikroskope (Geiss und Huang 1975), als auch auf REM = Rasterelektronenmikroskope (Blum und Brandt 1973; Reimer und Pfefferkorn 1973). Während bei der Mikrosonde der Probenstrom etwa 10...100 nA beträgt, liegt er beim REM bei um ein bis zwei Größenordnungen kleineren Werten. Der Nachweis der mit entsprechend geringer Intensität entstehenden Fluoreszenzstrahlung sollte somit mit empfindlichen Halbleiterdetektoren erfolgen. Aufgrund des Streubereiches der primären Elektronen und dem der sekundären Röntgenstrahlung der Probe ist die Ortsauflösung einer energiedispersiven Analyse (im Rasterbetrieb) auf etwa 0,1...1 µm beschränkt. Im Vergleich zum EMA muß hierbei beachtet werden, daß die meisten bei REM angekoppelten energiedispersiven Zusatzeinrichtungen lediglich eine qualitative oder semiquantitative Analyse ermöglichen, zumindest bei Verwendung von REM-Präparaten.

Die Meßelektronik und die Prozeduren der Datenerfassung und -auswertung zur Durchführung von qualitativen und zuweilen auch quantitativen Analysen (Servant et al. 1975) entsprechen im Prinzip den Angaben von Abschnitt 3.2.1.

Bild 3.14
Energiedispersive Zusatzsysteme für Elektronenmikroskope (EDAX)

Für die verschiedenen Elektronenmikroskop- und Mikrosondentypen sind speziell angepaßte Detektorsysteme erhältlich (Bild 3.14). Neben Si(Li)-Detektoren mit sehr dünnen Be-Fenstern (Dicke <1 µm) gibt es fensterlose Varianten, solche mit dünnsten organischen Folien als Fenster und mit Vorrichtungen zur Zurückweisung der von der Probe rückgestreuten Elektronen, die auch die Analyse der leichten Elemente B, C, N, O und F gestatten. Speziell abgewinkelte, zur Probe hin geneigte Detektoren erhöhen die Nachweisempfindlichkeit. Durch Einbringen einer Targetfolie in den primären Strahlengang ist es möglich, mit der in der Folie angeregten Röntgenfluoreszenzstrahlung die gesamte Probe zu bestrahlen und damit das Nachweisvermögen ebenfalls deutlich zu erhöhen. Bei gepulstem Betrieb des primären Elektronenstrahls können entsprechend höhere Impulsraten verarbeitet werden (Statham et al. 1974).

4 Praktische Anwendung

4.1 Probenahme, Aufbereitung und Herstellung von Meßpräparaten

4.1.1 Allgemeines zur Probenahme

Eine allgemeine Abhandlung einschließlich der erforderlichen Detailkenntnisse über Nomenklatur, Theorie und Praxis zur Probenahme von festen Stoffen gibt Kraft (1980). Dort werden an massivem, körnigem bis stückigem und pulvrigem Probengut die Grundbegriffe und die Handhabung der Probenahme erörtert, die zum Erhalt repräsentativer Analysenproben führen. Die Beprobung stückiger, körniger und pulvriger Stoffe ist ungleich schwieriger als die massiven Materials, das in der Regel viel homogener ist als Schüttgut. Eine noch ausführlichere Darstellung über die Probenahme von Erzen, Konzentraten, Metallen, Schlämmen und Wässern geben 18 Einzelreferate, die von der Gesellschaft Deutscher Metallhütten- und Bergleute (1980) herausgegeben wurde. Dieselbe Gesellschaft hat außerdem ein Vademecum speziell zur Untersuchung und Bewertung der Steine, Erden und Industrieminerale (1981) veröffentlicht.

Ganz besonders wichtig ist die Probenahme bei der Prospektion auf Lagerstätten mineralischer Rohstoffe und bei ihrer Exploration. Große Bedeutung erlangte die Technik der geochemischen Lagerstättenexploration besonders in Ländern, die über große Areale verfügen. Deshalb wurden vor allem in diesen Ländern (z.B. UdSSR, U.S.A., Australien, Kanada) geochemische Prospektionsmethoden zur Auffindung von Rohstoffen entwickelt und die analytischen Nachweismethoden von Neben- und Spurenelementen in Gesteinen, Böden, Bach- und Flußsedimenten, Wässern und biologischem Material verfeinert.

Für die Probenahme an massivem Material (Metalle und Legierungen) werden durch Bohren, Drehen, Fräsen oder Pressen Scheiben mit dem für die RFA erforderlichen Durchmesser hergestellt (je nach Spektrometertyp ca. 32...60 mm) und die zur Analyse gelangende Fläche nach den in der Metallographie üblichen Methoden geschliffen bzw. poliert.

Als Schüttgut werden bezeichnet: Erze, Minerale, Gesteine, anorganische künstliche Gemische und organische Kunststoffe, die in pulverförmigem, körnigem oder stückigem Zustand vorliegen.

Bei Schüttgut stellt die sachgemäße Aufmahlung und das Sieben des Materials zum Erhalt eines feinkörnigen Pulvers (Korngröße kleiner als 38 µm ≙ 400 mesh[1]) den ersten Schritt der Aufbereitung dar.

Die Vielzahl der hierüber erschienenen Veröffentlichungen ist wegen der unterschiedlichen Probenmatrices und der vielen verschiedenen Elemente, die im Probegut bestimmt

[1] Es gibt auch Siebsätze im metrischen System, z.B. 50 µm, 100 µm, ...

werden sollen, gerechtfertigt. Ohne hier schon auf die einzelnen Techniken einzugehen, sind es prinzipiell zwei Verfahren, zwischen denen zu wählen ist:

1. Entweder wird das auf <38 µm bzw. <50 µm feingemahlene Pulver mit einer bestimmten Menge an Bindemittel versetzt und gepreßt, wobei den unterschiedlichen Matrices durch mathematische Korrektur bei der Auswertung Rechnung zu tragen ist, oder
2. es wird durch Verdünnen der Probe der Matrixeinfluß vermindert, so daß er sich unter Umständen nur noch in geringem Maße bemerkbar macht oder gar nicht berücksichtigt zu werden braucht. Dies hängt von den Konzentrationen und der Art der zu bestimmenden Elemente ab. Als vorteilhaft hat sich z.B. das Schmelzen mit Lithiumtetraborat und Lithiummetaborat (Reinheitsgrad pro analysi) erwiesen.

Das Schrifttum ab 1970 über Mischen, Verdünnen, Zumischen usw. ist außerordentlich umfangreich. Einen kritischen Überblick hierüber und über die Ergebnisse an pulverisierten, geschmolzenen sowie geschmolzenen und wieder aufgemahlenen Proben gibt Gwozdz (1975). Weitere wichtige Arbeiten erschienen u.a. von Fabbi et al. (1976), Harvey et al. (1973) und vielen anderen, wie Stern (1976), Verdurmen (1977) oder Willis et al. (1971). Auf Einzelheiten wird im Kapitel 5 (Anwendungen) in den zitierten Beispielen eingegangen.

Bei Probenmaterial, das sich nicht zur Aufbereitung als Pulver eignet (z.B. plastische Stücke, Flüssigkeiten oder Aerosole), muß die Substanz in eine analysengerechte, homogene Form gebracht werden. Es ist somit grundsätzlich zwischen dem Material der Probenahme und der Analysenprobe zu unterscheiden, wobei sich bei sorgfältiger Präparation das Analysenresultat nicht nur auf das Präparat bezieht, sondern ebenso relevant für das Probenmaterial ist.

4.1.2 Probenvorbereitung von Metallen, NE-Legierungen und Stählen

Bild 4.1 gibt einen Überblick über die Möglichkeiten der Vorbereitung von metallischen Proben für die RFA. Aus Zeitersparnis wird meist die feste Probe nach entsprechender Oberflächenbearbeitung gewählt.

Bei dünnen Proben spielt die Eindringtiefe des primären Röntgenstrahls je nach Element und Matrix eine Rolle. In Tabelle 4.1 ist für die Matrices Aluminium und Eisen die Austrittstiefe der Sekundärstrahlung unter der Annahme berechnet, daß die Wellenlänge der Primärstrahlung Zweidrittel der Wellenlänge der Absorptionskante des zu analysierenden Elements (Si, Ni, Cu) beträgt und 99,9% der Sekundärstrahlung wieder austreten; für den Ein- und Ausfallswinkel der Primär- bzw. Sekundärstrahlung wurde 45° angenommen (Gould 1978).

Tabelle 4.1 Berechnete Austrittstiefe der Kα-Fluoreszenzstrahlung von Si, Ni und Cu aus polierten Oberflächen aus reinem Eisen und Aluminium (nach Gould 1978)

Element	Matrix	Austrittstiefe (µm)
Si	Fe	15,7
Ni	Fe	106,9
Si	Al	11,4
Cu	Al	781,6

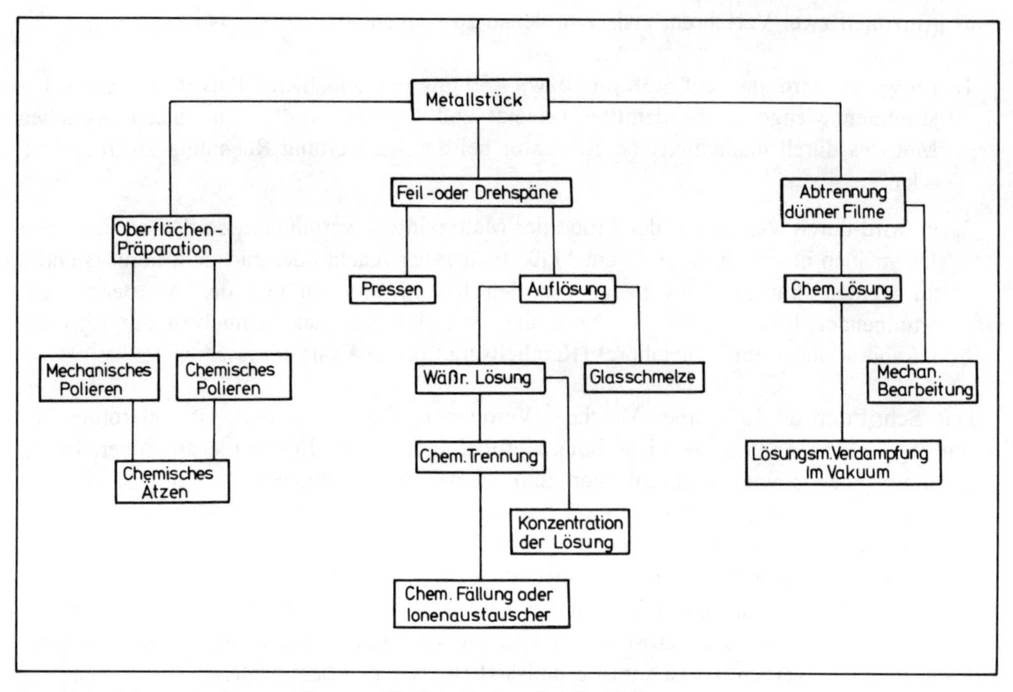

Bild 4.1 Schema der Präparation metallischer Proben für die RFA

Beim mechanischen Schleifen und Polieren wird nicht der Hochglanz verlangt, wie er in der Metallographie üblich ist. Für die RFA soll die Oberfläche frei von Beschädigungen (Risse, Kratzer) sein, was mikroskopisch überprüft werden sollte; das ist die präparative Voraussetzung für reproduzierbare und richtige Resultate. Weitere Einzelheiten finden sich bei Bertin (1978), Samuels (1971) und im Metals Handbook Vol.8 (1973), so daß an dieser Stelle nicht weiter auf die Auswahl und die Wirkung der Schleif- und Poliermittel eingegangen zu werden braucht (s. Abschnitt 5.2). Die Normung für die für RFA-Proben erforderliche plane Oberfläche enthält DIN 51 001.

Legierte Stähle enthalten in der Regel folgende Gehalte an zulegierten Elementen: (Fe, Cr, Ni): ≤10%; (Si, Mn, Nb, Zr, Mo, Ta, W): 0,5...5%, und Spurengehalte an Al, P, S, As, Pb. Die Oberflächenbehandlung ist die gleiche wie bei Nichteisenmetallen. Schleif- und Poliermittel aus Karborundum und Korund sind sorgfältig zu entfernen, da sonst Fehlanalysen z.B. für Al und Si möglich sind.

4.1.3 Aufbereitungs- und Präparationsmethoden von Schüttgut

Wie erwähnt, werden unter Schüttgut sowohl Proben natürlicher Gesteine, Erze und Minerale als auch künstliche Proben (Gläser, Zement, Feuerfestprodukte, Kunststoffe) verstanden, die durch Aufbereitung in pulverförmigem Zustand vorliegen. Für Pulverschüttproben gelten die gleichen Überlegungen wie für Pulver, die zu Preßlingen verarbeitet werden.

Da es sich bei der RFA um eine zerstörungsfreie Analysenmethode handelt, können in der Regel die sachgemäß präparierten Proben unbedenklich sogar über Jahre aufbewahrt werden; sie stehen dann bei notwendig werdenden Vergleichsmessungen zur Verfügung.

Gewöhnlich ist die für die Analyse nötige Menge von Analysensubstanz kein limitierender Faktor; mehrere hundert Milligramm (unter Verwendung eines geeigneten Substrats) bis einige Gramm sind für die Präparation von Preßlingen ausreichend.

Die Korngröße des Pulvers beeinflußt maßgebend die Homogenität der Probenoberfläche und damit die Strahlungsintensität. Da die Linienintensität eines Elements mit der Eindringtiefe des Röntgenstrahls zunimmt, sollten die Präparate einer Meßserie dick genug für die Totalabsorption oder zumindest alle gleich dick sein, wenn auf eine Dickenkorrektur verzichtet wird.

Es sei darauf hingewiesen, daß gerade bei der Aufbereitung und Präparation des Analysengutes in vieler Hinsicht größte Sorgfalt angebracht ist, damit gewisse grundsätzliche Voraussetzungen erfüllt sind, die die Reproduzierbarkeit (precision) und Richtigkeit (accuracy) der Analyse gewährleisten: So muß die Oberfläche der Tablette äußerst glatt und extrem homogen sein; sonst treten besonders Fehler bei Elementen mit $Z<22$ (Ti) auf bzw. können Abweichungen bis zu 20 Rel.-% möglich sein. Die Korngröße des Pulvers beeinflußt maßgebend die Homogenität der Probenoberfläche und damit die Strahlungsintensität.

Durch die RFA ist die Möglichkeit gegeben, eine große Anzahl unterschiedlicher Probentypen in weiten Konzentrationsbereichen, z.B. von 1 ppm bis 100% zu analysieren, sofern die instrumentellen Parameter spezifisch gewählt werden und die Präparation der Proben optimal erfolgt. Generell ist zu betonen, daß alle Analysenresultate und ihre Interpretation sowie deren rechnerische und experimentelle Korrektur sinnlos sind, wenn die Präparation der in verschiedenem Zustand vorliegenden Proben nicht mit gezielter Zweckmäßigkeit und äußerster Sorgfalt vorgenommen wird. Fabbi et al. (1976) schätzen, daß 80% aller analytischen Fehler durch die Probenpräparation verursacht werden.

4.1.3.1 Geologische Proben

Die Präparation von geologischen Proben beginnt oft bereits im Gelände; dieses Thema wurde am Anfang dieses Kapitels angeschnitten. In das geochemische Laboratorium wird pulverisiertes Material von ca. 0,1 g bis 500 g angeliefert; es kann sich aber auch um Gesteins- und Mineralstücke oder Bohrkernabschnitte handeln. Als erstes werden diese von Verunreinigungen, die durch das Aufsammeln verursacht wurden, mechanisch durch Waschen befreit. Nach dem Trocknen erfolgt die Lagerung am besten in Plastikbeuteln. Das Aufmahlen von festem Material wird u.a. von Müller (1967) und Fabbi et al. (1976) beschrieben.

Während die Aufbereitung (Feinmahlen und Sieben) eines monomineralischen Stoffes verhältnismäßig einfach ist — man verwendet möglichst frische, verwachsungsfreie Stücke —, tritt bei polymineralischen Gesteinen und ebenso bei polymineralischen Kunstprodukten das Problem der repräsentativen Probenmenge auf, die von der Korngröße der Minerale abhängig ist. Es genügt nicht, von einem frischen Stück oder Gesteinsbrocken eine Probe abzuschlagen, sondern die Probe ist so zu dimensionieren, daß das aus ihr gewonnene Analysenpulver repräsentativ für ihre wahre durchschnittliche Zusammensetzung ist. Bei einem Gestein handelt es sich meist um ein polymineralisches Gemenge unterschiedlicher Korngröße mit verschiedenem Verwachsungsgrad der Minerale. Diese verhalten sich wegen ihrer unterschiedlichen mechanischen Eigenschaften beim Zerkleinerungs- und Siebprozeß verschieden.

Die Aufbereitung von Gesteins-Großproben von 5...10 kg erfolgt mit den üblichen Zerkleinerungsmaschinen (Backenbrecher, Scheibenmühle, Scheibenschwingmühle) in der

Weise, daß für die Untersuchung ein Mahlgut mit einem Korndurchmesser von kleiner als 38 µm bzw. 50 µm zur Verfügung steht. Im folgenden werden in Stichworten die einzelnen Schritte angegeben.

1. Frische Gesteinsproben werden mit Wasser und Bürste gut gereinigt.
2. Im Backenbrecher werden sie auf 1...2 cm Größe zerkleinert.
3. Weitere Zerkleinerung auf Mineralgröße, die dem Verwachsungsgrad des Gesteins entspricht, erfolgt in der Scheibenmühle.
4. Staubanteile können durch Absieben oder Schlämmen für spezielle Zwecke separiert werden (soweit sich dadurch nicht die Zusammensetzung der Restprobe ändert).
5. Die ferromagnetischen Teile werden mit Handmagneten abgetrennt. Wenn die Trennung von Stahlanteilen (aus Backenbrecher) und magnetischen Erzmineralen schwierig ist, erfolgt die Sondierung durch Auslesen unter dem Mikroskop; Magnetit und Titanomagnetit verlangen dabei besondere Sorgfalt.

Das Verhalten der Minerale beim Zerkleinerungsprozeß läßt sich durch Sieb- und Schlämmanalysen des auf <150 µm Durchmesser gemahlenen Probegutes kontrollieren. Untersuchungen ergaben, daß die Kornfraktionen <150 µm bezüglich der Korngrößenverteilung sehr viel homogener sind als die >150 µm.

Auf prinzipielle Richtlinien beim Mahlen wurde schon eingegangen. Wichtig ist die Kontrolle des Korngrößenspektrums nach einer bestimmten Mahldauer, am besten durch einen Siebtest mit Hilfe eines Siebsatzes mit Nylonsiebnetzen zur Vermeidung von Verunreinigungen. Bei sukzessiven Mahlversuchen läßt sich aus der Korngrößenverteilung die für das vorliegende Gestein oder ein sonstiges Material geeignete Mahldauer festlegen, die dann bei allen Proben eines Gesteinstyps einzuhalten ist.

Einige Bemerkungen sollen die Bedeutung der Korngröße für das Analysenergebnis unterstreichen. Nur wenn gleichartige Korngrößenverteilung und gleiche Verdichtung von Tablette zu Tablette innerhalb der Meßserien einschließlich der Referenzproben gewährleistet sind, ist die Berechnung von Matrixeffekten sinnvoll. Folgende Effekte können durch unterschiedliche Korngröße und unterschiedlichen Preßdruck verursacht werden:

1. Mit zunehmender Korngröße nimmt die Strahlungsintensität ab, bei den Elementen K und S kann sie dagegen höher sein (Wheeler et al. 1976); allerdings wird die Reproduzierbarkeit der Präparatoberfläche auf jeden Fall schlechter.
2. Ein stärkerer Preßdruck bewirkt erhöhte Strahlungsintensität (Bild 4.2).
3. Besteht die Tablette aus Partikeln größer 40 µm, dann bewirkt die gegenseitige Abschattung der Teilchen eine geringere Intensität.
4. Je unterschiedlicher Härte und Größe der Mineralkörner sind, desto heterogener werden die Oberflächen beim Pressen; je feiner das Mahlgut ist, desto geringer wird dieser Effekt.
5. Schließlich sind Entmischungen beim Lagern und Schütten von polymineralischen Pulvern zu berücksichtigen. Deshalb sollte das aufgemahlene Probegut nach der Lagerung unmittelbar vor der Analyse generell geschüttelt werden (z.B. in dem Mischgerät "Turbula" der Firma Bachofen, Basel).

Abgesehen von dem Einfluß der Korngröße auf die Intensität ist auch der sog. Packungseffekt einer gemahlenen Substanz von Bedeutung. Nielson und Rogers (1986) zeigten, daß

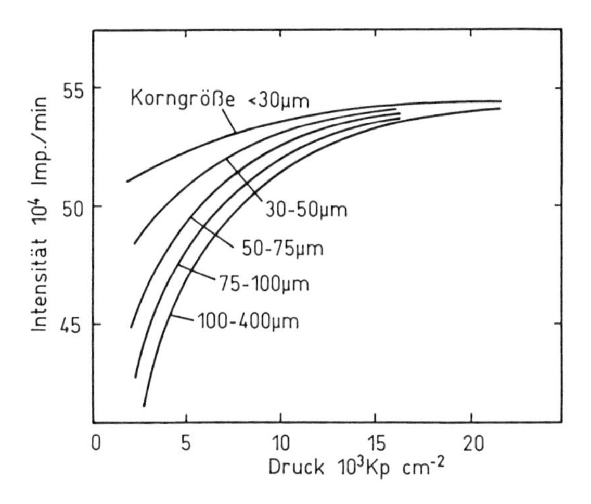

Bild 4.2
Einfluß des Preßdruckes auf die Strahlungsintensität

nur 5% eines Gesteinspulvers für die Varianz der Messungen verantwortlich sein können, 95% jedoch auf die Art der Bearbeitung zurückzuführen sind.

Die unterschiedlichen Gehalte der Elemente in verschiedenen Kornfraktionen des Mahlgutes werden in Bild 4.3 am Beispiel von Kalium und Phosphor gezeigt. Beide Elemente reichern sich in den feinen Kornklassen an. Die gefundene Kaliumanreicherung wurde mit Hilfe der RFA und der Flammenspektrometrie nachgewiesen: Überschlägig ergibt sich, daß der K-Gehalt von der gröbsten bis zur feinsten Fraktion um etwa ein Viertel zunimmt. Aus systematischen Untersuchungen an Graniten ließ sich allgemein ableiten, daß Gesteine möglichst <38 µm bzw. <50 µm fein gemahlen sein sollen, wenn sie zur quantitativen RFA als Preßtabletten zum Einsatz gelangen.

Hahn-Weinheimer und Ackermann (1963) untersuchten, wie sich die einzelnen Minerale eines Granits, z.B. Feldspat, Glimmer, Apatit, Zirkon, aufgrund ihrer unterschiedlichen mechanischen Eigenschaften beim Zerkleinerungsprozeß und beim Pressen der Tabletten verhalten. Die Tabletten von 30 mm Ø wurden in einem zylindrischen Preßwerkzeug bei einem Druck von 200 N/mm^2 1 min lang gepreßt; pro Tablette wurden ca. 3 g Pulver eingesetzt. Es ergab sich, daß reproduzierbare Analysenwerte für K, Rb, Ti, Zr, P, Sr und Ba mit der RFA erhalten werden, wenn das Gesteinsmaterial auf eine Korngröße kleiner als 38 µm aufgemahlen wird. Die gefundenen Fehler der Zählstatistik, des Meßverfahrens und der Aufbereitung sind für eine statistische Sicherheit von 95% kleiner als die Schwankungsbereiche der genannten Elemente im lokalen bzw. regionalen Bereich des Gesteinskörpers.

Die Verteilung der Elemente auf die einzelnen Kornklassen zwischen 38 µm und 150 µm wird durch die unterschiedlichen mechanischen Eigenschaften der Minerale bewirkt. Aufgrund ihrer verschiedenen Kornform, Dichte, Härte, Sprödigkeit, Elastizität und Spaltbarkeit verhalten sich die Minerale beim trockenen Zerkleinerungsprozeß unterschiedlich. Die Korngröße des Mahlgutes ist u.a. vom Verwachsungsgrad der Minerale abhängig, der die Mindestmahldauer mitbestimmt. Denn die Minerale müssen vor dem Sieben verwachsungsfrei vorliegen; das geschieht durch mikroskopische Überprüfung. Das Verhalten der Minerale beim Zerkleinerungsprozeß kann durch die Bestimmung charakteristischer Elemente, wie z.B. Zirkonium für das Mineral Zirkon, Phosphor für den Apatit, verfolgt werden.

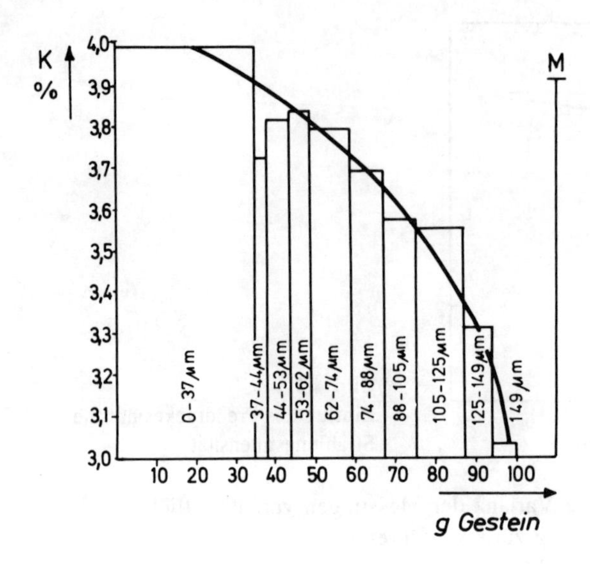

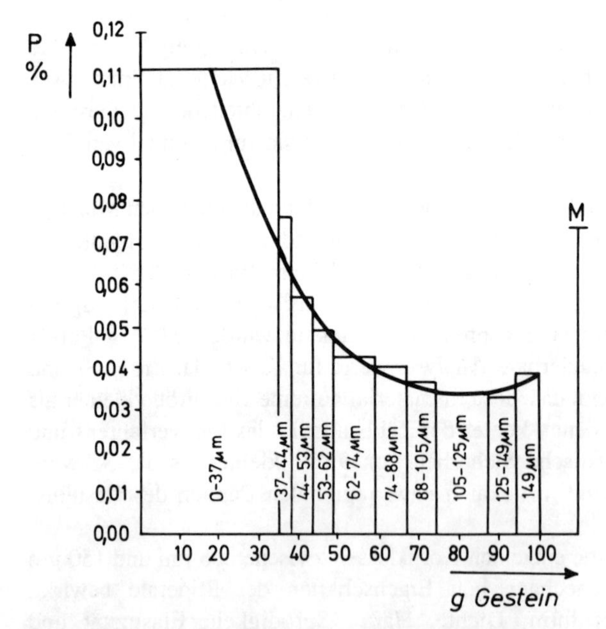

Bild 4.3 Verteilung von Kalium und Phosphor auf die Siebfraktionen einer Granitprobe (M=Mittelwert)

Die Wahl des Mahlgefäßes (Korund, Wolframcarbid, Achat, Chromstahl) richtet sich nach den zulässigen Verunreinigungen je nach der Problemstellung. Agus und Hesp (1974) haben z.B. die Gehalte an Fe, Mn, Cr, Co und W zusammengestellt, die bei Verwendung von Mahlwerkzeugen aus Achat, Chromstahl und Wolframcarbid im Mahlgut auftreten. Solche Kontrolluntersuchungen sind dringend anzuraten. Tabelle 4.2 bringt die emissionsspektralanalytisch bestimmten Elementgehalte nach der Mahlung von 1 g reinem Quarz in einer Kugelmühle aus gehärtetem Werkzeugstahl und einer solchen aus Wolframcarbid mit jeweils einer Kugel gleichen Materials.

Tabelle 4.2 Verunreinigung von spektroskopisch reinem Quarz in Kugelmühlen aus Werkzeugstahl und Wolframcarbid (ppm)[*]

Element	Quarz ungemahlen	Quarz gemahlen in [1]	Quarz gemahlen in [2]
Fe	<10	1500	<10
Ti	<2	<2	300
Mn	<1	7	<1
Cr	<1	200	<1
Mo	<2	10	7
Ni	<1	7	15
Cu	<1	2	<1
Co	<2	20	500
W	<30	700	850
Nb	<7	<7	70

[1] Kugelmühle aus Werkzeugstahl mit 1 Kugel
[2] Kugelmühle aus Wolframcarbid mit 1 Kugel
[*] Analytiker R. E. May, U.S. Geol. Survey

Die absolute Abriebmenge ist im Einzelfall u.a. abhängig von Mahldauer, Rotationsgeschwindigkeit, Art des Zerkleinerungsvorgangs (Mahlen, Schlagen, Brechen), Menge des Mahlgutes, dessen Anfangs- und Endkorngröße, seinem Schleif- und Poliervermögen und Härte des Mühlenmaterials, Zahl und Größe der eingesetzten Kugeln (oder anderer Einsätze bei Schwingmühlen) und der Rauhigkeit der Oberflächen im Mahlraum.

Volborth (1969) schlägt vor, einen Teil der bis auf 1...2 mm zerkleinerten Probe nur mit keramischen Werkzeugen, den anderen nur mit Hartmetall bis zur Endfeinheit zu zerkleinern; die erste Partie wird nicht auf Si und Al (Ca, Mg), die zweite nicht auf entsprechende Metalle des Hartmetallwerkstoffs analysiert. Da bis über 1% Abrieb in das Endprodukt gelangen kann, ist dieser Verdünnungseffekt gegebenenfalls bei der Analyse von Hauptelementen zu berücksichtigen.

Wenn aus Zeit- oder Wirtschaftlichkeitsgründen auf die Anfertigung von Präparaten verzichtet wird, kann das lose Pulver direkt in den Meßbehälter mit dünner Mylarfolie (~10 μm) als Boden überführt werden. Wegen der bei Schüttproben dadurch bedingten geringeren Homogenität und Empfindlichkeit sind höhere Analysenfehler unvermeidlich. Außerdem können leichte Elemente (Z <14) nur schwer bestimmt werden (Spatz und Lieser 1977).

Bei der Bestimmung von Elementspuren sind Preßtabletten unter geringem Zusatz eines Bindemittels zweckmäßig; hierbei wird eine Verdünnung des Probenmaterials vermieden. Auch Haupt- und Nebenelemente lassen sich in Preßtabletten bestimmen, sofern Matrixunterschiede durch Korrekturrechnungen berücksichtigt werden oder eine Reihe geeigneter, in ihrer Matrix ähnlicher Standardproben zur Verfügung steht.

4.1.3.2 Herstellung von Pulvertabletten durch Pressen

Wird das feingemahlene Pulver direkt gepreßt, dann gibt man als Bindemittel entweder Methyl-Cellulose, Wachs (z.B. Karnaubawachs), einen verdünnten Kunststoff von bekanntem Reinheitsgrad, organische Polymerisationsmittel (z.B. Somar-Mix, Somar-Blend), wasserfreie Borsäure oder Mischungen dieser Stoffe zu. Gut bewährt hat sich z.B. eine 2%ige Mowiollösung[1] (Mowiol N 50-88, Farbwerke Hoechst AG); von dieser werden 0,05...0,1 ml pro 3 g Pulver zugegeben und vor dem Pressen der Tablette gut mit dem Pulver vermischt. Die so hergestellten Tabletten zeichnen sich durch eine sehr glatte Oberfläche und große Haltbarkeit aus; so wurden nach Lagerung bis zu zehn Jahren noch keine Änderungen der Peakintensitäten an den gemessenen Elementlinien festgestellt.

Ein vielseitig verwendbares Bindemittel (Korngröße 10 µm) beschreibt van Zyl (1982), das aus neun Teilen Polystyren (Handelsprodukt von BASF) und einem Teil Wachs (Handelsprodukt von Farbwerken Hoechst) besteht und zusammen mit dem Analysenpulver im Verhältnis 1:9 gemahlen und gepreßt wird. Dasselbe hat sich im Routinebetrieb großen Stils für Metallpulver, Austauscherharze, Kohle, Koks, Graphit, Asche, Pflanzenmaterial und geologische Proben bestens bewährt.

Sofern sehr wenig pulverisierte Substanz zur Verfügung steht, wird diese auf eine Folie, z.B. Tesafilm, oder zwischen zwei Mylarfolien, die über einen Ring oder Zylinder gespannt sind, verteilt. Entsprechende Vorrichtungen werden von Govindaraju (1982) und Murata und Nogudri (1974) beschrieben. Auch Fällungs- und Extraktionsverfahren sind bekannt geworden (Luke 1968; Gülaçar 1974; Knöchel und Prange 1981). Bei dünnen Filmen ist besonders auf den Einfluß der Korngröße auf die Intensität der Analysenlinie zu achten.

4.1.3.3 Herstellung von Schmelztabletten

In der Regel werden Lithiumtetraborat oder Lithiummetaborat als Fluß- und Verdünnungsmittel in verschiedenen Verhältnissen zur pulverisierten Probensubstanz (>400 mesh) verwendet (z.B. 1:1 bis 15:1). Dadurch entstehen homogene Meßproben mit geringeren Matrixunterschieden als in Originalproben, allerdings auf Kosten von Verdünnung, so daß einerseits Spurenelemente nur mit höheren Nachweisgrenzen ermittelt werden können, andererseits aber Matrixeffekte einschließlich solcher der Korngröße und des Preßdrucks weitgehend entfallen. Das Lithiummetaborat $LiBO_2$ ist wegen seiner günstigeren Schmelzbedingungen in manchen Fällen dem Lithiumtetraborat vorzuziehen. $LiBO_2$ wird aus specpur-reinen Substanzen durch Schmelzen bei 1000 °C nach Umsetzung (4.1) erhalten:

$$Li_2CO_3 + B_2O_3 \rightarrow 2\ LiBO_2 + CO_2\ . \qquad (4.1)$$

Das zu schmelzende Material gelangt feingemahlen zum Einsatz. Das Gesteinspulver wird üblicherweise bei 105 °C getrocknet, mit $LiBO_2$ gemischt und in einen Graphittiegel (besser sind spezielle Platintiegel) überführt. Die Tiegel werden in den Induktionsofen eingebracht, auf ca. 1000...1200 °C aufgeheizt und 3...6 min bei dieser Temperatur belassen. Die Schmelze wird dann auf ein ca. 250...400 °C vorgeheiztes poliertes Stahlblech bzw. in eine Pt-Au-Abgießschale gegossen und langsam abgekühlt. In der Regel kann die Schmelztablette direkt zur Messung verwendet werden. Platintiegel mit einem Zusatz von 5% Au

[1] Mowiol ist ein verseifter acetylgruppenhaltiger Polyvinylalkohol. Die wässrige Lösung wird folgendermaßen hergestellt: Mowiol in wenig Methanol anquellen, dann langsam H_2O bidest. unter Erwärmen und Rühren dazugeben.

verhindern ein Festhaften der Schmelze an den Wänden. Sollte die Tablette Sprünge zeigen, können diese durch erneutes Schmelzen beseitigt werden. Außerdem besteht die Möglichkeit, den erkalteten Schmelzkuchen ca. 3 min lang in der Scheibenschwingmühle zu mahlen und dann Pulvertabletten herzustellen. Außer der Entfernung von Verunreinigungen ist eine weitere Behandlung der Oberfläche der geschmolzenen Tablette nicht nötig, sofern diese plan ist. Falls Wand und Boden des Pt-Au-Tiegels durch die Schmelze angegriffen wurden, kann dies nach der Reinigung durch Zugabe einer zehnprozentigen Lösung von $AuCl_3$ und Erhitzen bis zur Rotglut behoben werden: Durch kräftiges Bewegen der Lösung amalgamiert sich das Au mit dem Pt.

Im Schrifttum sind viele Verfahren zur Herstellung von Schmelztabletten bekannt geworden, die den speziellen Erfordernissen Rechnung tragen. Die Verhältnisse von Analysensubstanz zu Schmelzmittel schwanken von 1:1 bis 1:100. Norrish und Hutton (1969) verwendeten ein Schmelzmittel von 38 g $Li_2B_4O_7$, 29,6 g Li_2CO_3 und 13,2 g La_2O_3 (letzteres als "schwerer Absorber" zum weiteren Ausgleich von Matrixunterschieden); davon wurden 1,5 g mit 0,02 g $NaNO_3$ und 0,28 g Analysensubstanz im Pt-Au-Tiegel bei 980 °C geschmolzen; die Schmelze wurde in einen Messingring mit Graphitunterlage gegossen. Ähnlich verfuhren auch Rose et al. (1963): Sie gaben außerdem noch Borsäure zu, die sie auch als Unterlage beim Pressen verwendeten; später ersetzten sie die Unterlage durch Cellulose. Kodoma et al. (1967) gossen die nach Norrish und Hutton hergestellte Schmelze auf eine 300 °C heiße Graphitplatte, erwärmten für 1 h auf 450 °C und ließen langsam abkühlen. Zur Unterdrückung von Matrixeffekten verdünnte Claisse (1956) 0,1 g Substanz mit 10 g $Na_2B_4O_7$ und schmolz bei 800...1000 °C in einem Ofen oder unter Umrühren über einem Meckerbrenner; die Schmelze wurde zunächst auf einer 450 °C warmen Aluminiumplatte getempert und dann abgekühlt. Bei Anwesenheit von Sulfiden wurde der Schmelze 1,5...2,0 g BaO_2 zugegeben und bei komplexen Sulfiden 0,1 g mit 1 g $K_2S_2O_7$ bei 1000 °C geschmolzen und dann $Na_2B_4O_7$ zugegeben. Fabbi et al. (1976) schmolzen 0,1 g Probensubstanz mit 1,4 g $LiBO_2$ bei 950 °C in einem Graphittiegel; nach dem Abkühlen wurde die Schmelze mit Cellulose bis zur Gesamtmasse von 1,8 g versetzt, gemahlen und auf eine Celluloseunterlage gepreßt. Tertian (1973) wandte eine Methode der doppelten Verdünnung an, um durch Messung der beiden Verdünnungsstufen den Interelementeffekt zu korrigieren: Die erste Schmelze bestand aus 0,8 g Probe, 8,28 g $Li_2B_4O_7$ und 0,92 g NaF; die zweite aus 2,0 g Probe, 7,2 g $Li_2B_4O_7$ und 0,8 g NaF. Beide Schmelzen wurden in Platintiegeln bei 1100 °C 50 min lang geschmolzen, danach auf eine 370 °C warme Platte gegossen und schließlich abgekühlt. Bei den mannigfachen Prozeduren des Schmelzaufschlusses finden sich in der Literatur folgende Schmelzmittel: $LiBO_2$, $Li_2B_4O_7$, $K_2S_2O_7$, $Na_2B_4O_7$ und Na_2CO_3; diese greifen schnell an und lösen die feuerfesten gesteinsbildenden Minerale. Zur Auflösung von Erzmineralen haben sich Schmelzen aus $Li_2B_4O_7$ + Li_2CO_3, $Li_2B_4O_7$ + B_2O_3 und $Na_2B_4O_7$ + $Li_2B_4O_7$ + LiF (Smith 1972; Stephenson 1969; Kodoma et al. 1967; Strasheim und Brandt 1967) bewährt, während zwecks Oxidation von Sulfiden, Carbiden und Metallen Zusätze von $K_2S_2O_7$, $LiNO_3$, $Ce(NH_4)_2(NO_3)_6$, $NaNO_3$ und NH_4NO_3 empfohlen werden (Norrish und Hutton 1969; Harvey et al. 1973). Außer La_2O_3 wurden auch Ce_2O_3 oder $Ce(NH_4)_2(NO_3)_6$ als "schwere Absorber" zur Herabsetzung von Matrixeffekten mit Erfolg dem Schmelzmittel zugefügt (Rose et al. 1963; Stephenson 1969). Damit wird gleichzeitig durch Sekundäranregung in gewissen Spektralbereichen der durch die Verdünnung bedingten Intensitätsminderung entgegengewirkt.

Nach Vaeth und Grießmayr (1980) können organische Substanzen wie z.B. Siliconöle, PVC oder organische Schwefelverbindungen im oxidierenden Borataufschluß ohne Verluste aufgeschlossen werden. Hierfür eignet sich ein Gemisch aus Na- oder Li-Tetraborat, Magnesiumnitrat und etwas Perborat. Gleichzeitig werden dadurch Schädigungen der Platintiegel durch aggressive Substanzen weitgehend verhindert; allerdings sind Vorkehrungen zu treffen, wenn thermisch stabile Substanzen beim Borataufschluß verdampfen. Baker (1982) empfiehlt die Zugabe von kleinen Mengen von LiBr zur Erzielung einer trockenen, nicht adhärierenden Schmelze und Vermeidung von Schwefelverlusten durch Verdampfung.

Wegen des zeitaufwendigen Schmelzprozesses wurden in letzter Zeit halbautomatische und automatische Schmelzapparaturen entwickelt (Harvey et al. 1973; Hebert und Street 1974; u.a.). Bei dem Umgang mit Schmelztabletten sind einige Vorsichtsmaßregeln zu beachten. Sofern die Schmelze wieder aufgemahlen und zu Tabletten gepreßt wird, sollten diese wegen ihrer hygroskopischen Eigenschaften in Exsikkatoren aufbewahrt werden; sonst ist mit einem zusätzlichen relativen Fehler von 3...5% zu rechnen. Glastabletten mit Ring sind stabiler als solche ohne Ring; außerdem werden erstere beim Anfassen nicht kontaminiert. Wenn die Oberfläche nicht plan erscheint, ist Polieren mit Diamantpasten (0,25 μm) empfehlenswert.

Schließlich sei betont, daß in den RFA-Laboratoriumsräumen — das bezieht sich auch auf die Labors zur Aufbereitung und Präparation — äußerste Sauberkeit geboten ist, ebenso wie diese für analytische Laboratorien eine selbstverständliche Voraussetzung ist. Agus und Hesp (1974) haben die notwendigen Reinigungsprozeduren bei der Präparation für die RFA-Proben hervorragend beschrieben.

4.1.4 Probenvorbereitung von Flüssigkeiten und von Schwebstoffen in Gasen (Aerosole)

Die auf Filtern oder Membranen gesammelte Analysenprobe ist hinsichtlich Korngröße und Zusammensetzung oft recht heterogen; gleichzeitig ist die Masse (im Milligrammbereich) sehr niedrig. Einzelheiten über die Handhabung dünner, substanzbelegter Träger (Film, Membran) und Kriterien für die erforderliche Dicke finden sich bei Chung et al. (1976). Eine interessante Dünnfilmtechnik beschreibt Florestan (1967). Viele Präparationsmöglichkeiten einschließlich "Sputtering" werden von Chopra (1969) abgehandelt.

Im Prinzip sind wäßrige Lösungen bei der RFA auf Haupt- und Nebenelemente einfach in der Handhabung, wenn ohne Vakuum gearbeitet werden kann oder wenn bei der Analyse der mittelschweren bis schweren Elemente bei Einschaltung des Vakuums für Druckausgleich zwischen Absaugleitung und Probenkammer gesorgt wird (um die Bodenfläche nicht einseitig zu belasten) und die Probensubstanz im Vakuum nicht verdampft. Mit Hilfe der Additions- und Verdünnungsverfahren ist die Erstellung von Eichkurven meistens einfach. Die Proben werden in einen mit Mylarfolie bespannten Flüssigkeitsbehälter eingebracht. Sofern mit Helium gespült wird, kann die Analyse der leichten Elemente bis etwa $Z = 14$ durchgeführt werden.

Lösungen sind homogen und haben gewöhnlich niedrige Absorptionskoeffizienten und daher große Eindringtiefe für Röntgenstrahlen. Bei nicht zu konzentrierten Lösungen spielen Matrixeffekte eine geringe oder keine Rolle. Das reine Lösungsmittel dient als Blindprobe. Der Nachteil von Lösungen ist, daß kleine Konzentrationen und Spuren nicht erfaßt werden; hier kann die Vorkonzentration der Lösungen abhelfen oder auch der Einsatz von Ionenaustauschern, kunststoffimprägnierten Papierfiltern sowie Fällungsreaktionen in Verbindung mit Wiederauflösen in einem kleinen Volumen.

In der Umweltforschung hat sich die RFA für die Bestimmung von Spurenelementen in Aerosolen (Luft), Flüssigkeiten und Stäuben als brauchbare Methode erwiesen. In dem von

Dzubay (1978) im Auftrag der U.S. Umweltschutzbehörde herausgegebenen Buch "X-ray fluorescence analysis of environmental samples" wird in verschiedenen Beiträgen auf die instrumentellen Verfahren zur Probenahme und Konzentration von feinsten und gröberen Staubteilchen aus der Luft, auf Vorrichtungen zum Einspannen von Luftfiltern und auf die günstigen Eigenschaften von Filtern, z.B. mit Paraffin, Silicon- oder Apiezonöl imprägnierte Mylarfolien, eingegangen. In dem genannten Buch wird auch die Handhabung wäßriger Proben beschrieben, z.B. deren Vorkonzentration mit Hilfe von organischen Reagenzien und Glasperlen, auf denen der ausgefallene Niederschlag gesammelt und dann abfiltriert wird. Einzelheiten der verschiedenen Techniken werden in Kap. 5 besprochen.

Ungebrauchte Öle lassen sich u.a. auf Zusätze von P, Cl, Ca, Mn, Zn, Mo und Ba und auf natürlich vorkommende Elemente wie Na und S analysieren. Für die Analyse der letzteren ist die Spülung mit Helium notwendig. Die Matrixeffekte können wegen der schwankenden Beimengungen von relativ schweren Elementen erheblich sein.

Zum Schluß dieser Ausführungen wird darauf hingewiesen, daß nicht alle Probengruppen im einzelnen abgehandelt werden konnten. Spezialverfahren zur Aufbereitung und Präparation, z.B. für Schlacken und Feuerfestmaterialien in Eisenhüttenlaboratorien und für Metalle und Legierungen in Laboratorien von Raffinerien, werden in Kap. 5 besprochen.

4.2 Qualitative und quantitative Meß- und Auswertemethoden

4.2.1 Apparative Voraussetzungen: Wellenlängendispersive RFA (WDRFA)

4.2.1.1 Wahl der Röntgenröhren

Mit Hilfe der WDRFA können etwa 80 Elemente vom Bor (BKα=6,775 nm) an aufwärts analysiert werden. Der spektrale Bereich der Wellenlänge umfaßt je nach Anregungsenergie Werte von 0,03 nm bis 6,8 nm; er wird eingeengt durch den Netzebenenabstand des jeweiligen Analysatorkristalls und dem oberen und unteren Anschlagswinkel 2θ des Goniometers. Um für die einzelnen Elemente die bestmöglichen Meßbedingungen zu finden, ist es wichtig, die Eigenschaften der verfügbaren Röntgenröhren und — bei Anwendung der WDRFA — die der Analysatorkristalle und der Detektoren zu kennen. Je nach Anodenmaterial der Röntgenröhre liefert diese bei einer Belastung von bis zu 3 kW und 70 mA die spezifische Primärstrahlung. Dadurch werden die im Präparat enthaltenen Atome zur Fluoreszenzstrahlung angeregt (Bild 4.4). Das Anodenmaterial soll möglichst von spektraler Reinheit sein, damit außer der Bremsstrahlung nur seine charakteristische Strahlung zur Emission gelangt, d.h. zum Beispiel bei Verwendung einer Chromanode ausschließlich die Cr-Linien, bei einer Molybdänanode die Mo-Linien. usw. Nur wenn eine genügende Reinheit gesichert ist, lassen sich Analysenlinien des Präparats von Röhrenlinien einwandfrei unterscheiden. Die Reinheit sollte mit Hilfe einer garantiert das Anodenmaterial nicht enthaltenden Probe oder einer Plexiglasscheibe überprüft werden; dies ist besonders bei der Spurenanalyse wichtig. Aus der Praxis ist bekannt, daß im Spektrum einer Röhre mit Chromanode Ni- oder Fe-Linien im Chromspektrum auftreten. Im Leerspektrum einer Röhre mit Wolframanode können gelegentlich Tantallinien erscheinen, und zwar nehmen diese mit zunehmendem Alter der Röhre an Intensität zu.

Die Röhrenwahl richtet sich nach den grundsätzlichen Anregungsbedingungen für die zu bestimmenden Elemente. Die Primäranregung muß immer kurzwelliger sein als die Fluoreszenzstrahlung, die zur Messung gelangt. Da Photonen keine Bremsstrahlung erzeugen, entstehen in der Probe nur die charakteristischen Linien. Der analytisch nutzbare spektrale Bereich der Röntgenwellenlängen (von 0,03...1,2 nm) — von Fluor einmal abgesehen —

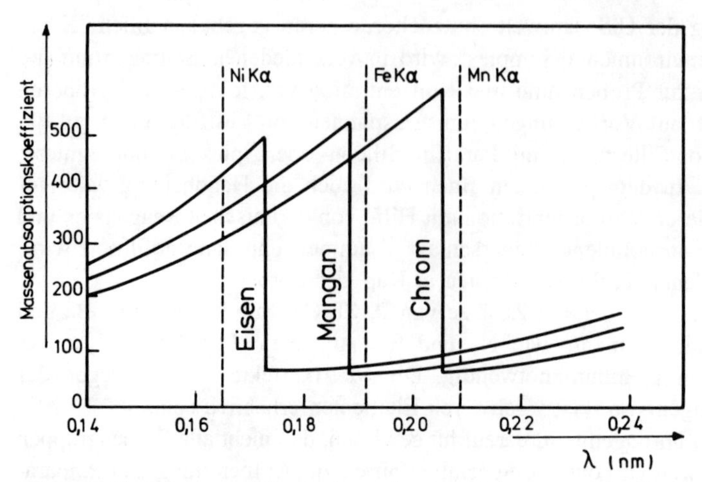

Bild 4.4 Verhalten von Massenabsorptionskoeffizienten und Wellenlängen von Eisen, Mangan und Chrom in der Nähe ihrer K-Absorptionskanten

wird unterteilt in den kurzwelligen Bereich von 0,03...0,2 nm und in den langwelligen Bereich von 0,2...1,2 nm. Das K-Spektrum umfaßt den Bereich der Linien CeKβ=0,0316 nm bis NaKα=1,1909 nm, das L-Spektrum den Linienbereich von $ULβ_1$=0,0720 nm bis $GaLα_1$=1,1313 nm.

Röntgenröhren mit Chrom- oder Wolframanode können diese Bereiche umfassen und liefern recht gute Anregungsbedingungen für die meisten Elemente. Zur Anregung von kurzwelliger Strahlung eignen sich Wolfram- oder Goldröhren auch wegen der intensiven kurzwelligen Bremsstrahlung (größte Energie nach Gl. (2.7)); für die Anregung langwelliger Strahlung dagegen ist Chrom als Anode besser geeignet. Wenn Chrom oder Mangan mit der Chromröhre bestimmt werden sollen, wird ein Primärstrahlfilter (z.B. Aluminium) geeigneter Dicke zwischen Röntgenröhre und Probe eingeschaltet, um die störenden Wellenlängenbereiche aus dem Röhrenspektrum zu unterdrücken; allerdings erfolgt dies auf Kosten der anregenden Primärintensität. Neuerdings gelangen in der Sequenzspektrometrie auch Rhodium- und Chrom-Stirnfensterröhren zum Einsatz. Wie aus Bild 2.4 zu ersehen ist, besitzt das Emissionsspektrum des Rhodiums charakteristische Linien sowohl im lang- als auch kurzwelligen Bereich; diese Röhre ist somit für einen sehr weiten Spektralbereich zu verwenden. Für die Bestimmung von Rb, Sr und Y bietet die Molybdänröhre wegen der günstigen Lage ihrer K-Absorptionskante zu den Kα-Linien der letztgenannten Elemente Vorteile.

Bei Anregung der Probe durch die charakteristische Eigenstrahlung eines Elements ist der Untergrund sehr gering und damit vernachlässigbar, im Gegensatz zur Anregung durch das Bremsspektrum. Zur Bestimmung von leichten Elementen, deren Absorptionskanten im Bereich von 0,6...0,8 nm (P bis Al) liegen, werden Röntgenröhren benötigt, die in diesem Bereich noch eine genügend große Intensität aufbringen und wegen der geringen Energie der Strahlung ein nur wenig absorbierendes Fenster (Beryllium) besitzen. Hier ist eine Chromröhre besser geeignet als eine Wolframröhre. Die Analyse leichter Elemente wird sowohl durch deren langwellige, leicht absorbierbare Strahlung als auch durch deren sehr geringe Fluoreszenzausbeute von nur einigen Prozent erschwert.

Hinsichtlich der Beziehungen zwischen Analysenlinien und dem photoelektrischen Absorptionseffekt ist die Auswahl des passenden Anodenmaterials der Röntgenröhre und die Kenntnis des Einflusses vorhandener Matrixelemente sehr wichtig. Darauf haben Frigieri et al. (1974) und auch viele andere Autoren aufmerksam gemacht. Eine unterschiedliche Präparatdicke kann bei dünnen Proben zusätzlich variable Absorptionseffekte verursachen. Insbesondere sind es die Elemente der Ordnungszahlen 20 bis 30 (Ca, Sc, Ti, V, Cr, Mn, Fe, Co, Ni, Cu, Zn), bei deren Messung erhöhte Sorgfalt angezeigt ist. Das hängt damit zusammen, daß die Elektronenübergänge nicht aus der äußersten Valenzschale stammen; deshalb schwanken die Intensitätsverhältnisse von $K\beta$ zu $K\alpha$ dieser Elemente stärker als üblich.

4.2.1.2 Wahl der geeigneten Analysatorkristalle

Grundsätzlich sind alle gut ausgebildeten Einkristalle als Analysatorkristalle zu verwenden. Als Beugungsebene wird häufig die am besten ausgebildete Spaltfläche benützt. Der Netzebenenabstand d muß bekannt sein; außerdem soll ein Analysatorkristall folgende Forderungen erfüllen:

1. Der Kristall soll so groß sein, daß ein breites Strahlenbündel zur Reflexion gelangen kann. Die reflektierende Oberfläche soll frei von Wachstumsfehlern und von Fehlern sein, die durch mechanische Bearbeitung oder Einwirkung von Umweltbedingungen entstanden sind; er sollte auch mechanisch möglichst stabil sein.
2. Der Kristall darf keine deutliche Mosaikstruktur aufweisen, weil sonst die Linien verbreitert und das Auflösungsvermögen herabgesetzt werden.
3. Der Kristall muß chemisch so zusammengesetzt sein, daß durch die auffallende Strahlung eine angeregte eigene Fluoreszenzstrahlung nicht störend wirkt. Deshalb darf er beim Einfallen von Strahlung mit Wellenlängen, die z.B. kleiner als 0,3 nm sind, keine Elemente mit Ordnungszahlen über 20 enthalten. Die K-Strahlung der Elemente im Kristall ist für $Z < 20$ langwellig und wird, bevor sie den Detektor erreicht, größtenteils absorbiert. Sofern mit Wellenlängen über 0,3 nm gearbeitet wird, darf der Kristall auch Elemente höherer Ordnungszahl enthalten. Die K-Strahlung wird dann zwar nicht angeregt, aber wegen generell höherer Absorption sinkt die Intensität. Außerdem ist zu verhindern, daß die L-Spektren der Elemente des Kristalls in das Arbeitsgebiet fallen.
4. Eine weitere wichtige Anforderung bezieht sich auf die Reflexe höherer Ordnung: diese sollten möglichst schwach sein, um Koinzidenzen mit Analysenlinien zu vermeiden. Hier geben die Intensitätsverhältnisse der vier ersten Ordnungen mit 100:20:7:3 einen gewissen Anhaltspunkt unter der Voraussetzung, daß durch die Struktur des Analysatorkristalls keine besonderen Beziehungen entstehen: Beispielsweise sind die Reflexe der zweiten Ordnung bei Calciumfluorid, Silicium, Germanium, Gips wesentlich geringer als die der dritten Ordnung.

Die Analysatorkristalle befinden sich entweder auf einem verschiebbaren Schlitten oder einer drehbaren Trommel, auf denen sie in die jeweilige Arbeitsposition gebracht werden.

Für die aufgeführten Güteeigenschaften werden in Tabelle A.4 das Reflexionsvermögen, die Auflösung und mögliche Störstrahlungen angegeben. Auf die Angabe der Winkeldispersion $d\theta/d\lambda$ wurde verzichtet; sie ergibt sich aus der Ableitung der Braggschen Gleichung nach Gl.(2.14). Danach ist das Auflösungsvermögen umgekehrt proportional zum Netzebenenabstand und proportional zum Beugungswinkel; daher können benachbarte

Linien bei höherer Ordnungszahl besser getrennt werden. Weitere Angaben zur Intensität, Halbwertbreite usw. finden sich unter "Bemerkungen" in Tabelle A.4.

Das Reflexionsvermögen eines Analysatorkristalls wird vom Strukturfaktor /F/ und der Größe W, die sich aus der Mosaikstruktur W_X des Kristalls und aus den geometrischen Meßbedingungen W_C errechnen läßt, bestimmt:

Breite in halber Höhe des Linienprofils: $W_{1/2} = \sqrt{W_X^2 + W_C^2}$
bei 160 μm Lamellenabstand: $W_C = 0{,}086$
bei 480 μm Lamellenabstand: $W_C = 0{,}256$

Zur Dispersion der Fluoreszenzstrahlung werden entweder gekrümmte oder ebene Kristalle verwendet, von denen die letzteren wegen ihrer einfacheren Handhabung und Justierung in kleinen Spektrometern häufiger zum Einsatz gelangen. Die 26 bisher bekannt gewordenen brauchbaren Kristalle mit ihren wichtigsten Eigenschaften sind in Tabelle A.4 aufgelistet. Der Praktiker beschränkt sich in der Regel auf einige für sein Meßprogramm geeignete Analysatorkristalle. Eine solche Auswahl von universell verwendbaren Kristallen wird nachstehend angegeben; die genauen Bezeichnungen sind in der Tabelle A.4 angegeben.

Kristall	Nummer aus Tabelle A.4	Fläche	2d nm
LiF	6	(220)	0,2848
LiF	7	(200)	0,4026
PET	16	(002)	0,8742
EDDT	17	(020)	0,8808
ADP	18	(101)	1,064
KAP	25	(1010)	2,663

Übersichtstabellen mit den Energien und Wellenlängen der chemischen Elemente zusammen mit Angaben über die üblicherweise verwendeten Analysatorkristalle sind für den praktischen Gebrauch von den Herstellerfirmen von RFA-Geräten zu beziehen.

Außer den z.Z. als "bewährt" zu bezeichnenden Analysatorkristallen wurde *α-Quarz* mit seinen vielfältigen Reflexionsebenen und entsprechenden 2d-Abständen in die Tabelle A.4 aufgenommen; sie liegen zwischen 0,1624 nm und 0,8510 nm. Die mögliche Anwendung der vier verschiedenen α-Quarzkristalle ist zum Teil in Vergessenheit geraten; hinzuweisen wäre auf den parallel zu ($10\bar{1}1$) geschnittenen Kristall (Nr. 12 der Tabelle A.4). Ebenso preiswert wie Quarz sind auch synthetische *Korundkristalle,* die nach der Methode von Czochwalski gezüchtet sind. α-Korund, parallel zu ($03\bar{3}0$) geschnitten, ist bezüglich des Reflexionsvermögens dem Topas und Quarz vorzuziehen; er hat ausgezeichnete thermische und mechanische Eigenschaften. Erprobt ist er bei der quantitativen Analyse von Barium (Kα 2. Ordnung) und Kupfer. Bei exakter Justierung sind Untergrund und Störlinien gering. $CuK\alpha_{1,2}$ (0,1542 nm, 136,2°) läßt sich gut von $TaL\alpha_1$ (0,1522 nm, 132,8°) und $IK\beta_3II$ (0,1538 nm, 133,5°) trennen.

Über die Eigenschaften des *LiF(220)* sind die Meinungen geteilt; während zunächst beim Erscheinen dieses Kristalls seine Eigenschaften als Alternative zum Topas mit seinen vielen Linien höherer Ordnung als sehr positiv beurteilt wurden, häufen sich in letzter Zeit

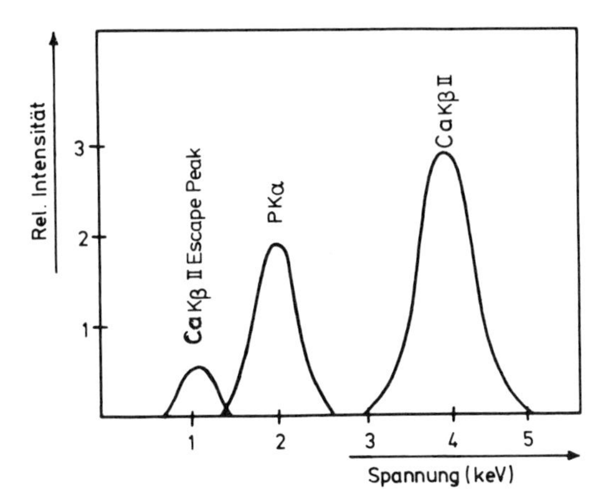

Bild 4.5
Impulshöhenverteilung von PKα und CaKβII

Beanstandungen wegen des Auftretens parasitärer Reflexe unkontrollierbarer Ordnung (z.B. (110) und (330)) und wegen seines nur 50% betragenden Reflexionsvermögens gegenüber *LiF(200)*, besonders im Bereich von ZrKα bis PbKα. Um diese Nachteile zu verhindern, sind ein äußerst exakter Schnitt parallel zu (220) und genau paralleles Einfallen des reflektierten Strahls zu den Schlitzen des Kollimators wichtig. Hervorzuheben ist die hohe Winkeldispersion bei richtiger Justierung. Ferner sei erwähnt, daß *weitere LiF-Kristalle* parallel zu (111), (420) und (422) Bedeutung haben. Generell verursacht die für LiF charakteristische Mosaikstruktur eine Erhöhung der reflektierten Intensität bei einer dennoch wünschenswert kleinen Linienbreite. LiF ist das bis jetzt bekannte geeignetste Material für Analysatorkristalle; hier können Al_2O_3 und NaCl nicht konkurrieren.

Der seit etwa 1970 bekannt gewordene *Germaniumkristall* hat gegenüber PET und EDDT weit bessere Eigenschaften; dies trifft besonders für die Messung von PKα zu, weil Linien geradzahliger Ordnung bei dem Ge-Kristall unterdrückt werden (Raumgruppe Fd3M): der Peak des CaKβ 2. Ordnung (CaKβII) stört bei der Phosphormessung nicht. Jedoch ist der Untergrund sehr hoch und steigt mit zunehmendem Calciumgehalt an; auch der Escape-Peak der CaKβII-Linie muß diskriminiert werden (Bild 4.5). Hier ist eine subtile manuelle Einstellung des Diskriminators vorteilhaft. Eine 1-μ-Folie als Fenster am Durchflußzähler ist zweckmäßig. O'Connel et al. (1975) fanden, daß die Strahlung der K-Linien des Präparats (außer derjenigen von Natrium und Sauerstoff) die GeLα- und GeLβ-Linien (1,0456 nm bzw. 1,0194 nm) anregt und es dadurch zur Interferenz von GeLα,β mit PKα kommt. Deshalb sind für eine optimale Einstellung der PKα-Linie die relativen Intensitäten, die energetische Auflösung des Zählers und die Einstellung der Impulshöhenverteilung kritische Faktoren und erfordern genaue Kontrolle.

Gegenüber dem Ge-Kristall zeigen *die organischen Kristalle PET* und *EDDT* keine Störstrahlung. Sie haben aber andere Nachteile, z.B. mäßige bis niedrige Auflösung und Reflexionsvermögen sowie schlechte physikalische Eigenschaften.

Im Jahre 1975 beschrieben die Japaner Goshi et al. *Indiumantimonid InSb* als Analysatorkristall mit 2d=0,7481 nm mit guten bis sehr guten optischen Eigenschaften; geradzahlige Ordnungen zeigen nur schwache Reflexe. Dieser Kristall wird insbesondere wegen seiner chemischen und physikalischen Qualitäten anstelle von PET, EDDT und Ge empfohlen. Besonders vorteilhaft ist InSb für die SiKα-Messung und weiter für alle K-Linien bis Palladium, für die L-Linien von Strontium bis Uran und für die M-Linien von

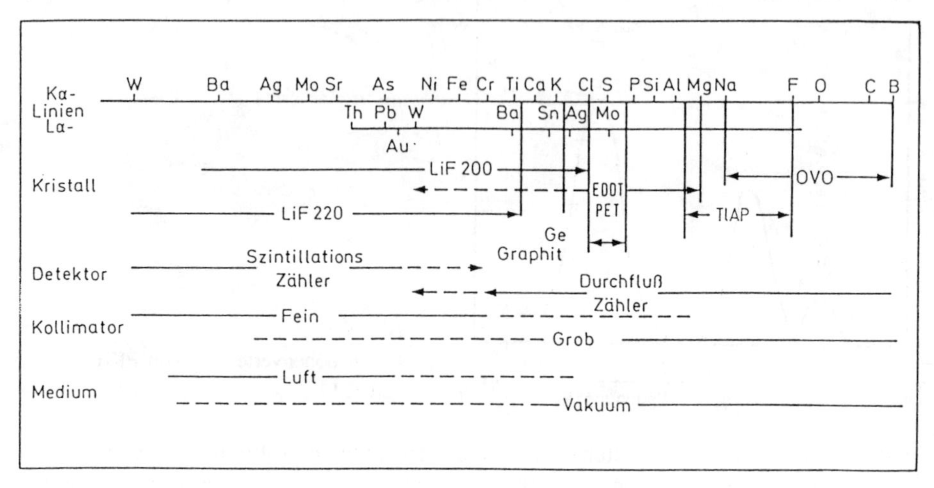

Bild 4.6 Übersicht über die apparativen Parameter bei der WDRFA

Wolfram bis Uran. Der Untergrund zwischen den L- und M-Absorptionskanten ist niedrig, die sekundäre Emission wird diskriminiert. Allerdings ist die Untergrundstrahlung in anderen Spektralbereichen beträchtlich. Wegen der hohen Winkeldispersion lassen sich Peak-Verschiebungen aufgrund der Bindungszustände des Präparats sehr gut bestimmen.

Die oben eingeführten Größen W_X und W_C sollten für eine Kristallart theoretisch und praktisch konstant sein. Jedoch ist dies bei dem an sich sehr gut geeigneten *Pyrolyse-Graphit* nicht der Fall, so daß die Qualität eines Graphitkristalls dem Zufall unterliegt. Das Reflexionsvermögen schwankt in weiten Grenzen, ebenso schwankt auch das an sich schon durch die Mosaikstruktur verursachte breite Linienprofil.

Jenkins und de Vries (1971) empfehlen *Sorbit-hexa-acetat SHA* wegen seiner hohen Winkeldispersion und seines hohen Reflexionsvermögens als Analysatorkristall für den Bereich von 0,9...1,4 nm (vor ihnen hat schon 1961 Gavrilova auf diesen organischen Kristall hingewiesen). Damit kann SHA die nachteiligen Eigenschaften des ADP-Kristalls kompensieren, d.h., der SHA-Kristall ist besonders für die Messung von MgKα und NaKα geeignet; er hat im Gegensatz zu Gips und ADP keine Eigenfluoreszenz von Schwefel bzw. Phosphor. Das Linienprofil ist allerdings ziemlich breit. Eine manuelle Einstellung des Diskriminators ist beim ADP-Kristall besonders dann angezeigt, wenn die Probe hohen Calciumgehalt hat, wie z.B. Zement; denn die Calciumstrahlung erregt zusätzliche Phosphor-Strahlung, und damit beeinflußt der Calcium-Gehalt mittelbar die Magnesium-Bestimmung. Dies kann beim SHA-Kristall nicht auftreten.

Die *Phthalate* der einwertigen Elemente Tl, Rb, K, Na und des NH_4^+ haben sich für Messungen im langwelligen Röntgenbereich bewährt. Zuerst war es der *KAP-Kristall,* dann der *RbAP-Kristall* mit doppelter Intensität, und schließlich wurde der *TlAP-Kristall* als optimal mit einer um 50% höheren Intensität als RbAP gefunden. Der *NH_4AP-Kristall* ist chemisch unbeständig und kommt deswegen für Routinemessungen nicht in Betracht. Der Untergrund nimmt von KAP zum RbAP zu, trotzdem ist die Ausbeute an Nutzstrahlung um mehr als das 1,5-fache besser. Für die FKα- bis MgKα-Messung wird vorzugsweise der TlAP-Kristall eingesetzt; denn der KAP-Kristall verursacht K-Strahlung, deren Escape-Peak

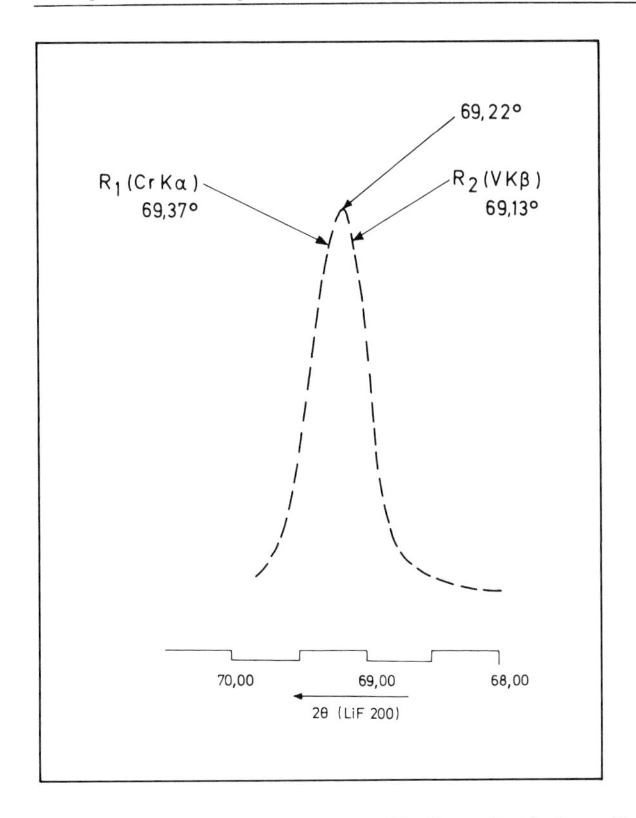

Bild 4.7
Überlagerung der Intensitäten von CrKα und VKβ

an der langwelligen Seite von MgKα liegt. Bei hohem Calciumgehalt stören die Satellitenlinien von CaKα 3. Ordnung.

Für den ultralangen Wellenbereich werden *organometallische Analysatorkristalle* mit 2d-Werten von ~8...10 nm eingesetzt; hiermit wurden die Bandenspektren von CKα und OKα von CO und CO_2 in gasförmigen und festen Phasen bestimmt.

In dem Band **36** der Advances of X-Ray Analysis finden sich eine Reihe von Arbeiten zur Charakterisierung von dünnen Filmen, wie z.B. von Ebel und Mitarbeitern (1993). Eine Übersicht über die Wahl der Analysatorkristalle und der übrigen apparativen Parameter gibt Bild 4.6. Die Messung langer Wellenlängen mit synthetischen Multilayers beschreiben Huang et al. (1989).

Koinzidenzkorrektur nichtdiskriminierbarer störender Linien

Häufig läßt sich der Escape-Peak einer Elementlinie höherer Ordnung aus dem Präparat nicht diskriminieren. Hier bringt nur sorgfältige Diskrimination der Impulshöhen, unter Umständen bei Inkaufnahme der Vernachlässigung des überlappenden Teils der zu messenden Linie, eine Kompromißlösung. Das gleiche gilt für Compton- und Auger-Peaks, wenn sie mit Meßlinien interferieren.

Hinsichtlich der Koinzidenz von zwei Linien gleicher Ordnung werden als Beispiel vier kritische Fälle im Bereich von 0,078...0,257 nm angeführt:

Messung von VKα (0,25048 nm) bei Anwesenheit von TiKβ (0,25139 nm)
Messung von CrKα (0,22910 nm) bei Anwesenheit von VKβ (0,22844 nm)
Messung von ZrKα (0,07853 nm) bei Anwesenheit von SrKβ (0,07829 nm)
Messung von CeLα (0,25615 nm) bei Anwesenheit von BaLβ (0,25682 nm)

In allen Fällen überlagert der störende β-Peak mehr oder weniger stark die zu messende α-Linie; wegen der unterschiedlichen Gehalte des Elements, von dem der β-Peak herrührt, tritt u.U. eine Winkelverschiebung für den Gesamtpeak auf. Das Maximum des Gesamtpeaks (Bild 4.7) liegt zwischen den Maxima der Einzelpeaks (in Anlehnung an Bild 4.7 "angular shift"). In den Standardproben mit bekannten Cr- und V-Gehalten werden die Intensitäten R_1 und R_2 an den Stellen der ursprünglichen Einzelpeaks von CrKα und VKβ gemessen[1] und daraus ein Gleichungssystem errechnet, das den gegenseitigen Einfluß der beiden Elementgehalte ausdrückt. Die errechneten Koeffizienten können auf die Messungen von unbekannten Proben übertragen werden.

$$\begin{aligned} R_1 &= a_{11}C_1 - a_{12}C_2 \,, \\ R_2 &= a_{21}C_1 - a_{22}C_2 \,. \end{aligned} \tag{4.2}$$

In den Gln. (4.2) sind a_{11}, a_{12}, a_{21}, a_{22} die den Winkelpositionen entsprechenden Koeffizienten und C_1 und C_2 die Konzentrationen des Vanadiums und des Titans (Brändle et al. 1974). Mit ähnlichen Gleichungen können auch andere Koinzidenzen getrennt werden; z.B. zeigt Bild 4.7 die Meßstellen für die Impulsraten, die nach einem nichtlinearen Fehlerquadratprogramm verarbeitet und geplottet werden.

4.2.1.3 Verwendung der Detektoren

Die am Analysatorkristall gebeugte Fluoreszenzstrahlung wird über einen zweiten Kollimator dem Detektor zugeführt. Die Detektoren setzen die eingestrahlte Energie in Impulse um. Von den Eigenschaften der Detektoren, der Verstärker, des Impulshöhendiskriminators und der angeschlossenen Registriereinheiten hängt die Effizienz der Anlage maßgeblich ab.

In WDRFA-Instrumenten werden Gasproportionaldurchflußzähler (DZ) und Szintillationszähler (SZ) verwendet, deren Wirkungsweise in Kap. 2 beschrieben wurde. Aus Bild 4.6 ist zu entnehmen, daß der DZ im langwelligen Bereich, etwa ab der TiKα-Strahlung (0,274 nm), empfindlich ist, der SZ dagegen im kurzwelligen Bereich von NiKα (0,165 nm) an abwärts. Zu berücksichtigen ist, daß der Escape-Peak in der Nähe der K-Absorptionskante von Jod (IKab = 0,037 nm) zu Störungen Anlaß geben kann. Für Z bis etwa 70 (Yb) ist die Messung der L-Linien mit dem DZ vorteilhafter als die der K-Linien mit dem SZ. Bei den nachfolgend erwähnten Störungen, die an Detektoren auftreten können, handelt es sich nicht um übliche Störungen, die durch Nachlässigkeit bei der Wartung auftreten, wie Verschmutzung von Zähldraht und Fenster am DZ. Beim SZ ist selten ein Leistungsabfall zu beobachten; allerdings kann nicht vermieden werden, daß sich im Laufe der Zeit auf dem Szintillatorkristall, dem Natriumjodid, eine amorphe Schicht bildet. Deshalb ist eine regelmäßige Kontrolle des Wirkungsgrades I/I_0 in bestimmten Zeitabständen anzuraten, und

[1] auf weitere Linienkoinzidenzen wird in Kapitel 5 eingegangen

zwar bei bestimmten λ-Werten (z.B. 0,098 nm, 0,126 nm und 0,179 nm); zwischen diesen sollte die Proportionalitätskonstante k nicht mehr als um 3% schwanken:

$$\log I/I_0 = -k^3 \cdot C; \qquad (C = \text{Konzentration}). \tag{4.3}$$

Bei bestimmten Aufgaben reicht das Auflösungsvermögen des Argon-Methan-Durchflußzählers und die Impulshöhendiskriminierung nicht zur Unterdrückung von Störlinien aus. Das kann der Fall sein, wenn sich Nutz- und Störstrahlung überlappen oder wenn der Escape-Peak des Argon energetisch nahe der Nutzstrahlung liegt. Hier bleibt als einziger Ausweg die Wahl eines anderen Zählgases. Erhöhung der Prozentsätze an Methan oder Propan erfordert hohe Zählrohrspannungen, so daß die Isolation u. U. schwierig wird. Als Alternative zu Argon bieten sich Neon und Helium an, die einen ähnlichen Gasverstärkungsfaktor wie Argon haben. Da sich mehr Ionenpaare bei Neon und Helium als bei Argon bilden, muß die Menge des Löschgases z.B. auf 30% Methan erhöht werden. Bei Verwendung von Neon und Methan tritt nur ein sehr kleiner Escape-Peak bei 0,85 keV auf, der diskriminiert werden kann. Ein Gemisch von Helium mit 12% CO_2 als Löschgas hat denselben Gasverstärkungsfaktor wie das gebräuchliche Ar-CH_4. Besonders günstig sind diese beiden Gasgemische bei der Messung von Natrium und Fluor. Bei der Messung von SKα tritt Störung durch CoKαIII auf (mit Graphit als Analysatorkristall); beide Linien überlappen sich, wenn Ar-CH_4 verwendet wird, und täuschen verschieden hohe S-Gehalte vor. Bei Verwendung des Zählgases Ne-CH_4 (Bild 4.8) entfällt der störende Escape-Peak des Ar, und die Co-Strahlung löst wegen des geringen Wirkungsgrades für harte Strahlung wenig Impulse aus; es ergibt sich ein sehr viel niedrigerer Untergrund bei der S-Messung, und die Nachweisgrenze sinkt entsprechend.

Bei der FKα-Messung in Fluorit (CaF_2) mit Bleistearatkristall wird ein Teil der Ca-Strahlung am Kristall gestreut, und die Streustrahlung gelangt in das Zählrohr. Mit Ar-CH_4 als Zählgas überlagern sich der Escape-Peak des Calciums mit der FKα-Linie. Mit Ne-CH_4 oder He-CO_2 als Zählgas wird die Störstrahlung des Calciums praktisch völlig unterdrückt (Bild 4.9). Die Nachweisgrenze verringert sich bei gleicher Meßzeit von 800 ppm F auf 200 ppm F mit He-CO_2 als Zählgas; die Meßzeit kann daher gegenüber Ar-CH_4 halbiert werden. Die in den Bildern 4.8 und 4.9 mit "Impulshöhe" bezeichnete x-Achse stellt eigentlich die Spannung der am Entkoppelkondensator ankommenden Impulse dar (ähnlich Bild 4.5).

Die mitgeteilten Beispiele veranschaulichen, daß bei zunächst unlösbar erscheinenden Aufgaben durch Modifizierung von Art und Menge des Zählgases befriedigende Lösungen gefunden werden können.

Prüfung der Registriereigenschaften der Zähler

In den Detektoren wird die monochromatisierte Fluoreszenzstrahlung in elektrische Impulse umgesetzt; ihre energetische Verteilung läßt sich durch die relative Halbwertbreite (HWB), dividiert durch den Wert E_0 im Maximum der Gaußkurve, charakterisieren:

$$HWB_{rel.} = \frac{HWB}{E_0} \cdot 100(\%) \; . \tag{4.4}$$

Als Kennzahl für die Auflösung wird die relative Halbwertbreite zur Beurteilung der Effizienz eines Zählers für eine bestimmte Wellenlänge herangezogen.

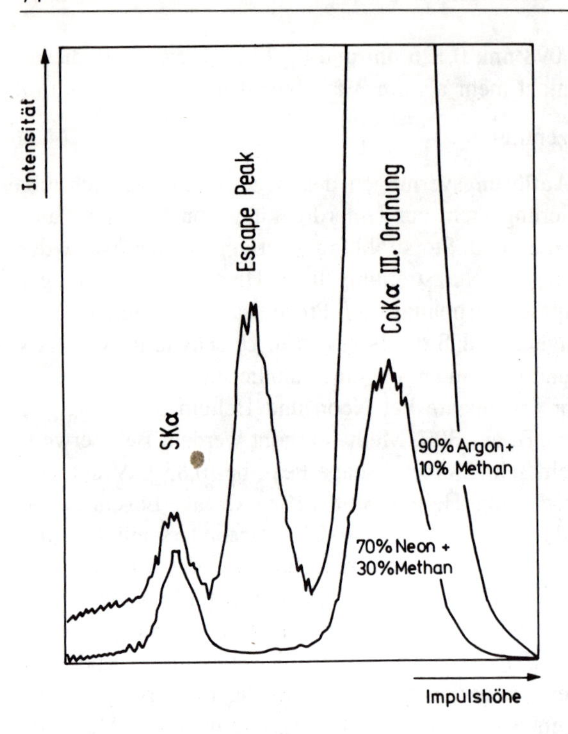

Bild 4.8
Messung von SKα mit Neon und 30% Methan als Zählgas

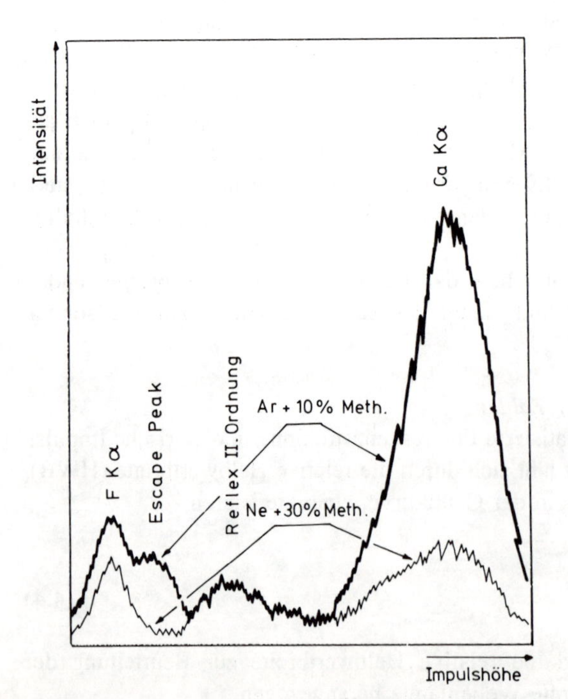

Bild 4.9
Messung von FKα mit Neon und 30% Methan als Zählgas

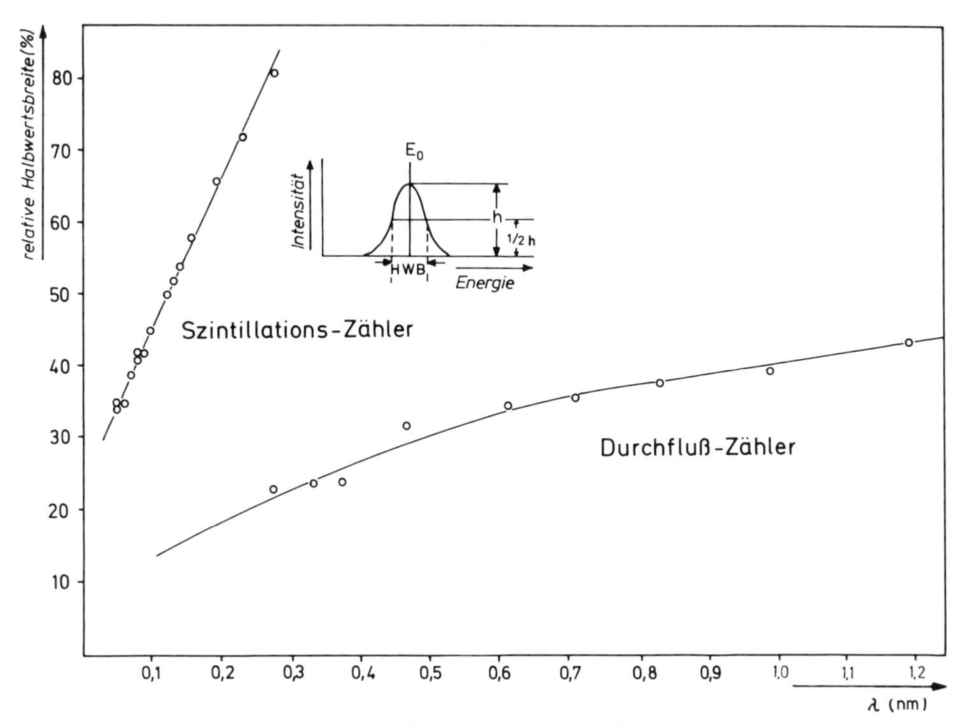

Bild 4.10 Relative Halbwertbreite in Abhängigkeit von der Wellenlänge für Durchflußzähler und Szintillationszähler

In Bild 4.10 ist die relative Halbwertbreite in Abhängigkeit von der Wellenlänge für Durchflußzähler und Szintillationszähler dargestellt. Es ist anzuraten, die Funktionstüchtigkeit der Detektoren regelmäßig durch Überprüfung ihrer HWB zu testen (Siemens Anal. techn. Mitt. 159).

Da die Empfindlichkeit des SZ ab etwa 0,15 nm abnimmt, die des DZ aber zunimmt, hat es sich als praktisch erwiesen, die beiden Zähler im Bereich von 0,15...0,3 nm hintereinander zu montieren (Tandemanordnung).

4.2.2 Meßtechnische Grundlagen: Wellenlängendispersive RFA (WDRFA)

4.2.2.1 Qualitative Analyse

Für die qualitative Analyse werden die Impulse im Analogverfahren ausgewertet, d.h., es erfolgt die Angabe der Impulse pro Sekunde über einen Integrierkreis mit variabler Zeitkonstante als Zählrate. Das Analogsignal wird einem Schreiber zugeführt, bei dem die Abtastgeschwindigkeit des Goniometers mit der Papiergeschwindigkeit des Schreibers synchron gekoppelt ist.

Die Ergebnisse von Übersichtsanalysen geologischer Proben hinsichtlich der Haupt-, Neben- und Spurenbestandteile sind in den Bildern 4.11a und 4.11b dargestellt; Bild 4.11c zeigt ein Registrierdiagramm der Standardprobe Granit G-1 im Winkelbereich von $2\theta = 8°$ bis 29°. Sofern die Linien höherer Ordnung nicht diskriminiert werden können, erscheinen diese ebenfalls beim gleichen Beugungswinkel. Die einzelnen Linien werden mit Hilfe von Tabellen identifiziert. Ein Element gilt als sicher identifiziert, wenn mindestens zwei Linien der 1. Ordnung koinzidenzfrei zu finden sind, also z.B. neben der Lα-Linie auch die Lβ-

Bild 4.11 Registrierdiagramme von basischen und sauren Gesteinen

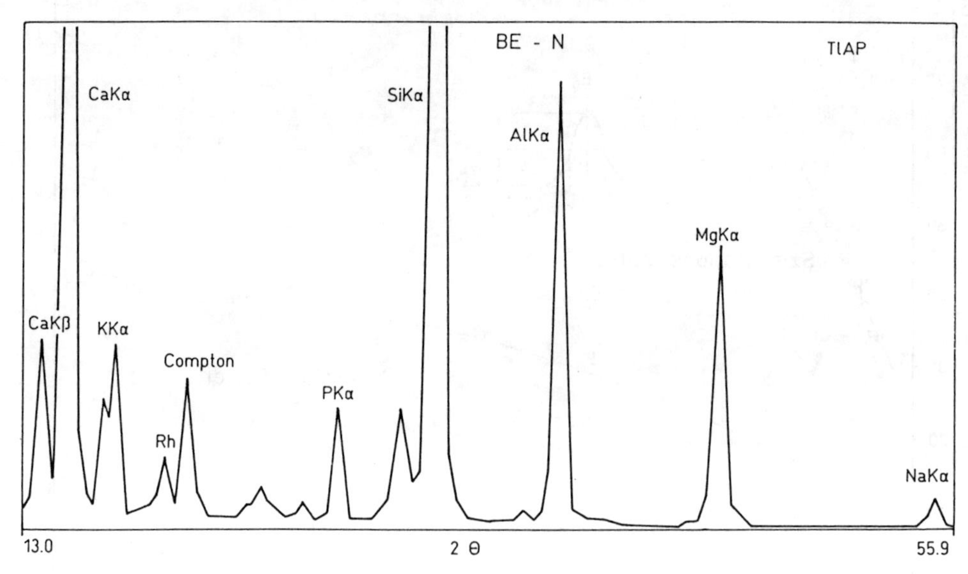

Bild 4.11a Pikrit BE-N (Analysatorkristall TlAP)

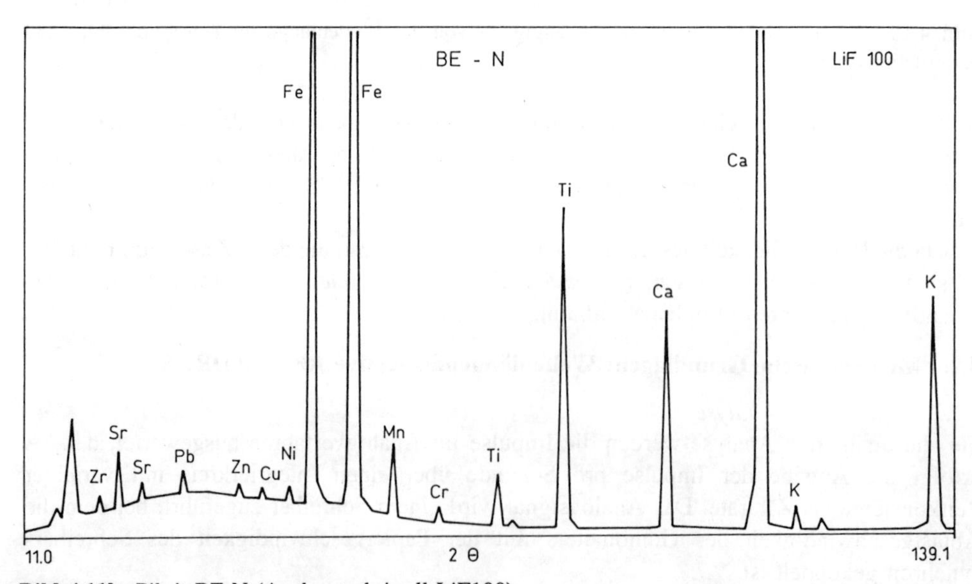

Bild 4.11b Pikrit BE-N (Analysatorkristall LiF100)

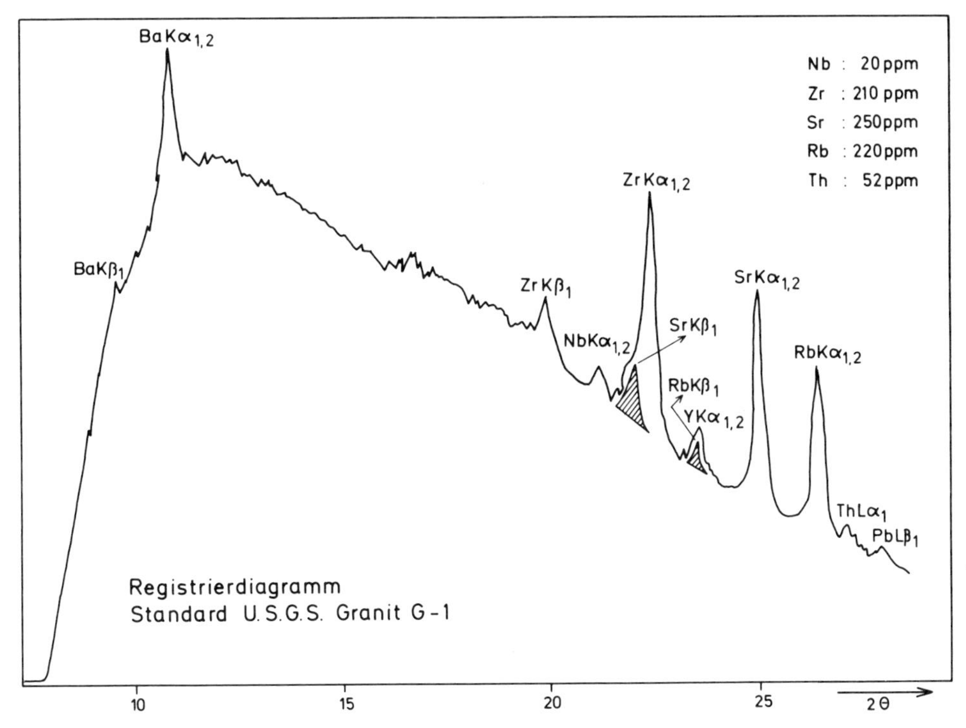

Bild 4.11c Granit G-1 (Analysatorkristall LiF200)

und Lγ-Linien. Da die Linienintensitäten, z.B. $K\alpha_{1,2}$: $K\beta_{1,3}$: $K\beta_2$, für jedes Element in festen Verhältnissen zueinander stehen (z.B. 100:15:2), ist es möglich, eine vergleichende, halbquantitative Abschätzung bei Elementen mit ähnlichem Aufbau der Atomhülle vorzunehmen.

Aus dem Registrierdiagramm lassen sich auch semiquantitative Aussagen (relative Standardabweichung ± 30%) machen, sofern es über den ganzen interessierenden Wellenlängenbereich unter optimalen Anregungs- und Nachweisbedingungen aufgezeichnet worden ist. Grundsätzlich sollen alle in dem betreffenden Spektralbereich auftretenden Linien identifiziert werden, auch die eventuell vorhandenen Linien höherer Ordnung, um Störlinien (entstanden durch Compton-, Rayleighstreuung oder andere sekundäre physikalische Effekte) auszuschalten.

Der Nachweis von Haupt- und Nebenelementen bis hinab zu wenigen Zehntel Prozent bietet keine Probleme wegen der Linienarmut der Spektren, insbesondere der K-Spektren. Bei im Spurenbereich vorhandenen Elementen können deren kleine Peaks oft nicht mehr eindeutig erfaßt werden, weil sie durch interferierende starke Linien teilweise oder ganz überdeckt werden oder sich vom Untergrund nicht mehr einwandfrei abheben. In Bild 4.11c sind die Linien der in ppm-Gehalten vorhandenen Elemente ($BaK\beta_1$, $BaK\alpha_{1,2}$, $ZrK\beta_1$, $NbK\alpha_{1,2}$, $ZrK\alpha_{1,2}$, $SrK\beta_1$, $RbK\beta_1$, $YK\alpha_{1,2}$, $SrK\alpha_{1,2}$, $RbK\alpha_{1,2}$, $ThL\alpha_1$, $PbL\beta_1$) ohne Störung durch Peaks hoher Intensität, auch nicht durch solche der zur Anregung verwendeten

Wolframanode der Röhre, nachzuweisen.[1] Im langwelligeren Bereich (> 0,07 nm) ist die Überlagerung von Peaks der K-, L- und M-Spektren ungleich häufiger. Die starken Linien der Röhreneigenstrahlung sind bei der Auffindung unbekannter Elementlinien zu berücksichtigen (z.B. AuL-, WL-, MoK-, CrK-Linien).

Die qualitative und quantitative Bestimmung von *zwei Elementen mit aufeinanderfolgenden Ordnungszahlen* macht eine genaue Kenntnis der Reihenfolge von Linien und Absorptionskanten (z.B. Kab) dieser und benachbarter Elemente notwendig, wie beispielsweise die Bestimmung von Chrom in Stahl. Ungünstig liegt z.B. der Fall, wenn geringe Mengen Mangan unter Verwendung einer Röhre mit Chromanode bestimmt werden sollen:

Z	Linie/Kante	nm
26	FeKab	0,1743
	$FeK\beta_{1,3}$	0,1756
25	MnKab	0,1896
	$MnK\beta_{1,3}$	0,1910
26	$FeK\alpha_1$	0,1936
	$FeK\alpha_2$	0,1939
24	CrKab	0,2070
	$CrK\beta_{1,3}$	0,2084
25	$MnK\alpha_1$	0,2101
	$MnK\alpha_2$	0,2105
24	$CrK\alpha_1$	0,2289
	$CrK\alpha_2$	0,2293

Ausschlaggebend für die Stärke der Linienintensitäten sind außer Konzentrationsverhältnissen die Lage der Absorptionskanten. CrKα wird durch die K-Linien des Eisens zunächst angeregt, weil die $FeK\alpha_{1,2}$- und Kβ-Linien kurzwelliger als CrKab sind. Die CrKα-Linie wird außerdem durch MnKβ angeregt, weshalb wechselnde, relativ hohe Mn-Gehalte die Cr-Bestimmung stören. Eisen regt mit seiner Kα- und Kβ-Strahlung die Chrom-Linien an, die Mangan-Linien nur mit FeKβ; dadurch wird das Cr/Mn-Intensitätsverhältnis stark beeinflußt. Die $FeK\alpha_{1,2}$-Linie ist langwelliger als MnKab, jedoch kurzwelliger als CrKab.

Die einfachste Zerlegung von interferierenden Linien ist in Bild 4.12 dargestellt; hier überlappen sich die β-Linie des Elements B und die α-Linie von Element A, während die α-Linie von B mit keiner anderen Linie koinzidiert. In diesem Fall ist der Anteil an Bβ an der Meßstelle der Aα-Linie durch Messung einer Probe, die nur B enthält, nach Abzug des Untergrundes, zu bestimmen. In Bild 4.12 beträgt die Intensität von Bβ im Linienmaximum 17,5% und an der Meßstelle der Aα-Linie 2%. Dieses feste Verhältnis von Bα zu Bβ ist für

[1] Im gezeigten Beispiel werden aber NbKα und YKα mit nur kleinen Peaks durch ähnlich schwache Peaks YKβ und RbKβ überlagert. Der Nachweis von Nb- und Y-Linien ist nur nach rechnerischer Trennung der Peaks möglich.

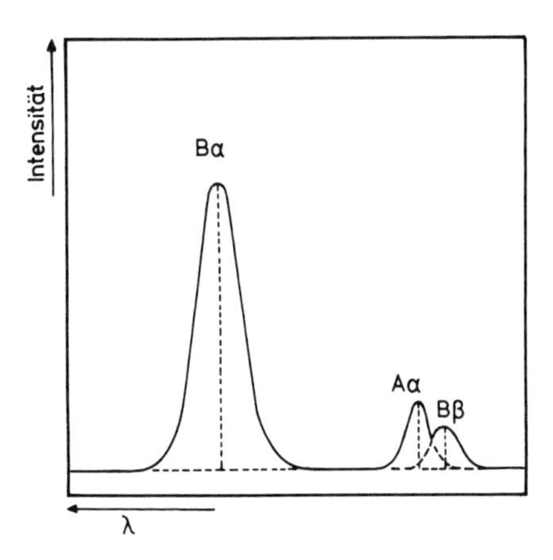

Bild 4.12
Schema zur Messung von zwei interferierenden Peaks

alle Proben, die störendes B enthalten, und bei wechselnden Konzentrationen bzw. Intensitäten anzunehmen, und 2% der jeweiligen Bα-Intensität sind von der zunächst für Aα ermittelten abzuziehen. Andere Korrekturen, wie die für Totzeit und Untergrund, sind vor derjenigen für interferierende Linien vorzunehmen. Komplizierter ist der Fall, wenn Bα und/oder Bβ durch Linien eines weiteren Elements C überlappt werden; dann müssen Aα und Bβ durch Iteration ermittelt werden.

4.2.2.2 Quantitative Analyse
Im Prinzip sind für die Durchführung von quantitativen Elementanalysen drei Vorgänge ausschlaggebend:

1. Anregung der charakteristischen Wellenlängen in dem sachgemäß präparierten Probenmaterial,
2. Selektion der Wellenlängen und Messung ihrer Intensitäten,
3. Korrelation von Intensitäten mit den chemischen Konzentrationen der zu bestimmenden Elemente und die Berücksichtigung von Matrixeffekten mit Hilfe von Rechenoperationen.

Da einerseits ein Teil der notwendigen Prozeduren, wie Probenpräparation und Anregung der charakteristischen Strahlung, schon in den vorhergehenden Abschnitten 4.1 bzw. 4.2.1 abgehandelt wurden und andererseits auf Eichverfahren und Korrekturverfahren in den späteren Abschnitten 4.3 und 4.4 eingegangen wird, werden hier nur die Grundlagen der quantitativen Röntgenfluoreszenzanalyse sowie einfache empirische Verfahren und Korrekturen für die Berechnung von chemischen Konzentrationen aus den Linienintensitäten besprochen.

Wenn ein Element i in einem aus k Elementen bestehenden Stoff bestimmt werden soll, dann ist die Intensität $I(\lambda_i)$ einer seiner Elementlinien außer von seiner Konzentration hauptsächlich von der Primäranregung und der Primärabsorption von λ_i durch die Matrixelemente abhängig. Weitere Effekte wie sekundäre Absorption und Verstärkung durch ein oder mehrere Matrixelemente sind oft von untergeordneter Bedeutung. In Einzelfällen können diese Effekte jedoch erheblich stören; sie sind dann entsprechend zu berücksichtigen. Ein solches Beispiel wurde in Abschnitt 4.2.2.1 (Qualitative Analyse) angegeben, hier wird die Chrombestimmung durch die beiden Elemente mit den auf das Cr (24) nachfolgenden Ordnungszahlen (Mn, Fe) wesentlich beeinflußt.

Im einfachsten Fall einer quantitativen Bestimmung besteht die Matrix aus einem Grundelement und einem Zusatzelement im Spurenbereich: Die Intensitätswerte des Zusatzelements und seine entsprechenden Konzentrationen verhalten sich linear. Liegt dagegen eine Mehrkomponentenmatrix vor, so ist es bei bekannter Zusammensetzung der Probe möglich, die durch die Matrix verursachte Massenschwächung μ für eine bestimmte Wellenlänge zu berechnen und damit die beobachtete Intensität auf die ungeschwächte Intensität zurückzuführen.

Der Massenschwächungskoeffizient (μ/ρ) eines chemischen Elements ist eine Eigenschaft des Atoms und ein Maß der Durchlässigkeit für Röntgenstrahlen. Der Wert für (μ/ρ) ist spezifisch für jede Wellenlänge; dieser ist bei einer bestimmten Wellenlänge für jedes Element verschieden (s. Abschnitt 2.2). Die Massenschwächungskoeffizienten wurden von verschiedenen Autoren berechnet und sind in Abhängigkeit von Wellenlänge und Ordnungszahl tabelliert (s. Tabelle A.3).

Verschiedene Ansätze, die die Abhängigkeit der beobachteten Intensitäten von Anregungsbedingungen, der Probenzusammensetzung und der apparativen Geometrie beschreiben, führen nach Vereinfachung und Umformung zu der Näherungsgleichung:

$$C_i = K_i \cdot I_i \cdot (\mu/\rho)_i \,. \tag{4.5}$$

Dabei bedeuten

- C_i Konzentration des Elements i,
- K_i Konstante, die die Eichfunktion für das Element i einschließlich der apparativen Größen enthält,
- I_i beobachtete Intensität der Analysenlinie des Elements i (nach Untergrundabzug),
- $(\mu/\rho)_i$ Massenschwächungskoeffizient für die Analysenlinie λ_i auf Grund der Probenzusammensetzung.

Diese Näherung ist sehr gut, solange C_i klein ist, d.h., wenn die Änderung von C_i die Massenschwächung nicht merklich beeinflußt. Da die (μ/ρ)-Werte in den Tabellen für die gewünschte Wellenlänge und Ordnungszahl zu finden sind, ist eine Korrektur leicht möglich, wenn die chemische Zusammensetzung der Probe genau bekannt ist. Die Massenschwächung, die die Fluoreszenzstrahlung der Wellenlänge λ_i erfährt, ist die Summe aller Massenschwächungsanteile der in der Matrix vorhandenen Elemente einschließlich i. Ein einzelner Massenschwächungsanteil ist das Produkt aus der Konzentration eines Elementes j und dessen für λ_i geltenden spezifischen Massenschwächungskoeffizienten $(\mu/\rho)_i$. Die Summe dieser Produkte dient als Faktor, mit dem die gemessene Intensität der Linie multipliziert wird. Wie erwähnt, ist die ausreichende Kenntnis der Zusammensetzung der Probe die Voraussetzung für diese Methode: Zum Beispiel für eine Matrix mit den Komponenten x, y und z gilt nach Gl. (2.10):

$$\sum_j C_j \cdot (\mu/\rho)_j = C_x \cdot (\mu/\rho)_x + C_y \cdot (\mu/\rho)_y + C_z \cdot (\mu/\rho)_z \,. \tag{4.6}$$

Nachfolgend wird ein Beispiel zur Berechnung des Massenschwächungskoeffizienten (μ/ρ) für die Bestimmung des Zirkoniumgehaltes (λ=0,0787 nm) in der Standardprobe G-1 (USGS) gegeben. Die Summe der Produkte nach Gl. (4.6) beträgt hierbei 657,0; diese Zahl wird als weiterer Bezugspunkt gewählt (≙ 1). Die Produktsummen weiterer Standardproben von Graniten, z.B. GR, GH, GA, GSP usw. werden dazu relativiert, deren Netto-Linienintensitäten entsprechend korrigiert und dann eine Eichkurve aufgestellt.

Berechnung von (μ/ρ) für $ZrK\alpha_{1,2}$ (λ=0,0787 nm)
in Standardprobe G-1 (USGS)

Element	$(\mu/\rho)_j$ [1]	C_j %	$(\mu/\rho)_j \cdot C_j$
Si	8,8	33,96	298,8
Ti	31,8	0,14	4,4
Zr	22,0	0,02	0,4
Al	7,0	7,54	52,8
Fe	51,8	1,37	71,0
Mn	41,3	0,02	0,8
Mg	5,6	0,24	1,3
Ca	26,1	0,97	25,3
Sr	19,0	0,015	0,5
Ba	62,7	0,12	7,5
Na	4,2	2,46	10,3
K	21,8	4,51	98,3
Rb	125,0	0,02	2,5
P	10,6	0,04	0,4
O	1,7	48,64	82,7

$$\sum_{j=1}^{k} (\mu/\rho)_j \cdot C_j = 657{,}0 \quad \text{für G-1 } (\hat{=}1)$$

Sind für die Konzentrationen C_j nur Näherungswerte bekannt oder können hierfür nur grobe Abschätzungen herangezogen werden, so läßt sich trotzdem die obige Berechnungsart anwenden. Die auf diese Weise rechnerisch korrigierten Meßergebnisse können dann zur erneuten tabellarischen Berechnung der μ/ρ-Werte benützt werden. Durch mehrmalige Anwendung dieser Prozedur (Iteration) kann das Ergebnis ständig verbessert werden.

Das Analysenelement i wird als Matrixbestandteil in obiger Tabelle mitberücksichtigt. Das Produkt $(\mu/\rho)_i \cdot C_i$ ist im Falle von Spurenelementen relativ klein; jedoch kann es bei Neben- und Hauptelementen, insbesondere wenn λ_i nahe einer Absorptionskante liegt, große Werte annehmen. Da sich hierbei Interpolationsfehler für μ/ρ besonders auswirken, ist es in solchen Fällen günstiger, obige Korrekturmethode nur auf die aus (k−1) Komponenten j bestehende restliche Matrix (Restmatrix) anzuwenden. Durch Vernachlässigung der Komponente i wird allerdings der Einfluß der Restmatrix überbewertet.

Die praktische Bestimmung der Massenschwächungskoeffizienten (MAC) für die Spurenanalyse von geologischen Proben mit Hilfe der Comptonstreuung beschreibt J.P. Willis (1990); hierbei werden hervorragende Ergebnisse erzielt, insbesondere mit Comptonpeaks von $MoK\alpha$ und $RhK\alpha$. Obwohl die Beziehung zwischen den inkohärenten Massenschwächungskoeffizienten und den Massenabsorptionskoeffizienten streng genommen nicht linear ist, kann sie annähernd linear für begrenzte Bereiche angenommen werden. Deshalb

[1] nach Tabelle A.3

kann dies auch für die Streustrahlung gelten. Wegen der besseren linearen Beziehung zwischen dem inkohärenten Streukoeffizienten und dem Massenabsorptionskoeffizienten ergeben sich exaktere Abschätzungen über relativ weite Bereiche der Probenkonzentrationen. Dagegen liefert die Rayleighstreuung der Röhre weniger gute Abschätzung des Massenabsorptionskoeffizienten. Da aber bei kurzen Wellenlängen wie RhKα die Comptonstreuung gegenüber der Rayleighstreuung bei weitem überwiegt, kann sogar die Untergrundstrahlung als linear mit der Massenschwächung betrachtet werden. Daraus resultiert besonders bei Verwendung einer Rh-Seit- oder Endfensterröhre die einfache Bestimmung des MAC, vorausgesetzt die Probe ist unendlich dick. Röhren mit anderem Target wie W oder Cr sind nicht so gut geeignet. Willis fand, daß sich bei Proben mit niedrigen MACs der RhKα-Comptonpeak nach längeren Wellenlängen hin verschiebt. Weitere ähnliche sog. "Pitfalls" werden von Willis besprochen. Ähnliche Untersuchungsergebnisse werden von Harvey (1992) und Domi (1992) berichtet.

Um die Intensitäten von Proben miteinander vergleichen zu können, bedarf es der genauen Ermittlung der Nettointensitätswerte, d.h. der Subtraktion des Untergrundes unter der Linie, der durch Streustrahlung an der Probe verursacht wird. Die Untergrundstrahlung spielt besonders bei der Spurenelementanalyse eine wichtige Rolle, da die Intensität des Untergrundes oft stärker als die des Nettopeaks sein kann und erstere von der Gesamtintensität abgezogen werden muß, um die Nettoimpulsrate des Peaks zu erhalten:

$$I_{Netto} = I_{Peak} - I_{Untergrund} \; ; \quad I_N = I_p - I_U \; . \tag{4.7}$$

Die verschiedenen Möglichkeiten des Untergrundverlaufs unter einer Linie sind in Bild 4.13 schematisch dargestellt. Während bei horizontalem Untergrund (a) nur eine Messung nötig ist, werden bei gleichmäßiger Steigung (b) zwei Messungen symmetrisch zum Peak erforderlich gemäß folgender Gleichung:

$$I_U = \frac{1}{2}(I_r + I_l) \pm \sqrt{2} \cdot s_U \; . \tag{4.8}$$

Liegen die Meßstellen asymmetrisch, werden I_r und I_l entsprechend gewichtet, wobei I_r bzw. I_l die Impulsraten rechts bzw. links vom Peak und s_U den Schätzwert des Fehlers der Untergrundmessungen bedeuten (s. Abschnitt 4.3.2). Unter Einbeziehung der Peakmessung mit ihrem Fehler ergibt sich für die Nettoimpulsrate des Peaks:

$$I_N = (I_P - I_U) \pm \sqrt{s_P^2 + 2 s_U^2} \; , \tag{4.9}$$

dabei ist I_P die Impulsrate des Peaks und s_P der Fehler der Peakmessung.

Noch umständlicher gestaltet sich der Meßvorgang, wenn der Untergrund nicht linear ist (c); dann sind mehr als 2 bzw. 3 Messungen notwendig, und die Nettointensität ist eine komplizierte Funktion von mehreren Untergrundintensitätsmeßstellen (Wyrobisch 1977). Eine theoretische Ermittlung des Untergrunds gibt Arai (1991).

In der Regel verhalten sich die untergrund- und massenschwächungskorrigierten Impulsraten zu den entsprechenden Konzentrationen proportional. Für Standardproben ergeben sich gerade Eichkurven, mit Hilfe derer unbekannte Gehalte in ähnlich zusammengesetzten Proben bestimmt werden können. Die Meßzeiten für den Peak betragen in der Regel 20...60 s; für den Untergrund sind sie je nach dem Meßproblem kürzer oder länger.

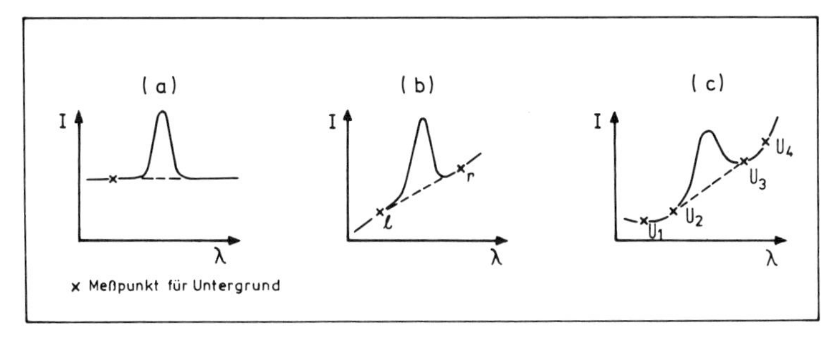

Bild 4.13 (a-c) Meßposition bei Ansteigen des Untergrundes

Hahn-Weinheimer et al. (1965) zeigten, daß auch die Intensität des Untergrunds unter einer Linie mit zunehmendem Massenschwächungskoeffizienten abnimmt. Trägt man von chemisch ähnlichen Proben den reziproken Wert von (μ/ρ) für eine Wellenlänge gegen die Untergrundintensität auf, so ergibt sich eine Kurve, die im kurzwelligen Bereich durch eine Gerade ersetzt werden kann. Aus einem solchen für Standardproben aufgestellten Diagramm kann für unbekannte, aber chemisch ähnliche Proben aufgrund der gemessenen Untergrundintensität der reziproke (μ/ρ)-Wert entnommen werden. Die Bestimmungen des Zirkonium ($ZrK\alpha_{1,2}$ = 0,0787 nm), Strontium ($SrK\alpha_{1,2}$ = 0,0877 nm) und Rubidium ($RbK\alpha_{1,2}$ = 0,0927 nm) in Silicaten ließen sich auf diese Weise durchführen.

Die Methode von Wilband (1975) ist ein weiteres empirisches Korrekturverfahren, das die von Anderman und Kemp (1958) beschriebene Methode aufgreift und gegenüber den bisher beschriebenen den Vorteil hat, daß nur 2 statt 3 Meßvorgänge für den Fall (b) in Bild 4.13 erforderlich sind. Zuerst wird für alle Standardproben und unbekannte Proben die Intensität der Comptonstrahlung der $MoK\alpha$-Linie (Molybdänröhre) gemessen und diese gegen den entsprechenden Massenschwächungskoeffizienten in einem Diagramm aufgetragen; dann werden die K-Linien der zu bestimmenden Elemente gemessen. Da die Untergrundintensität I_U in der Nähe einer K-Linie umgekehrt proportional dem (μ/ρ)-Wert ist, ergibt sich folgende lineare Beziehung für die Untergrundintensität, deren Messung entfallen soll:

$$\frac{1}{I_U} = a_1 \cdot (\mu/\rho) + a_2 \quad , \tag{4.10}$$

a_1, a_2 Konstanten.

Der Gehalt eines Elementes X in einer unbekannten Probe (Pr) ergibt sich durch eine Viersatzrechnung aus Gl. (4.5) zu:

$$ppmX_{Pr} = \frac{(I_X K\alpha)_{Pr} \cdot (\mu/\rho)_{Pr}}{(I_X K\alpha)_{Std} \cdot (\mu/\rho)_{Std}} \cdot ppmX_{Std} \quad , \tag{4.11}$$

wobei $I_X K\alpha$ die Impulsrate für die Analysenlinie, in diesem Fall also der $K\alpha$-Linie des Elementes X ist; mit Std ist die Standardprobe bezeichnet.

In Tabelle 4.3a werden exemplarische praktische Hinweise für den Fall gegeben, daß eine Reihe von Elementen in Probenserien quantitativ zu analysieren sind. Zweckmäßigerweise stellt man dann die Einstell- und Meßdaten in Tabellenform zusammen, um das Meß-

Tabelle 4.3a Beispiel für Einstell- und Meßdaten zur quantitativen Analyse von P, K, Ca, Ti, Rb, Sr, Zr, Nb in einem Gestein

Elementlinie	$PK\alpha_{1,2}$	$KK\alpha_{1,2}$	$CaK\alpha_{1,2}$	$TiK\alpha_{1,2}$	$RbK\alpha_{1,2}$	$SrK\alpha_{1,2}$	$ZrK\alpha_{1,2}$	$NbK\alpha_{1,2}$
(nm)	0,6158	0,3742	0,3359	0,2749	0,0926	0,0876	0,0787	0,0747
2θ (°)	141,03	50,69	113,09	86,14	37,99	35,85	22,55	21,40
Röhre	Cr	Cr	Cr	Cr	Mo	Mo	W	W
Anregung (kV/mA)	40/20	32/8	40/20	40/20	50/20	50/20	50/40	50/40
Analysator-kristall	Ge	PET	LiF200	LiF200	LiF220	LiF220	LiF200	LiF200
Zähler[4)]	DZ[1)]	Tandem[3)]	Tandem	Tandem	SZ[2)]	SZ	SZ	SZ
Kollimator (μ)	480	160	160	160	160	160	160	160
Zählzeit (s)	90	50	50	100	60	60	60	60
$(N_P - N_U)$[5)]	$0{,}5 \cdot 10^4$	$25{,}5 \cdot 10^4$	$6{,}2 \cdot 10^4$	$4{,}6 \cdot 10^4$	$19{,}8 \cdot 10^4$	$0{,}6 \cdot 10^4$	$2{,}4 \cdot 10^4$	$1{,}4 \cdot 10^4$
$(N_P - N_U)/N_U$[6)]	6,1	10	82	22	3,3	0,09	0,24	0,12
C[7)] (ppm)	341	45100	9720	1440	220	250	210	20
Spezifische Empfindlich-keit[8)]	0,4	397,8	0,3	0,8	29,1	0,8	1,9	11,7

1) DZ Durchflußzähler (Argon-Methan)
2) SZ Szintillationszähler
3) Tandem: DZ und SZ hintereinander angeordnet
4) Alle Messungen im Vakuum
5) N_P - N_U Nettoimpulsrate für mittlere Gehalte
6) N_U Impulsrate des Untergrundes in der angegebenen Zählzeit
7) C Konzentration in ppm
8) Spezifische Empfindlichkeit = Nettoimpulse pro ppm und s bei 2 kW Normleistung

programm rationell zu gestalten. Auch für die Speicherung im Rechner bringt dies Vorteile. Tabelle 4.3a ist hierfür ein Beispiel. Die Einstelldaten wurden so gewählt, daß die Nutzimpulse im Durchschnitt zwischen 10^4 und 10^5 lagen. Die spezifische Empfindlichkeit bezieht sich auf 1 ppm und 1 s bei einer näherungsweisen Extrapolation auf eine Normleistung von 2000 W; sie ist ein Kriterium für die Empfindlichkeit der Messung. Bei der Zr-Bestimmung ist eine zusätzliche Korrektur notwendig, weil ZrKα(0,0787 nm) mit SrKβ(0,0783 nm) koinzidiert. Anwendungsbeispiele finden sich in Kap. 5.
Ein allgemeines Beispiel für übliche Meßparameter für Gesteine findet sich in Tabelle 4.3b.

Tabelle 4.3b WDRFA-Meßbedingungen und Nachweisgrenzen für geologische Proben
Nach Potts (1978), Vivit und King (1988) und Weber-Diefenbach (1994)

Element	Linie	Röhre	kV	mA	Kristall	Koll*	Filter	Detek.	Zeit (s)	NWG** (ppm)
Na	Kα	Cr/Rh	30/50	50/100	TAP	G	-	FC	200	1150
Mg	Kα	Cr/Rh	30/50	40/100	TAP	G	-	FC	200	660
Al	Kα	Cr/Rh	40/50	45/75	TAP	G	-	FC	200	250
Si	Kα	Cr/Rh	40/50	45/75	PET	G	-	FC	200	150
P	Kα	Cr/Rh	40/50	45/75	PET	G	-	FC	200	110
S	Kα	Cr/Rh	40/50	50/60	GE/PET	G	-	FC	200	20
Cl	Kα	Cr/Rh	40/50	50/60	GE/PET	G	-	FC	200	20
K	Kα	Cr/Rh	50	45/60	LIF200	F/G	-	FC	200	8
Ca	Kα	Cr/Rh	50	45/60	LIF200	F	-	FC	200	7
Sc	Kα	Cr/Rh	50	45/60	LIF200	F	-	FC	200	7
Ti	Kα	Cr/Rh	50	50	LIF200	F	-	FC	200	6
V	Kα	W/Rh	50/60	60	LIF220	F	-	FC	200	6
Cr	Kα	W/Rh	50/60	60	LIF200	F	-	FC	200	2
Mn	Kα	W/Rh	50/60	60	LIF200	F	-	FC/SC	200	2
Fe	Kα	Cr/W/Rh	50	45/60	LIF200	F	-	FC/SC	200	2
Co	Kα	Au/Rh	40/50	50/60	LIF200	F	Al	FC	200	2
Ni	Kα	Au/Rh	40/50	50/60	LIF200	F	-	FC/SC	200	1
Cu	Kα	Au/Rh	50/60	50/60	LIF200	F	-	FC/SC	200	1
Rb	Kα	Mo/Rh	60/100	40/50	LIF200	F	-	FC/SC	200	1
Sr	Kα	Mo/Au/Rh	40/100	40/50	LIF200	F	-	FC/SC	200	1
Y	Kα	Mo/Au/Rh	60/100	40/50	LIF220	F	-	FC/SC	200	1
Zr	Kα	Mo/Au/Rh	60/100	50	LIF200	F	-	FC/SC	200	2
Nb	Kα	Mo/Au/Rh	60/100	50	LIF200	F	-	FC/SC	200	2
Ba	Lα	W/Au/Rh	60/100	50/60	LIF220	F	-	FC	300	15
Ta	Lα	Mo/Rh	60/100	50/60	LIF200	F	-	FC/SC	400	3
Pb	Lα	Mo/Rh	60/100	50/60	LIF220	F	Al	FC/SC	400	3
Th	Lα	Mo/Rh	60/100	50/60	LIF220	F	Al	FC/SC	400	3
U	Lα	Mo/Rh	60/100	50/60	LIF220	F	Al	FC/SC	400	3

Koll* = Kollimator; F = fein (160 μm), G = grob (480 μm)
NWG** = Nachweisgrenze

Für die Messung weiterer Elemente gibt Bild 4.6 Anhaltspunkte für die richtige Wahl der geeigneten apparativen Parameter.

Bei Inbetriebnahme einer WDRFA-Anlage sollte von Anfang an regelmäßig eine Vergleichsprobe (z.B. legierter Stahl) als Referenzprobe ("externer Standard") zur Erfassung der Langzeitdrift mitgemessen werden (z.B. FeKα, NiKα, VKα). Störungen, wie z.B. Nachlassen der Röhrenleistung, Veränderungen an den Detektoren oder Dejustierung, sind dann leicht erkennbar.

Die in der optischen Spektralanalyse angewandten bekannten Methoden sind auch auf ihre Einsatzmöglichkeit in der RFA überprüft worden; dazu gehören insbesondere die Methoden des *Internen Standards* sowie *Additions- und Verdünnungsverfahren.* Da dessen physikalische Eigenschaften dem oder den zu bestimmenden Elementen der Probe ähnlich sein müssen, ist die Zugabe eines geeigneten Internen Standards nicht unproblematisch, insbesondere auch aufgrund von Schwierigkeiten bei der Herstellung von homogenen Mischungen. In der RFA hat sich diese Methode deshalb nicht in dem Maße durchsetzen können wie z.B. bei anderen spektralanalytischen Analysenmethoden.

In besonderen Fällen hat sich die Methode des Internen Standards als vorteilhaft erwiesen, d.h. also die Zumischung eines oder mehrerer Elemente, bzw. deren Verbindungen, zu der Probe, in der Elemente mit ähnlichen chemischen Eigenschaften wie der Interne Standard bestimmt werden sollen. In den letzten zehn Jahren wurde das Interesse an dieser Methode wegen der oben angegebenen Schwierigkeiten zunehmend geringer. Weitere Voraussetzungen für die Zumischung eines Internen Standards sind, daß die zu analysierenden Elemente schwerer als Calcium sind und daß die Wellenlängen der letzteren und die des Internen Standards nahe beieinander liegen, ohne durch eine dazwischenliegende Absorptionskante beeinflußt zu werden. Aus dem Verhältnis der Intensitäten des Elements der Probe und desjenigen des Internen Standards und dessen Konzentration wird die Konzentration des zu analysierenden Elements berechnet. Praktische Beispiele für die Interne Standardmethode sind: Bestimmung von Th mit Tl als Internem Standard; von Ba, Ti und Zn in Sedimenten mit La und As als Interne Standards; von Rb und Cs mit Sr und I als Interne Standards; von Cu mit Pb als Internem Standard in Erzen (Wood und Bingham 1957) und Zr in Mineralen und Gesteinen mit Mo als Internem Standard (Brooks 1970). Eine neue Auswertemethode unter Verwendung eines Internen Standards wurde von Suchomel und Umland (1981) publiziert.

Auch den Additions- und Verdünnungsverfahren haftet das Problem der Homogenisierung an, so daß sie hauptsächlich bei Flüssigkeiten und durch Schmelzen erzeugten Proben mit Erfolg zur Anwendung gelangten. Die Probe mit dem unbekannten Gehalt an dem Analysenelement wird entweder mit bekannten Gehalten dieses Elements versetzt oder verdünnt. Aus den zugegebenen Konzentrationen und den entsprechenden Intensitätsverhältnissen wird die unbekannte Konzentration der Probe ermittelt. In manchen Fällen wurden gewisse Erfolge, z.B. bei der Zugabe von Standardproben (Silicatgesteine) zu silicatischen Proben, berichtet (Parker 1978); allerdings müssen Fehler in der Größenordnung von 10% bei dieser Eichmethode in Kauf genommen werden.

Bei der Verwendung von Standardproben und Substanzen mit bekannten Gehalten (Referenzproben) sind stets deren physikalische und chemische Eigenschaften, die von denen der Probe abweichen, sorgfältig zu berücksichtigen.

4.2.2.3 Automation

Bei der qualitativen Analyse (Übersichtsanalyse) mit dem Sequenzspektrometer durchläuft das Goniometer mit konstantem Vorschub den gesamten zur Verfügung stehenden 2θ-Bereich (Scan); die Zählelektronik mittelt dabei innerhalb extern eingebbarer Zeitkonstanten kontinuierlich über alle einlaufenden Impulse und gibt das Mittelwertsignal an den synchron zu 2θ laufenden Schreiber weiter. Die Arbeit des Aufsuchens und Identifizierens der registrierten Peaks kann nach entsprechenden Methoden, wie sie schon längere Zeit in der Röntgendiffraktometrie üblich sind, von einem Computer übernommen werden: Im Prinzip wird bei der Peaksuche das Kurvenmaximum meist durch schrittweises Abfahren und durch Differenzenbildung bestimmt. Beim Peakidentifizierungsprogramm wird vom Computer die Verteilung der gemessenen Peaks mit aus Karteien (z.B. ASTM) abgespeicherten Spektren verglichen. Entsprechendes gilt natürlich für ein Simultanspektrometer, wenn für die qualitative Übersichtsanalyse ein mit einem Kristallspektrometer bestückter Scannerkanal eingesetzt wird. Jenkins (1977) beschreibt den Einsatz einer computergesteuerten WDRFA-Anlage für die qualitative Analyse.

Erst durch den Einsatz leistungsfähiger PC und Mikroprozessoren gelang es, in der Röntgenfluoreszenzanalyse die Automation sowohl bei der Gerätesteuerung als auch bei der Datenauswertung einzuführen. Der Rechner übernimmt dabei sowohl die Steuerung des RFA-Gerätes (Ansteuern von Proben in die Meßposition, Steuerung von Zeit, Röhrenspannung und -strom, Kollimatoren, Filtern, Kristallen etc.) als auch die Übernahme der gemessenen Impulse und die Matrixkorrektur. Während der Messung einer Probe erfolgt gleichzeitig durch den Computer die Berechnung der Meßwerte der vorhergegangenen Probe und deren Matrixkorrektur; anschließend erfolgt der Ausdruck der Analysenwerte mittels eines Schnelldruckers.

Voraussetzung richtiger Ergebnisse bei automatischen Serienmessungen ist selbstverständlich eine hohe Stabilisierung des gesamten Systems, ebenso auch eine hohe Verläßlichkeit und Konstanz der Eichkurven, da alle unbekannten Proben mit einer oder mehreren sogenannten Normalisierungsproben, auch Kalibrierungsproben genannt, in Relation gesetzt werden. Diese wiederum gehören zu der einmal am Beginn eines automatischen Meßprogrammes durchgeführten Meßreihe einer Serie von Eichproben. Mit den "Normalisierungsfaktoren" dieser Proben (das ist jeweils der Quotient aus der innerhalb der Eichreihenmessung ermittelten Impulsrate und derjenigen aus der gerade ablaufenden Messung) werden alle Intensitäten der unbekannten Proben multipliziert. Dadurch ergibt sich eine Angleichung der Gerätebedingungen zur Zeit der jeweiligen Routinemessung von Untersuchungsproben an diejenigen zur Zeit der Messung der Eichprobenreihe. Falls sich nun, immer identische Geräteparameter vorausgesetzt, die Impulsraten durch eine Gerätedrift (z.B. mangelnde Strom- und Röhrenstabilisierung, Alterung von Röntgenröhre und Zählrohren, Dejustierung des Vielkanalanalysators usw.) geringfügig verändern, ist durch die Normalisierungsfaktoren die Anpassung der einmal aufgestellten Eichkurven an die neuen Geräteverhältnisse gewährleistet. Eichkurven sind also über längere Zeiträume brauchbar; der zeitraubende Meßvorgang einer großen Anzahl von Standardproben reduziert sich bei der Routinemessung auf diejenigen der Normalisierungsproben.

Die Erfahrung hat gezeigt, daß Abweichungen, bedingt z.B. durch Alterung der Röntgenröhre oder Peakshifting, möglichst nicht mehr als ±0,2 vom Idealfaktor 1,0 betragen sollen. Meist werden die für eine Automatisation notwendigen Schritte folgendermaßen durchgeführt:

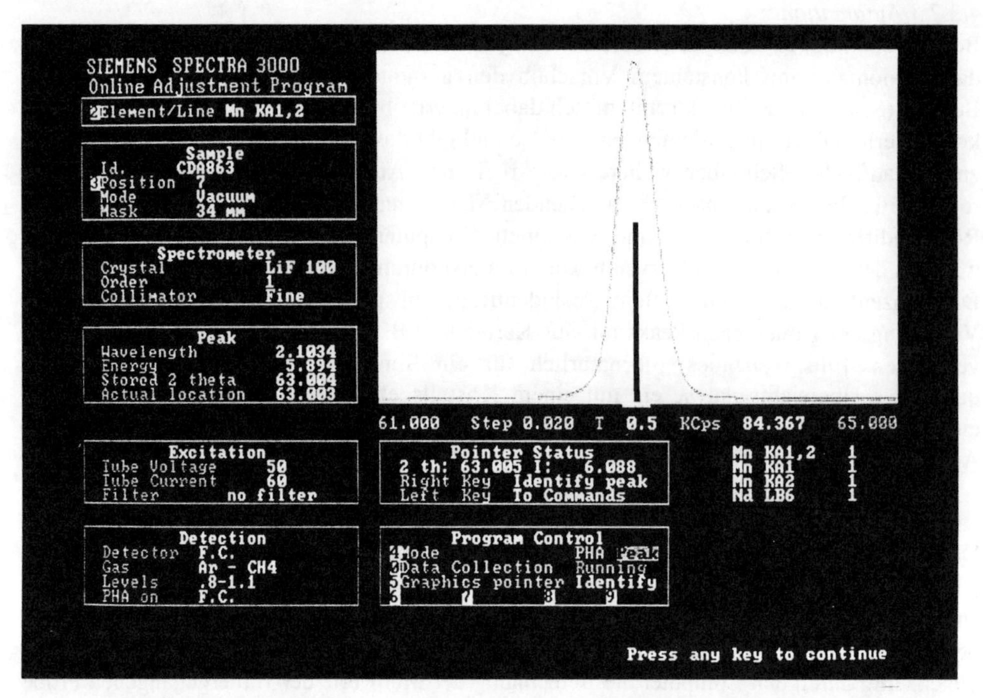

Bild 4.14 Videoprint: Meßparameter am Beispiel MnKα an WDRFA-Anlage Siemens SRS 3000

1. Zunächst erfolgt die Auswahl geeigneter Standardproben (siehe Eichverfahren) und der späteren Normalisierungsproben sowie die Festlegung der geeigneten Geräteparameter für den jeweiligen analytischen Zweck (Bild 4.14). Mit einem automatischen Meß- und Auswerteprogramm wird die Standardreihe gemessen, die Intensitäten und Konzentrationen sowie die daraus berechneten Eichkurven gespeichert.
2. Mit einem weiteren Auswerte- und Matrixkorrekturprogramm werden die Daten wieder abgerufen. Es erfolgt die Matrixkorrektur, deren Richtigkeit durch den Vergleich der empfohlenen Konzentrationswerte der Standardproben mit den vom Rechner ermittelten überprüft wird. Entsprechen die Eichkurven für alle zu bestimmenden Elemente den analytischen Erfordernissen, erfolgt das Speichern der Standardprobenintensitäten und -konzentrationen sowie der Koeffizienten und Formeln zur Berechnung des Matrixeinflusses unter einem Kennwort (File).
3. Mit diesem Kennwort kann das Programm jederzeit wieder aufgerufen werden, wobei nun aufgrund der Intensitäten der Normalisierungsproben, die sich bei Routinemessungen in den ersten Positionen der Meßreihe befinden, dafür gesorgt wird, daß die Eichkurven nicht jedesmal neu aufgestellt werden müssen. Etwaige Abweichungen in den Meßbedingungen werden mittels der Normalisierungsfaktoren korrigiert. Schließlich übernimmt der Rechner die Messung der Proben, die Berechnung der Daten und den Ausdruck der Ergebnisse.

Der Arbeits- und Zeitaufwand für Routinemessungen ist relativ gering, da nach der Eingabe der Proben und Überprüfung der Meßparameter die automatischen, rechnergesteuerten RFA-

Systeme selbständig den gesamten Meß- und Auswertevorgang übernehmen. Durchschnittlich genügen 20...200 s Meßzeit pro Probe für die Haupt-, Neben- und Spurenelemente.

Die Überprüfung der automatischen Meßprogramme erfolgt sinnvollerweise mit Eichproben, die als Unbekannte eingesetzt werden. Die "Lebensdauer" eines Programmes kann bei einigermaßen gleichbleibenden Gerätebedingungen mehr als ein Jahr betragen. Allerdings müssen bei Ersatz des Si(Li)-Detektors oder der Röntgenröhre auf jeden Fall neue Eichkurvenprogramme erstellt werden, da beide jeweils individuelle Charakteristika in ihren Leistungen aufweisen.

Über Funktion und Eignung solcher Matrixkorrektur-Programme berichten u.a. Caldwell (1976), Neff (1976), Nesbitt et al. (1976), Spatz und Lieser (1978), Artz et al. (1979), Harmon et al. (1979), Kis-Varga (1979), Schreiner und Jenkins (1979), Wheeler und Jacobus (1979), Criss (1980), Dalheim (1980), Karamanova (1980), Kloyber et al. (1980), Shen et al. (1980), Lieser et al. (1981).

Alle Herstellerfirmen und auch andere Benützer haben Meß- und Auswerte-Programme erstellt. Angaben darüber befinden sich u.a. bei Nielsen (1978), Artz et al. (1979), Schreiner und Jenkins (1979), Shen et al. (1979, 1980), Criss (1980), Dalheim (1980), Kloyber et al. (1980), Russ (1980), sowie in den ausführlichen Anleitungen und Beschreibungen der Hersteller.

4.2.3 Apparative Voraussetzungen: Energiedispersive RFA (EDRFA)

4.2.3.1 Wahl der Strahlungsquellen und Filter

Aus den Ausführungen im Abschnitt 2.2 geht hervor, daß zur Fluoreszenzanregung von Elementen diejenigen Anregungsenergien am günstigsten sind, die gerade oberhalb der Energie der Absorptionskante der jeweiligen zu analysierenden Elementlinie liegen. Deshalb ist für die simultane Anregung einer Vielzahl von Elementen, wie es oft in der Praxis gefordert wird, ein Anregungsspektrum mit einem großen Energiebereich notwendig. Üblicherweise wird das Anregungsspektrum durch die ungefilterte Strahlung einer Röntgenröhre mit einer quasi unendlich dicken Anode erzeugt. Dabei ist vorwiegend die Bremsstrahlung für den gewünschten großen Energiebereich von ca. 1...40 keV verantwortlich.

Wegen der hohen Empfindlichkeit der Si(Li)-Detektoren genügen bei der EDRFA Röntgenröhren geringer Leistung. Diese werden oft mit einer Doppelanode angeboten; durch Umschalten kann z.B. alternativ mit Mo- oder W-Strahlung analysiert werden.

Neben den Röntgenröhren geringer Leistung, deren Vorteil in der sehr gleichmäßigen Strahlungsintensität liegt, kommen auch solche höherer Leistung (250...1600 W) infrage: Sie sorgen in Verbindung mit einem Sekundärtarget und vorschaltbaren Filtern für eine geeignete monochromatische Anregungsstrahlung. Die Intensität der durch Monochromatorfilter bewirkten Strahlung ist allerdings so gering, daß mit einer ebenso hohen Primäranregung gearbeitet werden muß wie bei der WDRFA. Von Vorteil ist dagegen die Möglichkeit, den jeweiligen analytischen Erfordernissen angepaßte Targets zu verwenden. Nicht alle als Targetmaterial geeigneten Metalle können wegen ihrer thermischen und elektrischen Eigenschaften als Anodenmaterial für Röntgenröhren benützt werden. Russ (1978) empfiehlt die Verwendung folgender Sekundärtargets:

Targetmaterial	Einsatzbereich (Energien in keV)
Ag (Lα-Linie bei 2.98 keV)	1 ... 2,5
Ti (Kα-Linie bei 4,51 keV)	1,5 ... 3,5
Fe (Kα-Linie bei 6,40 keV)	3 ... 5,5
Cu (Kα-Linie bei 8,04 keV)	5 ... 7
Ge (Kα-Linie bei 9,88 keV)	7 ... 9
Zr (Kα-Linie bei 15,77 keV)	10 ... 14
Mo (Kα-Linie bei 17,47 keV)	12,5 ... 16,5
Ag (Kα-Linie bei 22,16 keV)	16 ... 20

Clayton und Packer (1980) erreichten durch den Einsatz von Fe-, Ge- bzw. Rh-Sekundärtargets optimale Anregungsbedingungen für eine Reihe von Elementen: Die FeK-Strahlung ist günstig zur Anregung der Kα-Linien von Ti, V und Cr; das Ge-Target für die K-Linien von Ni, Cu und Zn, während die RhK-Strahlung sich für die Messung der MoKα-Linie eignet und auch die L-Linien schwerer Elemente wie U, Th und Pb anregt.

Spatz und Lieser (1977) benützen Cu, Mo, Sn oder Ho als Targetmaterial und konnten Nachweisgrenzen <10 ppm für einen großen Teil der Spurenelemente erreichen.

Ein Nachteil der Verwendung von Sekundärtargets liegt darin, daß einer *gleichzeitigen* polychromatischen Anregung manche technische Probleme entgegenstehen; außerdem können sich bei den niedrigen Stromstärken oft Schwierigkeiten bei der Stabilisierung derjenigen Röntgenröhren ergeben, die für höhere Leistung konzipiert sind (Gedcke et al. 1977).

Röntgenröhren geringer Leistung und Hochleistungsröntgenröhren mit Sekundärtarget zeigen bezüglich Empfindlichkeit und Nachweisgrenzen im allgemeinen nur geringe Unterschiede (Russ et al. 1978).

Eine ideale Anregungsart bestünde darin, Röntgenröhren hoher Leistung mit einem Sekundärtarget und Filter für die Anregung zu verwenden und im Simultanbetrieb eine zweite mit niederer Leistung für die polychromatische Strahlung einzusetzen. Da für diese technisch getestete Ausführung jedoch zwei Generatoren benötigt werden, stehen die hohen Kosten dem Bau solcher kommerzieller Geräte entgegen.

Die Mehrzahl der auf dem Markt befindlichen EDRFA-Geräte sind mit Röntgenröhren geringer Leistung zur direkten polychromatischen Fluoreszenzanregung ausgestattet, und zwar in Verbindung mit vorschaltbaren dünnen Filtern, die eine quasi monochromatische Strahlung bewirken (Bild 4.15).

Als Anoden für diese Röhren geringer Leistung werden häufig Molybdän, Wolfram, Rhenium sowie u.a. auch Chrom, Kupfer, Platin und Gold verwendet.

Neben Hochleistungsröntgenröhren und denjenigen geringer Leistung kommen auch radioaktive Nuklidquellen zum Einsatz. Besonders in der zerstörungsfreien Materialanalyse und als tragbare Feldgeräte zur in situ-Analyse von Mineralen und Gesteinen haben sie sich bewährt, werden jedoch auch relativ häufig in Laboratorien verwendet; sie sind im Bereich höherer Energien den Röntgenröhren vorzuziehen.

Ein Vorteil der Benützung von Radionukliden als Strahlungsquelle ist nach Miller und Abplanalp (1980) u.a. im niederen Untergrund und im empfindlicheren Energiebereich

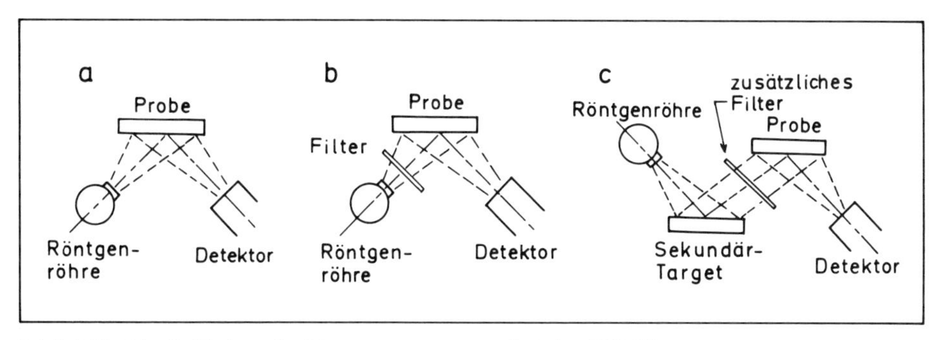

Bild 4.15 Möglichkeiten der Fluoreszenzanregung bei der EDRFA

a) Direkte, polychromatische Anregung mit Röntgenröhren niederer Leistung. Vorteilhaft für die Anregung besonders der leichten Elemente (Na, Z=11 bis Fe, Z=26)
b) Monochromatische Anregung mit Röntgenröhren niederer Leistung durch Einsetzen eines Filters in den Strahlengang zwischen Röhre und Untersuchungsprobe. Gut geeignet (je nach Wahl von Röhrenanode und Filtermaterial) für die Analyse mittelschwerer bis schwerer Spurenelemente
c) Anregung über ein Sekundärtarget mittels einer Hochleistungsröntgenröhre; mit zusätzlicher Möglichkeit, Filter einzusetzen. Geeignet für die Spurenelementanalyse; weniger gut geeignet für die Bestimmung leichter Elemente

zwischen 14 keV und 17,5 keV (von Sr bis Mo) zu sehen; sie sind außerdem im Vergleich zu Röntgenröhrensystemen bedeutend leichter und kleiner.

In Tabelle 4.4 sind einige Radionuklide und verschiedene Elementlinien, für deren Anregung sie sich besonders eignen, aus der Literatur zusammengestellt.

Bekanntlich ist die polychromatische Anregung einerseits für die Analyse einer größeren Anzahl von leichten Elementen mit hohen bis hinab zu relativ niedrigen Konzentrationen geeignet; andererseits ist sie ungünstig für die Analyse von Spurenelementen im Energiebereich von 5...30 keV, da bei Proben mit leichter Matrix der Untergrund durch die Probenmatrix teilweise so weit angehoben wird, daß die einzelnen Spurenelementpeaks überdeckt werden (Bild 4.16) und außerdem der Verlauf des Bremsspektrums ungünstig sein kann.

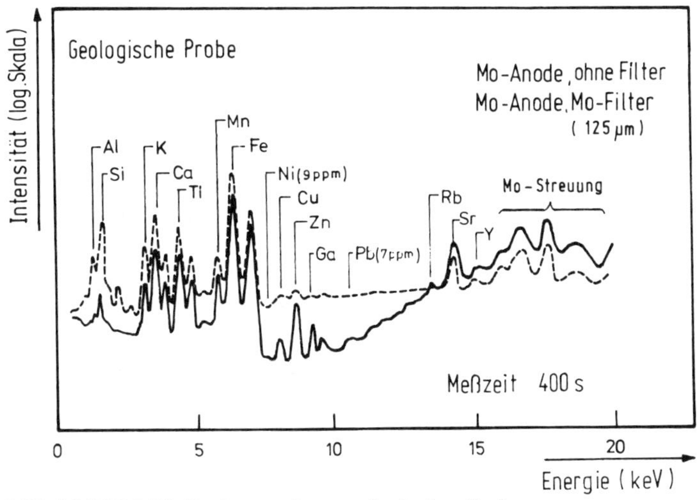

Bild 4.16 EDRFA-Spektrum einer geologischen Probe

Tabelle 4.4 Gebräuchliche Radionuklidquellen zur Anregung der Fluoreszenzstrahlung

Radio-nuklid	Anregungs-energie keV	angeregte Elemente	Literatur
^{55}Fe	6	Ca,Ti	Yakubovich et al. (1980)
		Al, V in Ti-Stahl	Miller und Abplanalp (1980)
		Al, V	v.Alfthan und Rautala (1980)
^{57}Co	122, 136	K-Linien W, Au	Yakubovich et al. (1980)
^{59}Ni	7	C in Stahl	Gehrke und Helmer (1975)
^{109}Cd	22...26	K-Linien von Z=16(S) bis 43(Tc)	Spatz und Lieser (1977)
		L-Linien von Z=42(Mo) bis 92(U)	
		Ti, Cr, Mn, Fe, Co, Ni, Cu, Nb, Mo, W, Pb, Bi	Miller und Abplanalp (1980)
		K-Linien von Z=22(Ti) bis 42(Mo)	v. Alfthan und Rautala (1980)
		L-Linien von Z=73(Ta) bis 92(U)	
		Cu, Zn, As, Rb, Sr, Zr, Nb, Pb	Kramar und Puchelt (1981)
^{125}I	27,5	K-Linien von Z=22(Ti) bis 47(Ag)	Lantos und Litchinsky (1981)
	31,0	L-Linien schwerer Elemente (z.B. U)	
^{241}Am	59,54	Cr, Mn, Fe, Ni, Cu, Zn, Mo, Pb	Kis-Varga (1979)
		Ba, La, Ce	LaBreque et al. (1980)
		Sn, Cs, Ba, La, Ce (mit Ge-Detektor)	Kramar und Puchelt (1981)
^{244}Cm	14...21	K-Linien von Z=22(Ti) bis 30(Zn)	v. Alfthan und Rautala (1980)
		L-Linien von Z=73(Ta) bis 82(Pb)	

Deshalb werden sowohl bei Geräten mit Sekundärtargets als auch bei denjenigen mit direkter polychromatischer Anregung Filter in den Strahlengang gesetzt. Dies führt besonders im letzteren Fall zu besseren Nachweisgrenzen im Bereich mittelschwerer Elemente.

Die richtige Wahl des Filters setzt die Kenntnis der Lage der Absorptionskanten der verschiedenen zur Verfügung stehenden Filter voraus. Die Bremsstrahlung der Röhre wird im Filter stark absorbiert; dies bewirkt eine deutliche Verminderung des störenden Untergrundes, allerdings nur innerhalb eines ziemlich schmalen Energiebereiches.

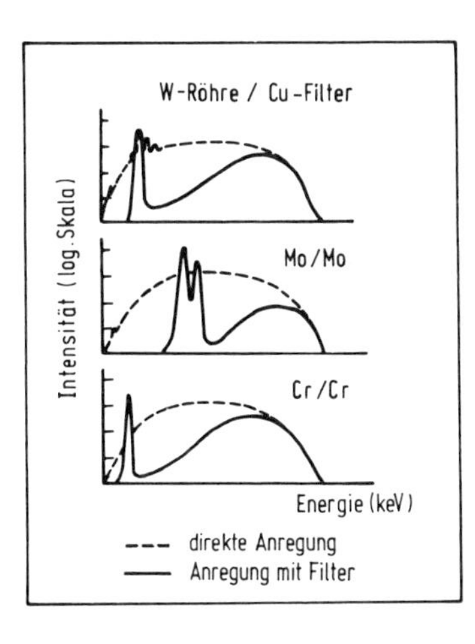

Bild 4.17
Abhängigkeit des Untergrundverlaufes von Röhren- und Filtermaterial

In Bild 4.17 werden an drei Beispielen (W-Röhre/Cu-Filter; Mo/Mo; Cr/Cr) die Spektren, die durch direkte polychromatische Strahlung erzeugt wurden, mit Filterspektren verglichen. Es wird deutlich, daß jeweils zwei niedrige Untergrundbereiche beiderseits der Absorptionskanten des Filtermaterials existieren.

Vane und Steward (1980) unterscheiden zwischen "weißen" Filtern und "Kanten"-Filtern. Die weißen Filter bewirken einen verhältnismäßig sanften Verlauf des charakteristischen Spektrums und der Bremsstrahlung; durch geeignete Art, Dichte und Dicke (5...400 µm) des Filtermaterials kann der Untergrund an jeder beliebigen Stelle des Spektrums gesenkt werden, sofern sich keine Absorptionskanten der Filtermaterialien in dem gewünschten Spektralbereich befinden. Auch besteht die Möglichkeit, zwei verschiedene Filter hintereinander zu setzen und somit für einen noch günstigeren Untergrundverlauf zu sorgen.

Bei "Kanten"-Filtern benützt man die Lage der Absorptionskanten des Filtermaterials, um einen Teil der Röhrenstrahlung selektiv herauszufiltern. Die absorptiven Eigenschaften von Kanten-Filtern entsprechen in Spektrenbereichen abseits der Absorptionskanten denen von weißen Filtern. Am häufigsten wird bei der Anwendung von Kanten-Filtern eine Röntgenröhre mit dem gleichen Anodenmaterial gewählt (z.B. Mo-Röntgenröhre/Mo-Filter); dadurch wird erreicht, daß die charakteristischen Linien der Röntgenröhre das Filter passieren, die Bremsstrahlung aber stark absorbiert wird. Zur Erzielung guter Resultate soll die Röhrenspannung etwa 10 kV über der Energie der Absorptionskante der Anode liegen.

Wegscheider et al. (1979) führten eine mathematische Berechnung über die Tauglichkeit der verschiedenen Filter für spezielle Elemente und Matrices durch; wenn mehrere Elemente gleichzeitig gemessen werden sollen, kann eine Auswahl je nach Wichtigkeit der zu bestimmenden Elemente erfolgen.

Für die Spurenelementanalyse leichter Elemente erweist sich der Einsatz eines speziell auf ein einzelnes Element abgestimmten Filters als problematisch, weil dadurch der Vorteil der Simultanmessung verlorengeht. Ryon und Zahrt (1979) ersetzen deswegen bei der Analyse leichter Elemente das Filter durch eine Streuprobe mit niederer Ordnungszahl in Form eines Zylinders aus Borcarbid, der unter einem Winkel von 90° eingesetzt wird. Durch Polarisation erfolgt eine Reduzierung der Streustrahlung im Detektor.

Eine geeignete Kompromißlösung der physikalisch bedingten Probleme bei der energiedispersiven RFA liegt in einer Trennung der Messungen: Elemente niedriger oder mittlerer Ordnungszahl (Na bis etwa Fe) werden direkt angeregt (polychromatische Anregung), die in der Ordnungszahl folgenden dagegen möglichst mit monochromatischer Strahlung (s. Abschnitt 5.3; Anwendungen). Bei Vorschalten z.B. eines Mo-Filters und Anregungsbedingungen von 45 kV und 100 μA lassen sich die mittelschweren bis schweren Elemente sehr gut bestimmen, die leichten dagegen (Z=11 bis 20) nur, wenn sie in höheren Konzentrationen vorliegen.

Folgende Materialien werden u. a. als Filter zur Erzeugung quasi monochromatischer Strahlung verwendet: Cellulose, Aluminium, Chrom, Kupfer, Nickel, Molybdän, Yttrium, Silber, Zinn, Wolfram.

4.2.3.2 Einsatz von Si(Li)-Detektor und Vielkanalanalysator

Si(Li)-Detektor
Die Si(Li)-Detektoren moderner EDRFA-Geräte haben heute ausnahmslos gute Auflösungseigenschaften, die zwischen 140 eV und 170 eV Halbwertbreite liegen (bei 5,9 keV MnKα mit radioaktiver ^{55}Fe-Anregung). Wegen der guten Auflösung ist auch im unteren Energiebereich (Z = 11 bis Z = 20) die Trennung der dort nahe benachbarten Elementpeaks gewährleistet. Selbst eine weitere Verbesserung der Auflösung (130...140 eV) führt nicht zu wesentlich günstigeren Resultaten, da auch in diesem Fall die Kα- von den Kβ-Linien mancher Elemente (z.B. TiKβ und VKα) nicht getrennt werden können.

Die handelsüblichen Si(Li)-Detektoren mit ihren Halbwertbreiten von durchschnittlich 145 eV genügen durchaus für normale analytische Erfordernisse. Die Größe des Detektors (10...14 mm^2) spielt vor allem bei der geringen Strahlungsausbeute mit radioaktiven Quellen eine Rolle, weniger jedoch bei der genügend intensiven Anregung durch Röntgenröhren.

Zum Schutz vor mechanischer Beschädigung und zur Aufrechterhaltung des für die Kühlung von Detektor und Vorverstärker notwendigen Vakuums ist der Si(Li)-Detektor mit einem dünnen Berylliumfenster versehen. Von der Dicke dieses Fensters (meist 7...8 μm) hängt besonders der Transmissionsgrad der angeregten Fluoreszenzstrahlung der leichten Elemente ab.

Die im Si(Li)-Detektor entstehenden Ladungen werden im Vorverstärker zu Spannungsimpulsen verarbeitet. Letzterer wird zusammen mit dem Detektor mit flüssigem Stickstoff (Siedepunkt −196 °C) in einem möglichst großvolumigen Dewargefäß (20...30 l)gekühlt. Dadurch wird das thermische Rauschen des Vorverstärkers auf einem niedrigen Wert gehalten.

Die Absorption der Fluoreszenzstrahlung im Fenster des Detektors und andere Effektivitätsverluste in Halbleiter-Detektoren werden von Stone et al. (1981) mittels Glaspräparaten (NBS Standard SRM-477) gemessen und berechnet.

Vielkanalanalysator
Der dem Vorverstärker nachgeschaltete Hauptverstärker verstärkt die Spannungsimpulse und bringt sie auf eine geeignete Impulsform und Amplitude (s. Abschnitt 3.2), der Vielkanalanalysator (MCA = multi channel analyzer) sortiert sie ihrer Höhe nach und speichert sie als Spektrum. In der Praxis ist es wichtig, daß bereits während der Messung einer Probe das Spektrum auf dem Bildschirm dargestellt, also das "Wachsen" der einzelnen Peaks von Beginn an beobachtet werden kann.

Großer Wert ist auf die Stabilität des Vielkanalanalysators zu legen, weil es sonst zu Peakverschiebungen kommen kann, die bei Serienuntersuchungen Ursachen von Fehlmessungen sind. Ebenfalls ist eine gute Linearität des Vielkanalanalysators wesentlich; die Peaks der Elemente müssen über einen weiten Bereich (z.B. 0...40 keV) den aus

Tabellen zu entnehmenden Werten entsprechen. Auch bei Umschalten auf andere Energiebereiche (z.B. 0...10 keV, 0...20 keV, 0...40 keV, 10...20 keV) dürfen sich keine Verschiebungen ergeben.

Meist genügt es, zur exakten Justierung eines Vielkanalanalysators in Abständen von einigen Monaten mittels geeigneter Elemente (z.B. reines Kupfer), deren Emissionslinien möglichst weit voneinander entfernt liegen, auf ihre Sollwerte zu kontrollieren bzw. zu justieren. Dabei wird zunächst der aus der Literatur bekannte Energieabstand zweier weit auseinander liegender Elementlinien eingestellt und anschließend durch Verschieben des Gesamtspektrums die Übereinstimmung der einzelnen Elementpeaks mit ihren Energiewerten erreicht.

Die Leistung eines Vielkanalanalysators und damit die Güte der Spektrendarstellung hängt auch von der Anzahl der zur Verfügung stehenden Kanäle (200...8000) ab. Für die Bestimmung der Halbwertbreite einer Elementlinie werden etwa 5 Kanäle benötigt. Deshalb genügen im allgemeinen Geräte mit 1000...1200 Kanälen (meist 1024 oder 2048), weil aufgrund der Auflösung des Si(Li)-Detektors (140...160 eV) und der ab 30 keV nur in wenigen Linien auftretenden Elemente etwa 30...40 eV pro Kanal ausreichen. Bei den meisten Vielkanalanalysatoren besteht die Möglichkeit, Teilenergiebereiche (z.B. 0...10 keV für die Elemente Z=11 bis Z=32) auszuwählen. In diesem Fall steht die gesamte Anzahl der Kanäle für einen engen Energiebereich zur Verfügung; die einzelnen Kanäle überdecken dann kleine Energiebereiche von 5...10 eV.

Der Speicher des üblichen Vielkanalanalysators ist darüber hinaus in zwei oder mehrere Bereiche teilbar. Dies ermöglicht sowohl die Messung mehrerer Proben hintereinander als auch den Vergleich ihrer Spektren auf dem Bildschirm. Durch Verschieben in der y-Richtung können die Spektren von zwei oder mehreren chemisch ähnlichen Proben zur Deckung gebracht werden; dadurch lassen sich selbst geringe Unterschiede qualitativer und quantitativer Art leicht und schnell feststellen.

4.2.3.3 Registrierung

Für die Steuerung der EDRFA-Geräte sowie die Auswertung der gemessenen Spektren und die Matrixkorrektur werden normalerweise PC verwendet. Da die von den Herstellerfirmen zur Verfügung gestellten automatischen Meßprogramme teilweise sehr umfangreich sind, ist darauf zu achten, daß mit der im Computer vorhandenen Speicherkapazität auch wirklich alle theoretischen Meß- und Berechnungsmöglichkeiten dieser Programme durchführbar sind.

Die Speicherung von Spektren und Eichkurven erfolgt überwiegend auf Festplatten und Disketten. Der Ausdruck der Daten erfolgt mit Schnelldruckern; die Spektren können mit Schreibern oder Plottern aufgezeichnet werden.

Die Identifizierung der Elementlinien wird mit Hilfe des Rechners vorgenommen. Allerdings werden nicht bei allen Systemen die bekannten koinzidierenden Elemente (z.B. TiKβ/VKα, VKβ/CrKα, AsKα/PbLα) auf dem Bildschirm angegeben, so daß es bei Unachtsamkeit des Operators zu Fehlinterpretationen kommen kann. Weiterhin ist zu berücksichtigen, daß nicht alle Linien im Spektrum Elementlinien darstellen, sondern z.B. auch durch Beugung der Primärstrahlung am Probenmaterial (diffraction peaks) entstehen können (s. Abschnitt 2.3); auch Summen- und Escape-Peaks müssen beachtet werden.

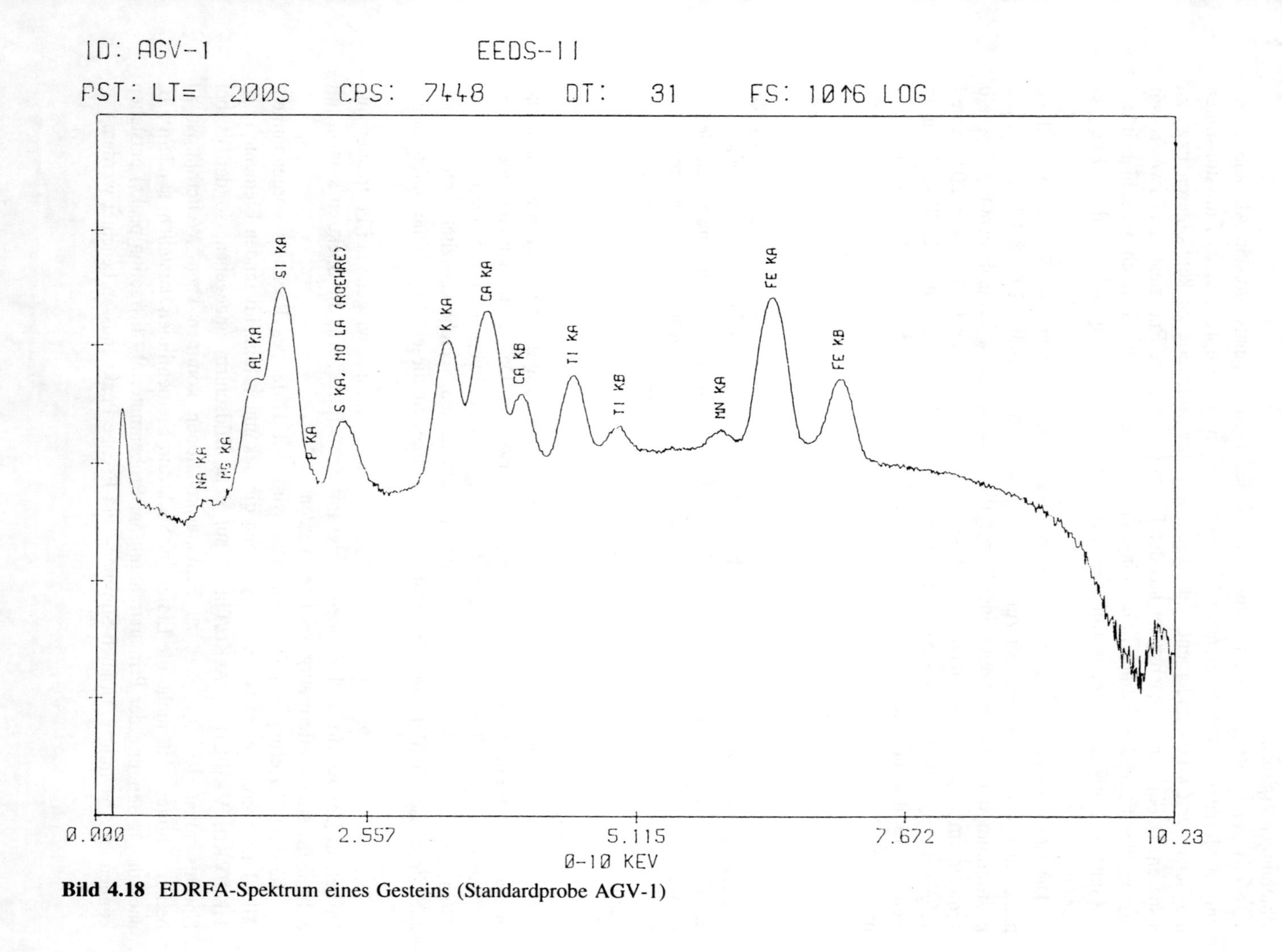

Bild 4.18 EDRFA-Spektrum eines Gesteins (Standardprobe AGV-1)

4.2.4 Meßtechnische Grundlagen: Energiedispersive RFA (EDRFA)

4.2.4.1 Qualitative Analyse

Ein Vorteil der EDRFA gegenüber sequentiellen analytischen Verfahren liegt darin, daß sie als simultane Meßmethode bereits innerhalb weniger Sekunden ein Gesamtspektrum liefern kann und somit alle in der Untersuchungsprobe vorhandenen, prinzipiell mittels RFA nachweisbaren Elemente als Peaks auf dem Bildschirm (Bild 4.18) dargestellt werden, sofern geeignete Anregungsparameter gewählt werden und die Elementkonzentrationen über den Nachweisgrenzen liegen.

Die meisten Geräte besitzen großzügig dimensionierte Probenkammern, so daß oft auf eine Herstellung von Präparaten verzichtet werden kann, wenn nur eine qualitative Bestimmung erfolgen soll. Selbst kleinere Partien in einer größeren Untersuchungsprobe sind analysierbar, vorausgesetzt, die nicht interessierenden Bereiche werden in geeigneter Weise abgedeckt.

Nach 10...100 s oder, wenn auch die Anwesenheit von Elementspuren sicher erfaßt werden soll, nach etwa 400 s Meßzeit erfolgt die Identifizierung des auf dem Bildschirm des Vielkanalanalysators dargestellten Spektrums. Dies geschieht manuell durch elektronisches Verschieben einer im Monitor dargestellten Lichtlinie, des sogenannten Cursors. Gleichzeitig erscheint die Energie derjenigen Position innerhalb des Spektrums, auf der sich der Cursor befindet, als Zahlenwert im Bildschirm. Wird nun der Cursor genau über einen Peak gesetzt, so erhält man den Energiewert des Peaks und kann aus Tabellen die dazugehörige Elementlinie ermitteln.

Einfacher noch ist die Identifizierung durch automatische Programme, wobei die einzelnen Elementpeaks auch durch gleichzeitige Überprüfung des Abstandes ihrer K- bzw. L-Linien erkannt werden. Die Elementlinien (z.B. $K\alpha$, $K\beta$, $L\alpha$, $L\beta$), ihre Ordnungszahlen und chemischen Symbole werden dabei auf dem Monitor dargestellt.

Eine vorläufige Übersichtsanalyse einer unbekannten Probe mit dem Ziel der qualitativen Bestimmung möglichst aller in ihr enthaltenen Elemente geschieht am besten in folgender Weise: Der gesamte Energiebereich des Vielkanalanalysators, meist also 0...40 keV, wird zur Messung verwendet, um das gesamte vom Detektor erfaßbare Fluoreszenzspektrum zu registrieren. Bei Geräten mit Röntgenröhren geringer Leistung sollten zunächst mit polychromatischer Strahlung (ohne Filter), geringer Spannung (10...15 kV) und relativ hohen Stromstärken (100...200 μA) die leichten Elemente (Na bis Ti) angeregt werden, wobei auch die Erfassung der Mehrzahl der mittelschweren Elemente (einschließlich Fe) gelingt. Zur Bestimmung der übrigen mittelschweren bis schweren Elemente erfolgt das Vorschalten eines Monochromators; die Röhrenspannung wird erhöht und der Strom bei gleichzeitiger Erhöhung der Leistung erniedrigt.

Auf dem Bildschirm dargestellte Spektren können, wie oben erwähnt, gespeichert und jederzeit wieder abgerufen werden. Zwei oder mehrere zeitlich hintereinander gemessene oder abgespeicherte Spektren oder Spektrenteile lassen sich auf dem Bildschirm direkt vergleichen, indem sie übereinander dargestellt werden und so einen unmittelbaren optischen Eindruck ihrer Form vermitteln.

Darüber hinaus können mit Hilfe der systemeigenen Rechner verschiedene Schritte unternommen werden, um die Identifizierung und Auswertung von Peaks zu erleichtern: "Smoothing" (Glätten) von Spektren dient zur Verringerung der statistisch bedingten Impulsschwankungen von Kanal zu Kanal; besonders bei kleinen Peaks kann diese Methode zur Erleichterung der Peakerkennung führen. "Stripping" (Subtraktion) von Spektren steht für zwei verschiedene Zwecke zur Verfügung. Zum einen dient das Verfahren zur Subtraktion zweier unter gleichen Bedingungen gemessenen Spektren. Auf diese Weise gelingt es, etwaige Einflüsse der Matrix (z.B. Lithiumborat in Schmelztabletten oder Membranfilter bei Substraten) zu berücksichtigen. Allerdings muß dabei auf etwaige Absorptions- und Fluoreszenzeffekte durch die Matrix geachtet werden. Eine andere Möglichkeit der Stripping-Technik besteht darin, sich teilweise überlappende oder auch gänzlich koinzidierende Peaks zu trennen. In vielen Fällen stören solche Koinzidenzen (s. Tabelle 4.5: z.B. TiKβ mit VKα, VKβ mit CrKα, CrKβ mit MnKα) bei der Analyse. Eine ausführliche Zusammenstellung der koinzidierenden Linien ist dem Anhang A.5 zu entnehmen.

Die Subtraktion der Impulse einer koinzidierenden Linie erfolgt entweder durch Messung einer Reinprobe des Störelementes oder durch Berücksichtigung der Impulsraten seines im Rechenprogramm gespeicherten "künstlichen" Peaks.

Tabelle 4.5 Wichtige koinzidierende Elementlinien bei der EDRFA

Element (K-Linien)	koinzidierende Linien	Element (L-Linien)	koinzidierende Linien
SK$\alpha_{1,2}$	MoL$\alpha_{1,2}$, NbL$\alpha_{1,2}$, NbLβ_1	BaL$\alpha_{1,2}$	TiK$\alpha_{1,2}$
CaK$\alpha_{1,2}$	KK$\beta_{1(3,5)}$	TaL$\alpha_{1,2}$	CuK$\alpha_{1,2}$, NiK$\beta_{1,3}$, WL$\alpha_{1,2}$
TiK$\alpha_{1,2}$	BaL$\alpha_{1,2}$	WL$\alpha_{1,2}$	CuK$\alpha_{1,2}$, NiK$\beta_{1,3(5)}$, ZnK$\alpha_{1,2}$
VK$\alpha_{1,2}$	TiK$\beta_{1,3}$, BaLβ_3		
CrK$\alpha_{1,2}$	VK$\beta_{1,3}$	AuL$\alpha_{1,2}$	GeK$\alpha_{1,2}$, ZnK$\beta_{1,2(3,5)}$
			WL$\beta_{1(4,6)}$, HgL$\alpha_{1,2}$
MnK$\alpha_{1,2}$	CrK$\beta_{1,3}$		
MnK$\beta_{1,3}$	FeK$\alpha_{1,2}$		
CoK$\alpha_{1,2}$	FeK$\beta_{1(3,5)}$	HgL$\alpha_{1,2}$	GeK$\alpha_{1,2}$, AuL$\alpha_{1,2}$
			WLβ_1
NiK$\alpha_{1,2}$	CoK$\beta_{1,3}$		
CuK$\alpha_{1,2}$	NiK$\beta_{1,3}$, TaL$\alpha_{1,2}$, WL$\alpha_{1,2}$	TlL$\alpha_{1,2}$	GaK$\beta_{1,3(2,5)}$
			OsLβ_1
ZnK$\alpha_{1,2}$	CuK$\beta_{1,3}$	PbL$\alpha_{1,2}$	AsK$\alpha_{1,2}$, OsL$\beta_{1,3}$
			IrLβ_1, BiL$\alpha_{1,2}$
AsK$\alpha_{1,2}$	PbL$\alpha_{1,2}$, BiL$\alpha_{1,2}$		
YK$\alpha_{1,2}$	RbK$\beta_{1,2(3,5)}$	BiL$\alpha_{1,2}$	PbL$\alpha_{1,2}$, IrLβ_1
			GeK$\beta_{1,3}$, AsK$\alpha_{1,2}$
ZrK$\alpha_{1,2}$	SrK$\beta_{1,3}$		
NbK$\alpha_{1,2}$	YK$\beta_{1,3}$	ThL$\alpha_{1,2}$	PbL$\beta_{1,2,3}$
			BiL$\beta_{1,2}$
MoK$\alpha_{1,2}$	ZrK$\beta\alpha_{1,3}$		
SnK$\alpha_{1,2}$	AgK$\beta_{1,3(2)}$	ThLβ_1	ZrK$\alpha_{1,2}$
SbK$\alpha_{1,2}$	CdK$\beta_{1,3}$	ULα_1	RbK$\alpha_{1,2}$
		ULβ_1	ZrKβ_1, MoK$\alpha_{1,2}$

Bei Proben, die wie manche Stahllegierungen höhere Gehalte an Ti, V, Cr, Mn und Ni enthalten, sind solche Strippingmethoden unumgänglich. Wheeler (1979) hat z.B. auf der Grundlage von Zemany (1960) Berechnungen zur Berücksichtigung der koinzidierenden Linien durchgeführt. Lecomte et al. (1981) beschreiben ebenfalls eine vollständig automatisierte Stripping-Prozedur im niederen Energiebereich, die mit Hilfe einer umfangreichen Bibliothek von Spektren vieler Elemente sowie von Untergrundmessungen einer Blindprobe durchgeführt wird. Bauer und Rick (1978) identifizieren gemessene Spektren durch iterativen Vergleich mit abgespeicherten künstlichen Computerspektren.

Grundsätzlich ist zu bemerken, daß Stripping-Methoden nicht immer die gewünschte analytische Genauigkeit gewährleisten; sie sind oft nur als Hilfsmittel für eine halbquantitative Analyse anzusehen. Beste Voraussetzungen für die im nächsten Abschnitt zu besprechenden quantitativen Bestimmungen geben immer diejenigen Peaks, die vom Si(Li)-Detektor ausreichend gut von Nebenelementlinien getrennt werden.

4.2.4.2 Quantitative Analyse

Obwohl es in manchen Fällen der Röntgenfluoreszenzanalyse durchaus nur auf eine qualitative oder halbquantitative Bestimmung ankommt, ist doch ihr eigentliches Ziel die quantitative Bestimmung von Haupt-, Neben- und Spurenelementen.

Vor der Messung müssen Überlegungen zur Optimierung der Meßparameter angestellt werden: Als erstes erfolgt bei der energiedispersiven Röntgenfluoreszenzanalyse die Bestimmung des notwendigen Energiebereichs. Einerseits ist dies in bezug auf die geeignete Wahl der Anode für die Erzeugung der primären Röntgenstrahlung (polychromatisch oder monochromatisch) erforderlich. Andererseits erscheint es als günstig, möglichst schmale Energiebereiche für die einzelnen Kanäle bereitzuhalten. So ist es z.B. bei der Analyse leichter Elemente von der Ordnungszahl 11 (Na) bis 29 (Cu) nicht notwendig, das Gesamtspektrum der Probe im Energiebereich von 0...40 keV bzw. 0...60 keV zu messen, da sich die Kα-Linien aller dieser erwähnten Elemente im Bereich von 0...10 keV befinden. Wird nun die Anzahl von den üblicherweise 1028 zur Verfügung stehenden Kanälen im Vielkanalanalysator für diesen 10 keV-Bereich aufgeteilt, ergibt sich eine Kanalbreite von ca. 10 eV im Gegensatz zu 40 eV/Kanal bei Messung eines Spektrums von 0...40 keV. Dadurch resultieren günstige Ausgangsbedingungen für die quantitative Analyse von Elementen, deren Peaks nahe benachbart sind und auf diese Weise besser getrennt werden können.

Als nächstes erfolgt an Testproben die Einstellung der weiteren Geräteparameter; es wird die Art der Röntgenröhrenanode, ihre Spannung und Stromstärke gewählt sowie ein mögliches Vorschalten geeigneter Filter zur Herstellung monochromatischer Strahlung getestet und die Totzeit überprüft. Außerdem muß durch Versuche ermittelt werden, welche Meßzeiten erforderlich sind. Im Hinblick auf große Probenserien ist es erstrebenswert, die Meßdauer kurz zu halten, ohne die Meßgenauigkeit zu beeinträchtigen.

Nach der Ermittlung der geeigneten Meßparameter werden von einer Reihe von Eichproben Spektren gemessen und mit Hilfe der Element-Identifizierung (automatisch durch den Rechner, halbautomatisch über eine manuell zu bedienende Markierung und eine Tabelle) die Peaks der zu analysierenden Elemente festgelegt. Dann erfolgt das Setzen der "Fenster", indem manuell mittels einer elektronisch auf dem Bildschirm sich bewegenden Lichtlinie, dem Cursor, diejenigen Kanäle im Vielkanalanalysator festgelegt werden, die im Peakbereich der Messung unterliegen sollen. Bei den handelsüblichen EDRFA-Systemen sind die Fenster-Positionen optisch meist durch höhere Lichtintensität der Kanalpunkte bzw. -säulen oder, bei Farbdisplays, durch unterschiedliche Farben zu erkennen.

Die Messung der Impulsraten eines Kanals erfolgt durch Einstellung des Cursors auf diesen und Ablesen der Impulsrate auf dem Bildschirm; gleichzeitig leuchtet auch die Position des Kanals, gemessen in eV, auf. Wenn Fenster gesetzt werden, ermittelt der Rechner die Gesamtzahl der Impulse innerhalb der Kanäle; es handelt sich also um eine integrale Flächenmessung.

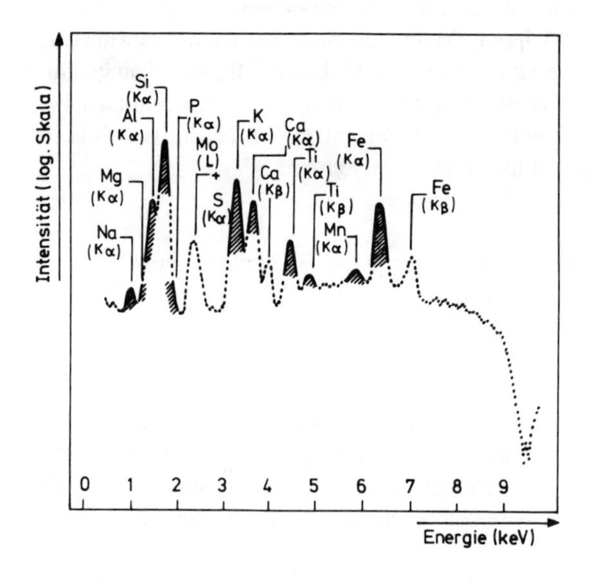

Bild 4.19
EDRFA-Spektrum (0-10 keV) mit und ohne Fenster

Bei hohen Elementkonzentrationen und somit deutlichen Peaks erweist es sich als günstig, möglichst breite Fenster zu setzen (Bild 4.19). Short (1976) stellt fest, daß Genauigkeit und Richtigkeit quantitativer Bestimmungen bei der EDRFA in erster Linie von der genauen Erfassung des Untergrundes, einem möglichst hohen Peak/Untergrund-Verhältnis und einer großen Fensterbreite abhängen. Diese sollte mindestens der Halbwertbreite des zu messenden Peaks entsprechen. In der Praxis hat es sich bewährt, die Fensterbreite noch etwas zu vergrößern, z.B. den 1,2-fachen Wert der Halbwertbreite einzustellen (Russ et al. 1978). Bei noch breiteren Fenstern tritt zuweilen die Gefahr der Überlappung mit Nebenpeaks auf, während bei zu kleinen Fenstern über den Peakspitzen im Falle einer Peakverschiebung oder einer Dejustierung des Spektrums größere Meßfehler auftreten können.

Anleitungen über Peaksuche sowie Verfahren bei überlappenden Peaks gibt Russ (1977); er entwickelte darüber hinaus ein Computerprogramm, das als Subroutine-Programm einem üblichen Meßprogramm beigegeben wird und es ermöglicht, aufgrund der Bestimmung der momentanen Peakposition ein Peakshifting zu erkennen und mathematisch zu korrigieren (Russ 1978). Desweiteren haben Russ et al. (1978) ein Testprogramm zur Überprüfung aller einzelnen EDRFA-Systeme angegeben. Dabei werden der Röntgengenerator (Linearität, Stabilität), die Detektor- und Verstärkereinheiten, die Kurzzeit- und Langzeitstabilität sowie die "Rückstellbarkeit" (z.B. exakte und konstante Einhaltung von Anodenstrom und -spannung nach vorheriger Änderung auf andere Werte) kontrolliert.

Da der Verlauf des Untergrundes ungefähr dem der Bremsstrahlung entspricht, wird er oft vereinfacht als linear zwischen den Untergrundmeßpunkten links bzw. rechts eines Peaks angenommen. Die Nettoimpulsraten werden durch Subtraktion der gemittelten Untergrundintensitäten von der Peakintensität erhalten. Die Annahme eines linearen Untergrundverlaufes zwischen benachbarten Meßpunkten ist jedoch nicht immer berechtigt, weil auch die Absorption der in der Probe enthaltenen Elemente (Matrix) und mehr noch die durch die Absorptionskanten der einzelnen Elemente verursachten Unstetigkeiten diesen Verlauf beeinflussen. Sind außerdem noch Elemente mit nahe beieinander liegenden Peaks in der Probe, ist es im Gegensatz zur WDRFA schwierig, geeignete Untergrundpositionen nahe des Peaks zu finden. Ist nämlich die Konzentration eines Elementes in einer anderen Probe beträchtlich höher, geraten die Untergrundmeßpunkte leicht in die Flanke der nun wesentlich breiteren Peaks. Die Berücksichtigung des Untergrundes ist zumindest bei der quantitativen Spurenanalyse unbedingt erforderlich. Bei modernen EDRFA-Geräten kann dies auf zweierlei Art durchgeführt werden: Automatisch durch den Rechner und individuell durch das "Setzen" einzelner Kanäle als Untergrundpositionen beiderseits der Peaks. Albrecht und Gedcke (1974), Espen und Adams (1976), Short (1976), Wyrobisch (1977), Russ et al. (1978) und andere machen Vorschläge, auf welche Weise Höhe und Verlauf des matrixabhängigen Untergrundes bei der Bestimmung der Netto-Impulsraten zu berücksichtigen sind.

Besonders bei Proben mit komplizierter Matrix (z.B. Vielzahl leichter, mittelschwerer und schwerer Elemente) und bei Fehlen einer genügenden Anzahl chemisch ähnlicher Standardproben müssen die Netto-Impulsraten einer Matrix-Korrektur unterworfen werden. In den Abschnitten 4.2.2 und 4.4 sind die Prinzipien dieser Korrekturverfahren erläutert.

In der Praxis hängt die Wahl des verwendeten Matrix-Korrekturverfahrens häufig von den vom Gerätehersteller angebotenen Programmen ab. Darüber hinaus besteht die Möglichkeit, anderweitige Korrekturprogramme zu verwenden oder selbst zu erstellen. Auch bei unterschiedlichen Programmsprachen gelingt in den meisten Fällen eine Umsetzung in diejenige des eingesetzten Systemrechners.

Ab dem Jahr 1988 scheint, nach dem Schrifttum zu urteilen, die Bevorzugung der EDRFA gegenüber der WDRFA abzunehmen. Während Leyden (1987) die großen Vorzüge der EDRFA herausstellt, scheint in den nachfolgenden Jahren deren Versabilität eher abzunehmen. Hingegen gewinnt die WDRFA stärkere Bedeutung, insbesondere durch den Einsatz synthetischer Multilayers (LSMS = Layered synthetic microstructures) mit 2d-Werten von 3-20 nm. Die praktische Anwendung von letzteren wird von Nicolosi et al. (1987) bei der quantitativen Analyse der leichten Elemente von B bis Mg beschrieben; auf ähnliche Weise erfolgt die Bestimmung von C in Stahl. Mit dem LSMS ist auch die Bestimmung von B in Borphosphorsilicatglas mit einer Nachweisgrenze von 0,14% und einer Genauigkeit von 0,9% möglich. Anzelmo und Beyer (1987) erhielten beste Ergebnisse mit einem LSMS von 12 nm.

4.3 Eichverfahren

4.3.1 Mögliche Fehler

Mehr noch als bei Ausdrücken zur Meßtechnik und Gerätebeschreibung ist es hier essentiell, sich auf eine einheitliche Nomenklatur festzulegen, weshalb besonders auf die Normen DIN 51418 Teil 1 und 2 hingewiesen sei.

In diesem Abschnitt werden die einzelnen bei der Röntgenfluoreszenzanalyse auftretenden Fehler, die Auswertung der Daten und ihre Umwandlung in Konzentrationswerte besprochen. Die Ausführungen gelten sowohl für die Sequenz- und Simultanspektrometer in der WDRFA als auch für die EDRFA-Geräte.

Die Fehler der RFA setzen sich, wie bei anderen analytischen Verfahren, aus systematischen und zufälligen Anteilen zusammen. Systematische Fehler lassen sich durch den Vergleich verschiedener Analysenmethoden und durch Berücksichtigung bekannter Störeffekte, d.h. durch Eichung des Meßverfahrens weitgehend beseitigen. Der Fehler einer Analysenmethode ist im wesentlichen von den zufälligen Bestimmungsfehlern abhängig, sofern bereits vorher grob falsche Werte (z.B. verursacht durch fehlerhafte Präparation) ausgeschieden wurden. Die zufälligen Fehler $\sigma_{ges.}$ bei röntgenfluoreszenzanalytischen Bestimmungen bestehen aus vier selbständigen Anteilen: aus dem Fehler bei der Probenahme (P.N.), dem präparativen Fehler (Präp.), dem der Zählstatistik (Z.stat.) und dem apparativen Fehler (App.):

$$\sigma^2_{ges.} = \sigma^2_{P.N.} + \sigma^2_{Präp.} + \sigma^2_{Z.stat.} + \sigma^2_{App.} \qquad (4.13)$$

Als Maß für die Größe der Fehler gilt die Streuung der Meßwerte um den Mittelwert $\bar{x}$, ausgedrückt durch die "echte" Standardabweichung σ bei unendlicher Zahl bzw. durch den Schätzwert s der Standardabweichung bei endlicher Zahl von Meßwerten; dadurch werden Fehlervergleiche möglich.

Alle statistischen Größen (Mittelwert $\bar{x}$, Standardabweichung σ bzw. s, Vertrauensbereich $s_{\bar{x}}$) werden zweckmäßigerweise aus den Meßwerten (Netto-Impulse) berechnet und erst dann — soweit notwendig — in Konzentrationen umgerechnet (Eichung). Reproduzierbarkeit (englisch precision, reproducibility) und Richtigkeit (accuracy) bestimmen den Wert eines Analysenergebnisses. Durch die Reproduzierbarkeit, d.h. die Streuung der Meßwerte um den Mittelwert, wird die Qualität eines Meßverfahrens charakterisiert, wodurch die Abschätzung der Größenordnung von Abweichungen und deren Ausschluß bei der Mittelwertbildung möglich werden. Der wahre Wert wird durch die Richtigkeit des Meßwerts festgelegt; ein Analysenresultat kann reproduzierbar, muß aber nicht richtig sein.

Mit dem Begriff der Richtigkeit wird die Abweichung des Mittelwertes vom wahren Wert (im Falle einer Standardprobe ist dieser bekannt) erfaßt. Es bedarf der Eichung oder Standardisierung jeder Analysenmethode im Rahmen der vergleichenden Analytik. Die statistische Fehlertheorie liefert eindeutige Aussagen über die Genauigkeit eines Meßverfahrens. Im folgenden werden nur zufällige Fehler diskutiert, auf die die Begriffe "Reproduzierbarkeit" bzw. "Genauigkeit" und "Richtigkeit" zutreffen, nicht aber eindeutig falsche Werte, sog. Ausreißer, die auf Irrtum oder Nichteinhaltung der Analysenvorschrift beruhen. Als Ausreißer definiert man üblicherweise Werte, die mehr als ein gewünschtes Vielfaches (2- bis 3-fach) der Standardabweichung vom Mittelwert entfernt liegen.

In DIN 57418 Teil 2 wird vorgeschlagen, "Präzision" (Reproduzierbarkeit) und "Richtigkeit" unter dem Oberbegriff "Genauigkeit" zusammenzufassen.

4.3.2 Statistik der Fehlerverteilung

Bei der RFA werden Zählmethoden eingesetzt, um Intensitäten zu bestimmen; diese werden in Impulsen pro Sekunde angegeben, wobei der bei der Zeitmessung auftretende Zeitfehler vernachlässigbar klein ist. Fehler beim Zählvorgang können vom Detektor herrühren, wenn mehr als 10 000 Impulse/s ankommen (gültig für DZ, SZ und Festkörperdetektoren), oder durch Störlinien verursacht sein.

Zwei gleichzeitig ankommende Impulse werden i.a. als ein einziger mit der Energie aus der Summe der Energien der zwei gleichzeitig einfallenden Quanten registriert; bei Einschaltung der Impulshöhenselektion (WDRFA) bzw. des pile up-Detektors (EDRFA) wird jedoch in günstig liegenden Fällen keiner von beiden gezählt. Auf die Totzeit von

Detektoren wurde bereits in Kapitel 2.4 eingegangen. Zemany et al. (1978) geben als typischen Wert für t_d 35 µs an (Gl.(2.16)).

Gl. (2.16) findet auch zur Korrektur von Koinzidenzverlusten Verwendung. Dabei ist zu bemerken, daß die moderne, in Verbindung mit Festkörperdetektoren eingesetzte Elektronik Totzeitkorrekturen automatisch durchführt.

Zählstatistik

Während der Messung einer Intensität in einer bestimmten Zeit t ist jede einzelne registrierte Impulsfolge mit einem Meßergebnis vergleichbar. Die Gesamtzahl N der Impulse kann mit dem Mittelwert $\bar{x}$, der in der Zeit t registriert wurde, gleichgesetzt werden. Im allgemeinen ist N eine große Zahl, so daß für die Standardabweichung von N die Bezeichnung σ zulässig ist. Unter der Voraussetzung, daß N hinreichend groß ist, wird die absolute Standardabweichung durch die einfache Beziehung $\sigma_{abs} = \sqrt{N}$ bestimmt (Poisson-Verteilung). Die relative Standardabweichung, ausgedrückt in Prozenten, ist:

$$\sigma_{rel} = \frac{\sqrt{N}}{N} \cdot 100 = \frac{100}{\sqrt{N}} \; . \tag{4.13}$$

(für eine statistische Sicherheit von 68,3%).

Die Intensität einer Linie (Netto-Peak) ist die Differenz zwischen der Intensität des Gesamtpeaks N_P und der Intensität des Untergrundes N_U. Die Standardabweichung der Netto-Impulsrate oder der zählstatistische Fehler ergibt sich damit zu:

$$\sigma_z = \sqrt{\sigma^2_{N_P} + \sigma^2_{N_U}} = \sqrt{N_P + N_U} \; , \tag{4.14}$$

und die relative Standardabweichung (in Prozenten) ist:

$$\sigma_{rel} = \frac{\sqrt{N_P + N_U}}{(N_P - N_U)} \cdot 100 \; . \tag{4.15}$$

Bezeichnet man die Intensitäten für Peak und Untergrund in Impulsen pro Sekunde mit r_P bzw. r_U und mißt t Zeiteinheiten, so wird:

$$\sigma_{rel} = \frac{\sqrt{r_P + r_U}}{(r_P - r_U)\sqrt{t}} \cdot 100 \; . \tag{4.16}$$

Wenn sich N_P und N_U nur wenig unterscheiden, wird σ_{rel} sehr groß; durch Verlängerung der Meßzeiten kann man erreichen, daß die Standardabweichung der Zählstatistik einen vorgegebenen Wert nicht überschreitet. Mack und Spielberg (1958) setzen sich in ihrer Abhandlung ausführlich mit der Wahl der Zählzeit und der Impulsvorwahl auseinander.

Apparativer Fehler

Unter apparativem Fehler werden alle Fehler zusammengefaßt, die instrumentell bedingt sind. Als Fehlerursachen kommen elektrische, elektronische und mechanische Instabilitäten infrage. In diese Fehlerbestimmung geht auch die Zählstatistik mit ein. Die Bestimmung des apparativen Fehlers einer Meßreihe erfolgt unter denselben Bedingungen und im gleichen Meßrhythmus wie die Serienmessungen. Je nach der Anzahl n der Messungen (z.B.

n=10...20) werden der Mittelwert $\bar{x}$ und die Standardabweichung $s_{Mess.}$ bestimmt. $s_{App.}$ ist ein Kennzeichen für den apparativen Fehler einer Einzelbestimmung. Da sich $s_{Mess.}$ aus σ_Z der Zählstatistik und den einzelnen $s_{App.}$ der Apparatur zusammensetzt gemäß

$$s_{Mess.} = \sqrt{\sigma_Z^2 + s_{App.}^2}\ , \tag{4.17}$$

läßt sich hieraus $s_{App.}$ berechnen.

Präparativer Fehler
Sofern für ein- und dieselbe Probe mehrere (z.B. n=5...10) Präparate (Preß- oder Schmelztabletten, Filter, Lösungen usw.) hergestellt und im Verlauf der allgemeinen Serienmessungen gemessen wurden, ergibt sich die Standardabweichung $s_{Präp.}$ gemäß

$$s_{Meth.} = \sqrt{\sigma_Z^2 + s_{App.}^2 + s_{Präp.}^2}\ , \tag{4.18}$$

dabei wird mit $s_{Meth.}$ die Standardabweichung der gesamten Meßmethode bezeichnet, d.h. der Fehler, mit dem der Mittelwert jeder Probe behaftet ist. Die s-Werte können aus obiger Gleichung berechnet werden. Für die weiteren Betrachtungen sind aber nicht die apparativ und präparativ bedingten Fehleranteile s von Interesse, sondern nur die Beträge für σ_Z, $s_{Mess.}$ und $s_{Meth.}$, also diejenigen Standardabweichungen, die sich aus dem Bestimmungsverfahren direkt ergeben. Im Gegensatz zu σ_Z lassen sich $s_{Mess.}$ und $s_{Meth.}$ durch Verlängerung der gewählten Meßzeiten nicht mehr wesentlich verbessern.

Allgemein gilt, daß bei einer unendlichen Anzahl von Meßwerten diese sich in der Weise um den Mittelwert verteilen, daß ihre Häufigkeiten symmetrisch zum Maximum liegen; mit zunehmender Differenz zum Mittelwert gehen sie auf beiden Seiten von $\bar{x}$ gegen Null. Damit liegt eine Normalverteilung der Meßwerte vor, die durch die Gaußsche Glockenkurve gekennzeichnet ist. Bei einer endlichen Zahl von Meßwerten wird der Wert $k \cdot \sigma$ durch $t \cdot s$ ersetzt. Der Faktor t (statt k bei n=∞) findet sich in Tabelle A.7 (Anhang) in Abhängigkeit von der Anzahl der Freiheitsgrade f = (n−1) und einer vorgegebenen statistischen Sicherheit S. Die für n Einzelmessungen erhaltene Standardabweichung s errechnet sich zu:

$$s = \pm \sqrt{\frac{\sum (x_i - \bar{x})^2}{n-1}}\ . \tag{4.19}$$

Die statistische Sicherheit eines Einzelwertes beträgt bei Berücksichtigung der Schwankungsbreite ±1 s, ±2 s bzw. ±3 s, bekanntlich 68,3%, 95% bzw. 99,7%, falls n eine sehr große Zahl darstellt.

Der Vertrauensbereich des Mittelwertes $s_{\bar{x}}$ wird dann aus der Standardabweichung folgendermaßen berechnet:

$$s_{\bar{x}} = t \cdot \frac{s}{\sqrt{n-1}}\ . \tag{4.20}$$

Zwei Konzentrationswerte können nur dann voneinander unterschieden werden, wenn sich die entsprechenden Vertrauensbereiche ihrer Mittelwerte signifikant unterscheiden, d.h. wenn sich die Bereiche $\bar{x}_1 \pm s_{\bar{x}_1}$ und $\bar{x}_2 \pm s_{\bar{x}_2}$ nicht überschneiden (vgl. auch Begriff der

Unterscheidungsgrenze nach Plesch 1978). Während also bei dem Vergleich der Mittelwerte $\bar{x}$ für $s_{\bar{x}}$ allgemein bei unterschiedlicher Anzahl n der entsprechenden Einzelproben Gl.(4.20) und die t-Tabelle heranzuziehen sind, reduziert sich dies nur im Falle gleicher n auf die einfache Gl.(4.19).

Die Bestimmungsgrenze $\bar{x}_G$ des Mittelwertes ergibt sich aus n, $\bar{x}$, S unter der Voraussetzung, daß sich der Mittelwert $\bar{x}$ signifikant von Null unterscheidet, zu:

$$\bar{x}_G = \sqrt{2} \cdot t(f, S=99) \cdot s_{\bar{x}} \ .$$

Sofern die Standardabweichung des Analysenverfahrens s_v bekannt ist und in der praktischen Anwendung des Verfahrens nicht feststellbar überschritten wird, kann auch für einen Einzelwert eine als Bestimmungsgrenze des Analysenverfahrens bezeichnete Grenze mit $s=s_v$ und $f=f_v$ nach

$$x_G = \sqrt{2} \cdot t(f_v, S=99) \cdot s_v$$

angegeben werden (Gottschalk 1980).

Die Prüfung der Art der Verteilung von analysierten Elementkonzentrationen (Normalverteilung, lognormale Verteilung) ist zur Feststellung nötig, ob die üblichen statistischen Fehlerrechnungen ohne weiteres anwendbar sind. Hierzu finden sich in den Statistikbüchern einschlägige Tests. Die einfachste Prüfmethode stellt die Auftragung der gemessenen Werte im Wahrscheinlichkeitspapier dar; bei Vorliegen einer Normalverteilung ergibt sich als Verbindungslinie der Punkte eine Gerade.

Als ein weiteres Beispiel sei hier noch das Chi-Quadratverfahren (Dixon 1957) erwähnt, dessen praktische Anwendung für geologische Zwecke von Hahn-Weinheimer und Ackermann (1963) beschrieben wird. Das Prinzip des Tests ist, daß aus dem Mittelwert $\bar{x}$ und der Standardabweichung s eine theoretische Kurve der Normalverteilung errechnet wird:

$$Y = \frac{n}{s\sqrt{2\pi}} \cdot e^{-\frac{1}{2} \cdot \frac{(x_i - \bar{x})^2}{s}} \ . \qquad (4.21)$$

Dabei bedeuten n die Anzahl der Proben und x_i die einzelnen Analysenwerte. Die Ordinate Y gibt die Höhe der Kurve für einen bestimmten x-Wert an. Die theoretische Häufigkeit F_i in einem Intervall entspricht der Fläche unter der Kurve in diesem Intervall. Die F_i-Werte werden dann mit den entsprechenden beobachteten Häufigkeiten f_i verglichen nach:

$$\chi^2 = \sum_{i=1}^{n} \frac{(f_i - F_i)^2}{F_i} \ . \qquad (4.22)$$

Wenn die aus den Häufigkeiten berechneten χ^2-Werte unter dem theoretischen Wert für χ^2 liegen, ist die Forderung für eine Normalverteilung erfüllt; damit sind darauf basierende, weiterführende statistische Untersuchungen gerechtfertigt.

Weitergehende statistische Testverfahren zur Prüfung der Art einer statistischen Verteilung sind der Kolmogoroff-Smirnov- und der David-Test (z.B. Hahn-Weinheimer und Hirner 1975).

4.3.3 Eichung mit Standardproben

Bei Standardproben handelt es sich um Vergleichsproben, deren Zusammensetzung so genau bekannt ist, daß sie als Referenzmaterial alle Voraussetzungen erfüllen, um unbekannte Proben auf ihre Konzentrationen richtig und verläßlich analysieren zu können. Eine Eich- oder Standardprobe soll folgende Forderungen erfüllen:

1. Sie muß homogen und so gut präpariert sein, daß bei der Messung keine Beschädigung auftreten kann.
2. Während der Aufbewahrung darf die Eichprobe keine Veränderung erfahren.
3. Die physikalischen Eigenschaften der Eichprobe, wie Oberflächenbeschaffenheit, Korngröße und Packungsdichte, sollen denen der zu analysierenden Probe möglichst genau entsprechen.
4. Die Gehalte an Haupt-, Neben- und Spurenelementen der Standardprobe sollen in mehreren anerkannten Laboratorien und nach verschiedenen Methoden ermittelt worden sein. Diese Werte sollen möglichst nahe beieinander liegen, so daß Mittelwertbildung und statistische Tests erlaubt sind.

Eine Substanz, die diesen Voraussetzungen entspricht, wird als Internationale Standardprobe deklariert und von der Institution vertrieben, die für Probennahme bzw. Herstellung, Präparation, Versand an Laboratorien zwecks Analyse und Auswertung der Analysenergebnisse verantwortlich zeichnet. In den U.S.A. sind solche Institutionen u.a. der Geological Survey und das National Bureau of Standards, in Frankreich das Centre de Recherches Pétrographiques et Géochimiques; weitere gibt es in England, Kanada und Südafrika. Eichproben für metallische Werkstoffe sind bei der Bundesanstalt für Materialprüfung erhältlich. Einige Adressen von Bezugsquellen sind im Anhang (A.6) aufgeführt.

Im Jahre 1989 gab es bereits 272 Geostandardproben, die in dem Special Issue der Geostandards Newsletter Vol.**13**, 1-133 beschrieben werden. Bei zwei neuen russischen Standardproben handelt es sich um "Bottom Silt" BIL-1 vom Baikalsee und eine Braunkohleasche ZUK-1a.

Im Second Report für die ersten drei GIT-IWG Rock Reference Samples referieren Govindaraju und Roelandts (1993) über die Spurenelementgehalte von einem Anorthosit von Grönland (AN-G), einem Balsalt von Essey-La Cote (BE-N) und einem Granit von Beauvoir (MA-N). Es wurden 900 kg verarbeitet, 237 Analytiker beteiligten sich an der Ringanalyse der Spurenelemente. Im selben Heft werden drei neue japanische Geostandardproben vorgestellt, und zwar ein Rhyolit JR-3, ein Gabbro JGb-2 und ein Hornblendit JH-1.

Häufig wird die Methode der WDRFA mit der der INAA bei der Spurenelementanalyse kombiniert. In dem Buch von Riddle "Analysis of geological materials" (1993) referieren eine Reihe von Experten aus ihren jeweiligen Gebieten, so auch instrumentelle Methoden. Bennett und Oliver (1992) widmen in ihrem Buch ein ganzes Kapitel der RFA-Analyse von Silicat- und Tonerde-Materialien. Im letzten Abschnitt (19) werden Methoden zur Analyse unbekannter Proben mitgeteilt.

Für jüngere Analytiker sei vermerkt, daß der Verlag von Geostandards Newsletter zwei Special Issues erscheinen läßt, die als SIGN I und SIGN II rangieren; sie werden an die Bezieher des Journals unentgeltlich geliefert.

Bei Mintek wurden 14 Geostandardproben präpariert und analysiert; diese können vom Council for Mineral Technology zusammen mit dem Mintek Report Nr.M 393 bezogen werden (Anschrift siehe Anhang 6).

Potts et al. stellten die Zusammensetzung von geochemischen Referenzmaterialien zusammen (Gesteine, Minerale, Sedimente, Carbonate, Erze); diese Daten sind vom Verlag Whittles Publishing CRC Press Inc., UK (1992) zu beziehen.

Standardproben sind als Vergleichsproben äußerst wichtig, um richtige Analysenresultate an unbekannten Proben mit Hilfe der RFA zu erhalten (Yolken 1974). Im Gegensatz zu diesen erfüllen die in eigenen Laboratorien hergestellten Eichproben (Labor- oder Vergleichsproben) die oben angegebenen Prämissen nur zum Teil. Da die Herstellung eigener Eichproben aufwendig ist, kann man sich dadurch helfen, daß man eine beschränkte Anzahl von Standardproben mit international ermittelten, empfohlenen Werten (mit Zertifikat) neueren Datums (einige ältere Angaben sind ungenau oder sogar falsch) käuflich erwirbt und diese durch Eineichung von Laborstandards ergänzt, so daß schließlich eine ganze Eichprobenreihe verfügbar wird, die allerdings dann mit unterschiedlichen Fehlern behaftet ist.

Die Sorgfalt bei der Herstellung der Eichproben ist von ausschlaggebender Bedeutung, um einen möglichst richtigen Wert für die unbekannte Probe zu erhalten. Eichproben und unbekannte Proben werden nach dem gleichen Schema präpariert und gemessen. Ein bei der Präparation und Analyse der Eichprobe gemachter Fehler beeinflußt auch das Ergebnis der unbekannten Probe.

Bei der Aufstellung von Eichkurven ist generell zu beachten, daß der für die Analyse infrage kommende Konzentrationsbereich gleichmäßig durch möglichst viele Standardproben belegt ist. Für niedrige Konzentrationen innerhalb begrenzter Konzentrationsbereiche ergibt sich die Eichkurve als Ausgleichsgerade durch die Meßpunkte der Eichproben. Je genauer die Eichgerade festgelegt ist, um so mehr nähert sich deren linearer Korrelationskoeffizient dem Wert 1, der erreicht wird, wenn alle Punkte auf der Eichgeraden liegen.

Der letztgenannte Fall, d.h. eine gerade Eichkurve, ist stets anzustreben; er wird bei vollständiger Matrixangleichung erreicht. Falls sich aber die verfügbaren Standardproben in ihrer Matrix merklich unterscheiden und somit zu deutlichen Abständen der Meßpunkte von den gemittelten Eichgeraden führen, ist es möglich, den entstandenen Fehler und damit die Güte des Regressionsverfahrens durch Berechnung einer in diesem Fall Restdivergenz (Reststreuung) genannten Standardabweichung zu erfassen (Plesch 1978). Hierbei sei darauf hingewiesen, daß diese Restdivergenz durch mathematische Korrekturmethoden (s. Abschnitt 4.4) minimalisiert werden kann. Aus der Reststreuung läßt sich der Fehler des Erwartungswertes bei der anschließenden Analyse einer unbekannten Probe ableiten. Die Standardabweichung ist als analytische Prüfgröße besser geeignet als der Korrelationskoeffizient (Plesch 1982).

Erstrecken sich die Konzentrationen über einen sehr großen Bereich, so sind auch nach näherungsweiser Korrektur der Matrixeffekte häufig mehr oder weniger gekrümmte Eichkurven die Folge; in diesen Fällen ist die Aufstellung mehrerer Eichgeraden in Konzentrationsteilbereichen anzuraten (s. Abschnitt 5.2) oder die Eichkurve als allgemeines Polynom anzusetzen und dessen Koeffizienten durch Ausgleichsrechnung festzulegen.

Hinsichtlich der Anzahl der einzusetzenden Standardproben haben sich zwei grundsätzliche Trends abgezeichnet:

1. Die eine Gruppe von Analytikern kommt mit einer geringeren Anzahl an Standardproben aus und zieht eine mehrmalige Eichkurvenkorrektur hinsichtlich der verschiedenen Störeffekte vor. Dabei besteht die Gefahr der "Überbestimmung", d.h., es werden mathematisch nicht deutbare Verhältnisse geschaffen.

Zu diesem Punkt sei als Beispiel eine Arbeit über Elementkorrekturen nach der Methode der Fundamentalen Parameter in Verbindung mit einem Computerprogramm nach dem Formalismus von Birks und Criss erwähnt (Gould und Bates 1972). Sofern keine oder nur wenig geeignete Standardproben mit ähnlichen Gehalten wie die der unbekannten Probe verfügbar sind, liefert diese Methode gute Ergebnisse, z.B. bei der Analyse von Al-Zn- und Al-Zn-Ag-Legierungen und von Phosphor in Phosphatgesteinen.

2. Die zweite Gruppe der Analytiker verzichtet auf eine mehrfache Kurvenkorrektur und bevorzugt die Messung einer großen Anzahl von Standardproben für die verschiedenen Matrixgruppen. Trotzdem kann aber nicht ganz auf eine rechnerische Korrektur, z.B. mit Hilfe der Massenschwächung, verzichtet werden.

Eine weitere Gruppe schließlich verbindet die Vorteile der ersten mit denen der zweiten Methode. Diese Möglichkeit wird heute insofern begünstigt, weil die den modernen RFA-Geräten angegliederten Rechner sehr leistungsfähig sind, die rechnerische Korrektur also keinen großen zeitlichen Aufwand benötigt und die Anzahl der vertrauenswürdigen Internationalen Standardproben in der letzten Zeit stark angestiegen ist.

4.3.4 Berechnung von Nachweisgrenzen

Für kleine Konzentrationen C ergeben sich theoretisch gerade Eichkurven, was auch in der Praxis bestätigt wird:

$$m \cdot C = N_P - N_U \quad . \qquad (4.23)$$

m ist eine Konstante, die der Steigung der Eichkurve entspricht.

Für den Nachweis einer sehr kleinen Konzentration muß sich deren Netto-Intensität hinreichend deutlich vom Untergrund abheben, damit die Bestimmung als gesichert gelten kann. Die in der optischen Spektralanalyse allgemein gültige Forderung, daß ein Element als sicher nachgewiesen gilt, wenn die Intensität seiner stärksten koinzidenzfreien Linie größer ist als die dreifache Standardabweichung des Untergrundes, trifft auch für die RFA zu. Bei einer statistischen Wahrscheinlichkeit von 99,7% ist für die Netto-Impulsrate zu fordern:

$$N_P - N_U \geq 3\sigma_{N_U} = 3\sqrt{N_U} \quad . \qquad (4.24)$$

Daher gilt an der Nachweisgrenze (NW):

$$N_{NW} - N_U = 3\sigma_{N_U} = 3\sqrt{N_U} \quad . \qquad (4.25)$$

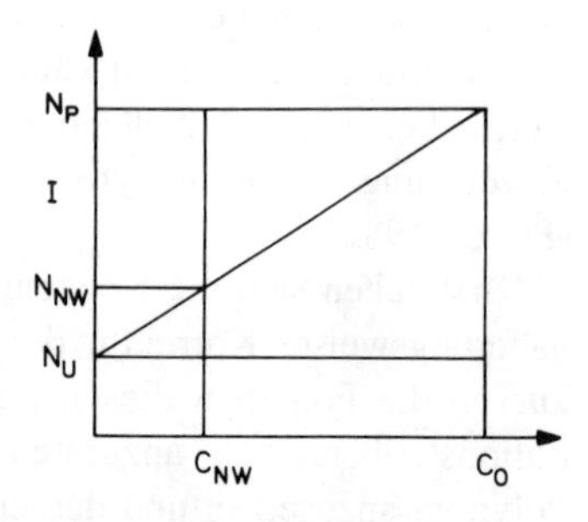

Das nebenstehende Bild erläutert die Beziehung zwischen den Impulsraten und den Konzentrationen; sie wird durch folgende Formel erfaßt:

$$C_{NW} = \frac{3\sqrt{2} \cdot \sqrt{N_U}}{N_P - N_U} \cdot C_0 \quad . \qquad (4.26)$$

Sofern Einzelproben mit verschiedenen Untergrundwerten infolge von Matrixeffekten vorliegen, wird der unterschiedliche Untergrund durch den Faktor $\sqrt{2}$ bei der Berechnung der Grenzkonzentration C_{NW} (engl. Bezeichnung: C_L) berücksichtigt. Wenn die Berechnung für einen mittleren bekannten Untergrund aufgestellt wird, so kann der Faktor $\sqrt{2}$ entfallen.

Legt man obiger Rechnung eine statistische Wahrscheinlichkeit von 95% zugrunde, so ergibt sich für die nach Jenkins et al. (1981) "concentration at the minimum detectable limit (C_{MDL})", d.h. niedrigste nachweisbare Konzentration genannte Größe

$$N_{MDL} - N_U = 1{,}645\sqrt{2N_U} = 2{,}326\sqrt{N_U}\ .$$

Bei der EDRFA wird die niedrigste nachweisbare Konzentration oft als Funktion der für das gewählte Meßzeitintervall erhaltenen Impulszahl für den Untergrund (N_U) und des Wirkungsgrades des EDRFA-Systems (ε^*), ausgedrückt in Impulszahl pro Meßzeitintervall und pro ppm, für eine statistische Sicherheit von 95% angegeben:

$$C_{MDL} = \frac{1{,}65\sqrt{2N_U}}{\epsilon^*} = \frac{2{,}33\sqrt{N_U}}{\epsilon^*}\ . \tag{4.27}$$

Die Konzentrationsangabe für die Nachweisgrenze ist keine scharfe Grenze, sondern ein Grenzbereich. In diesem Grenzbereich beträgt die relative Standardabweichung σ_Z etwa 50%, sofern σ_Z nach Gl.(4.15) berechnet wird; denn für die Grenzkonzentration C_{NW} gilt:

$$N_P = N_U + 3\sqrt{N_U}\ ,$$

damit wird

$$\sigma_Z = \frac{\sqrt{N_U + 3\sqrt{N_U} + N_U}}{N_U + 3\sqrt{N_U} - N_U} \cdot 100(\%\,\text{rel.})$$

$$= \frac{1}{3}\sqrt{2 + \frac{3}{\sqrt{N_U}}} \cdot 100(\%\,\text{rel.})\ .$$

Da $3/\sqrt{N_U}$ im allgemeinen klein gegen 2 ist, liegt σ_Z etwa bei 50%. Die Konzentrationsangabe für die Nachweisgrenze ist somit um ±50% unsicher.

Im Gegensatz zu der oben beschriebenen zählstatistischen Ableitung leitet Plesch (1978) die Nachweisgrenze von der Messung der Eichproben unter Zuhilfenahme der t(f,S)-Verteilung ab.

Lukow (1980) beschreibt ein Verfahren zur experimentellen Ermittlung der Nachweisgrenze, die er als diejenige Menge Substanz angibt, die ein Signal von doppeltem Untergrundrauschen erzeugt.

Als allgemein gültige Richtwerte für die Nachweisgrenzen bei der WDRFA können folgende Beträge angenommen werden: Während für die leichten Elemente (Na, Mg, Al, Si, P) Gehalte < 100 ppm nur schwer erreichbar sind, liegen sie für Schwefel und Chlor bei 10 ppm; für alle übrigen Elemente (K bis U) können Werte zwischen 1 und 10 ppm angesetzt werden.

Für die Nachweisgrenzen von Spurenelementen in einigen Silicatgesteinen wurden unter bestimmten Meßbedingungen innerhalb einer Probenserie im einzelnen gefunden: 32 ppm P, 6,5 ppm Ca, 4,5 ppm Ti, 1,9 ppm Rb, 1,8 ppm Sr, 1,9 ppm Zr, 2,0 ppm Nb (Hahn-Weinheimer und Johanning 1968).

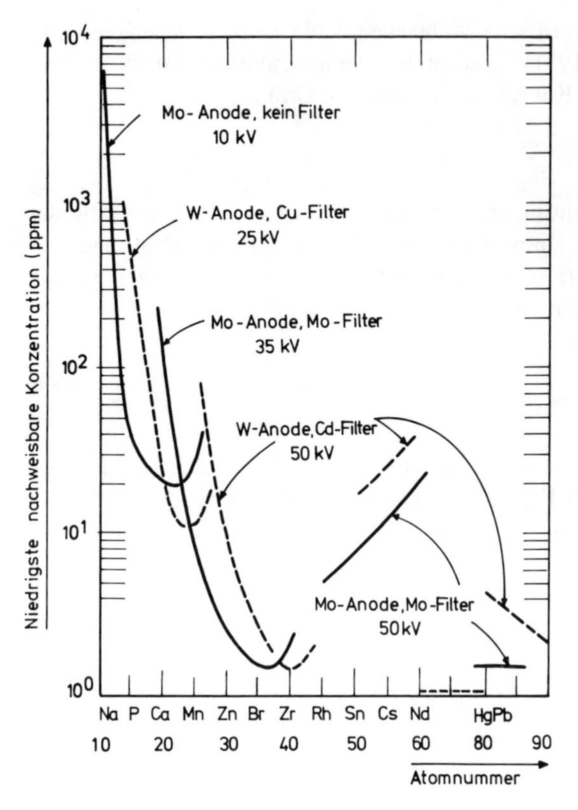

Bild 4.20
Graphische Darstellung zur niedrigsten nachweisbaren Konzentration (EDRFA)

Neben den oben als C_{NW} bzw. C_{MDL} eingeführten Grenzkonzentrationen wird auch zuweilen der Begriff der "concentration at the minimum analyzable limit (C_{MAL})", d.h. der niedrigsten meßbaren Konzentration als diejenige Konzentration eingeführt, die mit einer relativen Standardabweichung von 10% bestimmbar ist. Je nach Intensität des Untergrunds liegt C_{MAL} um einen Faktor zwischen 6 und 60 höher als C_{MDL}. Weitere Ausführungen zur Zählstatistik an der Nachweisgrenze — auch speziell für die bei der WDRFA bzw. EDRFA vorliegenden Verhältnisse — finden sich in Abschnitt 11.2 von Jenkins et al. (1981).

In der Praxis der RFA hat sich neben dem rein statistischen Begriff der Nachweisgrenze gemäß Gl.(4.26) noch derjenige des "wahren Schwellenwertes" (true threshold level) eingebürgert. Russ et al. (1978) nehmen dafür den dreifachen Wert der Nachweisgrenze gemäß obiger Definition.

Sowohl bei der WDRFA als auch bei der EDRFA sind die Nachweisgrenzen abhängig von der Matrix, der Röhrenanode, der Auflösung und Größe des Detektors, den geometrischen Abständen Röhre-Probe-(Analysatorkristall)-Detektor, den Parametern der Anregung (Spannung, Strom), der Meßzeit sowie auch von der Güte des Vakuums bei langwelliger Fluoreszenzstrahlung. Bei der EDRFA spielen außerdem die für monochromatische Strahlung benützten Filter eine Rolle.

Bei der EDRFA ist im allgemeinen derjenige Energiebereich, der von den Kα-Linien der Elemente Al (Z=13) bis Zr (Z=40) begrenzt wird, als der relativ empfindlichste anzusehen. Bei leichteren Elementen macht sich die Absorption der emittierten Strahlung in der Matrix und auch im Berylliumfenster, das den Si(Li)-Detektor schützt, deutlich bemerkbar. Ab Z=41 (Nb) ist es vorteilhaft die L-Linien, und ab Z=78 (Pt) die M-Linien zu verwenden.

Für den Nachweis der Spurenelemente ab Z=27 (Co) ist die Anregung mit monochromatischer Strahlung am günstigsten, da sie im Gegensatz zur polychromatischen für einen niedrigen Untergrund sorgt. In Bild 4.20 sind am Beispiel einer geologischen Probe die noch nachweisbaren Gehalte in Abhängigkeit von Anodenmaterial, Filter und der Ordnungszahl der Elemente von Na bis Pb bei 100 s Zählzeit aufgetragen.

Es wird deutlich, daß der energiedispersiven Methode besonders bei den leichten Elementen Grenzen gesetzt sind. So kann Na nur bis hinab auf etwa 0,1% quantitativ ermittelt werden; etwas niedrigere Nachweisgrenzen ergeben sich für Mg. Selbst die am besten zu analysierenden Spurenelemente (von Zn bis Ag) sind üblicherweise nur bis zum Bereich von 1...10 ppm quantitativ bestimmbar. Geringe Konzentrationen von Na und Mg und von manchen anderen Spurenelementen sollten deshalb mit längeren Meßzeiten gemessen oder durch Wiederholungsmessungen bestätigt werden. Außerdem ist es aus grundsätzlichen Erwägungen angezeigt, solche Elemente zur Kontrolle nach einer anderen Methode nochmals zu bestimmen.

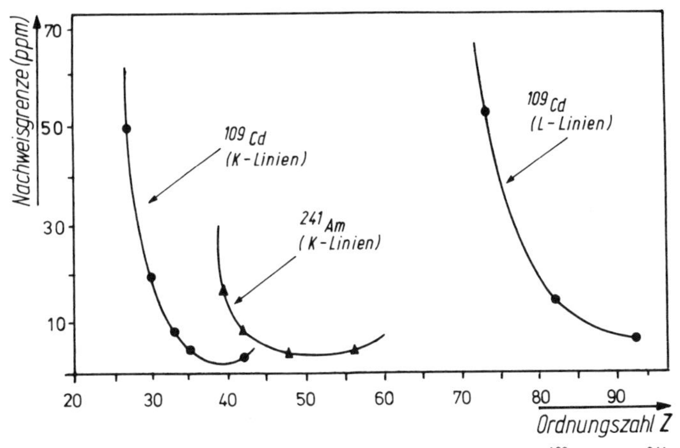

Bild 4.21 Nachweisgrenzen für die Radionuklidquellen ^{109}Cd und ^{241}Am

Spatz und Lieser (1977) bestimmten an Pulverschüttproben die Nachweisgrenzen der EDRFA mit Radionuklid- bzw. Röntgenröhren/Sekundärtarget-Anregung. In Bild 4.21 sind die Ergebnisse dieses Vergleiches dargestellt. Die niedrigsten Nachweisgrenzen bei der Anregung mit der K-Strahlung des ^{109}Cd werden im Bereich der Elemente As (Z=33) bis Tc (Z=43) erreicht; die L-Linie des ^{109}Cd ist günstig für die Anregung von Elementen mit hohen Ordnungszahlen (Z=80 bis Z=92). Das Radionuklid ^{241}Am eignet sich besonders zur Anregung der Elemente Mo (Z=42) bis Nd (Z=60).

Yakubovich et al. (1980) bestimmten durch Anregung mittels radioaktiver Quellen die Nachweisgrenzen einer Reihe von Spurenelementen und erhielten folgende Werte (3 s):

Radionuklid	Elementlinie	Nachweisgrenze ppm
^{55}Fe	CaKα	10
	TiKα	6
^{57}Co	WKα	15
	AuKα	20
^{109}Cd	ZnKα	50
	MoKα	2
	WLα	30
	PbLα	20
^{241}Am	AgKα	3
	SnKα	2

Bei Verwendung von Hochleistungsröntgenröhren hängen die Nachweisgrenzen in erster Linie von der Wahl der Sekundärtargets ab. Aus Bild 4.22 ist ersichtlich, daß z.B. durch den Einsatz von Cu, Mo, Sn oder Ho als Sekundärtarget die Nachweisgrenzen (K-Linien) im Bereich der Ordnungszahlen von Z=22(Ti) bis Z=56(Ba) etwa 2 ppm betragen (Spatz und Lieser 1977).

Wegen der intensiven Streustrahlung in den höheren Energieregionen ist es günstiger, ab La (Z=57) die L-Linien für die Bestimmung dieser Elemente zu benützen; auch hier liegen die erreichbaren Nachweisgrenzen unter 10 ppm. In Kap. 5 sind weitere Angaben verschiedener Autoren über Nachweisgrenzen zu finden.

Nur mit besonderen Zusatzeinrichtungen gelingt es, bei der EDRFA die Nachweisgrenzen noch weiter zu senken: Berdikov et al. (1980) erzielten durch Einbau eines

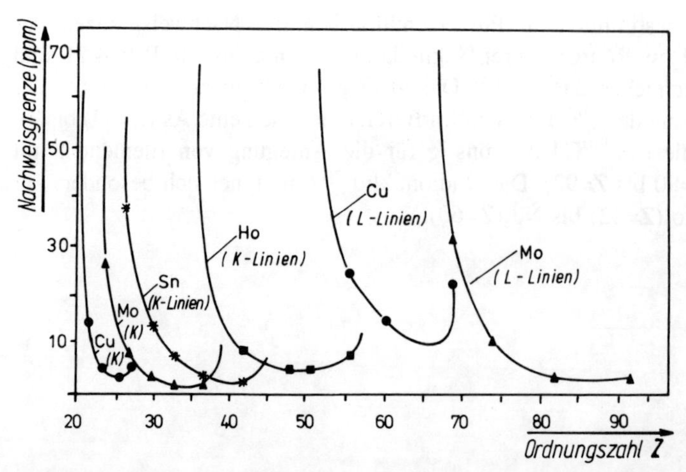

Bild 4.22 Nachweisgrenzen bei Röhrenanregung mit verschiedenen Sekundärtargets

Zylindersystems aus Pyrolysegraphit eine Senkung der Nachweisgrenzen für Uran in wäßrigen Lösungen auf 0,15 ppm. Knoth und Schwenke (1978) konnten durch die Verwendung von Quarzblöcken mit extrem ebenen Oberflächen als Probenträger eine totale Reflexion der unter sehr kleinem Winkel einfallenden Röntgenstrahlung erreichen. Dies führte zu einer starken Verminderung des Streustrahluntergrundes, so daß an sehr dünnen Präparaten (Filme) für die Elemente der Ordnungszahlen 26 bis 38 (Fe bis Sr) Nachweisgrenzen bis unter 1 ppb erreichbar wurden. Knöchel und Prange (1981) erzielten bei der Bestimmung von Spurenelementen in Wässern durch Fällung als Dithiocarbamat auf Filter ebenfalls Nachweisgrenzen unter 1 ppb.

4.4 Korrekturrechnungen

Als eine Folgerung aus den theoretischen Überlegungen zu den bei der Fluoreszenzanregung ablaufenden physikalischen Vorgängen (Abschnitt 2.2) ergibt sich die Proportionalität zwischen der Intensität der angeregten Fluoreszenzstrahlung $(I_F)_i$ des Probenelements i und der Konzentration C_i, in der dieses Element in der Probe vorliegt: $(I_F)_i \propto C_i$. Die genaue Form der Abhängigkeit zwischen den beiden Größen wird durch die chemische Zusammensetzung der Probenmatrix bestimmt. Die Probenmatrix bestehe aus dem Analysenelement i und der Restmatrix (Plesch 1979a) mit (k−1) Elementen j mit den jeweiligen Gewichtsanteilen C_j, so daß gilt:

$$\sum_{j=1}^{k} C_j = C_i + \sum_{j=1}^{k-1} C_j = 1 \ . \tag{4.28}$$

Berücksichtigt man als grobe Vereinfachung realer Verhältnisse nur Absorptionsvorgänge, so ist bei zusätzlicher Vernachlässigung der Selbstabsorption ein linearer Zusammenhang zwischen $(I_F)_i$ und C_i nur dann gegeben, wenn die mittlere Massenabsorption der Matrix $\overline{\mu}_j$ gleich der des Analysenelements $\overline{\mu}_i$[1] ist (Bild 4.23); dabei ist die Mittelwertbildung über alle im Anregungsspektrum enthaltenen Wellenlängen auszuführen. In allen anderen Fällen, in denen man auch von einer im Vergleich zum Analysenelement "leichten" ($\overline{\mu}_j < \overline{\mu}_i$) oder "schweren" Matrix ($\overline{\mu}_j > \overline{\mu}_i$) spricht, sind entsprechend gekrümmte Eichkurven die Folge.

Es gibt in der analytischen Praxis aber durchaus auch Anwendungsfälle (z.B. Spurenanalyse an Kunststoffen, Flüssigkeiten oder an Teilchen, die auf Filter aufgebracht sind), für die sich ein annähernd linearer Zusammenhang zwischen Elementkonzentrationen und zugehöriger Fluoreszenzintensität ergibt. Dann gilt:

$$(I_F)_i = a_{1i} \cdot C_i + a_{0i} \tag{4.29}$$

bzw. in der Umkehrung

$$C_i = b_{1i} \cdot (I_F)_i + b_{0i} \ . \tag{4.30}$$

[1] Internationalen Vereinbarungen gemäß (Jenkins 1980) wird in diesem Kapitel für den Massenschwächungskoeffizienten $(\mu/\rho)_{ij}$ der vereinfachte Ausdruck μ_{ij} verwendet. Aus Gl.(2.10) folgt dann für die gesamte Massenschwächung μ_{ik} eines k-Komponentensystems bei λ_i :

$$\mu_{ik} = \sum_{j=1}^{k} \mu_{ij} C_j \ .$$

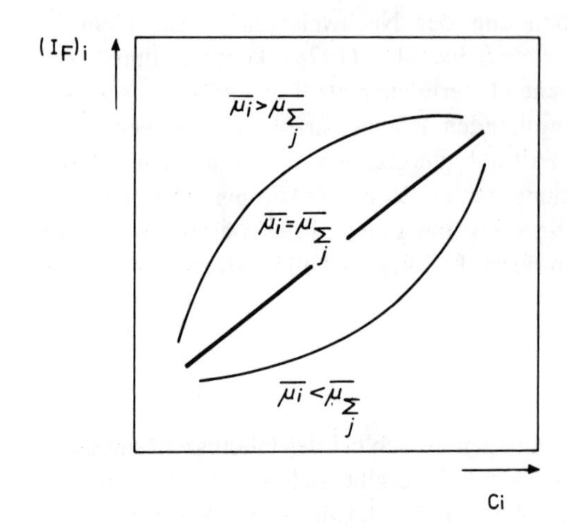

Bild 4.23
Zusammenhang zwischen Fluoreszenzintensität und Elementkonzentration

Durch Messung der Fluoreszenzintensitäten von Proben bekannter Zusammensetzung lassen sich die Koeffizienten a_{0i} und a_{1i} bzw. b_{0i} und b_{1i} durch Regressionsrechnung nach der Methode der kleinsten Fehlerquadrate bestimmen. Zwischen den Koeffizienten der Gln. (4.29) und (4.30) bestehen die Beziehungen $b_{0i} = -a_{0i}(a_{1i})^{-1}$ und $b_{1i} = (a_{1i})^{-1}$.

Für die meisten Anwendungen bei der WDRFA und EDRFA spielen die Matrixeinflüsse aber eine so deutliche Rolle, daß sich der Analytiker überlegen muß, auf welche Weise er diese, allgemein als Matrixeffekte bezeichneten, Störeffekte zur Erzielung eines quantitativen Analysenergebnisses durch geeignete Probenpräparation oder/und durch geeignete rechnerische Korrekturen kompensieren kann. Falls keine geeigneten Absorptionsmessungen am Probenmaterial selbst durchgeführt werden (Karamanova 1980), gibt es dazu im Prinzip drei Möglichkeiten:

1. Verdünnung der Probenmatrix durch Zusatz eines Verdünnungsmittels (s. Abschnitt 4.1.3.3). Mit zunehmender Verdünnung (gegebenenfalls unter Zusatz eines schweren Absorbers) werden die zunächst unterschiedlichen Matrices verschiedener Proben immer mehr dem zugemischten Stoff angeglichen. Da die Verdünnung aber auch das Analysenelement betrifft, ist diese Methode durch eine dem Verdünnungsfaktor entsprechende schlechtere Nachweisgrenze gekennzeichnet.
2. Es wird versucht, eine Bezugsgröße zu erfassen, die sich möglichst wie $\overline{\mu}_j$ der Matrix verhalten soll. Als derartige Matrixreferenz können z.B. ein Interner Standard oder eine Streustrahlung, z.B. die Intensität der gestreuten primären charakteristischen Röntgenstrahlung, diejenige der Untergrundstrahlung (Hahn-Weinheimer et al. 1965) oder die Zählraten der Compton-Peaks (Nesbitt et al. 1976; Spatz und Lieser 1976) eingesetzt werden. Die Referenzstrahlungsintensitäten können einfach zur Normalisierung der gemessenen Fluoreszenzintensitäten verwendet werden oder auch in kompliziertere Hilfsansätze eingehen (Plesch 1980).
3. Schließlich können die gemessenen Fluoreszenzintensitäten nachträglich rechnerisch korrigiert werden. Das einfachste Rechenverfahren beinhaltet die Berechnung des Massenabsorptionskoeffizienten eines Mehrstoffsystems nach Gl.(2.10) unter Zuhilfenahme tabellierter Massenabsorptionskoeffizienten (Tabelle A.3); es kann ohne Zuhilfenahme eines Rechners angewendet werden und wurde in den Abschnitten 2.2 und 4.3.3 beschrieben.

Während in den Fällen 1. und 2. die Probenmatrix nicht bekannt zu sein braucht, ist im Fall 3. die (zumindest näherungsweise) Kenntnis der C_j Voraussetzung.

Da im bisherigen Teil des Buches bereits die obengenannten mathematischen Korrekturmethoden, bei denen kein großer mathematischer Aufwand erforderlich ist, behandelt wurden, wird im folgenden Text ein Überblick über die Verfahren gegeben, die aufwendigere Berechnungen erfordern und ohne den Einsatz von Computern nicht durchführbar sind. Ein derartiges Vorgehen bringt für viele Anwendungen einen wesentlichen Vorteil: Sind die Computerprogramme zuerst an bekannten Matrices einer Stoffklasse erprobt, so ist die quantitative Routineanalyse von Proben dieser Stoffklasse mit dem gegenüber allen anderen Korrekturverfahren geringsten Zeitaufwand verbunden.

Die rechnerischen Matrixkorrekturmethoden teilt man in *theoretische, empirische und hybride Verfahren* ein.

Die Anwendung theoretischer Korrekturmodelle setzt die zahlenmäßige Kenntnis einer Vielzahl von physikalischen und apparativen Parametern, im Prinzip jedoch nicht die Durchführung von Messungen an Standardproben voraus. Rein empirische Methoden dagegen stützen sich nur auf Eichmessungen an einer großen Anzahl sehr gut analysierter Standardproben. Zwischen diesen Extremfällen wurden verschiedene "Hybrid-Methoden" entwickelt, bei denen die Koeffizienten teilweise ihrer physikalischen Bedeutung entsprechend und teilweise rein empirisch festgelegt werden; diese Verfahren kommen mit einer begrenzten Zahl von Standardproben aus.

Eine vollständige Theorie zur quantitativen Erfassung aller bei der RFA ablaufenden wesentlichen physikalischen Vorgänge muß alle diversen Anregungs- (Primär-, Sekundär- und Tertiäranregung) und Streuprozesse (Rayleigh- und Compton-Streuung), die die Gesamtabsorption der Probe bedingen, mit einbeziehen.

Mit Primäranregung bezeichnet man die Anregung eines Probeatoms zur Emission von Fluoreszenzstrahlung durch die primäre Röntgenstrahlung, mit Sekundäranregung die durch ein Matrixelement. Tertiäranregung nennt man die Anregung eines Matrixelements durch ein anderes Matrixelement. Hinsichtlich der Absorption sind auch die Bezeichnungen Primär- und Sekundärabsorption in entsprechender Bedeutung gebräuchlich.

Eine der umfangreichsten mathematischen Ableitungen unter Berücksichtigung sowohl der Primär-, Sekundär- und Tertiäranregung als auch der Primär- und Sekundärabsorption stammt von *Sherman* (1955, 1959). Von den Japanern *Shiraiwa* und *Fujino* wurden die komplizierten Gleichungen zu praktisch anwendbaren Ausdrücken umgeformt; insbesondere geschah dies durch Entkopplung des Gleichungssystems und nachfolgender Auflösung nach den einzelnen Anregungs- und Absorptionseffekten (Shiraiwa und Fujino (1974) und darin zitierte Literatur; Vrebos und Helsen 1985). Diese Autoren konnten durch Entwicklung der ursprünglichen Formeln diese auf eine einfache, der weiter unten beschriebenen Gl.(4.32) entsprechende Form bringen. Die Anwendung der vereinfachten Gleichung zur Ermittlung der Fluoreszenzintensitäten von Ni-Fe-Cr-Legierungen ergab gegenüber den experimentell bestimmten Werten Abweichungen von nur ca. 1%. Gleichzeitig wurde an diesem Beispiel gezeigt, daß die Tertiäranregung nur einige Prozente der Fluoreszenzintensität ausmacht. Speziell mit Berechnungen zur Tertiäranregung befaßten sich Dunn et al. (1975). Für die bei der EDRFA mit Radioisotopenanregung vorliegende Strahlengeometrie berechneten Gardner et al. (1975) die durch Primär-, Sekundär- und Tertiäranregung hervorgerufene Fluoreszenzintensität bei einem mit Hilfe der Monte-Carlo-Rechnung simulierten Kontinuum der möglichen Eintritts- und Austrittswinkel der Röntgenstrahlung.

Die oben angeführten, umfangreichen theoretischen Korrekturmethoden erfordern die Kenntnis einer Vielzahl von physikalischen Parametern. Die Genauigkeit der Korrektur ist somit von der Genauigkeit der Angabe dieser Zahlenwerte abhängig; um diese ist es aber oftmals nicht gut bestellt (vgl. Vrebos und Pella 1988 und Diskussion zu den μ/ρ-Werten in Abschnitt 2.2). Insbesondere ist auch die rechnerische oder experimentelle Bestimmung der Intensitätsverteilung des Anregungsspektrums $I_P(\lambda)$ notwendig (Gilfrich und Birks 1968; Kähkönen et al. 1974; Brown et al. 1975). Kähkönen et al. (1974) ermittelten zusätzlich die Energieverteilung des Fluoreszenzspektrums und verwendeten die Höhe der Diskontinuität an den Absorptionskanten (vgl. Bild 2.7) als quantitatives Maß für die Konzentration des entsprechenden Elementes (gezeigt am Beispiel von Br und Rb).

Mit Hilfe der auf Sherman zurückgehenden Gleichungen kann die Fluoreszenzintensität $(I_F)_i$ eines in der Probe enthaltenen Elements i berechnet werden. Für die analytische Fragestellung ist aber die Bestimmung der Konzentration C_i dieses Elements interessant, so daß die entsprechenden Gleichungen nach dieser Größe aufgelöst werden müssen. Dies gelang Criss und Birks (1968) unter Einführung einiger Vereinfachungen (Vernachlässigung der Tertiäranregung, Ersetzen von Integralen durch Deltafunktionen): Sie lösten die Bestimmungsgleichungen auf iterativem Wege, bis die berechnete mit der gemessenen Fluoreszenzintensität übereinstimmte. Man bezeichnet dieses Vorgehen als *Fundamentale Parameter-Methode* und die dabei verwendeten Parameter, die eine physikalische Bedeutung besitzen, als *theoretische Alphas* (vgl. auch "Alpha"-Programm von de Jongh (1973) und "XRF-11" von Criss (1980)). Gardner und Doster (1979) bestimmten die Fundamentalen Parameter mittels Monte-Carlo-Rechnung. Daneben wurden z.B. in Form der Lachance-Traill- und der Claisse-Quintin-Gleichung empirische Relationen vorgeschlagen (Tertian 1987), die die Umkehrung der Sherman-Gleichung repräsentieren sollen (Rousseau und Claisse 1974); die dabei verwendeten empirischen Koeffizienten bezeichnet man folgerichtig als *empirische Alphas.* Tertian (1973, 1974) sowie Tertian und Vie le Sage (1977) entwikkelten die Methode der "kreuzweisen (crossed) Einflußkoeffizienten" und konnten sie erfolgreich zur quantitativen Analyse von ternären Metall-Legierungen einsetzen. Aufbauend auf Ausführungen von Tertian und Claisse (1982) verglichen Broll und Tertian (1983) und Broll (1986) die *Fundamentale Einflußkoeffizienten-Methode* mit der oben erwähnten Fundamentalen Parameter-Methode.

Bisher wurde auf eine explizite mathematische Darstellung der teilweise recht umfangreichen Gleichungen verzichtet und der daran speziell Interessierte auf die entsprechende Spezialliteratur verwiesen. Betrachtet man jedoch ausschließlich die Prozesse der Primär- und Sekundärabsorption und der Primäranregung, so ergibt sich in Anknüpfung an die Überlegungen von Abschnitt 2.2 für die Intensität einer Fluoreszenzlinie ein relativ einfacher Ausdruck:

$$I_F(\lambda_i) = a_i C_i \int_{\lambda_{min}}^{\lambda_{Kante}} I_P(\lambda) \frac{\mu_i(\lambda)}{\sum_{j=1}^{k} \alpha_{ij} C_j} d\lambda \; . \tag{4.31}$$

Dabei ist über alle Wellenlängen der anregenden Strahlung zu integrieren; die Proportionalitätskonstante a_i entspricht der Anregungswahrscheinlichkeit. Die Matrixkoeffizienten können über die Beziehung $\alpha_{ij}=\mu_j(\lambda)+A\mu_j(\lambda_i)$ aus den entsprechenden Massenabsorptionskoeffizienten errechnet werden (Mencik 1975); A ist hierbei eine geometrisch bedingte Konstante.

Eine weitere Vereinfachung bei der Berechnung von Gl. (4.31) bedeutet die Einführung des Konzepts der *effektiven Wellenlänge.* Die Wellenlängenabhängigkeit von I_P und $\mu_{i,j}$ wird durch die Einführung einer bestimmten Wellenlänge eliminiert, die in bezug auf die Effektivität der Fluoreszenzanregung der des originalen Anregungsspektrums entspricht. Das heißt, die effektive Wellenlänge liegt im Schwerpunkt der λ-abhängigen Wahrscheinlichkeitsverteilung des Effektivitätsfaktors zur Fluoreszenzanregung. Der λ-abhängige, absolute Massenabsorptionskoeffizient $\mu_i(\lambda)$ wird somit durch den effektiven Massenabsorptionskoeffizienten $\overline{\mu}_i$ (bei der effektiven Wellenlänge) ersetzt; eine kritische Diskussion dieser Verfahrensweise findet sich bei Mencik (1975). Bei Verwendung der Zählratenverhältnisse jeweils zweier Elemente der unbekannten Probe und mit Hilfe des Konzepts der effektiven Wellenlänge und der Methode des variablen Beobachtungswinkels entwickelten Drabseh (1974) und Mantler und Ebel (1980) Methoden zur "eichprobenfreien RFA".

Falls sich die Größe $\sum_{j=1}^{k} \alpha_{ij} C_j$ im betrachteten Konzentrationsbereich des Elements i nicht allzu stark ändert, kann aus Gl. (4.31) mit den oben geschilderten Vereinfachungen folgende Formel abgeleitet werden:

$$(I_F)_i = \frac{a_{1i} \cdot C_i}{1 + \sum_{j=1}^{k} \alpha_{ij} C_j} + a_{0i} \,. \tag{4.32}$$

Ein entsprechender Ausdruck läßt sich auch für die Konzentration C_i gewinnen:

$$C_i = [b_{0i} + b_{1i} \cdot (I_F)_i] \cdot (1 + \sum_{j=1}^{k} \alpha_{ij} C_j) \,. \tag{4.33}$$

Die Koeffizienten a_{0i} und a_{1i} bzw. b_{0i} und b_{1i} können durch Eichmessungen und Quotientenbildung (Bezug auf Referenzprobe) bestimmt bzw. eliminiert werden. Plesch (1981a) diskutiert den Einfluß der Berücksichtigung der Selbstabsorption des Analyten in Form des Summanden $\alpha_{ii}C_i$ im zweiten Klammerausdruck auf der rechten Seite von Gl.(4.33) auf die gesamte Matrixkorrektur.

Die Matrixkoeffizienten α_{ij} in Gl.(4.33) sind auf zweierlei Weise zu ermitteln: Entweder durch Berechnung aus den Massenabsorptionskoeffizienten (I) oder durch Regressionsmethoden bei Verwendung von einer Reihe gut analysierter Standardproben (II):

(I) Die Matrixkoeffizienten hängen mit den effektiven Massenabsorptionskoeffizienten über die Beziehung $\alpha_{ij} = (\overline{\mu}_{ij} / \overline{\mu}_{ii}) - 1$ zusammen; somit ergibt sich aus Gl.(4.33) die vereinfachte Form von Gl. (4.5). Die Massenabsorptionskoeffizienten können nicht nur der Literatur entnommen werden (s. Abschnitt 2.2), sondern auch experimentell mit Hilfe von synthetischen Absorbern bekannter Schichtdicke und Dichte bestimmt werden (Mantler 1974). Mit speziellen Spektrometern variabler Strahlengeometrie sind derartige Untersuchungen auch an Aufdampfschichten, die dünner als freitragende Folien hergestellt werden können, möglich.

(II) Gl.(4.32) läßt sich in Geradenform schreiben; α_{ij} ergibt sich graphisch aus der Steigung dieser Geraden. Zur Durchführung dieser Auswertung sind aber Referenzproben mit bekannter Konzentration des störenden Matrixelements j notwendig. Stört noch ein weiteres Matrixelement, so ergibt sich eine Kurvenschar mit der Konzentration des zusätzlichen Elements als Parameter. Bei weiteren Störelementen kann das Problem nur mehr rechnerisch nach der Methode der multiplen Regression gelöst werden (Lucas-Tooth und Price 1961). Sind von den verwendeten Referenzproben die Konzentrationsunterschiede (ΔC) bekannt oder die Intensitätsunterschiede (ΔI_F) gemessen, so geht man von den Gln.(4.32) bzw. (4.33) aus und wendet die Konzentrationskorrektur nach Lachance-Traill bzw. die Intensitätskorrektur von Lucas-Tooth und Pyne an (Jenkins 1974, 1977).

Bei den *empirischen Matrixkorrekturverfahren* stellt man den Zusammenhang zwischen Konzentration und Fluoreszenzintensität durch empirische Polynome her (Plesch 1976a, Jenkins 1979):

$$C_i = b_{0i} + b_{1i} \cdot I_i + b_{2i} \cdot I_i^2 + I_i \cdot \sum_{j=1}^{k} m_{ij}' \cdot I_j + \sum_{j=1}^{k} m_{ij}'' \cdot I_j \quad . \tag{4.34}$$

Hierbei stellen $I_{i,j}$ die Bruttointensitäten der gemessenen Sekundärstrahlung und b_{0i}, b_{1i}, b_{2i}, m_{ij}' und m_{ij}'' die Koeffizienten der Ausgleichskurven dar. Obwohl den Koeffizienten keine unmittelbare physikalische Bedeutung zufällt, wurde die Gleichung so angesetzt, daß der vierte Summand der Sekundärabsorption und -anregung und der fünfte Summand einer Untergrund- und Überlagerungs-Korrektur entspricht. Das in I_i quadratische Glied in Gl.(4.34) wurde miteinbezogen, da die allgemeine Eichkurve für ein binäres System eine Hyperbel darstellt (Plesch 1974a). Die Form der Gl.(4.34) bietet den Vorteil, daß nicht die Konzentration C_j der Matrixelemente in den Standardproben bekannt sein, sondern lediglich deren Strahlungsintensitäten I_j gemessen werden müssen. Der Vollständigkeit halber sei hier erwähnt, daß für Gl.(4.34) nicht die übliche Fehlerschätzung nach Gl.(4.19) gilt, die nur für lineare Regression anzuwenden ist (Plesch 1988).

Zur Bestimmung aller Koeffizienten von Gl.(4.34) müssen ebenso viele Gleichungen aufgestellt werden, wie Koeffizienten vorhanden sind; dazu sind wiederum ebensoviele Standardproben notwendig. In der Praxis werden aber mehr (meist etwa doppelt so viele) Standardproben eingesetzt, wodurch das Gleichungssystem überbestimmt wird. Überbestimmte Gleichungssysteme können durch Lösung des Eigenwert-Problems reduziert werden (Boniforti et al. 1974). Die für die Lösung des Gleichungssystems nicht benötigten Standardproben können entweder als unbekannte Proben behandelt werden, um die Annahme einer statistischen Grundgesamtheit der Standardproben zu testen, oder sie können zur Lösung der Zusatzbedingung, daß die Fehlerquadratsumme minimalisiert wird, herangezogen werden. Bezüglich weitergehender Beschreibungen von auf Gl.(4.34) zurückgehenden empirischen Matrixkorrekturmethoden, aber auch vereinfachten Varianten derselben, wird auf Plesch (1974b, 1976a) verwiesen. Ein einfacher Ansatz ergibt sich auch in Anlehnung an das Beersche Absorptionsgesetz (Gl.(2.9)):

$$C_i = b_{0i} + b_{1i} \cdot (I_F)_i \cdot e^{\sum_{j=1}^{k} \alpha_j' (I_F)_j} \quad . \tag{4.35}$$

Mit α_j' sind im Falle der Absorption positive und im Falle der Anregung (entsprechend negativer Absorption) negative Konstanten bezeichnet, mit denen die gemessenen Fluoreszenzintensitäten $(I_F)_j$ der störenden Matrixelemente multipliziert und deren Zahlenwerte durch die Aufstellung von Eichkurven ermittelt werden müssen. Falls die Matrixeffekte hinreichend klein sind, kann die e-Funktion in Gl.(4.35) entwickelt werden, und man erhält einen der Gl.(4.33) ähnlichen Ausdruck.

Von Rasberry und Heinrich (1974) wurde eine Gleichung zur empirischen Matrixkorrektur unter Miteinbeziehung der Elementkonzentrationen $C_{i,j}$ angegeben:

$$C_i = [b_{0i} + b_{1i}(I_F)_i + b_{2i}(I_F)_i^2] \cdot (1 + \sum_{j=1}^{k} k_{ij}' C_j + \frac{\sum_{j=1}^{k} k_{ij}'' C_j}{1 + C_i}) \ . \tag{4.36}$$

Der zweite Summand in der zweiten Klammer berücksichtigt die Absorption, der dritte die Sekundäranregung. Budinsky (1975) und Plesch (1981b) erhielten bei der quantitativen Analyse im System Fe-Ni-Cr mit der Rasberry-Heinrich-Methode im Vergleich zu anderen Korrekturmethoden die besten Ergebnisse. Allerdings erhält Plesch (1985) mit Gl.(4.33) nur geringfügig schlechtere Ergebnisse bei deutlich geringerem Aufwand.

Die sog. *hybride Matrixkorrektur* stellt eine Kombination zwischen theoretischen und empirischen Korrekturmethoden dar (Plesch 1976b, 1977; de Jongh 1977; Kloyber et al. 1980): Von den zur Lösung des empirischen Gleichungssystems notwendigen p Koeffizienten werden q Koeffizienten nach einer theoretischen Korrekturmethode ermittelt. Es verbleiben somit nur mehr (p−q) Koeffizienten, die durch multiple Regression berechnet werden; die Durchführung einer gewichteten Regression hält Plesch (1981a) aus systematischen und statistischen Gründen für nicht sinnvoll. Auf diese Weise kann die Anzahl der notwendigen Standardproben entsprechend reduziert werden. Unter Hinzuziehung von mindestens einer Multielement-Standardprobe war es Criss et al. (1978) möglich, die Rechnungen nach der Fundamentalen Parameter-Methode zu eichen (Computerprogramm "NRLXRF", modifiziert von Shen et al. 1980).

Von allgemeiner Bedeutung für die rechnerischen Korrekturmethoden ist das Problem der "Korrekturstrategie": Die Anzahl der mit in die Rechnung einzubeziehenden Matrixelemente j muß je nach deren Gewicht sinnvoll ausgewählt werden. Da außer den Interelementeffekten u.U. auch noch andere Störeffekte vorkommen, besteht nämlich bei Miteinbeziehung einer zu großen Anzahl von Matrixelementen die Gefahr einer Überkorrektur. Es kann auf diese Weise z.B. geschehen, daß Effekte durch unterschiedliche Korngrößen verschiedener Proben irrtümlicherweise dem Einfluß irgendeines Elements zugeschrieben werden.

Falls speziell nichts anderes erwähnt, wird im allgemeinen der Fall vorausgesetzt, daß die gesamte, nicht an der Oberfläche gestreute Primärintensität in der Probe absorbiert wird und zur Fluoreszenzanregung beiträgt: "Konzept der unendlich dicken Probe". Da die Eindringtiefe (definiert als diejenige Tiefe, in der I_P auf das 1/e-fache des ursprünglichen Wertes abgenommen hat) gleich dem reziproken Wert des Massenabsorptionskoeffizienten bei der Wellenlänge der Primärstrahlung und nach Abschnitt 2.2 die Absorption proportional zur dritten Potenz der Wellenlänge ist, ergibt sich mit abnehmender Wellenlänge bei dünnen Proben mit vorwiegend leichten Elementen (z.B. wäßrige Lösungen, Schlacken, Minerale, Gesteine) eine merkliche *Probentransparenz* gegenüber der anregenden Strahlung. Der daraus resultierende Fluoreszenzstrahlungsverlust kann nach der Korrekturtafel von Weber (1974) erfaßt werden. Im Gegensatz zur Meßprobe, bei der die Probentransparenz zur Erzielung einer effektiven Fluoreszenzstrahlung möglichst gering sein sollte, muß die Probentransparenz für zur Probenhalterung verwendete Trägerfolien (z.B. für wäßrige Proben) möglichst hoch sein. Dick et al. (1977) geben die Absorptionskoeffizienten von Mylarfolien verschiedener Dicke für Wellenlängen zwischen 0,1 nm und 1 nm an.

Im Normalfall gehen 2...5% der Fluoreszenzintensität durch kohärente und inkohärente Streuprozesse, die die Untergrundintensität bewirken, verloren. Es ist möglich, durch Eichung mit geeigneten Standardproben oder durch spezielle Korrekturen den Streueffekt zu eliminieren bzw. zu reduzieren (Keith und Loomis 1978). Untersuchungen über die Auswirkungen von Korngrößen- und Packungseffekten in bezug auf die Fluoreszenzintensität finden sich u.a. bei Lubecki et al. (1968), de Jongh (1970), Weber (1976), Hawthorne und Gardner (1978) und Plesch (1979c,d). Fiori et al. (1976) geben für die EDRFA eine Methode zur Berechnung der Untergrundintensität als Funktion der Energie der anregenden Photonen an.

Zusammenfassung für den Praktiker
Zum Abschluß dieses Kapitels wird noch einmal zusammengefaßt, welche rechnerischen Korrekturmethoden zur Berücksichtigung des Matrixeffektes bei der quantitativen Analyse in der Röntgenspektrometrie prinzipiell zur Auswahl stehen:

Der zur Erzielung genauester Ergebnisse wohl günstigste Fall liegt vor, wenn eine ausreichend große Anzahl gut analysierter Standardproben vorhanden ist, deren Matrices denen der Meßproben möglichst entsprechen. Die mathematische Korrektur erfolgt mit Hilfe einer Ausgleichsrechnung auf empirischem Wege (Polynomverfahren, Methode der empirischen Alphas, "Bence-Albee-Programm", Rasberry-Heinrich-Modell); auch der Einfluß positiver und negativer Substanzverluste (Glüh- und Schmelzverlust) kann korrigiert werden (Plesch und Thiele 1979, Plesch 1979b).

Für den beschriebenen Fall bieten die Spektrometerhersteller üblicherweise folgende Methoden zur Matrixkorrektur an:

a) Lucas-Tooth-Pyne-Methode ("Intensitätsmodell"): Wie oben beschrieben, wird Gl. (4.35) entwickelt, und man erhält eine Gleichung ähnlich zu Gl. (4.33), in der auf der rechten Seite C_j durch $(I_F)_j$ ersetzt ist.
b) Lachance-Traill-Methode: Entspricht Gl. (4.33) (Kuczumow und Helsen 1990)
c) Rasberry-Heinrich-Methode: Entspricht Gl. (4.36), wobei oft das quadratische Glied weggelassen wird ($b_{2i}=0$).
d) Mischmethode ("Mischmodell"): Kombination von a) und b). Dabei werden die Korrelationskoeffizienten von den Begleitelementen, deren Konzentrationen bekannt sind, über die Konzentrationen nach Lachance-Traill und die anderen über die Intensitäten nach Lucas-Tooth-Pyne berechnet.

Stehen für das Analysenvorhaben jedoch kaum Vergleichsproben zur Verfügung oder sollen solche nicht verwendet werden (z.B. aus Gründen der Zeitersparnis), so können theoretische Korrekturmethoden herangezogen werden (Sherman-Gleichung, Fundamentale Parameter-Methode (Theoretische Alphas), "ZAF" (Ordnungszahl, Absorption, Fluoreszenz)-Korrektur nach Colby (1968), Ugarte et al. (1987), Fialin (1988), Van Borm und Adams (1991), Heinrich und Yakowitz (1975), Laguitton und Mantler (1977), Gedcke et al. (1983), Pouchou und Pichoir (1984), Tertian (1986) sowie Bilbrey et al. (1988)). Diese ermöglichen die Matrixkorrektur unter Zugrundelegung von nur wenigen Vergleichsmessungen; manche Hersteller bieten sogar "eichprobenfreie" Korrekturmethoden an. Da viele in der Rechnung eingesetzten physikalischen Parameter noch nicht präzise bestimmt sind, zeichnen sich die rein theoretischen Verfahren durch keine besonders hohe Genauigkeit aus (ca. ±10 Rel.-% nach Mantler und Ebel 1980).

Nach der Berechnung der theoretischen Alphas kann die Kalibration z.B. nach dem Modell von Lachance-Traill durchgeführt werden, wobei die Anzahl der benötigten Standardproben reduziert werden kann, da nur noch die Konstanten b_{0i} und b_{1i} in Gl. (4.33) bestimmt werden müssen. Alternativ hierzu ist eine weitere Auswertung auch mit dem Mischmodell möglich, wenn die Konzentrationen einiger Elemente in den Eichproben unbekannt sind. Sollen schwere Elemente in leichter Matrix untersucht werden, so erhält man nach der Lachance-Traill-Methode oft große Abweichungen; hierfür haben Broll et al. (1992) das Trace-Modell entwickelt.

Schließlich existiert noch eine Vielzahl von hybriden Rechenverfahren (Einflußkoeffizienten-Verfahren), die Kombinationen zwischen empirischen und theoretischen Korrekturmethoden darstellen und mit einer begrenzten Anzahl von Standardproben auskommen. Auch die von Plesch (1986) vorgestellte "reziproke Auswertung" bezieht sich auf den Fall, daß zu wenig Standardproben oder eine komplexe Restmatrix vorliegen.

Die Komplexität realer Systeme kann mit den in diesem Kapitel beschriebenen mathematischen Verfahren nur unvollständig erfaßt werden, so daß der Analytiker in der täglichen Praxis in Ermangelung eines universell anwendbaren Korrekturprogrammes für jedes spezielle Analysenproblem das geeignetste Matrixkorrekturverfahren selbst finden muß. Insbesondere bleibt es auch dem Anwender überlassen, zu erkennen, welche Komponenten der Probe im Hinblick auf Matrixeffekte wesentlich sind und welche nicht.

In Kap. 5 wird u.a. auch von ersten praktischen Erfahrungen in der RFA mit den diversen Korrekturmodellen berichtet (vgl. auch: De Groot 1983; Mantler 1982; Nielson und Sanders 1983; Vane 1983). Beim Versuch einer kritischen, d.h. abwägenden Beurteilung der verschiedenen, heute als etabliert geltenden Korrekturverfahren muß jedoch beachtet werden, daß die Voraussetzungen für die Anwendbarkeit der unterschiedlichen Verfahren (z.B. das Vorhandensein von Standardproben) nur schwer zu vergleichen sind. Zu warnen ist auch vor der Versuchung, gleich die aufwendigsten Matrixkorrekturverfahren anwenden zu wollen: Es besteht nämlich die Gefahr der Überkorrektur (vgl. Kap. 5.2.2, Götzl 1993).

Schließlich wird auf das Kap.10 von Jenkins et al. (1981) verwiesen, in dem unter Hinzuziehung anwendungsbezogener Illustrationen über die Methoden der Matrixkorrektur ausführlicher berichtet wird, als es im Rahmen dieses Buches möglich ist. Eine der wohl ausführlichsten, praxisorientierten Darstellungen der mathematischen Korrekturmethoden geben Tertian und Claisse (1982).

5 Beispiele zur Anwendung der RFA auf verschiedenen Gebieten der Materialanalyse

5.1 Einleitung

Aus Gründen der Einheitlichkeit und um der leichteren Übersicht willen, wurde keine grundsätzliche Unterteilung nach WDRFA und EDRFA vorgenommen, sondern vom Gesichtspunkt des Untersuchungsmaterials aus eingeteilt; das gewährleistet dem Leser einen schnelleren Überblick. Obwohl somit Wiederholungen leichter umgangen werden, lassen sich auch bei der hier gewählten Disposition Überschneidungen nicht ganz vermeiden. Die Besprechung spezieller fachbezogener Themen wird unter methodischen Gesichtspunkten in den jeweiligen Abschnitten WDRFA, EDRFA, TRFA und PIXE zusammengefaßt.

Es ist darauf hinzuweisen, daß verschiedene Autoren oft von unterschiedlichen Definitionen ausgehen, so daß nicht alle angegebenen Daten (z.B. Nachweisgrenzen) direkt vergleichbar sind.

5.2 Anorganische Stoffe

5.2.1 Metalle und Legierungen

Die röntgenfluoreszenzanalytische Bestimmung an metallischen Proben begann am Anfang der dreißiger Jahre (v. Hevesy 1932); doch erst seit Mitte der fünfziger Jahre hat sie in steigendem Maße Eingang in die Prozeßkontrolle der metallerzeugenden und -verarbeitenden Industrie gefunden.

Einen Überblick über die gängigen Präparationsmethoden von metallischen Proben gibt Bild 4.1. Am einfachsten wird die Messung an den polierten metallischen Oberflächen durchgeführt, die nach der in der Metallographie üblichen Schleif- und Poliertechnik hergestellt werden. Zu beachten ist, daß der Röntgenstrahl bei leichten bis mittelschweren Elementen nur in die äußerste Oberflächenschicht (von ≤10...100 μm Tiefe) eindringt (Tabelle 4.1). Deshalb ist sicherzustellen, daß die gemessene Oberfläche tatsächlich repräsentativ für die mittlere Zusammensetzung der gesamten Probe ist. Es sollte auch bekannt sein, in welcher mikrostrukturellen Form das zu analysierende Element vorliegt, d.h. ob homogen im Mischkristall oder heterogen z.B. als Einschluß (siehe Abschnitt 4.1.2).

Bei Feil- und Drehspänen sowie Metallpulvern gelangen die sonstigen in Bild 4.1 angegebenen Präparationen, also Pressen, Lösen oder Schmelzen zur Anwendung. Die Dünnfilmtechnik hat den bedeutenden Vorteil, daß Matrixeffekte ausgeschaltet werden (Giauque und Jaklevic 1971).

Das National Bureau of Standards liefert u.a. spezielle Referenzproben für die RFA (Anhang, Tabelle A.6). Für die RFA-Analyse von Aluminium und seinen Legierungen sind Standardproben z.B. von den Alcoa Research Laboratories, New Kensington, zu erhalten. Vorsicht ist bei der Herstellung eigener Eichproben durch Gießen geboten; denn Entmischung und Lunkerbildung müssen vermieden werden. Sofern der Erwerb offizieller Standardproben nicht möglich ist, bietet die Sintertechnik von Metallpulvern mit nachträglichem Pressen Gewähr, repräsentative Eichproben zu erhalten. Die Kontrolle der Analysenwerte nach einer zweiten Analysenmethode ist dabei unerläßlich.

Standardproben aus Reinmetallen können genügen, wenn nach mathematischen Verfahren, z.B. der Fundamentalen Parameter-Methode korrigiert wird (Abschnitt 4.4). Gerade in der metallurgischen Industrie werden weitgehend Korrekturmethoden mit empirischen Koeffizienten verwendet; letztere werden jedoch von vielen Fachleuten gegenüber dem Bezug auf Internationale Standardproben angezweifelt. Prinzipiell sollte zur Absicherung der Meßwerte und bei Vergleich eigener Resultate mit Literaturwerten wenigstens eine Internationale Standardprobe mit einbezogen werden.

NE-Metalle (WDRFA)
Die Verunreinigungen Ti, Cr, Mn, Fe, Cu und Zn lassen sich in *Reinaluminium* bis hinab zu 1...5 ppm quantitativ erfassen; für Si liegt die Nachweisgrenze bei 7 ppm und für Mg bei 27 ppm (Lynch 1977). In *Reinmagnesium* werden Si, Ca und Fe in gleicher Größenordnung bestimmt, in *Ferrosilicium* und *Reinsilicium* sind Si, Fe, Ca, Ti und Al zu bestimmen; dabei treten keine merklichen Störungen durch dritte Partner auf. Eisen wird über den Konzentrationsbereich von 0,1...45% analysiert; dabei ist eine Korngröße < 20 μm für die Pulverpreßlinge einzuhalten.

Mori und Mantler (1993) entwickelten ein neues Fundamentalparameterprogramm, um Streueffekte bei der Bestimmung von B, Be und C in schwerer Matrix zu eleminieren. An einem Rigaku-Spektrometer ließen sich die Peaks von OKα (2θ=23,62°), BKα (87,6), BeKα (114,0), AlLα (171,4) und LiLα (135,5) mit Hilfe eines MoB_4C-Multilayerkristalls (20 nm Netzebenenabstand) erfassen (Kohno und Arai, 1993). Die Messung der BeKα-Linie einer Be-Cu-Legierung gelang mit einem 16 nm Multilayerkristall, und die Analyse eines Wolframsilicidfilms (Dicke 40 bis 250 nm) auf einem Silicon-Wafer war möglich. Die nach der Braggschen Gleichung berechneten 2θ-Werte unterscheiden sich jedoch von den beobachteten.

Kemper (1974) konnte am *System Al-Si* im Bereich von 0,1...1,65% Si zeigen, in welch hohem Grad die der RFA-Analyse vorangegangenen Wärmebehandlungen — die sog. metallurgische Geschichte — von Proben und Standardproben die Meßwerte von Si beeinflussen. Durch die gleichzeitig durchgeführte Fe-Bestimmung ließ sich nachweisen, daß 0,1% des vorhandenen Siliciums in die Phase $FeSiAl_5$ übergeht, die ihrerseits in einer α- und β-Phase mit stark differierenden μ/ρ-Werten vorliegen kann; dies wurde als die Ursache größerer Analysenfehler erkannt.

Am Beispiel der Röntgenfluoreszenzanalyse von binären *(Al-Zn)* und ternären *(Al-Zn-Ag)* Legierungen beschreiben Gould und Bates (1972) die Anwendung eines von Birks und Criss erarbeiteten Computerprogramms, das auch bei sehr unterschiedlichen Gehalten der Komponenten gute Ergebnisse liefert. Das anschaulich dargestellte Programm wurde auch zur Analyse von *Nb-Zr-Ti*-Legierungen und von Phosphatgesteinen mit Erfolg eingesetzt. Im Prinzip basiert das Programm auf der Korrektur von Interelementeffekten mittels der Fundamentalen Parameter-Methode (Abschnitt 4.4).

In einem Bericht (Duževič und Gaćeša 1974) über experimentelle Untersuchungen an gepreßten Tabletten und dünnen Filmen aus *Al- und Ni-Pulvergemischen* im Hinblick auf deren quantitative Analyse werden die dafür notwendigen Formeln abgeleitet. Die wellenlängenabhängige Anregung für NiKα und AlKα durch eine Röntgenröhre mit Chromanode (50 kV/18 mA), sowie die Korrekturen für Probendicke, Probendichte und

Matrix an Pulverpreßlingen und dünnen Filmen werden diskutiert. Die Korngröße beeinflußt die Ergebnisse ganz wesentlich.

Källne und Aberg (1975) untersuchten die Abhängigkeit der *Auflösung des AlK*$\alpha_{1,2}$-*Dublettes* von der Bindungsart des Aluminiums und fanden, daß bei einem Intensitätsverhältnis der Kα_1- zur Kα_2-Linie von 2:1 die Auflösung in Lorentz-Komponenten möglich ist. Dies gelingt auch, wenn die Halbwertbreiten beider Linien identisch sind; das Intensitätsverhältnis von 2:1 wird dann allerdings nicht erreicht. Spezielle Meßbedingungen erlauben die optimale Auflösung eines Dublettes.

Short und Tabock (1975) berichten von eigenen Messungen des *Massenabsorptionskoeffzienten für Al* im Wellenlängenbereich von 0,19...0,99 nm und vergleichen ihre Resultate mit den experimentell bestimmten Werten anderer Autoren. Im allgemeinen ergibt sich eine befriedigende Übereinstimmung.

Von den zahlreichen Publikationen über die WDRFA von *Buntmetallen* seien beispielhaft einige Übersichtsartikel erwähnt. Maassen (1968) beschreibt die vielseitigen Anforderungen, die an das RFA-Laboratorium einer Metallhütte gestellt werden: Außer der Analyse von *Reinkupfer* und *Blei* nimmt die Spurenelementanalyse (Se, Te bzw. As, Ag, Sn, Sb, Bi, Edelmetalle) im Elektrolysenschlamm einen breiten Raum ein. Je nach der Problemstellung gelangen metallische und pulverförmige Proben sowie Lösungen zur Analyse. Se wird aus überchlorsauerer Kupferlösung gefällt und auf Membranfiltern gemessen; die Nachweisgrenze für Se liegt bei 0,3 ppm.

Der Einsatz der WDRFA in einem *Messinghalbzeugwerk* wird von Paserath (1968, 1977) erläutert. Die Bestimmung des Kupfers ist im Konzentrationsbereich von 55...70% Cu mit einem absoluten Fehler von ±0,15% Cu möglich. Die Korrekturgrößen für die Matrixeffekte bei *bleihaltigen Werkstoffen* und *Sondermessinglegierungen* werden durch Messungen an zahlreichen Testproben empirisch ermittelt; der Einfluß von Fe, Mn und Sn ist größer als der von Pb. Leichte Elemente wie Al und Si können vernachlässigt werden. Die Phosphorbestimmung mit einem PET-Kristall ergibt zuverlässige Resultate. Neben den Legierungselementen werden auch die oben erwähnten Verunreinigungen in niedrigen Konzentrationsbereichen bestimmt. Die hohe Genauigkeit und Schnelligkeit der Analysen ermöglichen noch engere Werkstofftoleranzen als angegeben und damit höhere Legierungsqualität sowie wirtschaftliche Vorteile (z.B. keine nennenswerten Fehlgüsse).

Jenkins (1967) geht auf spezielle Probleme bei der WDRF-Analyse von *Kupferlegierungen* ein, wie Oberflächenpräparation *bleihaltiger Bronzen* (Pb verschmiert die Oberfläche, dadurch werden höhere Pb- und niedrigere Cu-Gehalte vorgetäuscht), Wahl der instrumentellen Parameter, um Koinzidenzen (z.B. Störung von MnKα durch CrKβ, von PKα durch CuKαIV oder von AlKα durch CrKβIV oder durch AgLαII) zu umgehen. Matrixkorrekturen sind bei Kupferlegierungen erst nötig, wenn die Fe-Gehalte >2% und die von Sn >5% sind. Dagegen beeinflussen sich die Cu- und Zn-Intensitäten stark und bedürfen der Korrektur nach einer der beschriebenen Methoden.

Lumb (1971) gibt praktische Hinweise zur Bestimmung von Sn, Sb, Pb, Bi, Cu, Zn als Hauptkomponenten in einer Reihe von *Speziallegierungen* (Letternmetall, Lötmetall, Lagermetall, Weißmetall, Bronze, Messing). Zu beachten ist, daß Antimon, Zinn und Blei je nach ihren Gehalten in den entsprechenden Zustandsdiagrammen verschiedene Phasen bilden, die u.U. falsche Resultate verursachen. Zur Anregung sollte keine Röhre mit Chromanode verwendet werden, weil mit dieser Oberflächeneffekte verstärkt auftreten. Von jeder Probe werden mindestens zwei Präparate hergestellt und gemessen.

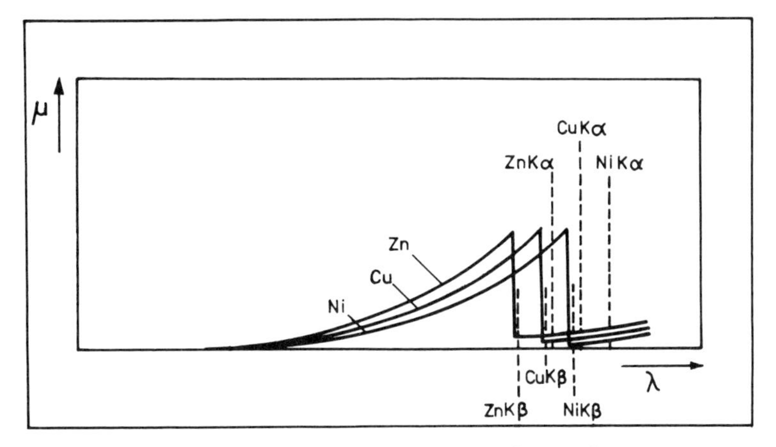

Bild 5.1 Gegenseitige Beeinflussung von ZnKβ, CuKβ und ZnKα aufgrund der Lage ihrer Absorptionskanten

In einer ausführlichen systematischen Arbeit untersucht Backerud (1972) die Möglichkeiten und Grenzen der WDRFA für Legierungen mit *Kupfer als Hauptelement* und *Pb, Sn, Zn, Ni, (Mn) oder Al als zusätzliche(s) Element(e)*. Die gegenseitige Beeinflussung von ZnKβ, CuKβ, ZnKα aufgrund der Lage zu ihren Absorptionskanten und der dadurch erzeugten sekundären Fluoreszenz zeigt Bild 5.1. Das Intensitätsverhältnis von ZnKα zu CuKβ reagiert sehr empfindlich auf Konzentrationsschwankungen, weshalb die beiden Linien zur Kontrolle stets kurz nacheinander im binären System Cu-Zn zu messen sind. Im ternären System mit Nickel wird auch dessen Konzentration kontrolliert. Backerud betont, daß die Röhrenanode und die Anregungsparameter die Empfindlichkeit des Nachweises stark beeinflussen; es ergab sich folgende Abhängigkeit von der Ordnungszahl des Analysenelements: Die größte Nachweisempfindlichkeit zeigen Elemente mit $Z = 20$(Ca) bis 40(Zn); sie nimmt für Elemente mit $Z \geq 40$(Zn) bis 55(Cs) und mit $Z < 20$ ab. Von $Z = 55$ an eignen sich meist nicht mehr die K-Linien, sondern nur die L-Linien zur Messung, deren Intensitäten allerdings geringer sind; entsprechend wird auch der Nachweis unempfindlicher.

Clark und Mitchell (1973) empfehlen die primäre Streustrahlung einer Röntgenröhre mit Wolframanode bei 0,0889 nm als Referenz für die Bestimmung von Cu in Kupferlegierungen im Konzentrationsbereich von 0...42% Cu anstelle der Untergrundstrahlung oder der Linie eines Internen Standards. Für diesen Konzentrationsbereich lautet die Eichgleichung (vgl. Gl.(4.35)):

$$C_{Cu} = k_0 + k_{ii}'(I_{CuK\alpha}/I_S) + k_{ii}''(I_{CuK\alpha}/I_S)^2 \ . \tag{5.1}$$

I_S ist die Intensität der Streustrahlung.

Der Versuch, für Eisenbestimmungen ähnlich einfache Zusammenhänge zu finden, gelang nicht; nur für kleine Konzentrationsbereiche erwies sich die Streustrahlung zwischen 0,0362 nm und 0,0889 nm als geeignet.

Lucas-Tooth et al. (1982) berichten von der Analyse von *Kupferlegierungen* auf die Elemente *Al, Si, P, Mn, Fe, Cu, Zn, Sn und Pb* mit Hilfe eines Mehrkanalspektrometers niedriger Anregungsleistung bei Matrixkorrektur nach Gl. (4.33).

Zur Aufklärung des Zustandsdiagramms *Niob-Germanium* wurden von Vicente und Rasmussen (1978) im Zonenschmelzverfahren erzeugte Nb-Ge-Testphasen röntgenfluoreszenzanalytisch untersucht. Die berechneten und experimentellen Gesamtabsorptionen α_i (siehe Jenkins 1977) für die Testphasen führte bei den "effektiven Wellenlängen" 0,055 nm für Nb und 0,0744 nm für Ge zu Unterschieden bis zu ca. 10%; daraus wird auf eine Änderung der Zusammensetzung der Testphasen geschlossen.

Nach Long (1980) bietet die WDRFA von Niobgehalten zwischen 5,0% und 7,0% in binären *Uran-Niob-Legierungen* wesentliche Vorteile gegenüber naßchemischen Bestimmungen. Die Meßproben sind aus Drehspänen gepreßte Tabletten; die Gehalte der Eichproben werden naßchemisch ermittelt.

Hansel et al. (1977) beschreiben die röntgenfluoreszenzanalytische Bestimmung von *Uran und Neptunium in Plutoniummetall und -legierungen,* und zwar nicht direkt am Feststoff, sondern nach chemischer Abtrennung des Hauptteils der Probe. U und Np werden nach Lösen der Proben (1g in 12M HCl) und Reduktion mit Ascorbinsäure an einer Dowex-Austauschersäule adsorbiert, mit 0,01M HCl eluiert und auf einem mit Austauscherharz imprägnierten Filterpapier aufgefangen, an dem die $L\alpha_1$-Linien von U und Np gemessen werden. Die Empfindlichkeit beträgt ≤1 µg U bzw. Np. 3...120 ppm U bzw. Np werden mit einer relativen Standardabweichung zwischen 29% und 7% gemessen; die Wiederfindungsrate beträgt allerdings nur 35%. Störungen treten auf bei Anwesenheit von Elementen mit hohen Massenabsorptionskoeffizienten, wie z.B. Zr und Ga; es stört auch unvollständig abgetrenntes Pu wegen der Koinzidenz seiner $L\alpha_2$-Linie mit $NpL\alpha_1$. AES-Parallelbestimmungen zeigen geringe Abweichungen; trotzdem wird die Methode wegen ihrer Schnelligkeit verwendet.

Ortner et al. (1975) setzten bei der WDRFA von *Spurenelementen in refraktiven Metallen und Legierungen (Mo, W)* die Programme "X-ray 21" und "X-ray 10" ein, bei denen es sich um Modifizierungen gegenüber dem Programm von Lachance-Traill (empirische Matrixkorrektur, s. Abschnitt 4.4) handelt. Unter Einbeziehung von Blindproben und geeigneten Eichproben ergeben sich geradlinige Eichkurven.

In der Analysentechnischen Mitteilung Nr. 242 der Firma Siemens wird erläutert, daß für die Präzisionsanalyse des *Gold*gehaltes (33,3...75% Au) der Fehler der Einzelanalysen unter 0,05% Au lag. Bei Mehrfachanalysen werden für Gold Vertrauensbereiche (95%) von 0,007...0,010% ermittelt.

Eisen und Stahl (WDRFA)
In einem Übersichtsartikel im Philips Bulletin (1965) wird auf die prinzipiellen Probleme der RFA von *Gußeisen* eingegangen. Die mittelschweren Elemente Ti, V, Cr, Mn, Ni, Cu, As und Mo lassen sich ohne Schwierigkeiten bestimmen. Die quantitative Analyse von leichten Elementen (C, B, Be) mit der Fundamentalen Parametermethode beschreiben Mantler et al. (z.B. Graphit in Eisenmatrix) in den Advances in X-Ray Analysis Band **36**. Es wird besonders auf die Schwierigkeiten bei der Präparationsweise eingegangen, die notwendig ist, um sowohl Graphit als auch den gesamten Kohlenstoffgehalt zu erfassen. Die halbquantitative Bestimmung von Zinn zwischen 0,02% und 0,05% ist möglich. Bei Kenntnis der Rolle der Phosphidbildung im Gußeisen läßt sich Phosphor zwischen 0,03% und 0,05% quantitativ analysieren. Die Schwierigkeiten bei der Si-Analyse und deren Behebung werden beschrieben. Si läßt sich zwischen 0,8% und 3,0% mit befriedigender Genauigkeit bestimmen; dies gilt auch für Schwefel zwischen 0,02% und 0,15%.

Ein ähnlicher Übersichtsartikel von Jenkins (1971) im Philips Bulletin geht auf die instrumentelle Ausrüstung in Verbindung mit dem Programm "X-Ray 30" ein. Bis zu 16

Elemente lassen sich als Spuren- und Hauptelemente quantitativ bestimmen; dieser Vorteil wird vor allem in der Stahlindustrie genutzt; entsprechende Beispiele werden gegeben.

Beitz et al. (Siemens Analysentechnische Mitteilung Nr. 161) schlagen für die WDRF-Analyse von neun Elementen in *hoch- und niedriglegierten Stählen* die Methode der empirischen Matrixkorrektur vor. Nach der Bestimmung der Koeffizienten der Standardprobe als unbekannte Probe werden die Koeffizienten und gemessenen Intensitäten in die Korrekturgleichung eingesetzt. Als Kriterium für die Standardabweichung jeder berechneten Konzentration C_{calc} gilt die Reststreuung R_c

$$R_c^2 = \frac{(C_{calc} - C_{chem})^2}{n-p} \quad . \tag{5.2}$$

C_{chem} ist die chemisch ermittelte Konzentration der Standardprobe; p ist die Anzahl der insgesamt durch Regression bestimmten Koeffizienten, (n–p) ist die Anzahl der Freiheitsgrade, wobei n die Anzahl der Standardproben angibt. Der Rechner übernimmt die Berechnung und druckt die Restvarianz als R_c^2 aus. Es werden Überlegungen zur günstigen Zahl für p und n angestellt, um eine Überkorrektur zu vermeiden. Außerdem wird gezeigt, daß bei erstklassig analysierten Standardproben (hier bei niedriglegierten Stählen) die Einbeziehung von weiteren Matrixelementen zu einer Verringerung der Streuung führt, aber nicht zur Überkorrektur.

Rajeev und Muralbiolhar (1989) beschreiben die Bestimmung von Mn in hoch Cr-haltigen Stählen und Sieber und Pella (1986) diejenige von Co in Stählen.

Ein relativ einfaches, aber vielseitiges Korrekturmodell verwenden Dahl und Karlsson (1973); die Parameter werden empirisch durch Messung einer Reihe von binären Legierungen *(auf Ni-Basis hergestellte NBS-Stähle)* ermittelt. Das Modell enthält Korrekturen für Absorption, sekundäre Fluoreszenz, Koinzidenz, Totzeit, Untergrund etc.; zur Kontrolle werden die Analysen auch emissionsspektralanalytisch durchgeführt. Es gelangten Probenreihen aus festem Stahl sowie Borat-Schmelztabletten aus Sintermaterial, Schlacken und Hartmetallen zur Analyse. Die Ergebnisse zeigen, daß mit nur zwei Korrekturansätzen Stähle auf Fe-Basis, Ni-Legierungen und Borat-Schmelztabletten in dem weiten Konzentrationsbereich von der Nachweisgrenze (ppm-Bereich) bis zu ca. 50...70% Fe befriedigend analysiert werden können. Für niedriglegierte Stähle, rostfreie Stähle und hochlegierte Werkzeugstähle genügt ein Korrekturansatz, ein weiterer für die Schmelztabletten. Die Anzahl der notwendigen Standardproben konnte weitgehend reduziert werden. Das vielseitig anwendbare Alpha-Korrekturprogramm (de Jongh 1973) liefert die Einflußkoeffizienten, die den Interelementeffekten in homogenen Proben Rechnung tragen; sie werden aus den fundamentalen Parametern mit dem Alpha-Korrekturprogramm an einem Großrechner berechnet. Es gibt drei Berechnungsmethoden für die Einflußkoeffizienten, die zu einer recht komplexen Gleichung führen; deshalb wurde das vereinfachte Näherungsprogramm mit "ALPHAS" eingeführt, dessen Effizienz an unterschiedlichen Probenreihen unter Beweis gestellt wird, und zwar zunächst für die Bestimmung von *Ni und Cr im ternären System Fe-Ni-Cr,* später auch von Si, S, P, Mn, Fe, Co, Nb, Mo und Pb in diesem System. Für ein n-Komponentensystem ergibt sich als Beziehung zwischen der Konzentration C_i zur Nettointensität I_F der Röntgenfluoreszenzstrahlung des Elements i eine Gleichung in der Form von Gl.(4.34). Die Wirkungsweise der Einflußkomponenten α_{ij} wird anhand eines praktischen Beispiels erläutert. Sofern strukturelle Effekte in der Probenoberfläche nicht auftreten, werden gute Ergebnisse erzielt.

Ito et al. (1981) vergleichen die eben besprochene α-Korrekturmethode mit dem bei japanischen Standardstahlproben (JIS) angewandten Korrekturverfahren für binäre Systeme. Beim *JIS-Verfahren* wird der vermutete analytische Wert aus der Eichkurve als Parameter der Intensität eingesetzt anstelle von C/I_F bei der α-Korrekturmethode. Der Vergleich der Genauigkeiten beider Methoden zeigt, daß gleich gute Werte erhalten werden.

Das schon erwähnte Computerprogramm von Criss et al. (1978), das die Fundamentalen Parameter mit den empirischen Koeffizienten kombiniert, wird hinsichtlich seiner Einsatzmöglichkeit bei der WDRFA von Stählen an Hand von Beispielen vorgestellt; Platbrood (1985) vergleicht die Ergebnisse nach verschiedenen Matrixkorrekturen bei der Analyse von Co-, Cr- und W-haltigen Legierungen.

An 96 Proben von Cr-Ni- und Cr-Ni-Mo-Stählen vergleichen Branner und Heinen (1982) Analysenergebnisse nach empirischen und theoretisch-physikalischen Korrekturmethoden. Der Medianwert (Maßzahl für den Zentralwert) ist bei sehr kleinem Prüfumfang dem arithmetischen Mittelwert vorzuziehen, weil der erstere nicht dem Einfluß von Extremwerten unterliegt. Konzentrationsbereiche sind 16...25% Cr und 0...25% Ni. Durch Regressionsrechnung ließen sich zwei Arten von Modellgleichungen erstellen, von denen das jeweils optimale Modell empirisch nach dem analytischen Kriterium der geringsten Reststreuung ermittelt wurde. Die kombinierte Verarbeitung des Datenmaterials ergibt Genauigkeiten, die mit der theoretischen Korrektur-Methode vergleichbar sind. Es konnte festgestellt werden, daß Fe und Co den Analyten Cr sekundär anregen; das Element Kohlenstoff geht in die Absorptionskorrektur ein und ist wegen seines oft intensitätsverstärkenden Interelementeinflusses bei hohen Gehalten entsprechend zu berücksichtigen.

Nach der Siemens Analysentechnischen Mitteilung Nr. 220 von Harm et al. läßt sich *Kohlenstoff* bei Verwendung einer Endfensterröhre mit Rhodiumanode und von Bleistearat als Analysatorkristall quantitativ bestimmen. Die Bestimmungen wurden an britischen Stahlstandardproben vorgenommen. Die angegebenen Mittelwerte wurden aus je fünf Einzelmessungen errechnet; die Standardabweichung beträgt 0,038%, die Nachweisgrenze 0,063 Gew.-% bei einer statistischen Sicherheit von 95%. Ähnliche Applikationen bietet z.B. auch die japanische Firma Rigaku an.

Die Vorlegierung *Ferroniob* (40...45% bzw. 60...70%Nb) wird dem Stahl zur Verbesserung von dessen Eigenschaften zugesetzt. Da die chemische Analyse von Nb und Ta umständlich ist, wurde folgende *Präparation für die anschließende röntgenfluoreszenzanalytische Bestimmung von Al, Si, Ti, Fe, Nb, Sn und Ta* (Giles und Holmes 1978) ausgearbeitet. Die vorher oxidierten Proben wurden mit La_2O_3, $Na_2B_4O_7$ und MoO_3 als Internem Standard für Nb geschmolzen. Die Messungen erfolgten unter Bezug auf eine externe Standardprobe an analog hergestellten Schmelztabletten mit Gehalten an Ta, Al, Si, Ti, Fe und Ni. Matrixeffekte traten bei der Bestimmung von Ta wegen der Fe-Absorption bei hohen Eisengehalten auf; sie wurden mit Hilfe der synthetischen Standardproben korrigiert. Für die Doppelbestimmung einer Probe wurde ca. 1 h benötigt.

Der *Al-Gehalt* (0,006...0,40%) *in Stählen* verbessert deren physikalische und gießtechnische Eigenschaften wesentlich. Da Aluminium sowohl in löslicher (als Al und AlN) als auch in unlöslicher Form (Al_2O_3) unterschiedliche Wirkung im Stahl hat und die konventionellen und emissionsoptischen Methoden zu der Bestimmung der beiden Formen des Aluminiums umständlich sind, führten Grimaldi et al. (1981) dafür die wellenlängendispersive RFA ein. Für die Untersuchung ist eine ebene, feinpolierte und saubere Oberfläche der Stahlproben notwendig; außerdem dürfen in der Probenkammer keine Al-haltigen Teile vorhanden sein, wenn die geringen Al-Konzentrationen auf drei Dezimalen genau erfaßt werden sollen. Die synthetischen Referenzproben werden durch mechanisches Mischen oder Schmelzen von Pulvern von reinem Eisen, Ferroniob und Ferromolybdän mit Al- bzw. Al_2O_3-Pulver hergestellt. Als Meßparameter werden angegeben: Röntgenröhre mit Cr-Anode (40 kV/60 mA), PET-Analysatorkristall, Meßzeit 200 s, Durchflußzähler mit Argon-Methangas.

Mit Rh-Anode und einem in einer logarithmischen Spirale gebogenen Analysatorkristall ließen sich noch bessere Resultate erzielen.

Meßbedingungen:

Meßstelle [Linie/Untergrund]	2θ (°)	Material
$AlK\beta_1$	131,30	Al-Material
$AlK\beta_1$	131,75	Al_2O_3
$AlK\alpha$	144,90	Σ Al
Untergrund	130,50	

Richtigkeit (im Vergleich zur chemischen Analyse): 0,003 Abs.-%.

An 29 Stahlproben aus einer Produktionsserie wurden lösliches und gesamtes Al naßchemisch und fluoreszenzanalytisch bestimmt; dabei ergab sich ein Korrelationskoeffizient von 0,97 für die Meßergebnisse nach beiden Methoden.

Proben von niedriglegiertem Eisen und Stahl wurden an einem Simultanspektrometer nach dem Standard Applikationsbericht 80055 (ARL Luton Report, 1980) bei Anregung mit einer Röntgenröhre mit Rh-Target (50 kV/25 mA) und einer Meßzeit von 200 s gemessen. Die Meßparameter finden sich in Tabelle 5.1.

Tabelle 5.1 WDRFA-Meßparameter für Proben aus niedriglegiertem Eisen

Elementlinie	Analysatorkristall	Prim. Kollimator	Detektor
$AlK\alpha$	PET	0,59°	Ar/CH_4DZ
$SiK\alpha$	InSb	0,59°	Ar/CH_4DZ
$PK\alpha$	Ge	0,29°	Ar/CH_4DZ
$SK\alpha$	Ge	0,29°	Ar/CH_4DZ
$TiK\alpha$	LiF(200)	0,38°	Ar/CH_4DZ
$CrK\alpha$	LiF(200)	0,38°	Ar/CH_4DZ
$MnK\alpha$	LiF(200)	0,29°	Ar/CH_4DZ
$NiK\alpha$	LiF(200)	0,29°	Ar/CH_4DZ
$CuK\alpha$	LiF(200)	0,38°	Xe/CH_4PZ

Bei Schnellanalysen ergaben sich bei einer Meßzeit von 20s für NBS-Stähle (Nr. 1176-1183) folgende Standardabweichungen:

Si 0,09%, P 0,02%, S 0,01%, Mn 0,02%, Cr 0,02%, Ni 0,02%, Mo 0,01%.

Nach Blomquist (1975) ist mit Hilfe der RFA ein von den gängigen Methoden abweichendes Verfahren vorteilhaft für die Untersuchung kleiner Mengen von *Korrosionsprodukten auf Stahloberflächen.* Das Abtrennen der Oxidationsschicht wird nach Einwirkung einer methanolischen Bromlösung durch Abkratzen in N_2-Atmosphäre vorgenommen. Die Oxidationsschicht wird durch Schmelzen mit Natriumperoxid aufgeschlossen; die salzsaure Lösung wird eingeengt und ein Teil davon auf einem mit Sodalösung imprägnierten Filter verdampft. Der Rückstand auf dem Filter gelangt zur RFA. Nach der analogen Präparation von Oxidgemischen ergeben sich gerade Eichkurven unter der Voraussetzung, daß die Absolutmengen an Ni (40), Fe (40), Mn (10) und Cr (10) die in Klammern angegebenen Mikrogramm-Mengen nicht übersteigen. Aus einigen mehrmals analysierten Proben errechnet sich eine Genauigkeit von etwa 5 Rel.-%.

Über die Analyse von *Nickelbasis-Legierungen* wird in einem Übersichtsartikel des Philips Bulletin (Nr.7000.38.4310.11) sowie in einer Arbeit von Griffiths und Whitehead (1975) berichtet; letztere beschreiben ein relativ einfaches Korrekturverfahren für diesen Legierungstyp. Zur Anregung der Kα-Linien von Cr, Co, Ti, Al, Mo, Nb wird eine Röntgenröhre mit Cr-Anode benutzt und mit den in Tabelle 5.2 angegebenen Bedingungen gemessen.

Tabelle 5.2 Meßparameter für Proben auf Nickelbasis (Griffiths und Whitehead, 1975)

Element	Röhren-spannung kV	Röhren-strom mA	Kollimator	Analysator-kristall	Detektor	2θ (°)	Vakuum
Cr	50	50	fein	LiF(200)	DZ	69,34	+
Co	40	20	fein	LiF(200)	DZ	52,78	+
Ti	40	20	fein	LiF(200)	DZ	86,17	+
Al	50	50	grob	PET	DZ	144,9	+
Mo	60	40	fein	LiF(200)	SZ	20,28	-
Nb	60	40	fein	LiF(200)	SZ	21,33	-

Die Meßzeit betrug in allen Fällen 10 s. Die Auswertung geschah durch multiple Regressionsanalyse über Korrekturfaktoren, die für Cr, Co, Ti, Al und Mo angegeben werden. Die Niobkonzentrationen wurden mit dem Rechenprogramm POLFIT von Honeywell ermittelt. Von der Übereinstimmung zwischen den erhaltenen Resultaten und denen der chemischen Kontrollanalysen überzeugen die mitgeteilten Daten; dabei stimmen die Werte von stranggepreßten Stangen besser überein als die von gegossenen Barren, was auf metallurgische Effekte hinsichtlich der Homogenität hindeutet.

Der Analyse von *Superlegierungen auf Nickelbasis* ist auch ein Abschnitt in dem Philips Bericht (1977) über den Einsatz der RFA in der Metallindustrie gewidmet. Wegen der großen Zahl an Haupt- (bis 8) und Neben- (bis 7) Legierungselementen gelang deren röntgenfluoreszenzanalytische Bestimmung erst nach Überwindung erheblicher Schwierigkeiten (wechselweise Beeinflussung der charakteristischen Strahlung benachbarter Elemente wie z.B. Fe, Co, Ni; Nb, Mo oder Ta, W). Genaue analytische Daten sind aber zur Erfassung der Abhängigkeit der Hochtemperaturstabilität dieses Legierungstyps von der Zusammensetzung der Fällungsphase $Ni_3Al(Ti)$ und der Matrix Ni(Co,Cr) besonders wichtig. Mit Hilfe von 12 NBS-Standardproben und des Korrekturprogramms mit Alpha-Koeffizienten ergibt sich z.B. für eine Konzentration von 15% Fe eine Genauigkeit von

0,2 Rel.-% (2 s). Für Eisenlegierungen wird vergleichsweise ein um eine Zehnerpotenz geringerer Fehler angegeben.

Laguitton und Mantler (1977) beschreiben ausführlich ein allgemeines Fortran-Programm (LAMA) unter Verwendung der Meßdaten an festen Proben von Fe-Ni-Cr-Legierungen (Rasberry und Heinrich 1974). Einem zweiten Beispiel liegen die Meßwerte an dünnen Proben (0,1...1,5 µm) auf SiO_2-Substrat unter Bezug auf solche an festen Referenzproben zugrunde. Die Diagramme, in denen die Intensitätsverhältnisse von CuKα, FeKβ und GdLα gegen die Probendicke aufgetragen sind, zeigen gute Übereinstimmung zwischen den gemessenen und den nach LAMA 1 errechneten Werten. Damit erweist sich dieses Programm als unabhängig von der Präparatdicke. Auch für kleine Substanzmengen (Milligrammbereich) bietet die RFA in Verbindung mit einer chemischen Vortrennung Vorteile gegenüber einer rein chemischen Bestimmung. Dazu wurde von Schrey und Gallagher (1977) das "Coprex"-Verfahren (*copre*cipitation/*X*-ray) an gesinterten MnZn- und NiZnCo-*Ferriten* ausgearbeitet. Nach dem Lösen von 100mg gepulvertem Ferrit in conc. HCl und Verdünnen wird ein Aliquot (100 µg) der Lösung nach Zugabe einer $CuSO_4$-Lösung (100 µg Cu/ml) als Mitfällungsreagens mit Diethyldithiocarbamatlösung bei pH=9 gefällt. Dann folgt Absaugen des Niederschlags auf Membranfilter (0,8 µm Porenweite) und Trocknung desselben. Die Referenzproben aus >99,9% reinen Metallpulvern von Mn, Fe, Co, Ni, Zn wurden nach der gleichen Vorschrift hergestellt. Um identische Oberflächen bei der Messung zu gewährleisten, erhielten die Präparate festhaftende Masken. Die Messung erfolgte mit W-Target (50 kV/75 mA) bei 100 s Meßzeit. Die Normierung geschah mit einem reinen Cu-Präparat als externem Standard. Zwecks Zeitersparnis wurde auf Untergrundmessungen verzichtet; die Aufstellung der Eichkurven erfolgte nach der Formel für die kleinsten Fehlerquadrate. Da auf die Aufstellung von speziellen nichtlinearen Eichkurven verzichtet wurde, erfolgte die Kontrolle durch eine Serie von Dreifachbestimmungen (Standardabweichung für Fe im µg-Bereich ca. 3%) und durch chemische Kontrollanalysen in zwei weiteren Laboratorien, deren Ergebnisse vermutlich wegen zu geringer Praxis in der Ferritanalyse z.T. etwas stärker abweichen. Im Durchschnitt können 10 Analysen pro Person und Tag nach der Coprex-Methode mit der gleichen Genauigkeit wie auf chemischem Weg durchgeführt werden. Murata (1973) analysierte Ferrite ohne eine vorherige chemische Anreicherung.

Erste Messungen an den L_{II}-Absorptionskanten von Gd, Dy, Ho und Er in Metallen und deren Oxiden und Chloriden führten Agarwal und Agarwal (1978) an einem Spektrographen mit gebogenem Glimmerkristall durch. In den Verbindungen wurde eine positive Energieverschiebung der L_{II}-Kante in Richtung zur höherenergetischen Seite im Vergleich zu denjenigen in den Metallen beobachtet und die Ursache der Verschiebung atomphysikalisch unter Einbeziehung der Kosselschen Theorie diskutiert (der Übergang der angeregten Ionen in gebundene Zustände verursacht hauptsächlich die weiße Linienstruktur nahe der L_{II}-Kante).

NE-Metalle (EDRFA)

Zur energiedispersiven RFA werden bei Al-Legierungen überwiegend Röntgenröhren benützt, da mit Radionukliden wie z.B. ^{55}Fe und ^{109}Cd keine optimalen Ergebnisse erzielt wurden (Miller und Abplanalp 1980).

Es empfiehlt sich, zumindest zwei Meßreihen durchzuführen und dabei die leichten Elemente wie Mg, Al und Si von den mittelschweren Elementen Ti, Cr, Mn, Fe, Ni, Cu und Zn zu trennen und folgende Meßparameter zu verwenden (Nuclear Semiconductor Applications Laboratory Report 1976a):

- leichte Elemente: Mo-Röhre (9 kV/1 mA), Cellulose-Filter, Meßzeit 250 s, Vakuum
- mittelschwere Elemente: Mo-Röhre (30 kV/1 mA), Mo-Filter (0,127 mm), Meßzeit 250 s, Vakuum

Die Matrixkorrektur erfolgte in diesem Fall nach Rasberry-Heinrich. Bei Verwendung von Monoelement-Standardproben (Mg, Al, Si, S, Cr, Mn, Fe, Ni, Cu, Zn) können die Kα/Kβ-Verhältnisse festgestellt werden, die eine rechnerische Korrektur koinzidierender Elementlinien ermöglichen. Vane (1979a) stellt fest, daß besonders bei leichten Elementen, wie Al und Si, die Orientierung der Probenoberfläche einen Einfluß auf die Intensitäten dieser Elemente hat und sich Intensitätsunterschiede bis 10% ergeben können; durch Probendrehung kann dieser Effekt eliminiert werden (Weber-Diefenbach, 1979). Gurvich (1987) benützte die EDRFA zur Qualitätskontrolle für Aluminiumlegierungen mit gutem Erfolg. Die Meßparameter waren:

Element	Sekundärtarget	kV/mA
Mg	Al	10/ 2,0
Si	-	5/ 0,1
Ti, V, Cr	Fe	15/ 2,0
Mn, Fe, Ni, Cu, Zn, Ga	Se	20/ 1,0
Zr	Ag	35/ 1,7

In *Kupfer* können weitere Elemente (z.B. P, Fe, Zn, Pb) in geringen Konzentrationen enthalten sein, deren Kenntnis u.a. für die Produktion wichtig ist. Als Standardproben können entweder Cu-Legierungen bekannter Zusammensetzung oder auch selbst präparierte Legierungen (Laine und Tukia 1973) sowie Eichlösungen bei der Messung gelöster Proben verwendet werden.

Sind neben leichten Elementen auch mittelschwere und schwere zu bestimmen, empfehlen sich bei Verwendung von Röntgenröhren geringer Leistung zwei Meßreihen mit folgenden Geräteparametern (Ortec TEFA Analysis Report 1975):

- leichte Elemente (z.B. P): Mo-Röhre (10 kV/200 μA), kein Filter, Meßzeit 800 s, Vakuum
- mittelschwere und schwere Elemente (Fe, Ni, Zn, Sn, Pb): Mo-Röhre (35-50 kV/50-100 μA), Mo-Filter, Meßzeit 800 s, Vakuum.

Die niedrigste in reinem Kupfer nachweisbare Konzentration (C_{MDL}) wird folgendermaßen angegeben: 50 ppm P, 40 ppm Fe, 40 ppm Ni, 60 ppm Zn, 50 ppm Sn, 10 ppm Pb.

Bachmann und Strauss (1978) beschreiben den Einsatz der EDRFA bei der Schnellbestimmung von Ag in *Kupfer-Silber-Legierungen* zur Produktionskontrolle an einer Stranggußanlage. Da sich die Ag-Gehalte während der Produktionszeit ändern (2...15%), wurden sowohl Standardproben (Ag 1...15%) als auch die Compton-Strahlung zur Korrektur der Einflüsse der sich ebenfalls ändernden Nebenelementgehalte herangezogen. Mit einer Rh-Röhre erfolgte bei gleichen Anregungsbedingungen die Messung der Kα-Linie des Ag (22,1 keV) und der Compton-Strahlung des Rh (19,45 keV). Mit Hilfe der Fundamentalen Parameter-Methode wurden von Shen et al. (1980) die Matrixeinflüsse in *Vierstoff-Legierungen im System Cu-Zn-Ag-Cd* (Cu-Gehalte 17...51%, Zn 17...30%, Ag 11...45%,

Cd 6...21%) berücksichtigt. Obwohl nach dieser Korrekturmethode mit nur *einer* Multielement-Standardprobe gearbeitet wurde, ergaben sich befriedigende Ergebnisse; die Abweichungen (im Vergleich zu anderen Bestimmungen) differierten zwischen 1 und 20,1 Rel.-%. Allerdings würde die Verwendung von mehreren guten Standardproben auch hier zu noch besseren Ergebnissen führen.

Cu-Sb-Legierungen (Cu-Gehalte 94...99 Atom-%, Sb 1...5 Atom-%) analysierten Laine und Tukia (1973) unter Anregung mit dem Radionuklid ^{241}Am ohne Verwendung von Standardproben. Durch Messung der Intensitäten der reinen Elemente und mit Hilfe einer mathematischen Korrektur für die Geometrie des Gerätes, konnte eine sehr gute Übereinstimmung mit Vergleichsanalysendaten festgestellt werden.

Über die Bestimmung der Elemente Si, Cr, Mn, Fe, Co und W in *Ni-Cr-Co-W-Legierungen* berichten die Ortec X-Ray Fluorescence Application Studies (1976b); die Messungen erfolgten mit Rh-Röhre (20 kV/50 μA) ohne Filter, Meßzeit 100 s. Die hohen Cr-Gehalte (34%) beeinflussen die Kα-Linie des Mn; deshalb wurde eine Stripping-Korrektur durchgeführt.

Mittels EDRFA bestimmen Bramlet und Doyle (1982) die Elemente Fe, Ni und Ga in metallischem Plutonium. Als Röntgenquelle dient eine Mo-Röhre (30 kV/70 mA) in Verbindung mit Sekundärtargets (As-Target für Ga-Messung, Zn-Target für Fe- und Ni-Messung). Die Meßzeiten sind hoch: 5 min für Ga, 15 min für Fe und Ni.

Eisen und Stahl (EDRFA)

Harmon et al. (1979) sehen bei der energiedispersiven Röntgenfluoreszenzanalyse von Stählen im Einsatz moderner Hochleistungsröhren und in der Auswahl günstiger Sekundärtargets Vorteile, da hier genügend intensive monochromatische Strahlung geliefert wird, um die Anwendung der Fundamentalen Parameter-Methode zur Matrixkorrektur zu gewährleisten. Optimale Anregungsbedingungen für die Analyse der Elemente P (Z=15) bis Nd (Z=60) erhält man durch den Einsatz von bis zu sechs Sekundärtargets (Fe, Dy, Sn, Ge, Mo, Cu). Bei der Anregung der K-Linien der Elemente mit den Ordnungszahlen Z=44 (Ru) bis Z=60 (Nd) hat sich Dysprosium als Targetmaterial gut bewährt. Die Autoren modifizieren die Fundamentale Parameter-Methode nach der Formel von Shiraiwa und Fujino (1974); Vorteile dieser Art der Matrixkorrektur bestehen darin, daß nur wenige Standardproben (Minimum eine Standardprobe pro analysiertem Element) benötigt werden (s. Abschnitt 4.4).

Grundsätzlich ist zu beobachten, daß Fe, Mn und Cr von NiKα angeregt werden, Fe durch MnKα und CrKα sowie Cr durch MnKα.

Auch bei der Verwendung von Röntgenröhren geringer Leistung ist es nicht möglich, alle Elemente mit derselben Geräteeinstellung zu analysieren. Die leichten bis mittelschweren Elemente werden mit polychromatischer Röntgenstrahlung angeregt, die schweren Elemente dagegen durch Vorschalten eines Monochromatorfilters. Angaben über günstige Meßparameter sind u.a. der Arbeit von Strauss und Valente (1978) zu entnehmen; als Beispiel dafür sind in Tabelle 5.3 Anregungsbedingungen angegeben. In Bild 5.2 ist das EDRFA-Spektrum einer Stahllegierung dargestellt.

Besonders bei der zerstörungsfreien Materialanalyse metallischer Werkstücke hat sich die Anregung mittels tragbarer EDRFA-Systeme, die eine radioaktive Quelle (oft ^{109}Cd, ^{241}Am, ^{55}Fe) besitzen, bewährt (z.B. Gehrke und Helmer 1975, Miller und Abplanalp 1980).

Kelliher und Maddox (1988) setzten einen Quecksilberjodid-Detektor in der EDRFA von Stahllegierungen ein. Das tragbare Gerät besaß eine ^{109}Cd-Radionuklidquelle; der HgI_2-

Halbleiterdetektor wies zwar nur eine Auflösung von 500 eV (5,9 keV MnKα) auf, doch war dies ausreichend für die in-situ-Analyse der Elemente Cr, Fe, Ni, Nb und Mo in der Metallindustrie.

Tabelle 5.3 EDRFA-Meßparameter für die Analyse von Stählen

Energiebereich	analysierte Elemente	Röhren-spannung kV	Röhren-strom mA	Filter
klein (0...6 keV)	Al, Si	6	1	-
mittel (0...20 keV)	Ti, V, Cr, Mn, Fe, Co, Ni, Cu, Ta, W	30	0,05	Mo 0,05 mm
groß (0...40 keV)	Mo, Zr, Nb	50	0,7	Cu 0,38 mm

Mo-Röhre; Vakuum; Meßzeit 100 s

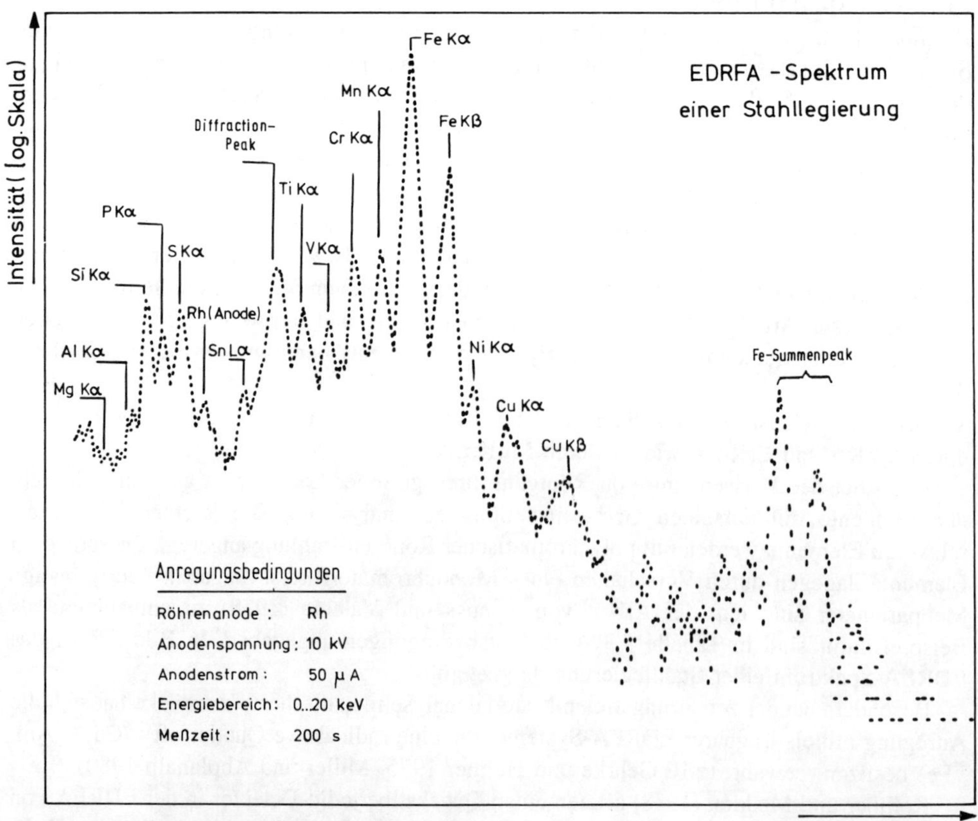

Bild 5.2 EDRFA-Spektrum einer Stahllegierung

Eine lineare Regression genügt in vielen Fällen für Cr, Mn, Ni und Mo. Sind aber nicht genügend Standardproben vorhanden oder machen sich Matrixbeeinflussungen z.B. wegen sehr unterschiedlicher Elementkonzentrationen stärker bemerkbar, werden Korrekturen notwendig. Dabei kommt häufig die Fundamentale Parameter-Methode (z.B. Caldwell 1976, Musket 1979) zum Einsatz, bei der im Gegensatz zu empirischen Methoden (z.B. Wheeler und Bartell 1976) nur wenige Standardproben benötigt werden.

Nach Strauss und Valente (1978) ist die EDRFA eine schnelle und vertrauenswürdige Methode zur Bestimmung von Cr, Mn, Ni und Mo in niedriglegierten Stählen. Als relative Standardabweichungen geben sie an: Cr 0,5...3%, Mn 0,9...3%, Ni 1...3%, Mo 0,3...0,6%. Im Nuclear Semiconductor Applications Laboratory Report (1976a) werden u.a. folgende relative Standardabweichungen (1 s) angegeben: Fe 0,18...0,39%, Ni 0,48...0,61%, Cu 0,18%, Zn 1,3%, Ag 0,05...0,29%, Sb 0,39...1,4%.

Die Einflüsse der Linienkoinzidenzen (s. Tabelle 4.5) von Ti, V, Cr, Mn, Fe, Co und Ni sowie Si und S machen sich in Stählen besonders störend bemerkbar und müssen rechnerisch berücksichtigt werden (z.B. Zemany 1960).

Wheeler und Bartell (1976) erhielten folgende niedrigste nachweisbare Konzentrationen für EDRFA in Eisen und Stählen: 200 ppm Mg, 200 ppm Al, 200 ppm Si, 100 ppm P, 50 ppm S, 80 ppm Ti, 50 ppm Cr, 50 ppm Mn, 100 ppm Ni, 100 ppm Cu, 20 ppm As, 20 ppm Zr, 50 ppm Sn, 30 ppm Ce.

Zur Bestimmung dünner Schichten von Kohlenwasserstoffen oder anderen C-Verbindungen auf Stählen mit Kohlenstoffgehalten um 500 ppm setzte Musket (1979) als radioaktive Quelle das Radionuklid ^{44}Cu ein. Bei sehr hohem Vakuum (10^{-7} Torr) gelang es ihm, Nachweisgrenzen von 0,1 $\mu g/cm^2$ zu erreichen. Die Meßzeiten betrugen dabei zwischen 300 und 1200 s.

Werkstoffe

Die Notwendigkeit, Materialien und Werkstoffe während des Produktionsablaufs auf Güte und Konzentration zu überwachen, hat vor allem schnellen und ohne zeitaufwendige Probenvorbereitung durchzuführenden Analysenmethoden zu einem Aufschwung verholfen. Die EDRFA, besonders auch in Verbindung mit der Radionuklid-Anregung, ist hier zu einer wichtigen Bestimmungsmethode geworden.

Den Einsatz von EDRFA-Geräten in der Flugzeugindustrie beschreiben Miller und Abplanalp (1980). Tragbare Geräte mit Röntgenröhrenanregung sind für die Analyse von Al- und Ti-Werkstücken geeignet. Wegen des geringen Gewichtes ist jedoch die Verwendung von Radionukliden für die zerstörungsfreie Bestimmung der Elemente Ti, Cr, Mn, Fe, Co, Ni, Cu, Nb, Mo, W und Pb in den meisten Stahl- sowie Cu- und Ni-Werkstoffen vorteilhafter.

Darüber hinaus sind die höhere Intensität, die Langzeitstabilität, ein niederer Untergrund sowie die höhere Empfindlichkeit im Energiebereich von 14...17,5 keV (Sr bis Mo) weitere Gründe für den Einsatz von Radionukliden in diesem Bereich. Außer ^{109}Cd, das für die meisten der oben genannten Elemente günstig ist, gelangt auch das ^{55}Fe zum Einsatz. Neben Chips und Drähten werden ebenfalls Stangen und Platten auf ihre Zusammensetzung überprüft. Die relativen Standardabweichungen betragen im Durchschnitt etwa 10%.

5.2.2 Natürliche Verbindungen: Minerale und Erze, Gesteine

Minerale und Erze

Minerale sind die Gemengteile der Gesteine. Bis heute sind in der Erdkruste etwa 2600 Minerale bekannt geworden. Allerdings ist die Anzahl der wichtigen gesteinsbildenden Minerale wesentlich geringer; Feldspäte, Quarz, Amphibole, Pyroxene, Glimmer, Calcit, Dolomit, Olivin, Magnetit, Titanit und Apatit nehmen bereits mehr als 99% des Volumens der Erdkruste ein.

Als *Erze* werden im weiteren Sinn alle mit wirtschaftlichem Gewinn zu fördernden Minerale bezeichnet; darunter fallen nach internationalem Sprachgebrauch neben den eigentlichen Erzmineralen auch die Steine und Erden sowie sogenannte Industrieminerale als Rohstoffe zur Herstellung z.B. von Düngemitteln, Keramik und Glas. Bei der Prospektion und Exploration mineralischer Lagerstätten werden neben allgemeinen geologischen und geophysikalischen zunehmend auch geochemische Methoden eingesetzt.

Minerale enthalten zwar häufig weniger Haupt- und Nebenelemente als Gesteine, oft jedoch ebensoviele Spurenelemente. Der Bestimmung wirtschaftlich wichtiger Spurenelemente in den Erzen wird im Bergbau zunehmend Bedeutung beigemessen, weil die Rentabilität häufig allein vom Gehalt solcher Spurenelemente (z.B. Au, Ag) abhängt.

Die RFA wird auch in der Aufbereitungstechnik von Erzen eingesetzt: Kontrolle der Zusammensetzung von Erzkonzentraten, Flotationsschlämmen, Analyse am Fließband (stream analysis).

Die Präparation der Mineral- und Erzproben erfolgt nach den in Abschnitt 4.1 besprochenen Methoden; meist werden Pulverpreßlinge, zuweilen Schüttproben oder mit geringem Druck gepreßte Flotationsschlämmproben hergestellt. Seltener erfolgt die Herstellung von Schmelztabletten oder die Messung von Lösungen der aufgeschlossenen Minerale (Berdikov et al. 1980).

Potts und Webb (1992) geben eine Übersicht über Vor- und Nachteile von WDRFA und EDRFA. Durch die Einführung von Multilayerkristallen in die WDRFA für die leichten Elemente von B bis F und die von ultradünnen Fenstern für Si(Li)-Detektoren bei der EDRFA werden bisherige Nachteile beseitigt. In dem erstklassigen Artikel werden die Prinzipien der WDRFA und EDRFA einschließlich der apparativen Ausrüstung präzise und übersichtlich dargestellt. Es folgt die Besprechung der Matrixkorrekturen und Probenpräparation mit besonderer Berücksichtigung der Silicatanalyse von Haupt- und Spurenelementen; für Explorationsproben werden Analysenparameter und Koinzidenzen tabellarisch angegeben. Spezielle analytische Hinweise, z.B. bzgl. der Nachweisgrenzen, machen diesen Artikel hilfreich, auch im Hinblick auf konkurrierende Methoden (INAA, ICP-MS).

Ein Beispiel für die universelle Anwendung der RFA zur Bestimmung von Haupt- und Spurenelementen in Erzen geben Atkin und Harvey (1989); außer den Hauptelementen wurden 17 Spurenelemente (Ba, Co, Cu, Ga, La, Mo, Nb, Ni, Pb, Rb, Sb, Sn, Sr, U, Y, Zn, Zr) quantitativ bestimmt.

Die RFA kleiner Probenmengen (1...2 mg), wie sie bei Mineralen oder Tonscherben oft nur verfügbar sind, erfordert eine spezielle Präparationstechnik, weil auf die Herstellung von Preßlingen verzichtet werden muß. Stern (1971) beschreibt seine Erfahrungen bei der Aufbringung des gepulverten Probenmaterials auf Klebestreifen und der Abdeckung mit 2 mm dicken Platten aus Reinsilber mit einem Loch von 6 oder 12 mm Durchmesser. Der Klebestreifen kann randlich beschriftet und zur Aufbewahrung auf Polyesterfolien geklebt werden.

Neben den vollständig analysierten Internationalen Gesteinsstandardproben, die hier zumindest aufgrund ihrer Spurenelementzusammensetzung herangezogen werden können, sind u.a. auch Eichproben vom National Bureau of Standards NBS (USA) oder von MINTEK erhältlich (s. Anhang A.6). Bei der geochemischen Prospektion genügen im allgemeinen diese Referenzproben, eventuell ergänzt durch synthetische Eichproben (z.B. Spatz und Lieser 1978, James 1980) bzw. gut analysierte Erzminerale. Für die Bestimmung von Erzen stehen eine Reihe von Standardproben des Canadian Certified Reference Material Projects CCRMP (Faye und Sutarno 1977, Steger et al. 1979) zur Verfügung. Lister (1978) berichtet über die Präparation und Zusammensetzung von 20 Erzstandardproben (IGS20-30), darunter Ni-, Co-, W-, Sn-W-, Mo-W-, Rb-Zn-Proben sowie Pyrolusit-, Chromit-, Ilmenit-, Rutil-, Columbit-, Tantalit-, Zirkon-, Monazit-, Uranit-Eichproben. Beim Bundesamt für Materialprüfung sind Eisenerzstandardproben (Jecko 1977, Pohl und Oberhauser 1978) erhältlich. Methoden zur Auswahl und Herstellung geeigneter "Laborstandards" sowie die Überprüfung auf ihre Eignung beschreiben Colombo und Rossi (1978).

WDRFA

Die Messung der BKα=6,775 nm in Colemanit $Ca[B_3O_4(OH)_3]\cdot H_2O$ gelang mit der Rh-Endfensterröhre, dem Multilayerkristall OVO-B (aus B_4C und Mo-Schichten von 2d=20 nm) und einem relativ groben Kollimator von 1° an gepreßten Tabletten ohne Bindemittel (5 g Pulver von <40 µm Korngröße wurden bei 20 t Preßdruck 10 s gepreßt). Die Messung von BK$\alpha_{1,2}$ erfolgte an dem Siemens SRS 303 Sequenzspektrometer. Die Methode eignet sich, um Bortrioxid in Boroxidgläsern an Pulverpreßlingen (4-10% B_2O_3) oder Glasschmelzproben (0,1-15% B_2O_3) zu bestimmen. Bei 100 s Meßzeit liegt die Nachweisgrenze bei <0,1% (3 s).

Gurvich (1982) beschreibt ein Routineverfahren zur Analyse von *Baryt,* das seit kurzem zur Prozeßkontrolle von Erzschlämmen im großen Stil verwendet wird. Die Messung der BaKα-Linie mit einer Rh-Endfensterröhre bietet gegenüber der von BaLα eindeutige Vorteile.

Ein Verfahren zur Klassifizierung von *Obsidiankristallen* aufgrund der Bestimmung von 21 Neben- und Spurenelementen teilen Sanders et al. (1982) mit.

Hügi et al. (1975) berichten von der Aufbereitung eigener *mineralogischer Standardproben* (Biotit 1-b, Hornblende 1-h, Anorthoklas 1-a), den Ergebnissen der Ringanalysen und der Auswertung. Die empfohlenen Werte für 10 Haupt- und 40 Spurenelemente werden mitgeteilt. Bei den in der Wertigkeit des Mn schwankenden Mn-Mineralen Rhodonit, Rhodochrosit, Manganit, Pyrolusit, Psilomelan und anderen Manganerzen kann mit Hilfe des Mn-Linienprofils, (bestehend aus K$\beta_{1,3}$ und Kβ') die Wertigkeit des Mn (II, III, IV, VII) bestimmt werden (Urch und Wood 1978). Der mittlere Wert der Wertigkeit P ergibt sich nach

$$P = \frac{\text{Linienbreite } K\beta_{1,3} - K\beta' \text{ bei } 40\% \text{ Höhe}}{\text{Linienbreite } K\beta_{1,3} - K\beta' \text{ bei } 60\% \text{ Höhe}} .$$

Eine schnelle Routinemethode für *Phosphate und Phosphaterze* beschreiben Issahary und Pelly (1982). Alle 2 h wurde 1 kg Probenmaterial dem Produktionsprozeß entnommen und in einem sehr präzise durchgeführten zweistufigen Mahl- und Teilungsgang auf 30 g von 40 µm Korngröße reduziert. Die Gehalte der Referenzproben ergaben sich durch Analyse nach anderen Methoden und wurden mit der NBS-Phosphatstandardprobe Nr.120 kontrolliert. Na, Mg, Al, Si, P, S, Cl, Ca wurden bei den in Tabelle 5.4 angegebenen Bedingungen bestimmt (die Anregung erfolgte generell durch eine Röntgenröhre mit Rh-Anode).

Tabelle 5.4 Meß-Parameter für WDRFA von Phosphaten (Issahary und Pelly 1982)

Element	Wellenlänge nm	Analysatorkristall	Detektor	Impulshöhen-diskr.	Bemerkung
Na	1,1909	KAP	Ne, DZ, Al-Fenster	+	
Mg	0,9889	KAP	Ne, Eatron	+	
Al	0,8339	EDDT	DZ, Al-Fenster	+	
Si	0,7126	EDDT	DZ, Be-Fenster	+	
P	0,6155	Ge	DZ, Be-Fenster	+	
S	0,5373	NaCl	DZ, Be-Fenster	+	Be-Filter
Cl	0,4729	Ge	DZ, Be-Fenster	+	
Ca	0,3360	LiF	Ne, Multitron	-	Anpassg. f. Ca

Die Zählzeit wurde durch die von einer Ti-Platte ausgehende Intensität der TiKα-Strahlung auf ca. 20 s normiert. Aus der Fehleranalyse ergab sich, daß die Resultate den von der Phosphatindustrie geforderten Richtwerten entsprechen, sofern eine äußerst sorgfältige Aufbereitung und Präparation gesichert ist.

Ein röntgenfluoreszenzanalytisches Verfahren zur Bestimmung der Seltenerdelemente sowie U und Th in *Allanit* (Ca, Ce)$_2$ (Fe^{2+}, Fe^{3+})Al_2[O/OH SiO_4/Si_2O_7] geben Bellary et al. (1981) an; dieses eignet sich für folgende Konzentrationsbereiche: 0,5...10% La, 2...20% Ce, 0,1...2% Pr, 0,5...10% Nd, 0,1...2% Sm, 0,1...2% Gd, 0,2...4% Th, 0,2...4% U. Für die Gesamtkonzentration dieser Elementoxide wurde 23% angenommen. Die Restmatrix, die Allanit-Standardproben entspricht, setzt sich aus 28,70% SiO_2, 14,40% Al_2O_3, 14,40% Fe_2O_3, 1,62% MnO_2, 5,89% CaO (als $CaCO_3$), 0,67% Mg (als $MgCO_3$), 0,77%TiO_2 zusammen. Durch Verdünnen mit Borsäure (1:9) konnten Matrixeffekte weitgehend ausgeschlossen werden. Die Meßbedingungen und Vergleichswerte der AES und INAA werden angegeben.

Bei der Bestimmung der Seltenerdelemente in *Monazit* nach Smith (1982) werden 100 mg Probe mit 12 g SiO_2 (das 3 g Polymethacrylat enthält) gemischt und verpreßt und anschließend in einem Philips Spectrometer 1450/20 mit Software Programm bei 60 kV/45 mA gemessen. Die Vorteile der Methode werden dargelegt: einfache Präparation, geringe Probenmenge, keine Voranalysen sowie einfache Standardisierung.

Für die quantitative Analyse des *Cordierit* $Mg_2[Al_4Si_5O_{18}]$ als gesteinsbildendes Mineral in Disthen-Glimmerschiefer erwies sich nach Schwander und Stern (1969) die RFA als besonders geeignet. Während für die Bestimmung von Na, Mg und den Spurenelementen die pulverisierte Analysensubstanz mit Hoechst-Wachs-C im Verhältnis 4:1 gemischt und verpreßt wird, ist für die Analyse der übrigen Hauptelemente das Schmelzen von 110 mg Analysenprobe mit 165 mg La_2O_3 und 605 mg $Li_2B_4O_7$ im Graphittiegel bei 1000 °C für 17 min zweckmäßig. Das Schmelzgut wird zerkleinert, mit Hoechst-Wachs gemischt und gepreßt. Der Messung der Proben einschließlich der Standardproben (G-1, W-1, R-1, T-1, G-2, PCC-1, Ns76, Ns77, StdBi, StdHo, Std-Gr) erfolgte unter den Bedingungen gemäß Tabelle 5.5.

Tabelle 5.5 WDRFA-Meßparameter für die Analyse von Cordierit (Schwander und Stern 1969)

Element	Si	Al	Fe	Mn	Mg	Ca	Na	K	Ti
Röhre	Cr	Cr	Cr	Ag	Cr	Cr	Cr	Cr	Cr
Spannung (kV)	40	40	30	30	40	30	40	30	35
Strom (mA)	40	50	30	30	40	30	50	30	35
Analysatorkristall	KAP	KAP	LiF	LiF	KAP	LiF	KAP	KAP	LiF
Kollimator (μ)	160	160	160	160	160	160	480	160	160
Meßzeit (s)	200	200	100	200	200	200	200	200	200

Die Neben- und Spurenelemente Al, Ti, Ca, Cr, Mn, Fe, Ni in dem *Asbestmineral Chrysotil* sind mit der WDRFA problemlos quantitativ zu bestimmen (z.B. Hirner 1980).

Seit den 60er Jahren hat die WDRFA in die *Exploration und die Produktionskontrolle von Erzen* Eingang gefunden. Entsprechend groß ist der Umfang des seitdem bekannt gewordenen Schrifttums, aus dem einige wichtige Arbeiten nachfolgend zitiert werden.

Webb, Potts und Watson (1990) geben in diesem Geostandards Newsletter eine kritische Sichtung der Werte, die mit energiedispersiver RFA an über 40 geochemischen Vergleichsproben gefunden wurden. Für Rb, Sr, Y, Zr, Nb und Th können mindestens ebenso gute Werte hinsichtlich Genauigkeit und 3 s Nachweisgrenzen (2-4 ppm) ermittelt werden wie mit anderen Routinemethoden. Die Werte für Ni, Cu, Zn, Ga, Pb und U sind wohl deshalb weniger genau, weil die Anregungsbedingungen nicht optimal waren.

In dem Geostandards Newsletter **13**, Special Issue (1989) stellte Govindaraju die verbindlichen Werte und Probenbeschreibungen für 272 Standardproben zusammen.

Gladney und Roelandts (1990) publizierten im Geostandards Newsletter **14** für eine Reihe von Proben die neuesten Analysendaten aus 131 Fachzeitschriften; in Band **16** der gleichen Zeitschrift berichten Gladney et al. für die Standardproben AGV-1, GSP-1 und G-2 28 resp. 23 neue Daten aus 76 Fachzeitschriften. Speziell die RFA wurde angewandt bei der Bestimmung von 12 Spuren- und von 10 Hauptelementen in 23 geochemischen Referenzproben von Verma et al. (1992); dabei ergab sich sehr gute Übereinstimmung mit den von Govindaraju empfohlenen Werten.

Pfundt (1977) gibt in seinem Referat über die Analyse von Rohstoffen, Hilfsstoffen und Zwischenprodukten zur *Steuerung der Aluminiumproduktion* Beispiele zur automatisierten RFA von Koks und Anthrazit, Bauxit und Rotschlamm, Quarz und Dolomit, Badschmelzen, Aluminiumoxid, Heizölen, Aluminium und seinen Legierungen. An der Analyse von Bauxit und Rotschlamm wird das Regressionsprogramm von Rasberry und Heinrich (1974) erläutert; die Meßbedingungen der Tabletten von 40 mm Durchmesser werden in Tabelle 5.6 genannt.

Tabelle 5.6 WDRFA-Meßparameter für die Analyse von Bauxit und Rotschlamm, bestimmt mit Chromröhre und Durchflußzähler
(Pfundt 1977)

Element/Linie	FeKα	TiKα	AlKα	SiKα
Analysatorkristall	LiF(200)	LiF(200)	PET	PET
Winkel 2θ (°)	57,55	86,20	144,95	109,05
Anregung (kV/mA)	50/40	50/35	50/60	50/60
Kollimator	fein	fein	grob	grob
Zählzeit (s)	4	10	20	20

In Tabelle 5.7 werden die Ergebnisse von Referenzproben aufgeführt, die zur Kontrolle auch naßchemisch analysiert wurden. Die Gehalte beziehen sich auf bei 105 °C getrocknete Substanz.

Ähnlich ausführliche Berichte sind über *oxidische und sulfidische Eisenerze* erschienen, von denen der von Arai (1976) erwähnenswert ist, weil dort neben den wichtigen Meß- und Auswertebedingungen für MgO, Al_2O_3, SiO_2, P, S, CaO, TiO_2, Mn, Fe und Cu auch die Sauerstoffbestimmung mit OKα beschrieben wird. Insbesondere wird auf die Störungen der OKα-Messung infolge von Peakverschiebung durch überlappende Linien bei Hämatit eingegangen. Die Austrittstiefe beträgt für CuKα 15 μm, FeKα 22 μm, TiKα 29 μm, SiKα 1,9 μm, AlKα 1,3 μm, MgKα 0,8 μm, OKα 1,3 μm.

Die Verwendung von Boratschmelztabletten bei der RFA von Eisenerzen beschreiben Sato (1978) und Mahan und Leyden (1982). Rinaldi und Aguzzi (Philips Bulletin 79.177) gehen auf die routinemäßige Produktionskontrolle des Fe-Gehaltes von Pyriterzen mittels RFA ein. Über das gleiche Thema publizierten auch Reed und Gillieson (1972); allerdings liegt das zur RFA von Fe, Cu und Zn gelangende Material als *sulfidischer Erzschlamm* vor. Für die quantitative Analyse von Cr, Mn, Ni, Cu, Zn und Ga in *Lateriten* und *Bauxiten* bis zu 60% Fe_2O_3 schlägt Schorin (1982) zwei einfache Methoden vor: die Standard-Additionsmethode bei geringen Probenzahlen; sonst wird ein Eichkurvenverfahren empfohlen. Köster (1966) bestimmte Rb, Sr, Ba und Pb in Kaolinen und Tonen. Beitz et al. (Siemens Analysentechn. Mitt. Nr. 202) setzten die WDRFA ein, um an Mangan-Eisenerzproben außer Fe und Mn die Elemente Si, Ca, Co, Ni und Cu quantitativ zu bestimmen. Die Fehler der Analysenergebnisse werden nach der Reststreuung beurteilt, die durch Regressionsrechnung bestimmt wird und in guter Näherung der Standardabweichung entspricht. Die Werte für die Reststreuung (Rel.-%) betragen für Si 8,8, Ca 5,4, Mn 0,9, Fe 1,8, Co 3,2, Ni 1,8, Cu 2,1.

Zwei weitere Siemens Analysentechnische Mitteilungen (Nr. 191, 205; Plesch 1976, 1977) beschäftigen sich mit Ersatzreferenzproben und dem Einfluß von Standardproben auf den Fehler der Röntgenanalyse; es wird auf die Verwendung von wäßrigen Referenzlösungen hingewiesen und deren Einsatz an Beispielen erläutert. Der erreichbare Analysenfehler hängt nicht von der Anzahl, sondern von der Güte der Standardproben ab.

In einer Arbeit (Stanjek 1982) über den Mineralbestand und die Geochemie der Eisenerze der Grube Leonie/Auerbach, Oberpfalz, wurden mit Hilfe der RFA und einem Polynomprogramm im ternären System Fe_2O_3-SiO_2-$Ca_5[OH/(PO_4)_3]$ für die Elemente Fe, Si, Ca und P die Korrekturfaktoren ermittelt, die über ein Programm zu Isolinien gleicher Korrekturfaktoren geordnet werden. Beim iterativen Durchlaufen der entsprechenden

Tabelle 5.7 Analysen von Bauxit- und Rotschlammproben (Pfundt 1977)

Probe	Al_2O_3	SiO_2	Fe_2O_3	TiO_2	CaO	Mn_2O_3	Cr_2O_3	V_2O_5	P_2O_5	ZnO	Na_2O	Glühverl.
Bx 2	49,6	9,82	19,55	2,61	0,36	0,12	0,059	0,12	0,25	0,033	-	16,7
Bx 3	52,8	2,80	21,5	2,88	0,56	0,715	0,15	0,115	0,10	0,043	-	18,1
Bx 5	58,4	3,19	6,45	2,58	0,006	0,007	0,027	0,029	0,069	0,001	-	28,7
Bx 6	56,5	5,54	8,82	2,61	0,003[1)]	0,014	0,035	0,04	0,064	0,0005[1)]	-	26,1
Bx 7	58,3	0,93	5,37	3,50	0,003[1)]	0,022	0,068	0,047	0,11	0,0005[1)]	-	31,2
Bx 10	69,1	1,9	8,5	2,58	1,80	0,01	0,059	0,11	0,09	0,004	-	15,3
Bx 12	63,5	0,7	2,3	2,35	0,02	0,005[1)]	0,021	0,02	0,11	0,003[1)]	-	30,6
RS 1	27,6	15,4	28,8	8,0	0,67	0,038	0,079	0,065	0,17	0,005	10,0	8,4
RS B	28,8	11,7	27,3	9,8	0,05[1)]	0,02	0,10	0,07	0,10	0,01	9,2	12,8
RS D	21,5	7,7	44,7	6,4	2,0	0,144	0,25	0,11	0,19	0,03	7,8	9,7
RS E	23,8	10,1	32,2	8,6	0,8	0,08	0,11	0,07	0,11	0,02	10,8	13,1
RS G	29,9	8,3	26,7	14,8	0,8	0,06	0,24	0,11	0,21	0,005	6,5	11,9

Angaben in Gew.%
Bx: Bauxit, RS: Rotschlamm
[1)] Schätzwert
rel. Standardabweichung: 0,40...1,71%

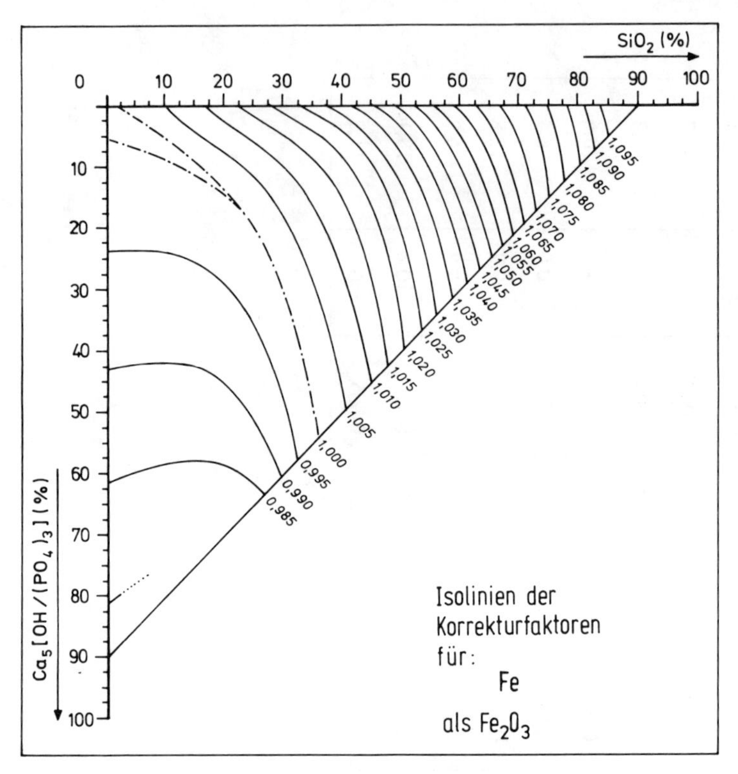

Bild 5.3 Isolinien der Korrekturfaktoren für Eisen im System Fe_2O_3—SiO_2—Apatit (Stanjek 1982)

Diagramme (Bild 5.3) — hier gezeigt am Beispiel der Korrekturfaktoren für Fe im Diagramm der Komponenten Quarz und Apatit — ergeben sich der Reihe nach die korrigierten Elementwerte für Fe, Si, Ca und P.

Die Messung und Auswertung der Elementkonzentrationen von Cr, Mn, Fe, Ni, Cu in Erzen unter Bezug auf die RhKα-Comptonstreuung und Anwendung von Korrekturfaktoren für die jeweils störenden Elemente lieferten gute Ergebnisse (siehe auch Technical Reports der Firma Rigaku 1979).

Auch für die RFA von gelösten *Kupfererzproben* (Hall und Harbison 1977) ist eine graphische Auswertung bekannt geworden. Speziell für *Zinnerze* (Cassiterit) werden für Exploration und Produktionskontrolle instrumentelle Verbesserungen vorgeschlagen (Springett 1978; Lloyd und Jackson i. Philips Bulletin Nr.7000.38.4310.11).

Für die *Uranbestimmung* in Carbonatlösungen halten Jablonski und Leyden (1979) die Extraktion des U mit dem Ionenaustauscher DOW-Corning Z-6020 für geeignet, an die sich die röntgenfluoreszenzanalytische Bestimmung an dem mit U beladenen Austauscher problemlos anschließt. Als Nachweisgrenze wurden 0,12 ppm U in einer 20 ml enthaltenden Probenlösung gefunden. Auch bei der Analyse von *Trans-Uranelementen* hat sich die RFA bewährt: Wallace et al. (1978) beschreiben die Bestimmung von Plutonium, wobei ultradünne Fenster im Spektrometer notwendig sind. Schließlich fand die WDRFA auch bei der Analyse von Ni, Ga und Ge in *Eisenmeteoriten* (Thomas und De Laeter 1972) erfolgreiche Anwendung. Die hierzu erforderliche Modifizierung des Spektrometers wird mitgeteilt; die gefundenen Konzentrationsbereiche betrugen 6,81...14,64% Ni; 20,2...90 ppm Ga,

<7...360 ppm Ge; Nachweisgrenze für Ga 3,3 ppm, für Ge 6,5 ppm; Genauigkeit: 4 bzw. 9 Rel.-%. Folgende Autoren setzten die WDRFA zur Analyse von Meteoriten- und Mondproben ein: Duncan et al. (1973), McCarthy et al. (1972), Ahrens (1970), McCarthy und Ahrens (1972), Willis et al. (1971), Rhodes et al. (1975).

EDRFA

Bei der EDRFA kommen in der geochemischen Prospektion und in der Prozeßkontrolle als Strahlungsquellen neben Röntgenröhren häufig Radionuklide zum Einsatz.

Im folgenden werden an einigen Beispielen die Bestimmung von chemischen Elementen in Mineralen und Erzen, in der Prozeßkontrolle, bei der Erzaufbereitung sowie in Gesteins- und Bodenproben zum Zwecke der geochemischen Prospektion erläutert.

Der Ausgangsstoff mineralischer Düngemittel besteht zum großen Teil aus Phosphatmineralen (z.B. Apatit $Ca_5[(OH/F)(PO_4)_3]$ die in Carbonatit- oder Phosphoritgesteinen enthalten sind.

In den Phosphorkonzentraten werden neben P und Ca die Elemente der Gangartminerale, z.B. Mg, Al, Si, S, Cl, K, Ti, V, Cr, Mn und Fe bestimmt. Die P_2O_5-Gehalte in den Phosphorkonzentraten können erheblich schwanken (etwa 4...35%); CaO beträgt zwischen 40% und 50%; Al_2O_3, SiO_2 und Fe_2O_3 1...5%; MgO, K_2O, TiO_2 und MnO treten meist in Gehalten <1% auf. Als Standardproben werden synthetische Eichproben und käufliche Erzstandardproben (z.B. NBS-Phosphatgesteinsstandardprobe) benützt. Die Nachweisgrenze für P in Phosphorerzen liegt bei 0,01%. Günstige Meßparameter sind: Mo- bzw. Rh-Anode (10...15 kV/50...100 μA), kein Filter, Vakuum, Meßzeit 200 s. Matrixkorrekturen müssen durchgeführt werden; Gedcke et al. (1979a) berücksichtigten für die Korrektur des Phosphors als "Störelemente" Al und Si, für Calcium die "Störelemente" Al, P und K, für Aluminium Mg und Si.

Titan ist in eigenständigen Ti-Mineralen (z.B. Titanit, Ilmenit) oder in Mischkristallen (z.B. Titanomagnetit) enthalten. Neben Ti werden die Elemente Al, Si, P, S, Cl, K, Ca, Cr, Mn, Fe sowie einige Spurenelemente (Ni, Cu, Zn, As, Y, Zr, Nb, Cd) bestimmt.

Mit Röntgenröhren geringer Leistung sind für die Anregung von TiKα folgende Meßparameter günstig: Mo- bzw. Rh-Anode (10...15 kV/50...100 μA), kein Filter, Meßzeit 200 s. Da bei der Bestimmung von Ti in Titanerzen auf niedrige Nachweisgrenzen nicht geachtet werden muß und auch Spurenelemente mit höheren Ordnungszahlen bestimmt werden sollen, können geänderte Meßbedingungen (Mo-Anode: 35 kV/50...100 μA, Mo-Filter, Vakuum, Meßzeit 200 s) eine Simultanmessung aller zu bestimmenden Elemente ermöglichen.

Nach Russ et al. (1978) ist Eisen als Targetmaterial bei der Verwendung von Hochleistungsröntgenröhren gut zur Anregung von TiKα geeignet.

Mangan kommt vorwiegend in oxidischen Manganmineralen vor. Von Bedeutung sind neben den Reicherzen auch die Manganknollen der Tiefsee, die wegen ihrer Gehalte an Co, Ni, Cu, Zn, Ga und Ge eine wichtige zukünftige Rohstoffquelle sein dürften. Als Sekundärtarget zur Anregung von MnKα ist Cu geeignet. Bei der Verwendung von Röntgenröhren geringer Leistung sind ähnliche Meßbedingungen wie bei der oben besprochenen Bestimmung der Titanminerale anzuwenden. Angaben über die Analyse von Mn und weiteren Elementen in Manganerzen und Manganknollen sind in den Ortec TEFA Analysis Reports (1975a, 1975b) enthalten.

Die Bestimmung von Nickel mittels EDRFA in Nickelsilicaterzen beschreiben Wheeler et al. (1977). Analysenfehler können sich hier besonders durch ungleichmäßige Korngröße der Probensubstanz ergeben. Als Anregungsbedingungen wurden gewählt: Rh-Anode (15 kV/50 µA), kein Filter, Vakuum, Meßzeit 100 s. Da neben Ni noch die Elemente Na, Mg, Al, Si sowie Cr und Fe in den Erzen enthalten sind, müssen die teilweise starken Matrixeffekte rechnerisch berücksichtigt werden. Die NiKα-Strahlung wird von Fe absorbiert (FeKab, 7,11 keV, ist etwas energieärmer als die NiKα-Linie, 7,47 keV), ebenso sind gegenseitige Beeinflussungen der Elemente Mg, Al, Si, Cr, Fe und Ni zu beachten. Unter Verwendung geeigneter Standardproben sind Absolutfehler von 0,03...0,24% erreichbar.

Silber ist bereits in ppm-Konzentrationen abbauwürdig. Deshalb ist bei Ag-Bestimmungen in silberhaltigen Gesteinen mit stark schwankenden Matrices zu rechnen. Da Silber oft im Mineral Bleiglanz (PbS) enthalten ist, das wiederum häufig zusammen mit dem Mineral Zinkblende (ZnS) vorkommt, ist die Zusammensetzung der Erze nicht nur silicatisch, sondern es machen sich auch schwerere Elemente bemerkbar. Dies sollte bei der Präparation von Eichproben und bei der Matrixkorrektur berücksichtigt werden.

Burkhalter (1971) verwendet synthetische Ag-Referenzproben, deren Grundbestandteil SiO_2 ist und die wechselnde Bestandteile an Fe, Zr, Ba und Pb enthalten. Als Strahlungsquelle verwendet der Autor das Radionuklid ^{125}I (27,5 keV und 31,0 keV), die Matrixkorrektur erfolgt mit Hilfe der Compton-Streustrahlung.

Bei Verwendung von Röntgenröhren als Strahlungsquelle zur Bestimmung von Ag sind geeignete Sekundärtargets (z.B. Zr, Mo) bzw. Filter (z.B. Mo) zu wählen. Die Analyse der Elemente Cu, Zn, Se, Ag, Cd, Au und Pb in erzhaltigen Gesteinen ist bei EDRFA-Geräten mit Röntgenröhren geringer Leistung unter folgenden Meßbedingungen durchführbar: Rh- oder Mo-Anode (40...50 kV/50...200 µA), Mo-Filter, Energiebereich 0...40 keV, Meßzeit 200...400 s, Vakuum. Eine Matrixkorrektur ist erforderlich.

Spatz und Lieser (1979) verwenden synthetische Kieselgelpräparate als Referenzproben für die Uranbestimmung. Sie benützen als Strahlungsquellen sowohl die Radionuklide ^{109}Cd bzw. ^{241}Am als auch Hochleistungsröntgenröhren mit Ag- bzw. Sn-Sekundärtarget. Analytische Schwierigkeiten ergeben sich bei geringen U-Konzentrationen, weil die $UL\beta_1$-Linie (17,23 keV) mit der ZrKβ-Linie (17,69 keV) koinzidiert. Die Matrixkorrektur erfolgt mittels der Compton-Streupeaks, die Nachweisgrenzen für U liegen bei 2 ppm (Anregung mit ^{109}Cd bzw. Röntgenröhre und Ag-Sekundärtarget) bzw. 4 ppm (Anregung mit ^{241}Am bzw. Röntgenröhre und Sn-Sekundärtarget).

Kumpulainen (1980) verwendet zur Bestimmung von Uran in geologischen Proben das Radionuklid ^{57}Co zur Anregung der UK-Strahlung und Ge(Li) als Detektor (Auflösung 650 eV bei 98 keV). Durch die Messung der UK-Linien anstelle der üblicherweise mit Si(Li)-Detektoren erfaßbaren UL-Linien treten geringere Matrixeinflüsse auf, ebenso machen sich Korngrößen- und Inhomogenitätseinflüsse weniger bemerkbar. Vane et al. (1980) setzen zur Urananalyse in Uranerzen ein mobiles Labor ein. Günstig zur Anregung ist eine Mo-Anode, da die MoK-Strahlung *eine* UL-Kante anregt, jedoch nicht die anderen; ein vorgeschaltetes Mo-Filter unterdrückt wirksam die Bremsstrahlung im Energiebereich des ULα-Peaks, was zu einer Senkung des Untergrundes führt. Messung, Berechnung und Ausdruck der matrixkorrigierten Ergebnisse erfolgen innerhalb von 60 s; die Konzentrationsbereiche der U-Eichkurven umfassen den Bereich von 50 ppm bis >5% U_3O_8. Wenn eine Röntgenröhre niederer Leistung benützt wird, eignen sich auch eine W-Anode

(40...45 kV/100 μA), Cd- bzw. Sn-Filter, Energiebereich 0...40 keV, Meßzeit 200...400 s, Vakuum, zur Anregung der koinzidenzfreien ULβ_2-Linie.

Zunehmend wird die EDRFA in der *Aufbereitungstechnik von Erzen* eingesetzt. Clayton und Packer (1980) verwenden zur Strahlungsanregung sowohl Radionuklide (^{241}Am) als auch Röntgenröhren in Verbindung mit Sekundärtargets. Sie empfehlen Ge als Sekundärtarget zur Bestimmung der Elemente Ni, Cu, Zn; ein Rh-Sekundärtarget für die MoK-Strahlung und die L-Linien schwerer Elemente wie Pb, Th, U.

Vane (1979b) berichtet über die Bestimmung von Mo und U in Flotationswässern (Ag-Anode: 30 kV/0,3...1,0 mA, 0,127 mm Ag-Filter, Meßzeit 100 s). Die Matrixkorrektur erfolgt mit Hilfe des Compton-Streupeaks. Die gleiche Korrekturmethode wenden Parus et al. (1979) bei der Bestimmung der Metallgehalte in Erzschlämmen und Carr-Brion (1974) bei derjenigen von Ag sowie Cu, Zn und As in aufgemahlenen Erzen an.

In der *geochemischen Prospektion mineralischer Rohstoffe* hat sich die EDRFA besonders aus zwei Gründen bewährt:

1. Durch die Verwendung von Radionukliden als Strahlungsquelle, die den Einsatz tragbarer Geräte ermöglichen und eine ausreichend exakte Elementbestimmung erlauben (z.B. Ball et al. 1979, Clayton und Packer 1980, Kramar und Puchelt 1981); häufig werden die Radionuklide ^{57}Co, ^{109}Cd, ^{241}Am und ^{238}Pu verwendet.
   RFA-Bohrlochmessungen lassen sich am besten mit Radionukliden als Strahlungsquelle und Halbleiterdetektoren durchführen.
2. Die RFA als Festkörper-Analysenmethode erleichtert die Präparation der Untersuchungsproben; selbst einfache Pulverschüttproben können ausreichend genaue Ergebnisse gewährleisten.

Da es bei der geochemischen Prospektion im allgemeinen nicht so sehr auf die exakte Bestimmung der interessierenden Elemente ankommt, sondern mehr auf einen hohen, möglichst unter geringem Aufwand erzielten Analysendurchsatz, genügen oft halbquantitative Ergebnisse bzw. sind ungünstigere Nachweisgrenzen nicht von vorneherein nachteilig. Dehm et al. (1983) bestimmten bei der Prospektion auf Antimon in mehr als 9000 Boden- und Gesteinsproben (Pulvertabletten) simultan 14 Spurenelemente (Ti, V, Cr, Co, Ni, Cu, Ga, Rb, Sr, Y, Zr, Sb, Ba, Pb) unter folgenden Meßbedingungen: Mo-Anode (45 kV/100 μA), Mo-Filter, Vakuum, Meßzeit 200 s. Eine Matrixkorrektur wurde durchgeführt; die Nachweisgrenze für Sb betrug 5 ppm.

Im Gegensatz zu Analysenmethoden wie AAS oder ICP-AES ist die Röntgenfluoreszenzanalyse grundsätzlich besser zur Bestimmung leichtflüchtiger Elemente (z.B. As, Sb, Hg) geeignet, weil die Präparation von Pulvertabletten so schonend ist, daß kein Konzentrationsverlust eintritt.

Ball et al. (1979) erreichten mit einem tragbaren EDRFA-Gerät bei der Prospektion auf die Elemente Ba und Sr zwar nur Nachweisgrenzen von 300 ppm bzw. 500 ppm; da aber in den beprobten Gesteinen die Durchschnittsgehalte ebenfalls gering waren, konnten geochemische Anomalien eindeutig erkannt werden.

Sollen in geologischen Proben extreme Spuren wie die Seltenerdeelemente (REE=rare earth elements) oder Edelmetalle erfaßt werden, kann auf die TRFA zurückgegriffen werden (Muia und Van Grieken 1991, Kregsamer und Wobrauschek 1991, Eller 1987). Während im erstgenannten Fall die Bestimmung direkt an der Aufschlußlösung erfolgen kann (möglichst Einsatz einer ≥100 kV-Röhre), ist im letztgenannten Fall zur Erzielung von Nachweisgrenzen bis in den unteren ppt-Bereich ein Anreicherungsschritt für den Analyten unumgänglich. Eller et al. (1989) konnten zeigen, daß bei geeigneter Probenaufbereitung die extreme Spurenanalyse auf Au, Pt, Pd und Rh mittels TRFA ebenso gut möglich ist wie mit der Atomabsorptionsspektrometrie mit Graphitrohr und Zeeman-Untergrundkorrektur (ZAAS); lediglich die Probeneinwaage muß bei der TRFA höher als bei der ZAAS sein.

Gesteine
In Gesteinen können sich neben den Haupt- und Nebenelementen O, Na, Mg, Al, Si, P, K, Ca, Ti, Mn und Fe, die zusammen meist zwischen 98 und 99 Gewichtsprozent betragen, praktisch alle natürlichen chemischen Elemente des Periodensystems in Konzentrationen von ppb (parts per billion) bis zu einigen tausend ppm (parts per million) befinden. Abgesehen von den Carbonatgesteinen (z.B. Kalkstein, Dolomit) und den Evaporiten (z.B. Steinsalz, Gips) bestehen die Gesteine der Erdkruste überwiegend aus Silicatmineralen. Etwa zur Hälfte bauen sich diese Minerale aus Sauerstoff auf; Silicium, Aluminium sowie Eisen, Magnesium, Calcium, Natrium und Kalium in meist geringeren Gehalten sind die wichtigsten Kationen. Obwohl Sauerstoff das am häufigsten vorkommende Element der Gesteine ist, wird generell auf seine Bestimmung verzichtet, da traditionsgemäß die Elemente — bedingt durch den Aufbau der Silicatstrukturen — als Oxide angegeben werden, wodurch eine indirekte Bestimmung des Sauerstoffs erfolgt. In der Praxis hat sich deshalb eine Regelung eingebürgert, nach der die Elemente der Vollanalyse (üblicherweise Na, Mg, Al, Si, P, K, Ca, Ti, Mn und Fe) jeweils als Oxide und nur die Spurenelemente als Elemente aufgeführt werden.

In Abschnitt 4.1 (Probenahme und Präparation) wurde eine Vielzahl von Präparationsmöglichkeiten erläutert. Besonders für die EDRFA ist eine sorgfältige Herstellung der Untersuchungspräparate sehr wichtig, denn die Eindringtiefe der Röntgenstrahlung in das Präparat ist bei Verwendung von Röntgenröhren niedriger Leistung äußerst gering (Austrittstiefe der Fluoreszenzstrahlung zwischen 0,01 und etwa 4 µm). Die zu messenden Oberflächen der Proben sind deshalb völlig staub- und berührungsfrei zu halten. Bedingt durch die geringe Eindring- bzw. Austrittstiefe ist deshalb bei der EDRFA noch mehr als bei der WDRFA auf sehr gute Homogenisierung der Proben und auf absolut gleichartige Behandlung von Eich- und Untersuchungsproben zu achten.

Grundsätzlich sind für geologische Festkörperproben zwei Präparationsmethoden zur quantitativen Analyse möglich: Herstellung von Pulverpreßlingen und Gießen von Schmelztabletten. Eine ausführliche Behandlung der prinzipiellen Präparationsmethoden erfolgte in Abschnitt 4.1. Im folgenden werden noch einige Sondermethoden besprochen:

Die Herstellung dünner Schmelztabletten (Dicke ca. 1 mm) mittels $Li_2B_4O_7$ und $NaNO_3$, für die allerdings eine Dickenkorrektur für Elemente mit $Z<26$ (Fe) durchgeführt werden muß, beschreiben Palme und Jagoutz (1977); damit ist auch die Röntgenfluoreszenzanalyse kleiner Probenmengen (max. 100 mg) möglich. Jagoutz und Palme (1978) stellen synthetische Schmelztabletten (Referenzproben) her, indem sie wäßrige Eichlösungen in Pt-Au-Gefäßen eintrocknen und SiO_2-Pulver als Matrix sowie Lithiumtetraborat und Natriumnitrat als Schmelzmittel zugeben.

Spatz und Lieser (1976) sowie Breitwieser und Lieser (1978) bevorzugen die Verwendung von Eichpräparaten mit Kieselgel als Grundsubstanz; dadurch werden Inhomogenitäten durch unterschiedliche Korngrößen weitgehend vermieden und darüber hinaus eine homogene Verteilung der Elemente in der Matrix erzielt. Die Herstellung der Eichproben erfolgt durch Mischen von Kieselgel (reinst., Korngröße 0,063...0,2 mm) mit den wäßrigen Eichlösungen eines oder mehrerer Elemente; mittels Rotationsverdampfer wird das Wasser entfernt. Überprüfungen ergaben, daß die in den Eichlösungen enthaltenen Elemente vollständig vom Kieselgel absorbiert werden. Der durchschnittliche Präparationsfehler beträgt 5%. John und Plesch (1978) verwendeten synthetische Referenzproben der Anglo-American Research Laboratories, Johannesburg (R.S.A.), mit einer Grundmatrix aus etwa 50% SiO_2, 20% Al_2O_3, 16% $CaCO_3$ und 14% Fe_2O_3, zu der weitere Analysenelemente in den Konzentrationen von 0,01% bis 0,05% zugefügt wurden. Zusätzlich zur Angleichung der synthetischen Standardprobenmatrix an die Matrix der Untersuchungspräparate kann auch die Methode der "Internen Standards" eingesetzt werden. LaBrecque et al. (1980) stellten für die Bestimmung von lateritischen Proben Eichsubstanzen her, die sich aus Al_2O_3 (955 mg) als Grundsubstanz und $SnCl_2$ (200 mg), $Ba(OH)_2$ (30 mg) und La_2O_3 (5 mg) als Internen Standard zusammensetzten.

Stehen nicht genügend oder keine Standardproben zur Verfügung, besteht die Möglichkeit, entweder die Compton-Streustrahlung als Referenz zu verwenden (z.B. Neff 1976, Giauque et al. 1977), oder aber man benützt die besonders durch die AAS- bzw. ICP-Technik bekannte Additionsmethode. Ein Beispiel für diese Analysentechnik geben Lichtfuß und Brümmer (1978) anhand der Bestimmung von Cr und Co in Sedimenten.

Bei der Analyse der Elemente Al (Z = 13) bis Br (Z = 35) kommt man nach Matsumoto und Fuwa (1979) ohne Standardproben aus; rechnerisch werden hier die Energien der Röntgenlinien sowie ihre Intensitäten berücksichtigt und auf diese Weise die Elemente K, Ca, Ti, Mn, Fe, Zn und Ga in geologischen Proben bestimmt. Die Untersuchungsproben werden mit drei internen Standardelementen versetzt. Die Güte des Verfahrens hängt in erster Linie von der Wahl und der Konzentration der internen Standardelemente ab. Darüber hinaus sollen die Röntgenlinien der zugefügten Elemente nicht zu nahe bei den Analysenlinien liegen und dürfen von vornherein nicht in der Probe enthalten sein. Die genannten Autoren wählten die Elemente Sc, Ni und Ge als Interne Standards.

Schließlich soll nicht vergessen werden, darauf hinzuweisen, daß zur Analyse von Oberflächengesteinen anderer Planeten die EDRFA mit Radionuklidanregung die Methode der Wahl darstellt (vgl. Physik in unserer Zeit: **13**, 161, 1982 und **14**, A5, 1983).

WDRFA

Da in den Abschnitten 4.1 und 4.2 schon ausführlich auf die Präparationsmethoden, insbesondere von geologischen Proben, eingegangen wurde und allgemeine Angaben zu den Meß- und Auswertemethoden (Abschnitt 4.2.1) sowie zu den meßtechnischen Grundlagen (Abschnitt 4.2.2) gemacht wurden, werden im folgenden spezielle Beispiele aus dem Gebiet der WDRFA besprochen, die seit den siebziger Jahren publiziert worden sind und die wesentliche Fortschritte im Vergleich zu dem im Kap. 4 referierten Schrifttum bei der Analyse von Gesteinen bringen. Für die Reihenfolge der Besprechung der Arbeiten ist der Gehalt der analysierten Elemente maßgebend, d.h., es wird zuerst die quantitative Analyse von Haupt- und Nebenelementen und daran anschließend die Spurenelementanalyse behandelt; allerdings lassen sich auch hier, je nach Inhalt der referierten Arbeiten, gewisse Überschneidungen nicht immer vermeiden.

Für Explorationszwecke können beim US Geological Survey 6 Referenzproben (GXR-1...6) bezogen werden, die von Allcott und Lakin (1978) beschrieben werden und deren Haupt-, Neben- und Spurenelementgehalte mit Hilfe der WDRFA unter Vergleich mit anderen Methoden (AAS, ICP, INAA u.a.) von Kennedy et al. (1983) bestimmt worden sind.

Le Houillier et al. (1977) führen aus, wie der *Glühverlust* (loi = loss on ignition) der Probensubstanz, der sich infolge des Schmelzens mit einem Flußmittel ergibt, bei der RFA zu berücksichtigen ist, wenn auf die umständliche separate Bestimmung des Glühverlustes verzichtet werden soll. Ausgehend von der von Tertian (1975) formulierten Eichmethode für Bauxite wird der Glühverlust als ein volumenloses Element B mit dem Massenschwächungskoeffizienten $(\mu/\rho)_B$ aufgefaßt. Für dieses virtuelle Element B kann ein entsprechender Einflußkoeffizient α_B für die sonstigen anwesenden Elemente bestimmt werden. Für die binären bzw. ternären Systeme $CaCO_3$-$ZnCO_3$ bzw. $CaCO_3$-$ZnCO_3$-loi werden gemäß der Beziehung nach Claisse-Quintin (1967) Beispiele für die rechnerischen Korrekturen des Glühverlustes gegeben; letztere stimmen mit den praktisch ermittelten Werten gut überein. Nach Claisse-Quintin lautet der Rechenansatz für ein Zweikomponentensystem:

$$C_A = R_A\,(1 + \alpha_B C_B + \alpha_{BB} C^2),$$

wobei

A Analyt,

B beeinflussendes Element,

R_A normalisierte Intensität.

Unter Einbeziehung von loi kann der Rechenansatz auf ein Dreikomponentensystem erweitert werden.

Das *Schmelzaufschlußverfahren* nach Govindaraju und Montanari, bei dem 650 mg Gesteinsprobe mit 650 mg Li_2CO_3 und 1,3 g Borsäure im Graphittiegel bei 1080 °C aufgeschlossen wird, beinhaltet das Lösen der zu dünnen Folien ausgewalzten Schmelze in verdünnter HNO_3 im Verhältnis 1:4; in dieser mit dem Austauscherharz Dowex 50W (oder Amberlite GC1 20) versetzten Lösung werden die Kationen (mit Ausnahme von Na und Si) auf dem Harz abgeschieden. Nach dem Trocknen des beladenen Harzes bei 105 °C wird dieses in dünner Schicht auf eine selbstklebende Folie aufgebracht. Das Hauptziel der Arbeit galt der Erfassung der Betriebskonstanz von Gesteinsstandardproben über einen Zeitraum von 8 Monaten (Plesch, Siemens Analysentechn. Mitt. Nr. 248). Die Standardproben GH, GS-N (Granit), DR-N (Diorit), BR (Basalt), UB-N (Serpentinit) wurden mit jeweils drei Präparaten an einem Sequenzspektrometer bei Anregung durch eine Röntgenröhre mit Chromanode (55 kV/46 mA) und mit Hilfe eines 0,4 mm-Kollimators gemessen; die weiteren Meßbedingungen waren folgende:

Tabelle 5.8 WDRFA Meßparameter nach Schmelzaufschluß (nach Govindaraju 1982)

Element/Linie	Kristall	Detektor	Meßzeit s
FeKα	LiF(200)	SZ	20
TiKα	LiF(200)	DZ	20
CaKα	LiF(200)	DZ	10
KKα	LiF(200)	DZ	20
AlKα	KAP	DZ	40
MgKα	KAP	DZ	100

Untergrundmessung und -korrektur entfielen. Geeicht wurde mit Blindproben und zum Teil synthetischen Referenzproben. Die Eichkurven blieben innerhalb von 1...2 Wochen konstant;

Tabelle 5.9 Vergleich der Eichdaten bei der iterativen Untergrundbestimmung und bei Verwendung von Blindproben (nach Parker 1978)

	SiO_2	TiO_2	Al_2O_3	Fe_2O_3	MnO	MgO	CaO	K_2O	P_2O_5	Cr_2O_3	NiO
Untergrund durch Iteration (Imp./s)	49	172	16	61	144	44,0	81	27	59	665	146
Untergrund mit Blindprobe (Imp./s)	27	201	22	49	144	47,5	96	29	51	654	141
Mittlerer relativer Fehler (%)											
mit Iteration	0,52	1,98	0,68	1,49	9,14	5,39	1,73	0,90	6,06	13,75	9,28
mit Blindprobe	0,53	4,50	3,66	1,60	9,17	8,77	1,93	0,92	8,66	32,48	11,04
Mittlerer absoluter Fehler (%)											
mit Iteration	0,339	0,008	0,080	0,098	0,011	0,175	0,049	0,027	0,013	0,014	0,005
mit Blindprobe	0,343	0,011	0,090	0,102	0,011	0,190	0,054	0,027	0,018	0,019	0,006
Anzahl der Standardproben	12	12	8	14	6	12	12	12	6	4	6
Konzentrationsbereich der Standardproben (Gew.-%)	39... 76	0,08... 2,7	0,26... 17,4	1,3... 17,0	0,03... 0,78	0,38... 49,7	0,68... 14,2	0,25... 15,4	0,14... 0,50	0,01... 3,6	0,01... 0,31

frisch präpariertes Austauscherharz erforderte die Aufstellung neuer Eichkurven. Innerhalb von 8 Monaten ergab sich kein wesentlicher systematischer Fehler für die mittleren Konzentrationen und deren Abweichungen von den empfohlenen Konzentrationswerten; die Richtigkeit der Analysen war somit gewährleistet. Ursache zufälliger Fehler waren neben der Impulsstatistik noch Fehler bei der Präparation, Fehler am Röntgenspektrometer, Fehler durch Vernachlässigung des Untergrundes und bei der Berechnung der Steigung der Eichgeraden sowie Auf- und Abrundungsfehler. Da die Standardabweichungen des jeweiligen Mittelwertes für die Elemente Mg, Al, K, Ca, Fe etwa dreimal so groß waren wie die Unterschiede der Mittelwerte selbst, wichen diese nicht signifikant voneinander ab. Damit konnte in dem genannten Zeitraum kein statistisch signifikanter zufälliger Fehler festgestellt werden. Das Element Ti wurde weggelassen, weil seine Konzentration sehr viel geringer ist als die der anderen Elemente.

Bei der Bestimmung von Haupt- und Nebenelementen (Mg, Al, Si, P, K, Ca, Ti, Cr, Mn, Fe, Ni) an Schmelztabletten (hergestellt nach Norrish und Hutton 1969 bzw. Harvey et al. 1973) bietet die *Untergrundbestimmung mit Hilfe einer iterativen Technik* nach Parker (1978) Vorteile gegenüber der üblichen Untergrundmessung neben dem Peak oder der Verwendung von Blindproben. Bei dieser Technik wird auf iterativem Wege der Untergrund solange erhöht, bis sich die günstigste Eichkurve ergibt. Die Kriterien für die Güte der Eichkurve sind die aus den korrigierten Impulsraten errechneten mittleren relativen und absoluten Fehler, die an Internationalen Standardproben ermittelt werden. Die sukzessive Erhöhung der Zählraten für den Untergrund ist von einem abnehmenden mittleren relativen Fehler bis zu einem Minimum begleitet, das dem günstigsten Untergrundwert entspricht; anschließend steigt der Fehler wieder an. Die Prozedur wird zweckmäßig mit einem Rechner ausgeführt. Die auf iterativem Wege aufgestellte Eichkurve für 0,09...2,24% TiO_2 wird als Beispiel mitgeteilt. Ein Vergleich der Eichdaten bei der iterativen Technik und mit Hilfe von Blindproben zeigt, daß erstere wirksamer und schneller ist. Beide Methoden sind aber der Auswertung mit Untergrundmessung neben dem Peak überlegen.

Die *sog. zweifache Verdünnungsmethode* (Tertian und Géninasca 1972) ist ein einfaches Rechenverfahren für *Haupt- und Nebenelemente* (Fe_2O_3, MnO, TiO_2, CaO, K_2O, P_2O_5, SiO_2, Al_2O_3) bei der Analyse von Silicaten mit Hilfe von zwei Serien von Schmelztabletten mit unterschiedlichen Verdünnungsstufen (s. auch Abschnitt 4.1). Die an 14 internationalen Standardproben ausgeführten Testbestimmungen stimmen mit den empfohlenen Werten innerhalb von 1 Rel.-% überein; bei sehr niedrigen Gehalten sind sogar noch günstigere Resultate zu verzeichnen. Die beschriebene Methode hat den Vorteil, daß keine mathematischen Korrekturmethoden verwendet werden und sich daher ein Rechner erübrigt. Für die Analyse von Mineralen, Erzen und Gesteinen ist diese Methode mit Erfolg getestet worden.

Schroeder et al. (1980) beschreiben die Analyse von Haupt-, Neben- und Spurenelementen in ozeanischen Gesteinen. Zur Bestimmung der Hauptelemente wird die Herstellungsweise von Schmelztabletten, für die der Spurenelemente diejenige von Pulverpräparaten genau angegeben. Die Hauptelemente werden durch eine Röntgenröhre mit Cr-Anode, die Spurenelemente durch eine solche mit W-Anode, jeweils bei 60 kV, angeregt und an einem automatischen Spektrometer unter den folgenden Bedingungen gemessen:

Tabelle 5.10 Meßbedingungen für Haupt- und Nebenelemente in Ozeanbodengesteinen (nach Schroeder et al. 1980)

Element	Anregung mA	Kristall	Peak 2θ (°)	Untergrund 2θ (°)	Kollimator	Meßzeit	
						Peak s	Untergrund s
Fe	30	LiF(200)	57,52	55,30	G	25	10
Mn	30	LiF(200)	62,97	62,30	G	25	25
Ti	30	LiF(200)	86,14	89,10	G	25	10
Ca	10	LiF(200)	113,09	121,10	F	35	10
K	30	PET	50,69	54,80	G	25	10
P	40	PET	89,57	91,50	G	100	50
Si	30	PET	109,21	107,00	G	60	10
Al	30	TAP	37,80	35,00	G	50	20
Mg	40	TAP	45,17	44,00	G	90	60
Na	40	TAP	55,10	56,60	G	95	85

G = grob; F = fein; es wurde mit DZ und SZ gemessen;
Cr-Röhre, 60 kV

Tabelle 5.11 Meßbedingungen für Spurenelemente in Ozeanbodengesteinen (mit DZ und SZ gemessen)
(nach Schroeder et al. 1980)

Elementlinie	Kristall	Peak 2θ(°)	Untergrund 2θ(°)	Kollimator	Meßzeit		Untergrundfaktor
					Peak s	Untergrund s	
NbKα	LiF(200)	21,36	20,90	G	100	80	0,950
ZrKα	LiF(200)	22,46	23,10	G	50	50	1,060
YKα	LiF(200)	23,72	24,40	G	80	80	1,060
SrKα	LiF(200)	25,06	24,40	G	50	50	0,947
RbKβ	LiF(200)	26,54	28,00	G	80	80	1,125
ZnKα	LiF(200)	41,80	42,20	F	70	50	1,000
CuKα	LiF(200)	45,03	45,70	F	80	40	1,920
NiKα	LiF(200)	48,66	48,10	F	80	40	1,000
CrKα	LiF(200)	69,36	70,38	G	130	50	1,100
CeLβ_1	LiF(200)	71,70	72,60	G	100	100	1,040
VKα	LiF(200)	76,93	75,90	F	130	50	1,000
FeKβ	LiF(220)	76,16	75,00	G	40	20	1,000
CoKα	LiF(220)	77,86	79,00	G	105	75	1,100
BaLβ_1	LiF(200)	79,24	80,30	G	100	100	1,500
TiK	LiF(200)	86,14	89,10	F	40	20	1,300

G = grob
F = fein
W-Röhre, 60 kV

Als Referenzproben dienten Internationale Gesteinsstandardproben und synthetische Gemische; die Eichung und die Ermittlung von Absorptions- und Verstärkungs-Koeffizienten erfolgten nach Rasberry und Heinrich (1976). Konstanten sowie Koeffizienten werden für die Hauptelemente angegeben. Für die Berechnung von Untergrund- und Überlappungsfaktoren stand ein Computerprogramm des Geräteherstellers zur Verfügung. Zur Kontrolle wurden bei jedem Meßzyklus in Routine einige Gesteinsstandardproben mitgemessen. Die Resultate für Rb und Sr nach der Isotopenverdünnungsmethode bestätigen eine ausgezeichnete Übereinstimmung mit den Werten nach der WDRFA.

Zur Systematisierung der Gesteinsanalyse auf 6 Haupt- und 8 Spurenelemente stellte Galán (1976) zwölf *synthetische Referenzmischungen* durch Sintern bei 1200 °C her. Die Auswertung der Hauptelemente Mg, Al, Si, K, Ca, Fe und der Spurenelemente Mn, Cu, Zn, Mo, Ag, Sn, Sb und Pb erfolgte mit einem Computerprogramm, das die Gleichungen, Korrekturfaktoren und alle sonstigen Operationsparameter beinhaltet. Für eine vollständige Analyse der oben angegebenen 14 Elemente ist eine Zeitdauer von 6 min anzusetzen. Im Vergleich zu den auf chemischem Wege ermittelten Resultaten wurden für die Hauptelemente Genauigkeiten <2 Rel.-% und für die Elementspuren solche von ca. 6 Rel.-% gefunden.

Fabbi et al. (1976) beschreiben den *nachträglichen Anschluß eines PDP-Computers an eine RFA-Anlage zur Prozeßkontrolle.* Dabei gelangte ein mehrfaches lineares Regressionsprogramm (MLRP= Multiple Linear Regression Programm), mit drei zu wählenden Gleichungstypen ((0), (1), (3)) nach Art der empirischen Polynome für die Erstellung linearer Eichkurven zum Einsatz:

Gleichungstyp (0): $C_0 = B_0 + I_1 (B_1 + B_2I_2 + B_3I_3 + ... B_nI_n)$,
Gleichungstyp (1): $C_1 = B_0 + B_1I_1 + B_2I_2 + B_3I_3 + ... B_nI_n$,
Gleichungstyp (3): $C_3 = B_0 + (I_1 + B_2I_2) \cdot (B_1 + B_3I_3 + ... B_nI_n)$,

B_0, B_1, B_2 ... B_n sind Koeffizienten.

Bei dem MLRP-Programm werden Absorptions- und Verstärkungseffekte mittels der Gleichung (0) korrigiert, mit Gleichung (1) Linienkoinzidenzen und variable Untergrundeffekte (z.B. die Störung von VKα durch TiKβ). Aus den Gleichungen ergeben sich die Koeffizienten B_0, B_1 und B_2. Dieses Interelementkorrekturprogramm wurde für die *Bestimmung von S, K, Zn, As, Rb, Sr, Y, Zr, Sb, Ba in Gesteinen* (Konzentrationsbereich 0,0025% bis 4,0%) angewendet.

In der von Fabbi et al. (1976) vorgestellten Anlage schalten sich bei Beginn des Meßprogramms Röhre und Vakuumpumpe ein; bei Erreichen des Vakuums wird die Zählerversorgungsspannung eingeschaltet, dann der Kristallwechsler; nach einer vierminütigen Pause startet die Impulsmessung von Untersuchungs- und Standardproben. Für letztere wurde eine vierfache, für eine stets mitlaufende Kontrollprobe die sechsfache Zählzeit gewählt, um genaue Eichkurven zu gewährleisten. Der Rechenvorgang erfolgt in der Weise, daß für jedes Element zunächst eine Eichkurve ohne Korrektur berechnet und ausgedruckt wird. Dann folgen die linearen Regressionskurven. Sofern die Matrix unterschiedlich ist, also z.B. carbonatisch oder silicatisch, wird das Programm für beide Matrices nochmals getrennt durchgeführt. Es ergab sich, daß die Eichkurven für die Elemente S, K, Zn, As, Sr und Sb nur nach Gleichung (0) korrigiert zu werden brauchen. Für die Eichkurven von Y und Zr ist die Korrekturgleichung (1) notwendig; für diejenigen von Rb und Ba dagegen sind alle drei Korrekturgleichungen erforderlich.

Die Genauigkeit der Bestimmungen lag sowohl für silicatische als auch carbonatische Proben zwischen 1 und 7 Rel.-% (mit Ausnahme für die von Y: 13,8 Rel.-%).

An der oben beschriebenen Anlage bestimmten King et al. (1978) Neben- und Spurenelemente von silicatischen Gesteinsstandardproben. Durch das Verhältnis von Binder zu Probe von 85:15 (Binder: 28% Paraffinpulver und 72% Methylcellulose) waren die Tabletten sehr widerstandsfähig gegen Röntgenstrahlung und mechanisch sehr stabil. Weitere Verbesserungen des Computerprogramms erhöhten die Genauigkeiten der Bestimmungen der Elemente Na, Mg, P, K, Ca, Sc, Ti, V, Cr, Fe, Ni, Zn, Rb, Sr, Y, Zr, Ba. Die Nachweisgrenzen für Zn, Rb, Y und Zr konnten um die Hälfte gesenkt werden. Schließlich wurde eine gute Übereinstimmung mit den auf chemischem Wege gefundenen Resultaten festgestellt.

In einer vorbildlichen Arbeit beschreiben Feather und Baumgartner (1983) die simultane Bestimmung von 36 Elementen (F, Na, Al, Si, P, S, K, Ca, Ti, V, Cr, Mn, Fe, Co, Ni, Cu, Zn, As, Se, Rb, Sr, Y, Zr, Nb, Mo, Sn, Sb, Te, Ba, Ta, W, Pb, Bi, Th, U). Eine ähnliche Methodik für die Bestimmung der Hauptelemente (Na, Mg, Al, Si, P, K, Ca, Ti, Mn, Fe) in geologischen Proben beschreiben Cross und Wilson (1983).

Chappel (1990) gibt die instrumentellen Bedingungen für die Spurenelementbestimmung an, d.h. für 28 Elemente (S, Cl, V, Cr, Mn, Co, Ni, Cu, Zn, Ga, As, Rb, Sr, Y, Zr, Nb, Sc, Mo, Sn, Cs, Ba, La, Ce, Pt, Nd, Pb, Th, U) und geht auf Untergrundmessung, Matrixkorrekturen, Mikroabsorptionseffekte, Nachweisgrenzen und auf Vor- und Nachteile der Methode ein. Weitere spezielle Techniken der RFA werden von Samuelson und McConnel beschrieben (Anwendung des Comptoneffektes 1990).

Auch Nesbitt et al. (1976) betonen, daß bei der Bestimmung von *Spurenelementen* der Bezug auf die Matrix notwendig ist. Zwischen der Intensität des Streustrahlungspeaks der Röhrenemissionsstrahlung und dem Massenschwächungskoeffizienten wurde für eine Reihe von Elementen, deren Linien zwischen 0,0429 nm (SnKα) und 0,174 nm (FeKβ) liegen, sehr gute Korrelation gefunden; diese Untersuchung wurde an den Gesteinsstandardproben G2, GSP, GR, GH, GA, GSN, T1, AGV, BCR, BR, PCC, DTS durchgeführt.

Leoni und Saitta (1977) verwendeten die *Compton-Streustrahlungsintensität von AgKα* zur Matrixkorrektur bei der Bestimmung von Spurenelementen, deren Analysenlinien kürzer als die Absorptionskante von Fe (0,1743 nm) sind oder zwischen den Absorptionskanten von Fe und Ca (0,3070 nm) liegen, sofern der Eisengehalt der Probe bekannt ist. Die Berechnung der Massenschwächungskoeffizienten erfolgte nach Franzini et al. (1976). Durch Messung der Intensitäten der Linien CsLβ_1, BaLβ_1, CeLβ_1, PbLβ_1, LaLα, PrLα, NdLα, ThLα ließen sich Spurenelementkonzentrationen in 24 Internationalen Gesteinsstandardproben mit einer Genauigkeit von etwa 3 Rel.-% bestimmen. Eine im Konzept ähnliche Methode beschreibt Broothaers (1979), der den Compton-Streupeak von einer mit einem Nickelfilter versehenen Wolframröhre zur Matrixkorrektur bei der WDRFA von Ti, Mn, Fe, Cu, Zn und Pb in erzhaltigen Gesteinen benützt.

Bougault et al. (1977) befaßten sich mit der Auswirkung von *instrumentellen Störungen* und ihrer Behebung bei der RFA von Spurenelementen, und zwar in Proben von 10 Internationalen Gesteinsstandards und 9 basaltischen Gläsern. Bezüglich der Streuintensität wird zwischen derjenigen der Probe und der Störstrahlung aus dem Instrument unterschieden. Die Parameter werden nach einem Computerprogramm errechnet, dessen Flußdiagramm dargestellt ist. Es wird gezeigt, daß bei unterschiedlichen instrumentellen Bedingungen (z.B. Au- und Mo-Röhre) derartige "Störungen" Gehalte bis zu 200 ppm vortäuschen; diese können aber erkannt und entsprechend berücksichtigt werden, so daß die Genauigkeit der Bestimmungen von Ni, Rb und Zr nicht beeinträchtigt wird.

Dem heutigen Stand und der Verbreitung der physikalisch-instrumentellen Verfahren auf dem Gebiet der Silicatanalyse Rechnung tragend, hat Stern (1979) der RFA von *Haupt-, Neben- und Spurenelementen* in silicatischen Gesteinsproben eine sehr sorgfältige und kritische Studie gewidmet. Die einzelnen Schritte beim Schmelzaufschluß für Haupt- und Nebenelemente, auch bezüglich der verwendeten Chemikalien und Geräte, werden im Detail besprochen; dann folgen Anmerkungen zu den Meßbedingungen und zur Auswertung. Ebenso wird für die Spurenelementanalyse die Präparation von Pulvertabletten, die Meßtechnik und das Matrixkorrekturverfahren einschließlich der Analysenparameter für Cl, Sc, Cr, Co, Ni, Cu, Zn, Rb, Sr, Zr und Ba angegeben. Das Zugabeverfahren bei unbekannter Matrix ist graphisch dargestellt. Diese hilfreichen Ausführungen sollte sich jeder experimentell tätige Analytiker zu eigen machen.

Eine andere Arbeit von Stern (1976) behandelt ausschließlich die *RFA von Spurenelementen* (Sc, Cr, Co, Ni, Cu, Zn, Rb, Sr, Zr, Mo, Ba, Pb, U) in 16 Internationalen Gesteinsstandardproben und drei weiteren Referenzproben. Im Vergleich zu der vorher genannten Arbeit werden hier noch weitere wertvolle Einzelheiten zur Präparation und mathematischen Korrektur mitgeteilt und die Resultate mit denjenigen anderer Autoren verglichen.

Die nachfolgend zitierten Publikationen befassen sich mit der *WDRFA einzelner Spurenelemente in geologischen Proben;* in diesen Arbeiten werden wichtige Hinweise für die exakte Durchführung der Analysen gegeben, die hier jedoch aus Platzgründen nicht im einzelnen referiert werden können. Es handelt sich um quantitative Bestimmungen von *Chlor* (Stern 1977), *Schwefel* (Wannemacher und Heilmann 1980), *Vanadium* (Goshi et al. 1975), *Chrom und Vanadium* (Brändle et al. 1974), *Rubidium und Strontium* (Verdurmen 1977), *Rubidium und Strontium* unter Anregung mit einer Rhodiumröhre (Harvey und Atkin 1981) sowie von *Yttrium und Niob* (Leoni und Saitta 1976) und von *Arsen* (Ward 1987 und Basu et al. 1987). Dow (1982) beschreibt einen statistischen Vergleich von Resultaten an geschmolzenen und gepreßten Proben.

EDRFA

Die mit der EDRFA bestimmbaren *Haupt- und Nebenelemente* einer Gesteinsvollanalyse sind Na, Mg, Al, Si, P, K, Ca, Ti, Mn, Fe; dazu können bei erzreichen Gesteinen noch S sowie eine Reihe von Wertmetallen (z.B. V, Cr, Co, Ni, Cu) kommen.

Ihre Bestimmung erfordert eine Aufteilung in einzelne Analysenprogramme. Dies ist vor allem auf die teilweise weiten Konzentrationsbereiche einiger Elemente (z.B. Mg, Al, Si, Ca, Fe) zurückzuführen, die es bei nicht befriedigenden Matrixkorrektur-Programmen notwendig erscheinen lassen, die Eichkurvenbereiche der einzelnen Elemente klein zu halten. Sinnvollerweise wird dazu die petrographische Einteilung der Silicatgesteine benützt und deren typische SiO_2-Konzentrationen als Unterteilungsprinzip herangezogen. Somit können Eichkurven für Gesteine mit granitischer (etwa 60...80% SiO_2), dioritischer (etwa 52...60% SiO_2) und basaltischer (etwa 40...53% SiO_2) Zusammensetzung aufgestellt werden. Ebenso sind eigene Programme für die Gruppe der Ultrabasite (z.B. Dunite, Pyroxenite), der Carbonatgesteine, der Kalksilicate sowie der Evaporite erforderlich. Obwohl die Bestimmung der Spurenelemente mittels anderer Meßparameter erfolgt, ist eine solch differenzierte Aufteilung in einzelne Meßprogramme wie bei den Haupt- und Nebenelementen nicht notwendig. Vielmehr genügt es im allgemeinen, jeweils Eichkurven für die Gruppe der Silicat- und der Carbonatgesteine aufzustellen.

Im folgenden werden die Möglichkeiten und Probleme der Analyse der Haupt-, Neben- und Spurenelemente einiger silicatischer Gesteine und Carbonatgesteine mit Hilfe der EDRFA dargestellt.

Unter anderen berichten Lantos und Litchinsky (1981) und Kramar und Puchelt (1981) über die in situ-Analyse von Gesteinen unter Einsatz von Radionukliden als Strahlungsquelle; dennoch wird üblicherweise die quantitative Bestimmung geologischer Proben im Labor durchgeführt. Die Ursachen dafür sind vielfältig und liegen in der sorgfältig durchzuführenden Präparation der Untersuchungsproben, der besseren Eignung von Röntgenröhren zur Fluoreszenzanregung leichter Elemente sowie auch der Notwendigkeit, umfangreiche Matrixkorrekturen mit Hilfe von Rechenanlagen durchzuführen.

Aufgrund ihrer granitoiden Pauschalzusammensetzung können folgende Gesteinstypen mit einem einzigen gemeinsamen EDRFA-Meßprogramm erfaßt werden:

Granite, Granodiorite, Rhyolithe, Dazite usw.; Sandsteine, Arkosen, z.T. Grauwacken; Gneise, Quarzglimmerschiefer, z.T. Quarzite.

Bei Untersuchungsproben mit *granitischer Zusammensetzung* hat sich eine Anzahl von 14 bis 16 Eichproben bewährt; damit ist gewährleistet, daß nicht vertrauenswürdige Standardproben oder solche, die schlecht in die Eichkurven passen, rechnerisch eliminiert werden können. Gleichzeitig ergibt sich durch den Vergleich der "empfohlenen Standardwerte" mit denen durch die Eichkurve bestimmten auch eine Kontrollmöglichkeit, die Güte der verwendeten Standardproben und die Sorgfältigkeit der Präparation sowie etwaige Gerätedrifts zu erkennen. Neben den bekannten Internationalen Standardproben, z.B. G-2, GSP-1, GA oder GM, die wegen ihres ähnlichen Mineralbestandes chemisch ähnlich sind und eine ungleichmäßig besetzte Eichkurve ergeben, erweist es sich als sinnvoll, durch "synthetische" Referenzproben — beispielsweise homogene Mischungen zweier Internationaler Gesteinsstandardproben — für eine gleichmäßige Besetzung der Eichkurven zu sorgen.

In Bild 5.4 ist am Beispiel einer SiO_2-Eichkurve für granitische Proben unter anderem die Ergänzung von Besetzungslücken durch solche, in geeigneter Weise zusammengesetzte "synthetische" Eichproben dargestellt.

Für die Bestimmung der Haupt- und Nebenelemente von granitischen Gesteinsproben werden allgemein niedrige Anodenspannungen (10 kV) und verhältnismäßig hohe Anodenströme (100...200 μA) bei Verwendung von Röntgenröhren (Rh-, Mo-, W-Anode) geringer Leistung benützt; der zu erfassende Energiebereich ist 0...10 keV. Die Messung erfolgt üblicherweise ohne Filter; in manchen Fällen kann ein Cellulose-Filter die Nachweisgrenzen der leichten Elemente verbessern. Neff (1976) setzt eine Hochleistungsröntgenröhre mit Mo-Anode (45 kV/30 mA) als Primäranregungsquelle in Verbindung mit einem Mo-Sekundärtarget ein.

In Bild 4.18 ist ein charakteristisches EDRFA-Spektrum eines granitischen Gesteins dargestellt. Bei der Analyse granitischer Gesteine auf Haupt- und Nebenelemente kann normalerweise auf das Setzen von Untergrundpunkten verzichtet werden.

Für Na, Mg, Al, Si, P und Ca sollte immer eine Matrixkorrektur erfolgen, doch auch die Eichkurven der anderen Elemente (K, Ti, Mn, Fe) erfahren dadurch eine weitere, wenn auch nicht so deutliche Verbesserung. In geologischen Proben verursachen die teilweise hohen bzw. stark wechselnden Al-, Si-, Ca- und Fe-Gehalte nach Gedcke et al. (1979b) folgende Matrixeffekte (Bild 5.5):

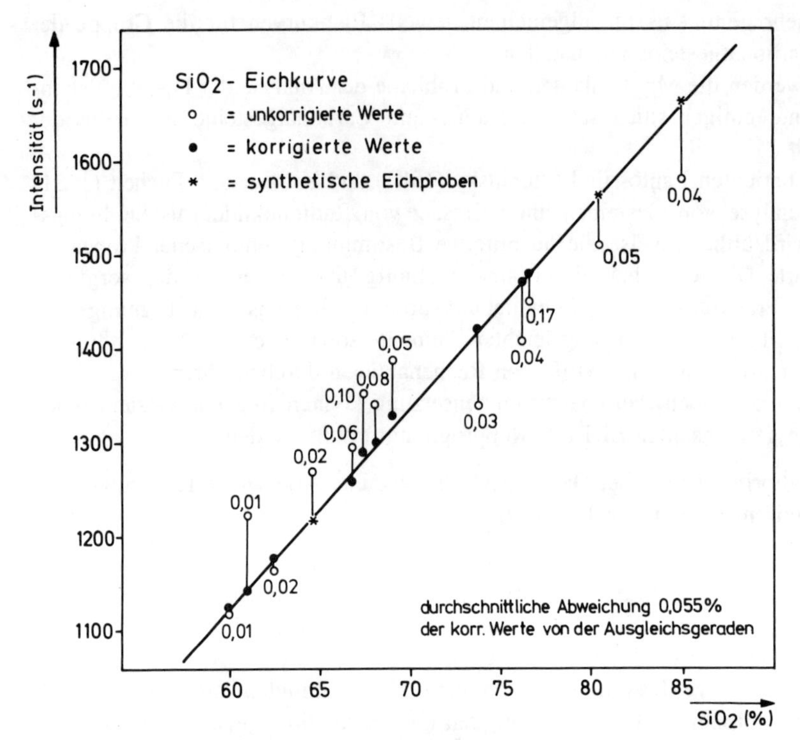

Bild 5.4 Eichkurve für SiO_2 von Graniten (EDRFA)

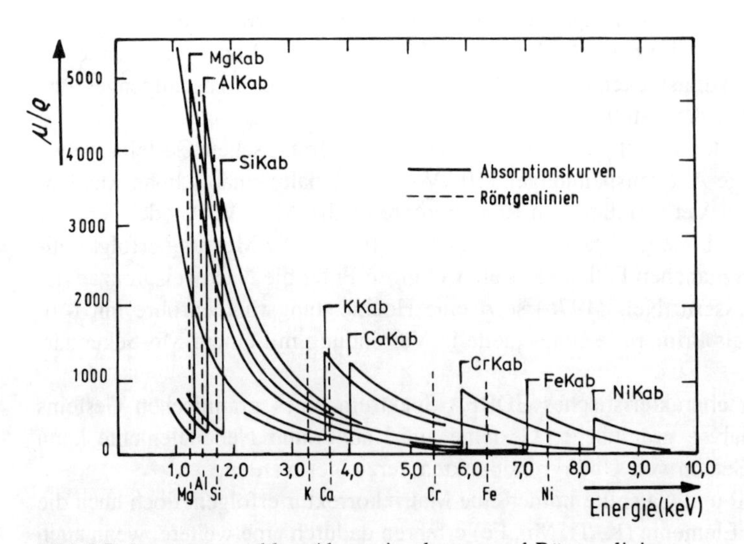

Bild 5.5 Lage ausgewählter Absorptionskanten und Röntgenlinien

- Die SiKα-Strahlung wird durch Al absorbiert, weil die AlKab (1,56 keV) nur wenig unterhalb der SiKα-Energie (1,74 keV) liegt;
- die AlKα-Strahlung wird deswegen durch die SiKα-Strahlung zusätzlich angeregt;
- die CaKα-Strahlung (3,69 keV) befindet sich nur knapp oberhalb des Energiewertes der KKab (3,607 keV) und wird somit stark durch K absorbiert, das auch selbst angeregt wird;
- die MgKα-, AlKα- und SiKα-Fluoreszenzstrahlungen werden durch Fe absorbiert; ähnlich wirken Cr und Sr, sofern sie in beträchtlichen Konzentrationen auftreten.

Franzini et al. (1976b) erkannten und bestimmten folgerichtig die wechselseitigen Matrixeinflüsse der Elementpaare Fe-Ca, Fe-Si, Ca-Si und Si-Al. Lodha et al. (1989) widmeten sich der Bestimmung der Elemente Y, Zr, Ba, La und Ce.

Am Beispiel eines Matrixkorrekturprogramms soll im folgenden die Korrektur der EDRFA-Meßwerte geologischer Proben erläutert werden. Das hier angewandte Verfahren beruht grundsätzlich auf der Gl.(4.36); sie ist eine Modifikation des Beerschen Gesetzes von Zemany et al. (1954), wurde von Hasler und Kemp (1957) überarbeitet und schließlich für die praktische Anwendung von Gedcke et al. (1979b) umgeformt:

$$C_i = b_{0i} + b_{1i} I_i \exp[\sum_j \alpha_{ij}' (\bar{I}_j - I_j)] \; , \tag{5.3}$$

C_i Konzentration des Elements i in der Matrix,
i analysiertes Element,
j das das Element i beeinflussende Element j,
I_i Intensität (Impulse/s) des Elements i,
b_{0i} y-Achsenabschnitt der linearen Eichkurve,
b_{1i} Steigung der linearen Eichkurve,
I_j Intensität (Impulse/s) des beeinflussenden Elements j,
$\bar{I}_j$ Mittelwert von I_j,
α_{ij} Korrekturkoeffizient (Einfluß des Elements j auf das Element i auf Grundlage der benützten Standardproben).

Die Größen b_{01}, b_{1i}, α_{ij}' und $\bar{I}_j$ werden vom Rechner während der gleichzeitigen Messung einer weiteren Probe ermittelt.

Aus Gl.(5.3) wird deutlich, daß nur die Intensitäten und Konzentrationswerte der Standardproben bei dieser Methode der Matrixkorrektur eine Rolle spielen. Dies bedeutet die Notwendigkeit einer großen Anzahl verläßlicher Standardproben bei der Aufstellung von Eichkurven.

In Bild 5.4 ist eine SiO_2-Eichkurve für Gesteine granitischer Zusammensetzung dargestellt. Sie verdeutlicht den großen Einfluß der rechnerischen Matrixkorrektur auf den Verlauf der Eichgeraden. Die den darstellenden Punkten der Standardproben beigefügten Zahlen bedeuten die jeweilige Abweichung von der "empfohlenen Konzentration" (recommended value); ihre Kenntnis ist Voraussetzung zur Berechnung der Reststreuung (s. Abschnitt 4.3).

In Tabelle 5.12 werden die Ergebnisse von EDRFA-Messungen an einer granitischen Internationalen Standardprobe den "empfohlenen Konzentrationswerten" gegenübergestellt.

Tabelle 5.12 Statistische Auswertung von EDRFA-Messungen an der Gesteinsstandardprobe G-2 (Anzahl der Messungen: 20)

	empfohlener Wert[2]	$\bar{x}$	Konzentrations-bereich	Standard-abweichung	rel. Standard-abweichung
SiO_2	69,50	69,71	69,4...70,11	0,187	0,27
Al_2O_3	15,57	15,62	15,48...15,85	0,098	0,63
Fe_2O_3[1]	2,66	2,62	2,58...2,66	0,009	0,34
MgO	0,76	0,763	0,67...0,90	0,042	5,50
CaO	1,94	1,92	1,84...1,98	0,012	0,62
Na_2O	4,08	4,07	3,85...4,26	0,163	4,00
K_2O	4,53	4,49	4,41...4,51	0,015	0,33
TiO_2	0,50	0,51	0,50...0,52	0,004	0,79
P_2O_5	0,14	0,13	0,12...0,15	0,002	1,53
MnO	0,034	0,03	0,024...0,032	0,001	3,33

[1] ΣFe als Fe_2O_3
[2] empfohlener Konzentrationswert der Standardprobe G-2 unter Berücksichtigung des Glühverlustes und der Oxidation von Fe^{2+} zu Fe^{3+}
$\bar{x}$ arithmetisches Mittel der Meßwerte nach Matrixkorrektur
Angaben in Gew.-%, letzte Spalte in Rel.%

Mit Ausnahme von Na und Mg, deren Nachweisgrenzen bei der EDRFA verhältnismäßig hoch liegen, sind überwiegend nur geringe relative Standardabweichungen zu verzeichnen.

Automatisierte EDRFA-Meßprogramme für *basische Gesteine* sind für alle Gesteinsproben geeignet, deren Pauschalzusammensetzung im weiteren Sinne der von Basalten entspricht; dazu gehören u.a. Gabbro, Gabbrodiorit, Amphibolit, Prasinit, Grünschiefer, Mergel. Die SiO_2-Gehalte solcher Gesteine schwanken zwischen etwa 40% und 53%. Da die chemische Zusammensetzung basischer Gesteine insgesamt beträchtlich mehr schwanken kann als die der Granite, empfiehlt es sich, beispielsweise für Proben mit hohen Ti-, P- oder auch Fe-Gehalten, synthetische Eichproben mit entsprechenden Konzentrationswerten einzusetzen.

Die Meßparameter für diese basischen Gesteinsgruppen entsprechen denen der granitischen Untersuchungsproben, ebenfalls die Lage der Fenster über den Peaks und die Anzahl der Standardproben. Auch bei den basischen Gesteinen ist eine rechnerische Behandlung der Matrixeinflüsse unumgänglich. Ein Beispiel für den Einfluß empirischer Korrekturen auf den Verlauf der Al_2O_3-Eichkurve basischer Gesteinsstandardproben wird aus Bild 5.6 deutlich: Nur die rechnerisch korrigierten Standardproben ergeben eine weitgehend lineare Eichgerade.

Kalksteine, Dolomite, Marmore, Kalksilicate und Carbonatite sind Gesteine mit hohen *Carbonat-Anteilen.* Das Überwiegen von Calcium und Carbonat gegenüber anderen Komponenten muß bereits bei der Präparation berücksichtigt werden. Wird das Gesteinspulver geglüht (Verlust an CO_2, H_2O u.a.) und anschließend zu Pulver- bzw. Schmelztabletten verarbeitet, besteht die Notwendigkeit, den teilweise sehr hohen Glühverlust (bis 44%) nach der Analyse rechnerisch zu berücksichtigen. Werden dagegen die getrockneten Gesteinspulver zu Preßtabletten präpariert, müssen die mittels RFA nicht erfaßbaren CO_2 -Gehalte und andere flüchtige Bestandteile (H_2O^-, H_2O^+, SO_2, F, usw.) mit anderen Methoden ermittelt und die Analysensumme entsprechend korrigiert werden, um eine überschlägige

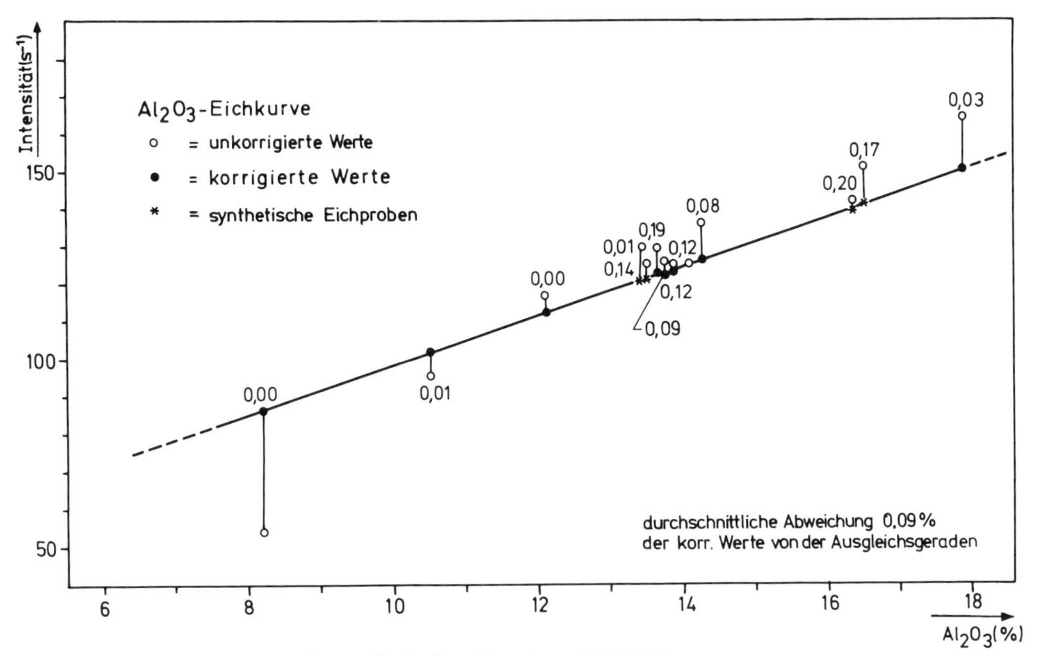

Bild 5.6 Eichkurve für Al_2O_3 von basischen Gesteinen (EDRFA)

Kontrolle ("100%-Kontrolle") der Richtigkeit der Analyse zu erhalten. Ein Nachteil der mit geglühter Substanz hergestellten Pulverproben ist ihre Eigenschaft, relativ schnell aus der Luft wieder CO_2 und H_2O aufzunehmen; die Aufbewahrung im Exsikkator ist daher unerläßlich.

Von den Internationalen Gesteinsstandardproben sind nur wenige für die Analyse kalkiger und dolomitischer Gesteine geeignet; dieser Mangel kann durch den Kauf gut analysierter Zementstandardproben sowie die Mischung von Internationalen Standardproben untereinander oder von $CaCO_3$ (specpur) zu vorhandenen Standardproben ausgeglichen werden.

Bei Kalksteinen ist es mittels EDRFA nicht günstig, alle Elemente in einem Meßvorgang zu bestimmen. Gedcke et al. (1979a) schlagen deshalb eine Untergliederung in drei Elementgruppen vor, die mit unterschiedlichen Anregungsbedingungen gemessen werden:

- Na: W-Anode (5 kV/400 µA), kein Filter, Meßzeit 400 s, Vakuum
- Mg, Al, Si, P, S, K, Ca, Ti, Mn, Fe: Rh-Anode (10 kV/50 µA), kein Filter, Meßzeit 400 s, Vakuum
- Spurenelemente: Rh-Anode (35 kV/10 µA), kein Filter, Meßzeit 400 s, Vakuum

Allerdings erbringt die Simultanmessung aller Haupt- und Nebenelemente einen zeitlichen Gewinn bei der Messung; mit Mo-Anode (10 kV/100 ... 200 µA), ohne Filter, Meßzeit 200...400 s und Vakuum lassen sich gute Ergebnisse erzielen.

Als typische Fehler (Abs.-%) für Kalkgesteine werden von Gedcke et al. (1979a) angegeben: Na_2O 0,06, MgO 2,24, Al_2O_3 0,17, SiO_2 0,26, P_2O_5 0,06, SO_3 0,04, K_2O 0,11, CaO 0,24, TiO_2 0,07, MnO 0,06, Fe_2O_3 0,10, Sr 0,02.

In geologischen Proben handelt es sich bei Spurenelementen vorwiegend um die sehr leichten, einige mittelschwere bis sehr schwere Elemente des Periodensystems. Im Gegensatz zu vielen anderen Untersuchungsproben tritt in den Gesteinen neben den Haupt- und Nebenelementen nicht nur eine besonders große Anzahl von Spurenelementen auf, sondern diese sind auch, je nach Gesteinstyp, oft in sehr unterschiedlichen Konzentrationen enthalten.

Die Problematik der Bestimmung von Spurenelementen in Gesteinen liegt jedoch nicht nur in ihrer Vielzahl, die bei der EDRFA wegen der schlechteren Auflösung eher zu Linienkoinzidenzen als bei der WDRFA führt, sondern auch darin, daß teilweise eine starke Beeinflussung durch die Probenmatrix auftritt und nicht immer ausreichende Standardproben zur Verfügung stehen.

Die Anregung der Fluoreszenzstrahlung erfolgt meist mit Hilfe von Röntgenröhren, doch gelangen auch Radionuklide zum Einsatz (z.B. Spatz und Lieser 1976, LaBrecque et al. 1980, Kumpulainen 1980, Lieser et al. 1981, Kramar und Puchelt 1981). Die Verwendung von Röntgenröhren erlaubt durch die geeignete Wahl der Sekundärtargets bzw. Filter die jeweils optimalen Anregungsbedingungen für jedes einzelne Spurenelement. Sollen jedoch während einer einzigen Messung mehrere Elemente gleichzeitig analysiert werden, müssen oft zwangsläufig Geräteparameter eingesetzt werden, die einen Kompromiß bedeuten und nicht für alle Elemente ideal sein können. Dem großen Vorteil der Simultanbestimmung steht deshalb der Nachteil höherer Nachweisgrenzen zuweilen gegenüber.

Lantos und Litchinsky (1981) verwendeten das Radionuklid ^{125}I mit der charakteristischen Röntgenenergie von 27 keV wegen der günstigen Anregungsbedingungen für die K-Linien der Elemente von Z=22 (Ti) bis Z=47 (Ag) und die Lα-Linien schwerer Elemente wie Uran.

Häufig wird als Strahlungsquelle auch ^{109}Cd mit der Aktivität von 10 mCi und einer Röntgenenergie von 22,1 keV benützt (z.B. Spatz und Lieser 1976, Lieser et al. 1981) oder auch ^{241}Am (Aktivität 10 mCi, Röntgenenergie 59,54 keV) sowie zuweilen ^{57}Co (2 mCi, 122 bzw. 136 keV). Kramar und Puchelt (1981) entwickelten eine Feldmethode zur Spurenanalyse geologischer Proben, bei der das EDRFA-Gerät in einem geländegängigen Fahrzeug montiert ist. In Tabelle 5.13 sind Anregungs- und Meßbedingungen sowie die Nachweisgrenzen einer Reihe von Spurenelementen nach dieser Methode zusammengestellt.

Wang King (1987) bestimmte mit EDRFA die chemische Zusammensetzung von acht chinesischen Streamsediment-Standards. Er benützte dazu Schüttproben (Mylarfolie).

Die Anregungsbedingungen waren:

Element	Linie	Target	kV/mA	Meßzeit (s)
Cr	Kα	Fe	20/2,0	100
Ni, Cu, Zn	Kα	Ge	20/2,0	100
Rb, Sr, Y, Zr, Nb	Kα	Ag	35/1,4	200
Ba, La, Ce	Kα	Gd	58/2,0	200

Webb et al. (1990) analysierten Spurenelemente in geochemischen Proben mittels EDRFA. Die Gesteinspulver wurden zu Tabletten gepreßt (Substanz + geringe Beimengungen von Polyvinylpyrollidon (PVP)/Methylcellulose in Ethanol/H_2O). Es kam eine Ag-Röntgenröhre

Tabelle 5.13 Meßbedingungen und Nachweisgrenzen der EDRFA mit Radionuklidanregung (nach Kramar und Puchelt 1981)

Element	Röntgen-linie	keV	Anregung	Detektor	Interferenzlinien	Nachweis-grenze ppm	Meßzeit s
Cu	Kα	8,05	^{109}Cd	Si(Li)	ZnKα	30	400
Zn	Kα	8,64	^{109}Cd	Si(Li)	CuKα	30	400
As	Kα	10,54	^{109}Cd	Si(Li)	PbLα_1	10	400
Rb	Kα	13,34	^{109}Cd	Si(Li)		10	400
Sr	Kα	14,17	^{109}Cd	Si(Li)		10	400
Zr	Kα	15,78	^{109}Cd	Si(Li)	SrKβ	10	400
Nb	Kα	16,62	^{109}Cd	Si(Li)		10	400
Sn	Kα	25,04	^{241}Am	Ge		10	100
		25,27					
Cs	Kα	30,97	^{241}Am	Ge	BaKα	10	100
		30,63					
Ba	Kα	32,19	^{241}Am	Ge	CsKα,LaKα	5	100
		31,81					
La	Kα	33,44	^{241}Am	Ge	BaKα,CeKα	10	100
		33,03					
Ce	Kα	34,72	^{241}Am	Ge	LaKα	10	100
		34,28					
Pb	Lβ_1	12,62	^{109}Cd	Si(Li)	RbKα	20	400

zum Einsatz (Hauptelemente: 10 kV/0,1 mA, 200 s; Spurenelemente: 45 kV/0,2 mA, Filter 0,127 mm Ag, 800 s. Die Reproduzierbarkeit wurde mit ±2 ppm (s), die Genauigkeit mit ±3% (2s) angegeben. Die Nachweisgrenzen betrugen 2-4 ppm für Rb, Sr, Y, Zr, Nb, Th und 6-12 ppm für Ni Cu, Zn, Ga, Pb, U.

Bei der Verwendung von Hochleistungsröntgenröhren in Verbindung mit Sekundärtargets ist es möglich, eine optimale Fluoreszenzausbeute durch Anregung nahe der Elementabsorptionskanten zu erreichen. Breitwieser und Lieser (1978) benützten folgende Sekundärtargets:

- Cu: zur Analyse von Cr, Co;
- Mo: zur Analyse von Co, Ni, Cu, Zn, Rb, Sr;
- Sn: zur Analyse von Rb, Sr, Zr.

Neff (1976) arbeitet bei der Bestimmung der Spurenelemente Ni, Zn, Rb und Sr mit Rh-Röhre (45 kV/30 mA) als Primäranregungsquelle und Mo als Sekundärtarget.

Röntgenröhren geringer Leistung in Verbindung mit Monochromatorfiltern setzt z.B. Vane (1977a) zur Bestimmung der Elemente Rb, Sr, Y, Zr, Nb, Pb und Th im Energiebereich von 4...24 keV ein (Ag-Röhre: 35 kV/1 mA; Ag-Filter 0,127 mm; Meßzeit 400 s). In einer weiteren Meßreihe wählte derselbe Autor (Vane 1977b) für die Analyse der Elemente Zr bis Ba, deren K-Linien im Energiebereich zwischen 15 keV und 35 keV liegen, folgende Geräteparameter: Mo-Röntgenröhre (49 kV/1 mA), Cu-Filter (0,38 mm), Meßzeit 1000 s.

Für die leichteren Elemente (Ti bis Y) im Energiebereich von 5...15 keV bewährten sich die Einstellungen: Mo-Röntgenröhre (35 kV/1 mA), Mo-Filter 0,127 mm, Meßzeit 1000 s.

Auch W- bzw. Rh-Röntgenröhren eignen sich in Verbindung mit Cd-, Sn-, Mo- oder Cu-Filtern zur Anregung von Spurenelementen in geologischen Proben. Mo als Röhrenanode (45 kV/100...200 μA), Mo-Filter und 400 s Meßzeit sind günstige Geräteparameter für die Analyse der Elemente Z=21 (Sc) bis Z=56 (Ba). Soll dagegen die jeweils optimale Anregung für die einzelnen Elemente erzielt werden, schlagen die Autoren der Ortec X-Ray Fluorescence Application Studies (1977a) die Meßbedingungen der Tabelle 5.14 vor.

Tabelle 5.14 EDRFA-Meßparameter für Spurenelemente in geologischen Proben

Element	Anode	Anoden-spannung kV	Anoden-strom μA	Filter	Energie-bereich keV
Na	W	10	100	-	0...10
Mg, Al, Si, P, K, Ca, Ti, Mn, Fe	Rh	10	100	-	0...10
Zn, Ga, Rb, Sr, Y, Zr, Nb	Rh	45	5	-	0...20
Ba, Th	W	50	100	Cd	0...40
La	W	50	50	Sn	0...40

Beim Vergleich mit den empfohlenen Konzentrationswerten Internationaler Standardproben werden generell gute bis sehr gute Übereinstimmungen festgestellt.

Aus den Bildern 4.18 bis 4.20 wird ersichtlich, daß die Nachweisgrenzen bei der EDRFA unter Verwendung von Radionukliden bzw. von Röntgenröhren mit Sekundärtarget oder mit Monochromatorfilter als Strahlungsquellen etwa im Bereich von 1...10 ppm liegen. Nur mit speziellen Zusatzeinrichtungen gelingt es, die Nachweisgrenzen in den ppb-Bereich zu senken (s. Abschnitt 4.3.4).

In Tabelle 5.15 sind einige, von verschiedenen Autoren angegebene EDRFA-Werte für die niedrigsten nachweisbaren Konzentrationen von Spurenelementen in geologischen Proben zusammengestellt. Darüber hinaus gibt Vane (1977a+b) folgende Nachweisgrenzen an: 13 ppm Ti, 15 ppm V, 12 ppm Cr, 12 ppm Mn, 60 ppm Co, 5 ppm As, 1 ppm Se, 1 ppm Br, 1,5 ppm Mo, 0,07 ppm Ag, 0,3 ppm In, 0,6 ppm Sn, 1,1 ppm Sb, 1,6 ppm Te, 5 ppm W, 5 ppm Au, 5 ppm Hg, 1,2 ppm Tl, 1,3 ppm Bi.

Breitwieser und Lieser (1978) ermittelten als Nachweisgrenzen für Ti 10 ppm, Cr 4 ppm, Co 8 ppm. Kumpulainen (1980) erreichte eine Nachweisgrenze von 9 ppm, James (1980) von 4 ppm für U.

Eine Spektrenreduktion (Stripping) koinzidierender bzw. teilweise überlappender Linien ist bei geologischen Proben für die Spurenelemente V, Cr, Co, Ni, Zn, As, Y, Nb (K-Linien) und W, Au, Pb, Th, U (L-Linien) (s. Tabelle 4.5) notwendig. Die vom Rechner durchgeführten Matrixkorrekturen ergeben für die meisten Spurenelemente einen verbesserten Eichkurvenverlauf. Moderne Korrekturprogramme führen zunächst die notwendigen Rechnungen an den Spektren (Stripping) durch und korrigieren anschließend mit den daraus erhaltenen Daten die Matrixeinflüsse der anderen Elemente.

Routine-Multielementbestimmungen an Sedimenten sind mit der TRFA kein Problem, insbesondere, wenn zum Probenaufschluß die Mikrowelle eingesetzt wird (Koopmann und Prange 1991). Aufgrund der großen Nachweiskraft kann diese Methode auch zur Analyse der bei der sequentiellen Extraktion (Hirner 1992) zur Multispeziesbestimmung anfallenden Lösungen eingesetzt werden (Battiston et al. 1993).

Tabelle 5.15 Nachweisgrenzen (EDRFA) einiger Spurenelemente, in geologischen Proben

Element	Nachweisgrenzen[1] nach			
	Vane (1977a+b) ppm	Kramar und Puchelt (1981) ppm	Breitwieser und Lieser (1978) ppm	Ortec X-Ray Fluorescence Studies (1977) ppm
Ni	5,2	-	5	-
Cu	2,3	30	5	-
Zn	2,1	30	4	5,4
Rb	0,7	10	4	4,0
Sr	0,8	10	3	0,3
Y	1,5	-	-	3,7
Zr	1,4	10	3	3,1
Nb	1,2	10	-	3,1
Sn	0,6	10	-	-
Ba	5	0,5	-	18
Pb	1,2	20	4	-
Th	4	-	-	12
U	4	-	-	5

[1] - nicht bestimmt bzw. nicht angegeben

5.2.3 Künstliche Verbindungen: Keramik, Feuerfestmaterial, Schlacke, Zement, Glas, Pigmente, Katalysatoren, Wafer

Keramik, Feuerfestmaterial, Schlacke

In der Gießerei- und Feuerfestindustrie werden Analysen der Elemente Al, Si, S, Ca, Ti, Cr, Mn, Fe und Sr in Keramikmaterial, Schamotte, Schlacken und anderen feuerfesten Stoffen zunehmend mit automatisierten Röntgenfluoreszenzgeräten durchgeführt. Die Präparation der Untersuchungsproben erfolgt entweder meist durch Verpressen des feingemahlenen Pulvers zu Preßtabletten oder durch Schmelzen mit geeigneten Schmelzmitteln zu Schmelztabletten. Unter anderen beschreibt Prumbaum (1978) Präparationsmethoden zur RFA für oxidische Stoffe. Als Standardproben sind sowohl Internationale Gesteinsstandardproben (z.B. Silicate für Quarz und Silicasteine) als auch Mineralstandardproben (z.B. geglühter Magnesit für Magnesit- und Dolomitsteine) zu verwenden; es kommen jedoch auch spezielle Standardproben aus Feuerfestmaterial (z.B. BCS, England oder solche des NBS, U.S.A.) sowie natürliche bzw. synthetische Eichproben infrage.

Als Grenzwerte der einzelnen Komponenten für die synthetischen Gemische zur Aufstellung von Eichkurven gelten: 0...70% SiO_2, 0...71,8% CaO, 0...50% Al_2O_3, 0...14,5% Fe ges. als Fe_2O_3, 0...47,8% MgO, 0...20% MnO, 0...2% S. Die Substanzen gelangen analytisch rein, feinstgemahlen und geglüht zum Einsatz (Prumbaum 1978). Der Schmelzaufschluß erfolgt oft mit Lithium- oder Natriumborat im Verhältnis 1:10. Marotz (1977) läßt dagegen eine Probe (5...10 kg) von Hochofenschlacke im Verlauf von mehreren Mahlgängen in einer Scheibenschwingmühle bis zur Korngröße ≤63 µm zerkleinern; davon werden 15 g mit 1,5 g Hoechst-Wachs C in einer Mischmaschine gemischt und bei 400 kN Druckkraft (Fläche etwa 700 mm^2) zu einer Tablette gepreßt.

WDRFA

Bei Anregung mit Chromröhre (50 kV) und DZ als Detektor haben sich die Meßparameter der Tabelle 5.16 als günstig erwiesen.

Tabelle 5.16 WDRFA-Meßparameter für Feuerfestmaterial und Hochofenschlacke (Marotz 1977)

Elementlinie	Analysatorkristall	Kollimatorwinkel	Meßzeit s
$MgK\alpha_1$	ADP	0,40°	100
$AlK\alpha_1$	PET	0,40°	100
$SiK\alpha_1$	PET	0,40°	100
$SK\alpha_1$	Graphit	0,40°	100
$CaK\alpha_2$	PET	0,40°	40
$MnK\alpha_1$	LiF(200)	0,15°	40
$FeK\alpha_1$	LiF(200)	0,15°	40

Die erreichbaren Genauigkeiten liegen unter 1 Rel.-% für die Bestimmungen von Si in allen Materialien, von Ca in Schlacken und Kalkstein, von Mn in Schlacken und für Al in Schlacken und Schamotte. Bei den geringen Gehalten von Ca in Schamotte und von S in Schlacken liegen die relativen Streuungen oberhalb 1%. Für Fe liegt die Genauigkeit bei < 1 Rel.-%. Prumbaum (1978) beschreibt das Verfahren, nach dem an einem Sequenzspektrometer (Chromröhre, 60 kW/80 mA) mit Zehnprobenwechsler im Institut für Gießereitechnik gearbeitet wird. Die Bestimmung von Cr ist auch mit einer Chromröhre möglich, sofern ein Titanfenster in den Primärstrahlengang eingebracht wird, das die charakteristische Strahlung der Chromanode selektiv absorbiert. Als Analysatorkristalle haben sich LiF(200), Graphit, PET und ADP unter der Voraussetzung bewährt, daß durch einen Temperaturkonstanthalter Fehlmessungen infolge von 2θ-Verschiebungen (±0,7' pro 0,5 °C) vermieden werden. Im Gegensatz zu den gekrümmten Eichkurven für Fe bei Messungen an gepreßten Schlackenproben liefern die Eichpunkte von mit Natriumborat erschmolzenen Schmelzproben Geraden. Die Variationskoeffizienten, die aus den Messungen von 10 bis 13 Schmelzen desselben Probenmaterials ermittelt wurden, betragen für Fe 0,3...0,4 Rel.-%, für Si 1,5 Rel.-%, für Ca 0,5...1 Rel.%, für Al 2,6 Rel.-% und für Mg 2,8 Rel.-%. Diese an Schlackenproben ermittelten Streuungen treffen auch für Proben aus Schamotte, Silicamaterial, Magnesit und Chrommagnesit zu. Dabei ist zu berücksichtigen, daß für jedes aufgeschlossene Material ein speziell entwickeltes Aufschlußverfahren zur Anwendung gelangte; denn als Kriterien für einen effektiven Aufschluß gelten glasige Erstarrung der Schmelze und eine homogen erstarrte Schmelzprobe. Auf dieser Basis hat sich die WDRFA bei der Produktionskontrolle oxidischer Stoffe besonders in der Grundstoffindustrie zu einem wichtigen analytischen Hilfsmittel entwickelt; dadurch wurden klassische analytische

Methoden und zu einem großen Teil auch relativ moderne, wie die Emissionsspektralanalyse, verdrängt. Trotzdem haben auch heute naßchemische Analysen als Stichprobenkontrollen für die routinemäßigen WDRFA-Betriebsanalysen ihre Bedeutung nicht verloren. Die Bestimmung von Zn und As in Keramikproben beschreibt Yap (1987).

Carlsson (1972) bevorzugt als Präparationsmethode für metallurgische Schlacken den automatisierten Schmelzaufschluß mit Natriumtetraborat und Gießen von Schmelztabletten im Vergleich zu Feinmahlen und Pressen von Pulvertabletten oder auch zur Lösung in Säuren. Als Vorzüge werden genannt: Zeitersparnis, Verminderung des Interelementeffekts; insbesondere wenn ein schwerer Absorber der Schmelze zugegeben wird, kann in manchen Fällen eine Korrektur entfallen. Die höchste Genauigkeit und Richtigkeit werden jedoch mit sauren Lösungen unter Bezug auf synthetische Referenzlösungen erhalten.

In Kupferraffinerien wird bei der RFA von Kupferschlacken ebenfalls vorzugsweise der Schmelzaufschluß wie vorher beschrieben angewandt (West et al. 1974). Al, Si, S, Fe, Sn und Pb werden ohne Korrektur quantitativ bestimmt. Bei Cu, Zn und Ni wird meistens mit Hilfe der sekundären Massenabsorptionskoeffizienten korrigiert.

Aufgrund der quantitativen Analysenresultate mit der WDRFA für MgO, Al_2O_3, SiO_2, K_2O, CaO, TiO_2 sowie Fe_2O_3 und ihrer statistischen Auswertung gelang es Stern und Descoeudres (1977), antike Keramik verschiedenen Herkunftsgebieten in Griechenland zuzuordnen.

EDRFA

Bei der Analyse von Feuerfest- und Keramikmaterial entsprechen die EDRFA-Anregungs- und Meßbedingungen weitgehend denjenigen von Gesteinsproben (Abschnitt 5.3.2, Yap 1989). Wheeler et al. (1977) schlagen darüber hinaus differenzierte Meßparameter für unterschiedliche Feuerfestmaterialien vor (s. Tabelle 5.17). Auch die in vielen Fällen notwendigen Matrixkorrekturen werden in gleicher Weise wie bei geologischen Proben durchgeführt. Für Magnesit werden im Ortec TEFA Analysis Report (1975) folgende Nachweisgrenzen veröffentlicht:

- Anregung mit Mo-Anode (10 kV/100 μA)
  300 ppm Mg, 240 ppm Al, 80 ppm Si, 10 ppm K, 12 ppm Ca, 20 ppm Ti, 50 ppm Mn, 70 ppm Fe.
- Anregung mit W-Anode (20 kV/100 μA), Cu-Filter
  7600 ppm Mg, 5000 ppm Al, 2400 ppm Si, 45 ppm K, 24 ppm Ca, 14 ppm Ti, 4 ppm Cr, 5 ppm Mn, 6 ppm Fe.

Tabelle 5.17 EDRFA-Meßparameter für verschiedene Feuerfestmaterialien (Wheeler et al. 1977)

Feuerfest-Material	Mg-Cr-Silicate	Al-Silicate	Korund	Magnesit
Elemente	Mg, Al, Si, Ca, Ti, Cr, Fe	Na, Mg, Al, Si, P, K, Ca, Ti, Fe	Zr, Sr	Al, Si, Ca, Cr, Fe
Anodenspannung	15 kV	15 kV	35 kV	15 kV
Anodenstrom	50 μA	50 μA	100 μA	50 μA
Filter	-	-	Cd	-
Meßzeit	100 s	100 s	40 s	100 s

Röntgenröhre geringer Leistung mit Rh-Anode

Zement

Die Rohstoffe zur Zementherstellung sind verschiedene Gesteine, nämlich Kalkstein, Tonstein, Mergel und Sandstein sowie in geringerem Maße Gips. Nach der Aufbereitung (Brechen, Mahlen) werden sie in bestimmten Verhältnissen zum sogenannten Rohmehl zusammengemischt und in Öfen bei etwa 1450 °C gesintert; das entstandene Sinterprodukt (Klinker) wird nochmals gemahlen und mit etwas Gips versetzt. Die wichtigsten Zementarten sind die diversen Portlandzemente, Weißzement (Rohstoffe: Kalk, reine Tonsteine), technische Zemente (z.B. MgO-, Alkalioxid-, TiO_2-Beimengungen), Gipsschlackenzement (erhöhter Gipsanteil), Hochofenzement (bis zu etwa 70%-Anteil Hochofenschlacke). Da die Rohstoffe in ihrer chemischen Zusammensetzung stark variieren können, ist es notwendig, sie nach dem Abbau und vor dem Zumischen der übrigen Zuschlagstoffe zu analysieren. Dies ist die Voraussetzung für eine optimale Steuerung des Produktionsprozesses und damit für eine konstante Einhaltung der gewünschten Zementeigenschaften. Auch das Endprodukt unterliegt einer ständigen Kontrolle. Erfolgt das Brennen der Zementrohstoffe mit Kohle, müssen die Aschenbestandteile ebenfalls bestimmt werden.

Als schnelle und exakte Analysenmethode ist die RFA geeignet, die Bestimmung der in den Zementrohstoffen und Zementen enthaltenen Elemente durchzuführen. Die wichtigsten Haupt-, Neben- und Spurenelemente in Zementen und ihren Ausgangsstoffen sind: F, Na, Mg, Al, Si, P, Cl, S, K, Ca, Ti, Cr, Mn, Fe sowie Sr und Ba. Die Präparation der pulverförmig vorliegenden Zementrohstoffe und Zementsorten geschieht entweder nach Zumischung geeigneter Bindemittel durch Pressen zu Pulvertabletten oder auch — wenn es sich nicht um Analysen während der Produktionsüberwachung handelt — durch Schmelzen zu Schmelztabletten. Das Verpressen der Rohmehle mit oder ohne Bindemittel ist nur dann anwendbar, wenn das Rohmehl eine stets gleichbleibende Korngrößenzusammensetzung hat und einen unveränderten mineralogischen Aufbau besitzt. Durch Feinstmahlung gelingt es, die Einflüsse der unterschiedlichen Korngrößenzusammensetzung weitgehend zu reduzieren. Weitere Störungen können durch einen Schmelzaufschluß ausgeglichen werden. Als Aufschlußmittel hat sich eine Mischung aus 51% Lithiumtetraborat, 27% Lithiummetaborat, 12% Lanthantrioxid und 10% Lithiumfluorid bewährt, von dem beispielsweise 4,0 g zu 1,5 g Rohmehl oder 1,0 g Klinker (Zement) zwecks Schmelzaufschluß zugegeben werden. Beitz und Kraeft (Siemens Analysentechn. Mitt. Nr. 229) haben in einer Studie die beiden Präparationstechniken statistisch verglichen; dabei ergab sich, daß die zu wählende Technik weitgehend vom jeweiligen Charakter des Zementrohmehles abhängt, d.h., es kann wegen der schwankenden Rohstoffverhältnisse keine bindende Norm für die Präparationstechnik aufgestellt werden.

Als Eichproben stehen u.a. eine Reihe von Standardproben des National Bureau of Standards, U.S.A., (z.B. NBS Nr. 633, 635...639 , 1016 ; siehe Anhang A.6) zur Verfügung. Für die Bestimmung der Zementrohstoffe Kalkstein, Tonschiefer, Mergel, Sandstein und Gips eignen sich gut die bekannten Internationalen Gesteinsstandardproben, die überdies durch ihre genau bestimmten Spurenelementgehalte zur Analyse der Spurenelemente in den Zementen und Zementprodukten herangezogen werden können.

Es ist möglich, Sulfat- und Sulfidanteil in Zementproben quantitativ zu bestimmen. Nach Schlotz (1990) ist die SKα-Linie typisch für Sulfat-S^{6+} und SKβ für Sulfid-S^{2-}. Da die 2θ-Liniendifferenz von 0,1° zur Messung ungeeignet ist, bietet sich das Auftreten einer zusätzlichen Linie auf der niederenergetischen Seite der Kβ-Linie für Sulfat an. Diese Satellitenlinie hat eine Winkeldifferenz zur Kβ-Linie von 14,2° und ist mit dem 0,15°-

Kollimator und dem Ge-Analysatorkristall gut aufgelöst. Das Sulfat/Sulfid-Mischungsverhältnis ergibt sich aus dem Intensitätsverhältnis der Kα/Kβ-Linie.

WDRFA
Neben naßchemischen Methoden und der AAS hat sich in der Zementindustrie die WDRFA mit Mehrkanalinstrumenten oder Simultanspektrometern in Verbindung mit rechnergesteuerten Systemen wegen der Schnelligkeit und hohen Genauigkeit eindeutig durchgesetzt. Einen Vergleich der kombinierten Einsatzmöglichkeiten von WDRFA und EDRFA in der Zementindustrie geben Price, Padur und Robson (1990) hinsichtlich Präzision und Genauigkeit der Meßwerte an gepreßten Pulvertabletten. In einer kritischen Untersuchung stellte Plesch (1977c) Vor- und Nachteile der WD- und EDRFA einander gegenüber.

EDRFA
Aufgrund der mineralogischen und chemischen Zusammensetzung von Zement eignen sich bei der EDRFA-Bestimmung die gleichen Meßparameter wie bei den Gesteinen: z.B. ungefilterte Rh- bzw. Mo-Anregung (10 kV/100...200 μA), Energiebereich 0...10 keV, Vakuum, Meßzeit 100...200 s.

In den Bildern 5.7 und 5.8 sind zwei Spektren von Zementrohmischungen dargestellt. Sowohl Haupt-, Neben- als auch Spurenelemente lassen sich gut analysieren. Eine Korrektur der Matrixeffekte ist in den meisten Fällen notwendig.

Glas
Die Glasindustrie stellt besonders hohe Forderungen an die analytische Betriebsüberwachung, um hochwertige Produkte mit möglichst geringen Schwankungen zu erzielen. Voraussetzung dazu ist eine schnelle und exakte Rohstoffanalyse (Sand, Kalkstein, Dolomit, Altglas), um den Herstellungsprozeß schon von Beginn an optimal zu gestalten. Die Notwendigkeit einer schnellen Fertigungskontrolle hatte die Abkehr von konventionellen naßanalytischen Verfahren wegen des großen Zeitaufwandes zur Folge. Durch den frühzeitigen Einsatz von Röntgenspektrometern ist die Glasindustrie in der Lage, die Produktion schnell und präzise zu überwachen (Gebhardt und Kimmel 1967, 1971).

Levine und Higgins (1991) beschreiben die Bestimmung von P in Filmen aus Phosphorsilicatglas auf Silicon-Wafern.

Bei der RFA der leichten Elemente beeinflussen die Korngröße der pulverförmigen Rohstoffe bzw. die Oberflächenrauhigkeit, die Packungsdichte, die chemische Bindung und die Konzentration der Begleitelemente die Fluoreszenzintensität des zu bestimmenden Elements. Deshalb sind optimale Präparationsverfahren für pulverförmige Rohstoffe und Flachgläser eine zwingende Notwendigkeit. Die Genauigkeit der RFA ist stark von der Güte der synthetischen Eichproben abhängig, die üblicherweise in den Glasfirmen erschmolzen und dort auch mittels konventioneller naßanalytischer Verfahren untersucht werden. Die kontinuierliche Herstellung von stets gleichbleibenden Produkten erfordert die schnelle Untersuchung der großen Mengen von Rohstoffen und Fertiggläsern, deren Qualität nur in sehr engen Grenzen schwanken darf. Bei solchen Programmen sind Vielkanalgeräte anderen Gerätetypen überlegen.

WDRFA
Da auch Natrium bei der Routinekontrolle von Gläsern mitbestimmt wird, ist die Durchführung einer Vollanalyse von Natronkalk-Kieselgläsern mit der WDRFA sinnvoll (Gebhardt und Kimmel 1971). Die praktische Anwendung von Korrekturverfahren zur Beseiti-

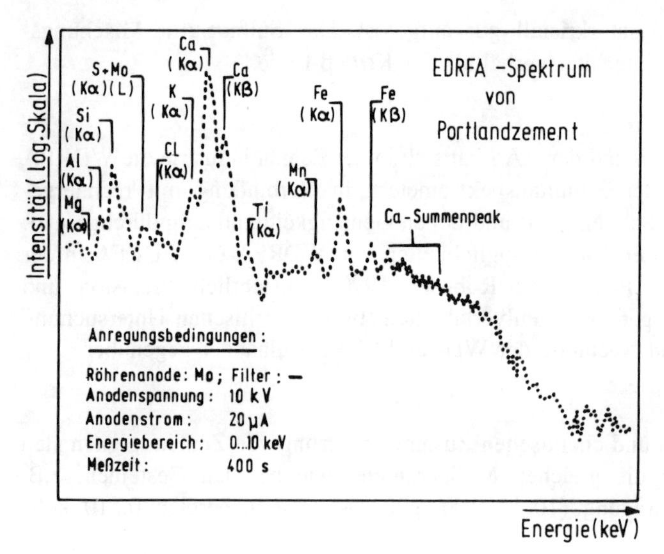

Bild 5.7 EDRFA-Spektrum von Portlandzement (Energiebereich 0 bis 10 keV)

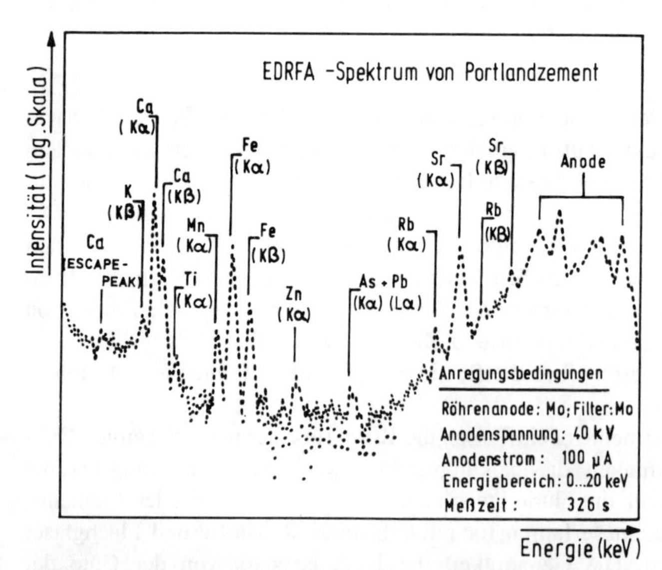

Bild 5.8 EDRFA-Spektrum von Portlandzement (Energiebereich 0 bis 20 keV)

gung von Interelementeffekten beschrieben Caimann und Winter (1971) und Austin et al. (1972). Über Matrixeinflüsse in Spezialgläsern berichteten Hahn-Weinheimer und Johanning (1963). Jones und Bowling (1981) beschrieben die Vorzüge eines wellenlängendispersiven Röntgenspektrometers mit 11 festen Kanälen und einem zusätzlichen energiedispersiven Detektor. Arai et al. (1983) verwendeten für die Bestimmung von Bor (1...20%) in Gläsern einen totalreflektierenden Monochromator in einem kommerziellen Instrument.

Tabelle 5.18 Analysenbereich der wichtigen Komponenten von Glas-Rohstoffen und Kalknatrongläsern (Gebhardt und Kimmel 1967)

Substanz	Oxidkomponenten	Konzentrationsbereich der Eichgeraden %
Dolomit	SiO_2	0,08 ... 1,08
	Al_2O_3	0,18 ... 0,65
	Fe_2O_3	0,13 ... 0,28
	CaO	30,79 ... 31,47
	MgO	20,80 ... 21,82
Kalkstein	SiO_2	0,14 ... 1,33
	Al_2O_3	0,13 ... 0,42
	Fe_2O_3	0,04 ... 0,18
	CaO	53,38 ... 55,73
	MgO	0,21 ... 1,24
Glas	SiO_2	71,19 ... 72,55
	Al_2O_3	0,16 ... 0,65
	Fe_2O_3	0,059 ... 0,127
	CaO	8,59 ... 10,81
	MgO	3,03 ... 5,03
	SO_3	0,31 ... 0,48

EDRFA

Bei der EDRFA von Glas sind als Röntgenquellen sowohl Radionuklide als auch Röntgenröhren hoher bzw. geringer Leistung geeignet. In Tabelle 5.19 sind Meßparameter zur EDRFA von Glas mittels Anregung durch Röntgenröhren geringer Leistung angegeben und in den Bildern 5.9 und 5.10 charakteristische Spektren von Glas dargestellt. Eine Korrektur der Matrixeinflüsse ist unerläßlich. Reproduzierbarkeit und Richtigkeit sowie Nachweisgrenzen entsprechen allgemein denen geologischer Proben.

Tabelle 5.19 Anregungsbedingungen bei der EDRFA von Glas mittels Röntgenröhren niederer Leistung[1)]

Element	Na, Mg, Al, Si, S, K, Ca, Fe	Nb, Ba	Zr, Sn, Cd
Anode	Rh, Mo	W, Mo	W, Mo
Anodenspannung	10 kV	45...50 kV	45...50 kV
Anodenstrom	200 µA	100...200 µA	100...200 µA
Filter	-	Cd, Mo	Y, Mo
Energiebereich	0...10 keV	0...40 keV	0...40 keV
Meßzeit	100...200 s	200...400 s	200...400 s

[1)] modifiziert nach EG&G Ortec X-Ray Fluorescence Application Studies (1978); alle Messungen im Vakuum

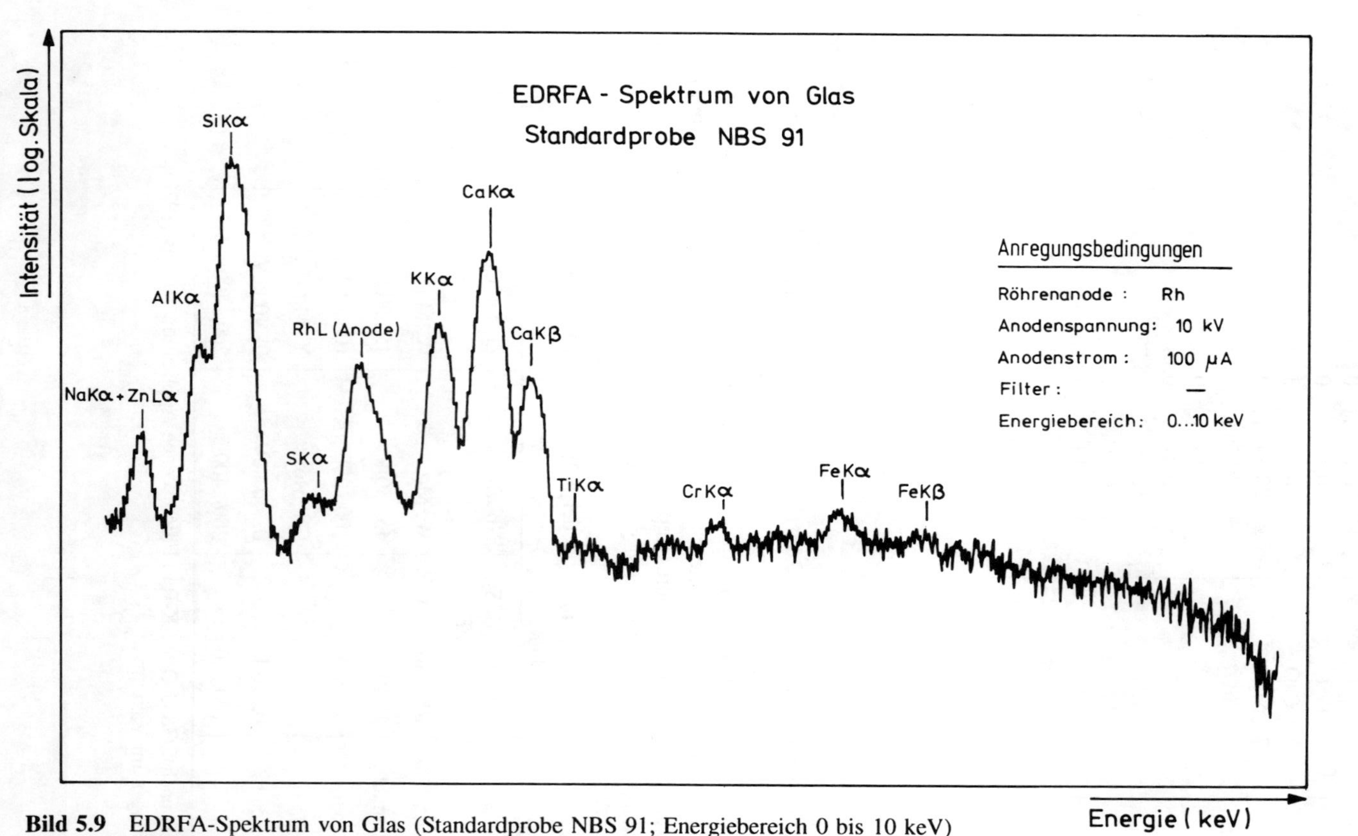

Bild 5.9 EDRFA-Spektrum von Glas (Standardprobe NBS 91; Energiebereich 0 bis 10 keV)

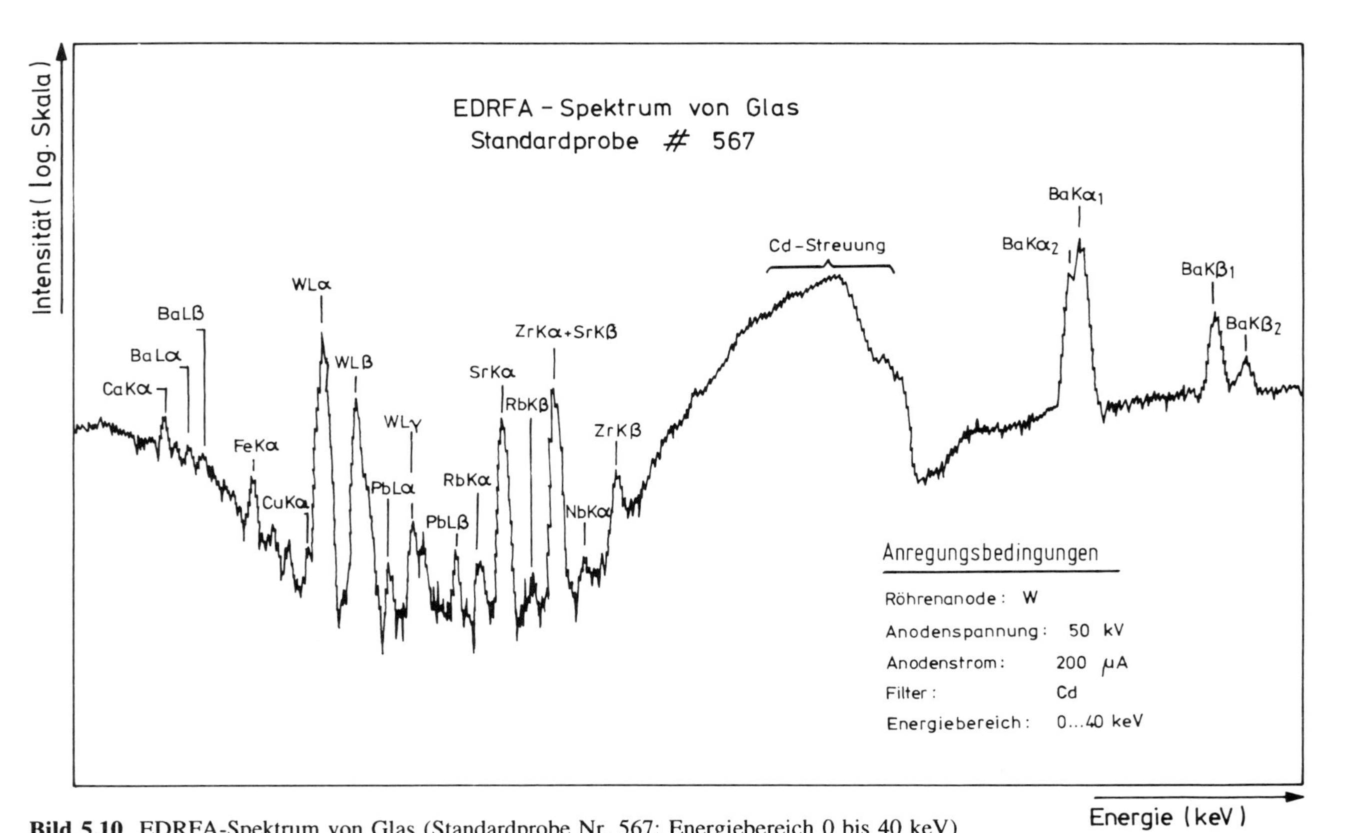

Bild 5.10 EDRFA-Spektrum von Glas (Standardprobe Nr. 567; Energiebereich 0 bis 40 keV)

Titanoxid-Pigmente

In der Pigmentindustrie, in der u.a. die Titanweißfarbstoffe aus TiO_2 und anderen Zuschlagstoffen zur Erzielung spezieller Eigenschaften und Tönungen nach besonderen Vorschriften erzeugt werden, kann die Kontrolle des Produktionsganges mit Hilfe der RFA erfolgen, wofür günstige Voraussetzungen gegeben sind: Die Korngröße von TiO_2 ist mit 0,1...0,3 µm recht gleichmäßig; die Konzentrationen der zu bestimmenden Elemente sind neben der des Ti gering, so daß Interelementeffekte zumeist zu vernachlässigen sind.

WDRFA

Denton et al. (1972) geben eine diesbezügliche Vorschrift: Das Pressen der Tabletten aus je 10 g Titanpigment geschieht ohne Bindemittel bei 8 kN/cm^2. Die Messungen erfolgen im Routinekontrollbetrieb an einem Simultanspektrometer mit 14 Kanälen, an dem Rechner und automatischer Probengeber angeschlossen sind. Die Einstelldaten an dem Philipsspektrometer mit Chromröhre (60 kV/60 mA) finden sich in Tabelle 5.20.

Tabelle 5.20 Einstelldaten am 14-Kanal-Simultanspektrometer zur Routinemessung von Titanoxidpigmentproben (Denton et al. 1972)

Kanal	Element	Linie	Kollimatorschlitz µm	Analysator-kristall	Detektor
1	Ca	Kα	240	LiF(200)	DZ
2	Sb	Kα	240	LiF(200)	SZ
3	Fe	Kα	900	LiF (200)	DZ
4	Al	Kα	450	PET	DZ
5	Si	Kα	450	PET	DZ
6	Sn	Kα	240	LiF(200)	SZ
7	P	Kα	450	PET	DZ
8	S	Kα	450	Ge	DZ
9	Zr	Kα	240	LiF(200)	SZ
10	Pb	Lβ	450	LiF(200)	SZ
11	K	Kα	450	LiF(200)	DZ
12	Nb	Kα	240	LiF(200)	SZ
13	Zn	Kα	240	LiF(200)	SZ
14	Cl	Kα	450	PET	DZ

Die Koinzidenz von SKα mit TiKα II. Ordnung läßt sich mit dem Germaniumkristall vermeiden, der Linien II. Ordnung unterdrückt. Der Probenhalter kann bis zu 160 Proben auf 16 Scheiben aufnehmen. Die Zählzeit betrug etwa 100 s. Die Referenzproben wurden durch Zugabe der abgewogenen Elementverbindungen zu Titantetrachlorid und Überführung des letzteren in TiO_2 hergestellt. Die Gehalte wurden durch chemische Analyse überprüft, bevor ihre Brauchbarkeit als Eichproben kontrolliert und als solche freigegeben wurden. Wegen des intensiven Gebrauchs waren die Eichproben nur während dreier Tage stabil und mußten dann durch neu hergestellte ersetzt werden. Als günstiges Matrixmaterial werden Kunststoffe oder Emaille diskutiert. Für alle Elemente ergaben sich gerade Eichkurven. Die notwendige Zeit für eine Vollanalyse richtet sich nach der längsten Zählzeit des diesbezüglichen Elements, wenn mit festen Zählraten gearbeitet wird; der zeitliche Aufwand beträgt im Mittel 5 min für ein Element. Da kein Kanal für den Untergrund zur Verfügung stand, wurde ein willkürlicher eingestellt, was nur bei den Spurenbestimmungen von Sb und Sn geringe Unkorrektheit zur Folge hatte. Dies kann durch Messung der Lα-Linien von Sb und Sn unter Verwendung des groben Kollimators umgangen werden. Die statistische Auswertung von 100 Bestimmungen derselben Probe führte zu den Resultaten von Tabelle 5.21.

Tabelle 5.21 Statistische Auswertung von 100 Präparaten derselben Pigmentprobe (Denton et al. 1972)

Element	Nachweisgrenze ppm	Mittelwert $\bar{x}$ %	Relative Standard-abweichung (%) 2 s
Al	20	1,100(0)	0,7
Si	15	0,600(0)	1,5
P	8	0,072(9)	2,4
S	9	0,047(6)	12,6
Cl	14	0,011(2)	17,0
K	2	0,005(1)	3,3
Ca	2	0,053(7)	1,3
Fe	6	0,010(4)	5,8
Zn	1	0,775(2)	1,7
Zr	8	0,011(0)	7,4
Nb	8	0,148(4)	1,3
Sn	6	0,010(2)	5,9
Sb	12	0,054(5)	2,4
Pb	7	0,010(1)	6,9

Andrews und Mays (1978) bestimmten im Titanweißpigment nur die Hauptelemente, d.h. Ti für TiO_2, Si für Quarz und Silicate und Al für Kaolin und Ton. Die Untersuchungs- und Eichproben wurden durch einen Schmelzprozeß mit Lithiumtetraborat, Lithiumcarbonat, NaCl und Soda hergestellt. Die Bestimmung von Al, Si und Ti erfolgte mit Hilfe der WDRFA bei 45 kV/30 mA. Bei Ti wurde die TiKα-Linie II. Ordnung gemessen. Die Si-Intensität wurde nach der Gleichung von Lucas-Tooth ausgewertet; die Ti-Intensitäten ergaben eine gerade Eichkurve. Für die Intensität von AlKα ergab sich in bezug auf die TiKα-Intensität eine lineare Korrelation (r=0,996). Die Meßmethode eignete sich besonders für Papierproben und ergab ebenso gute Werte wie nach der AAS-Methode.

EDRFA

Zur Bestimmung von Beimengungen in Titanoxid-Pigmenten wurde die EDRFA eingesetzt (Ortec TEFA Analysis Report 1975a). Neben Na, Al, Si, P, Ti und Zn wurden Cl sowie die Spurenelemente Mg, K, Ca, Cr, V, Mn, Fe, Ni, Cu, As, Sb, Sn und Pb bestimmt, wobei die leichten Elemente mit polychromatischer Strahlung (Mo-Anode: 10 kV/100 μA), die schweren mit monochromatischer Strahlung (Mo- bzw. W-Anode: 25...50 kV/100 μA; Cd-, Mo-, Cu-Filter) angeregt wurden.

Bei der Untersuchung von Pigmenten in Gemälden fallen (z.B. im Zuge von Restaurationsmaßnahmen) nur geringste Probenmengen an; zur Analyse mit der TRFA reichen Mengen von ca. 1 μg aus (Klockenkämper et al. 1993).

Katalysatoren

Als Katalysatoren für organische Synthesen aller Art werden häufig Platinmetalle auf Trägern von Tonerdesilicaten eingesetzt. Schon geringe Mengen mancher Metalle wie Fe, Ni, Cu, Zn, wirken jedoch schädlich auf Cracking-Katalysatoren. Deshalb sind nachweisstarke Methoden zur Bestimmung der Edelmetalle einerseits und der Katalysatorgifte andererseits — in beiden Fällen handelt es sich um Elemente im Spurenbereich — für die Effizienz von katalytischen Verfahren sehr wichtig.

WDRFA

Nach Rayburn (1968) werden Untersuchungs- und Standardproben bei 700 °C getrocknet. NBS- und USGSS-Standards sind als Referenzproben geeignet. Schmelz- und Preßtabletten eignen sich gleich gut, ebenso das Aufpressen auf Borsäureträgertabletten. Die Präparation mit schwerem Absorber ist vorteilhaft bei der Bestimmung von Si und Al in frischen Katalysatoren. Zur Anregung wurde eine Chrom- (50 kV/60 mA) oder eine Wolframröhre (60 kV/60 mA) verwendet. Als Analysatorkristalle dienten LiF(200) und PET im Vakuum, als Detektor ein Proportionalzähler für alle Messungen, d.h. der K-Linien leichter und mittelschwerer Elemente bzw. L-Linien der Seltenerdelemente, von denen für Ce die $L\alpha$-Linie und für Nd, Pr und Sm die $L\beta$-Linien vorteilhaft waren.

Ungebrauchte Platinkatalysatoren der Erdölindustrie enthalten durchschnittlich 0,5...0,6% Pt; wegen des hohen Preises muß der Pt-Gehalt mit einer Genauigkeit von mindestens 0,02% überwachbar sein. Nach Gunn (1956) werden die geglühten Katalysatorproben mit einem organischen Bindemittelzusatz (Sterotex von Capital City Products) von 5% gepreßt. Als Standardproben wurden kommerziell erhältliche Katalysatoren verwendet, deren Gehalte nach verläßlichen Methoden bestimmt wurden. Die Messung der $PtL\beta_1$-Linie erfolgte durch Anregung mit W-Röhre und LiF(200)-Analysatorkristall. Die Resultate stimmten mit den chemisch analysierten Werten sehr gut überein.

In der Raffinerietechnik ist die Pt-Bestimmung in platinhaltigen Katalysatoren mit Hilfe der WDRFA seit langem eingeführt (Lincoln und Davis 1959). Die Probenpräparation wird, wie oben besprochen, durchgeführt; die Anregung erfolgt durch eine Mo-Röhre und die Auswertung im Bereich von 0,6% Pt unter Bezug auf einen externen Standard, der aus ca. 99% Al besteht.

Artz (1977) beschreibt eine Methode zur quantitativen Bestimmung von P, S, Cr, Fe, Ni, Cu, Zn, Zr, Ru, Rh, Pd, Ba, La, Ce, Ir, Pt und Pb in frischen und gebrauchten Katalysatoren. Die Grundmatrix besteht aus cordierit- oder cordierit- und mullit-haltigen Al- und Mg-Oxiden und Silicaten. Der Autor verwendet nur wenige Einzelelement-Standardproben und das Prinzip der von Shiraiwa und Fujino (1974) eingeführten, vereinfachten Fundamentalen Parameter-Methode zusammen mit dem Konzept der effektiven Wellenlänge, auf das in Abschnitt 4.4 eingegangen wurde. Hierbei wurde die für jedes Element gemessene Intensität mit theoretisch berechneten Verstärkungseffekten und Interelementabsorptionen korrigiert und mit der jeweiligen Intensität einer Einzelelement-Standardprobe verglichen. Aus den mit Hilfe der bekannten Konzentrationen aufgestellten Eichkurven wurden dann die unbekannten Gehalte der Proben ermittelt.

Gurvich (1982) entwickelte in Anlehnung an die von Anderman und Kemp (1958) zuerst beschriebene Methode eine "Standard-Untergrund"-Methode zur Bestimmung von Edelmetallen in gebrauchten Al_2O_3-Katalysatoren für Kraftfahrzeuge.

EDRFA

Bachmann et al. (1978) beschreiben die Analyse von Pd auf Aktivkohle: Nach der Probenvorbereitung (Mischen mit Borsäure im Verhältnis 1:1, Pressen zu Pulvertabletten) erfolgt simultan die Messung der PdKα-Strahlung und zur Matrixkorrektur diejenige der Rhodium-Comptonstrahlung. Eine mittlere Absolutabweichung von 0,02% von naßchemisch bestimmten Analysenwerten wurden im Konzentrationsbereich von 1...10% Pd festgestellt.

In den Ortec X-Ray Fluorescence Application Studies (1977a) wird über die Analyse von Pd in gedruckten Schaltungen berichtet. Günstige Meßparameter sind hierbei: W-Röhre (50 kV/50 μA), Mo-Filter (150 μm). Weil Probendicke, -zusammensetzung und -dichte variieren, sind unterschiedliche Pd-Intensitäten zu erwarten. Da aber die Intensität der Röhren-Streustrahlung im Energiebereich von 19...20 keV in ähnlicher Weise von diesen drei Faktoren beeinflußt wird, ist folglich das Verhältnis der Nettopeak-Intensität des Pd zur Streustrahlungsintensität nahezu unabhängig von den drei Störeinflüssen und kann deswegen direkt als Maß für die Pd-Konzentration herangezogen werden.

Von demselben Labor (Ortec X-Ray Fluorescence Application Studies 1977b) werden Erfahrungen über die Bestimmung von Katalysatoren unterschiedlicher Zusammensetzung (z.B. $Ni(NO_3)_2$-, Ni-Pd-, Al-S-Cu-Zn-Katalysatoren) mitgeteilt. Die Konzentrationsbereiche sind groß (ppm bis 20...40%). Als Durchschnittsabweichungen (Absolut-%) im Vergleich zu naßchemischen Analysenwerten ergeben sich z.B. für: Na 0,003, Al_2O_3 0,07, S 0,005, Cl 0,001, CuO 0,1, ZnO 0,1.

Parker und LaBrecque (1982) bestimmen Pt- (0,5...10%)und Pd-Katalysatoren (0,5...10%) in Al- und C-Trägermaterial. Die Anregung der Fluoreszenzstrahlung erfolgt durch Radionuklide (^{109}Cd, 10 mCi für Pt-Analyse; ^{241}Am, 100 mCi für Pd-Analyse), ihre Messung mittels Si(Li)-Detektor (150 eV FWHM bei 5,9 keV).

Die relativen Standardabweichungen sind stark von der Meßzeit beeinflußt:

5% Pd (Kα-Linie) in C:	2,7% (100 s),	1,19% (500 s),	0,79% (1000 s),
10% Pd (Kα-Linie) in Al:	2,64% (100 s),	0,92% (500 s),	0,81% (1000 s),
10% Pt (Lα-Linie) in Al:	2,64% (100 s),	0,84% (500 s),	0,72% (1000 s).

Wafer (TRFA)

Ihre hohe Nachweisempfindlichkeit macht die TRFA auch für die Reinststoffanalytik interessant. Zum Beispiel konnten Prange et al. (1991) Multielementbestimmungen an 100 μl-Proben ultrareiner Reagentien mit Nachweisgrenzen bis zu einigen pg/ml (ppt) bei Reproduzierbarkeiten von 5 bis 20% durchführen und die Vergleichbarkeit mit deutlich aufwendigeren und teureren Techniken wie der Plasma-Massenspektrometrie (ICP-MS) demonstrieren.

Geradezu ideal erweist sich die TRFA aber dann, wenn die Untersuchungsprobe selbst die Stelle des Probenträgers einnimmt, d.h. wenn der Probenträger die Probe darstellt. Bedenkt man hierbei noch, daß die Eindringtiefe der Röntgenstrahlung bei Totalreflexion nur wenige nm beträgt, so ist die angepeilte Situation bei der Untersuchung von Halbleiter-Oberflächen gegeben. Berneike (1993) zeigt, daß dies auch reproduzierbar mit Nachweisgrenzen von 10^9 bis 10^{10} Übergangsmetallatomen pro cm^2 (Datenakquisitionszeit 1000 s) möglich ist, wenn auf die genaue Einstellung des Glanzwinkels sorgfältig geachtet wird. Es ist auch möglich, durch unterschiedliche Glanzwinkel zu ermitteln, ob Kontaminationen als Filme oder partikulär vorliegen. Größere zu prüfende Oberflächen können mit einer Ortsauflösung von ca. 0,5 cm^2 gerastert werden ("mapping"). Die Nachweisempfindlichkeit

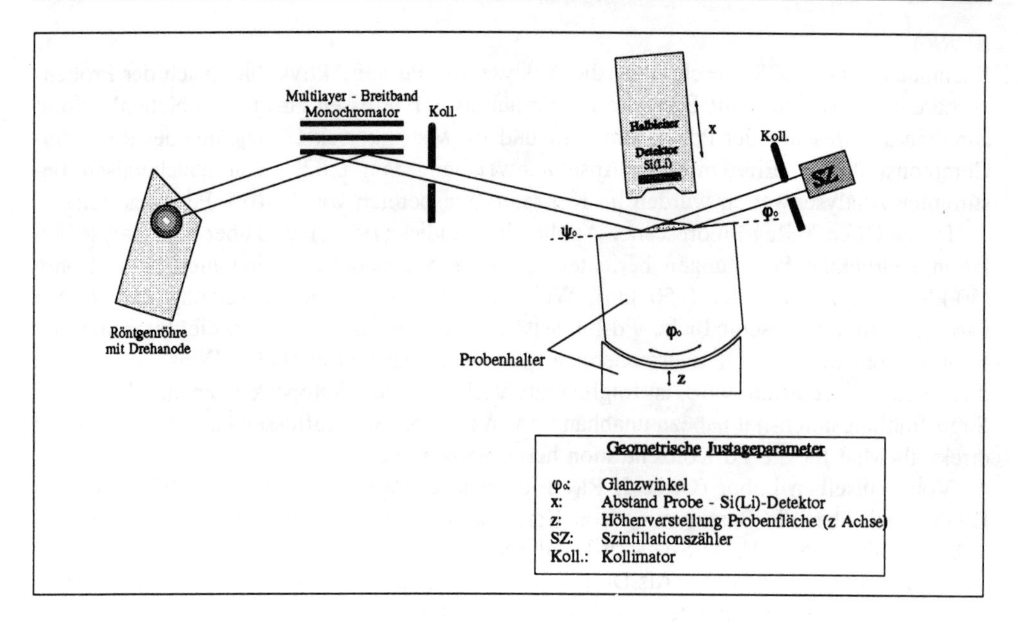

Bild 5.11 Nachweisstarke und justierbare TRFA zur Oberflächenanalyse

kann durch Oberflächenanätzung mit HF-Dampf z.B. für Zn, Fe oder Ni noch verbessert werden (Neumann und Eichinger 1991).

Ein weiterer wichtiger Gesichtspunkt betrifft die anregende Röntgenstrahlung. Da energetisch höherliegende Anteile polychromatischer Strahlung neben der erwünschten Oberflächen- auch die unerwünschte Volumen-Anregung der Probe hervorrufen würden, ist eine monochromatische Strahlungsquelle einzusetzen. Dies wird üblicherweise durch einen einer Feinfokus-Röntgenröhre nachgeschalteten, abstimmbaren Multilayer-Breitband-Monochromator bewerkstelligt (Schuster 1991). Der Einsatz von Monochromatoren bedingt aber Intensitätsverluste, die wiederum durch die Verwendung von Hochleistungs-Röntgenröhren (ca. 5 bis 30 kW) mit Drehanode teilweise kompensiert werden können. Verbindet man die beschriebenen Punkte, so gelangt man zu der in Bild 5.11 skizzierten Anordnung. Intensität, Intensitätsschwankungen sowie der Glanzwinkel des Strahleneinfalls können mittels eines exakt positionierten Szintillationszählers überwacht werden.

In der Halbleiter-Fabrikation werden die Reinststoffe auf Si-Basis ("Wafer") als Ausgangsmaterial durch Hochtemperaturprozesse (thermische Oxidation, Diffusion, Epitaxie) und gezieltes Dotieren mit Fremdatomen (z.B. durch Ionenimplantation) im Hinblick auf die gewünschten elektronischen Eigenschaften verändert. Die analytische Überwachung dieser sowie ähnlicher Prozesse in der Materialwissenschaft ist mit der TRFA (meist) leicht möglich (Hoffmann et al. 1990, Klockenkämper et al. 1991, Freiburg et al. 1993).

Die Geräteindustrie hat sich auf diese Situation bereits eingestellt: Spezialausführungen für die Waferanalytik werden für die TRFA (z.B. TXRF 8010 von Atomika oder TREX 610 von Technos) sowie für die EDRFA (z.B. EX-3000 von Baird) angeboten. Mit der letztgenannten Apparatur ist es z.B. möglich, den P-Gehalt von typisch 4% auf Oberflächenfilmen mit einer Genauigkeit von besser als 0,1% zu bestimmen (nach einer Application Note von Baird Europe B.V.). Als Beispiel zur Dünnfilmanalyse wird die Bestimmung von Phosphor auch von Levine und Higgins (1990) erwähnt; einen Überblick über die Dünnfilmanalyse mittels RFA gibt Willis (1990).

5.2.4 Speziesanalyse kristalliner Proben

Aus Bild 2.1 geht hervor, daß sich WDRFA und Röntgendiffraktometrie (engl. XRD = X-ray diffraction) apparativ nur durch die Anordnung von Röntgenröhre, Probe und Detektor sowie die Verwendung/Nichtverwendung eines Analysatorkristalls unterscheiden. Trotzdem ist der analytische Aussagebereich völlig unterschiedlich: die chemische (WDRFA) bzw. die mineralogische Analyse (XRD).

Um umweltrelevante Bewertungen bezüglich von mit anorganischen Schadstoffen belasteten Proben abgeben zu können, ist die Ermittlung der Bindungsform dieser Elemente essentiell. Nur so können mögliche Schadstoffverfrachtungen durch Kenntnis der aufgrund deren physikalisch-chemischen Eigenschaften bedingten Mobilität, Bioverfügbarkeit oder auch Umwandlungsprozesse abgeschätzt werden. Insofern sind für kristalline Proben die Informationen aus RFA und XRD als komplementär zu betrachten.

In der analytischen Praxis werden auch ständig auf der Basis mineralogischer Befunde chemische Rückschlüsse gezogen und umgekehrt (s. z.B. Hirner und Xu 1991). Diese wechselweise analytische Diskussion kann durch direkte Software-seitige Verknüpfung der jeweiligen Computer von WDRFA und XRD viel effektiver erfolgen.

Es ist möglich, die Speziesanalytik allein auf der Basis von Röntgenmethoden noch deutlich zu verbessern, wenn zusätzlich selektive chemische Extraktionen an der Probe vorgenommen werden (Hirner und Xu 1991, Hirner 1992). Hierbei können die bei den jeweiligen Extraktionsschritten anfallenden Lösungen mit der TRFA sowie die entsprechenden festen Extraktionsrückstände mit der oben beschriebenen WDRFA/XRD-Kopplung untersucht werden.

5.2.5 Wasser und wäßrige Lösungen

Die Bestimmung von Elementspuren in Wässern wird meist mit den Methoden der AAS und der AES durchgeführt. Die Vorteile der RFA liegen in der höheren Reproduzierbarkeit der Messungen. Sofern eine Vorkonzentration durchgeführt wird, können sehr niedrige Nachweisgrenzen erreicht werden. Die Bundesanstalt für Gewässerkunde in Koblenz verwendet die RFA seit vielen Jahren.

WDRFA

Dokumentationen über die Anwendung der RFA zur Untersuchung wäßriger Lösungen und in der Gewässerkunde finden sich in den Analysentechnischen Mitteilungen Nr.167 und Nr.182 von Siemens (Referent: Plesch). Da Flüssigkeiten nicht im Vakuum analysiert werden können, wird ein Inertgas (z.B. Helium) als Spülgas bei den Messungen verwendet.

Uhlig und Müller (1993) beschreiben eine spezielle Vakuumschleuse, mit der selbst bei flüssigen Proben im inneren Spektrometerraum ein Vakuum aufrecht erhalten werden kann. Sollen keine Anreicherungsverfahren verwendet werden, dringt die Röntgenstrahlung aufgrund der leichten Matrix bei flüssigen Proben weit ein (bei F, Ti und Cd 0,004, 0,92 bzw. bis zu einigen mm), und man erreicht Nachweisgrenzen der Größenordnung 200 ppb. Entweder werden mehrere ml Probenflüssigkeit in mit dünnen Mylar-, Hostaphan- oder Polypropylenfolien abgeschlossene Einmal-Plastikbecher gefüllt oder 50 bis 100 µl Probe auf Whatman-Filtern eingedampft.

Anläßlich eines Forschungsvorhabens (Hahn-Weinheimer 1975) über die natürliche und anthropogene Stoffbelastung der Isar und seiner Nebenflüsse gelangte die WDRFA bei den Bestimmungen der Spurenelemente Cr, Mn, Co, Ni, Cu, Zn, Cd und Pb in vorkonzentrierten Metallchelaten zum Einsatz. Als Fällungsreagens wurde speziell gereinigtes APDC (Ammoniumsalz der Pyrrolidindithiocarbonsäure) in 2%iger wäßriger Lösung bei pH 2,8 sowohl

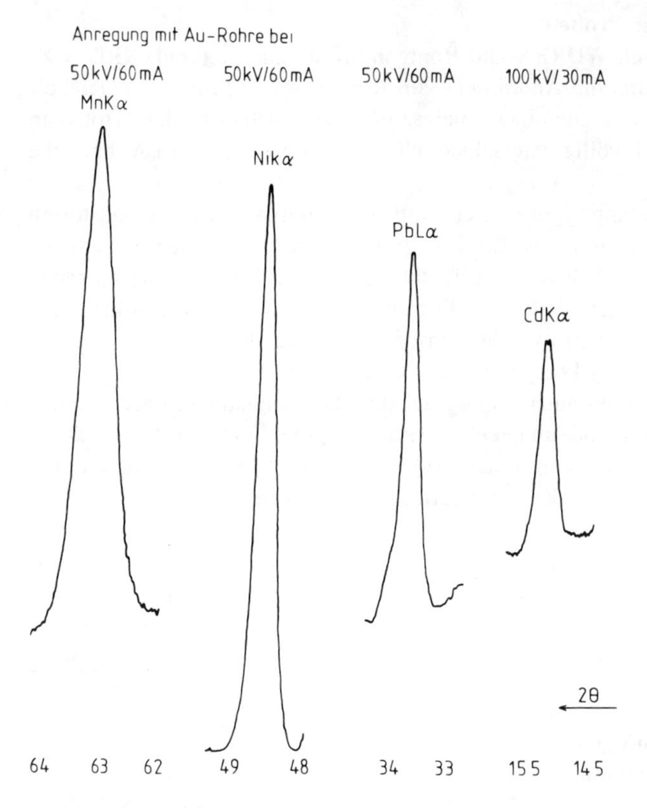

Bild 5.12
Intensitäten von MnKα, NiKα, PbLα, CdKα von je 0,5 ppm in wässriger Lösung

den fünf Multielementstandardlösungen von je 500 ml, die mit je 0,1% Fe als Spurenfänger versetzt waren, im Konzentrationsbereich von 0,5...500 ppb als auch den Analysenlösungen zugesetzt. Die Niederschläge wurden auf Whatmanfilter von 30 mm bzw. 50 mm Durchmesser (je nach Spektrometertyp) mit hydrophobem Ring abgesaugt; auf diese Weise erhielt man oberflächenplane Filterbelegungen für die RFA-Messung. Die Elemente Mn, Ni, Cd und Pb (Bild 5.12) werden optimal durch eine Röhre mit Goldanode zur Fluoreszenzstrahlung angeregt. Der Untergrund der Analysenlinien wurde durch Messung der Intensität an der Stelle der Analysenlinie einer Blindprobe ermittelt.

Unter Referenz auf die analog hergestellten Eichproben konnten mit Whatmanfiltern von 50 mm Durchmesser als Probenträger am Spektrometer folgende Mittelwerte von Isarwasserproben bestimmt werden: 1 ppb Ni, 8 ppb Cd, 2 ppb Pb. Als Gesamtfehler ergaben sich 27 Rel.-% für 3 s. Die an 41 Proben bestimmten Bleigehalte ließen sich in fünf Konzentrationsbereiche zwischen <1 ppb und >7 ppb einteilen; diese sind auf Bild 5.13 dargestellt.

Durch Kombination von Spurenanreicherung, Abtrennung oder Abreicherung störender bzw. nicht interessierender Begleitstoffe, bestimmten Griffatong und Hellmann (1973) Schwermetalle in Wässern ab 0,1 µg/l mit Hilfe der RFA.

Zur Vorkonzentration sind außer APDC eine Reihe anderer Reagenzien geeignet, z.B. Chelex-100 (Hathaway und James 1979) und TOPO (Tri-n-Octylphosphinoxid, Leyden 1979). Zur Bestimmung von U in wäßrigen Kupferlaugen bis hinab zu 3 ppm U und zur Abtrennung von störenden Kationen eignet sich die Vorkonzentration von U mit TOPO (Barrios et al. 1978). Die instrumentellen Einstelldaten für die WDRFA der Präparate finden

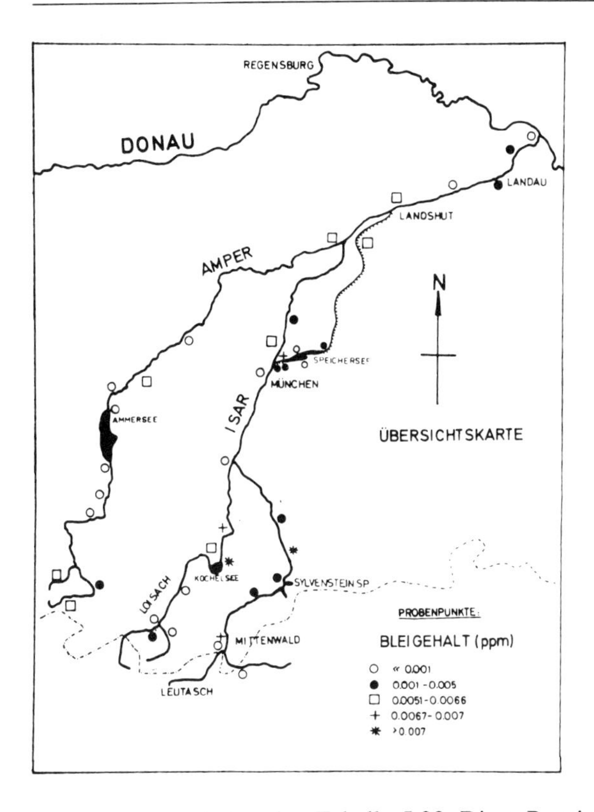

Bild 5.13
Pb-Gehalte von Isarwasser und Nebenflüssen

sich in der nachfolgenden Tabelle 5.22. Diese Routinemethode zeichnet sich durch Schnelligkeit, niedrige Kosten, gute Empfindlichkeit, Genauigkeit und Richtigkeit aus.

Tabelle 5.22 Instrumentelle Einstelldaten zur WDRFA: Uran in wäßriger Lösung (Barrios et al. 1978)

Röntgenanode	Chrom
Anodenspannung	70 kV
Anodenstrom	16 mA
Kollimator	fein (160 µm)
Analysatorkristall	LiF(200)
Detektor	SZ
Linie	$UL\alpha_1$: 26,13°
Untergrund 1	25,30°
Untergrund 2	27,00°
Meßzeit:	40 s: für Konzentrationen von 5...50 ppm
	20 s: für Konzentrationen von 50...800 ppm (in vorkonzentrierten Präparaten)

Schließlich ist zu erwähnen, daß die Fundamentale Parameter-Methode mit Erfolg bei verdünnten Lösungen herangezogen werden kann (Chamberlain 1980). Zur Berechnung der Alpha-Koeffizienten lassen sich an Stelle des multiplen Regressionsprogramms lineare

Regressionsprogramme verwenden, die in einfacher Weise für die verschiedenen Lösungsmittel konvertibel sind.

Budesinsky (1980) beschreibt die Analyse von Cu-Fe-Zn und Cu-Fe-Zn-Pb in 3,5%igen salpetersauren Lösungen unter Verwendung der Korrekturkoeffizienten von Lachance-Traill und Rasberry-Heinrich: Die besten Resultate lieferte die Korrektur nach der Methode der kleinsten Fehlerquadrate nach Lachance-Traill, sofern die Korrekturkoeffizienten nicht zu große Werte annehmen. Nach der Korrekturmethode von Rasberry-Heinrich verschlechtern sich die Ergebnisse mit Zunahme der Zahl der gelösten Elemente (>5).

EDRFA

Die EDRFA ist bei der Analyse wäßriger Lösungen besonders dann geeignet, wenn umfassende automatisierte Simultan- oder aber nur "Fingerprint"-Messungen verlangt werden.

Hathaway und James (1977) reicherten Uran aus uranhaltigen Wässern (250 bis 1000 ml-Proben) auf mit Chelex-100 imprägnierten Filtern an; die Wiederfindungsrate betrug mehr als 90% U.

Knöchel und Prange (1981) bewiesen mit Hilfe von Radiotracern (^{60}Co) die Eignung der Dithiocarbamatfällung von Schwermetallspuren aus wäßrigen, alkalibelasteten Lösungen als Methode der Vorkonzentration. Als Reagenz zur Abtrennung wurde vorwiegend Natriumdiethyldithiocarbamat (NaDDTC) verwendet. Nach der Filtration der Niederschläge auf Membranfilter erfolgte die Analyse direkt mit Hilfe von Radionukliden.

Eine zweite, flüssigkeitschromatographische Methode ist die reversed-phase-Technik (Absorption der Dithiocarbamate an lipophilisiertem Trägermaterial und anschließende Elution mit $CHCl_3$). Ausbeuteuntersuchungen wurden an den Elementen Cr, Mn, Fe, Co, Cu, Zn, As, Cd, In, Te und Hg in Konzentrationsbereichen von 1...100 µg/100 ml durchgeführt. Fast quantitative (>90%) Wiederfindungsraten konnten bei pH-Werten von 4 bis 6,5 für Fe, Co, Cu, Zn, In, Te und Hg erhalten werden.

TRFA

Wie die konventionelle RFA *die* Multielementmethode für die zerstörungsfreie Bestimmung von Spurenelementen im ppm-Bereich in Festkörpern darstellt, so ist die TRFA zur Spurenanalyse in Wässern, die direkt auf dem Probenträger aufgebracht und eingedampft werden, im ppb- bis ppt-Bereich geeignet; letztere steht in diesem Anwendungsbereich in Konkurrenz zur aufwendigeren PIXE.

Stössel und Prange (1985) untersuchten Regenwasser im ppb-Bereich ohne besondere Probenvorbereitung, empfehlen aber allgemein für niedrigere Konzentrationen die Gefriertrocknung als Methode der Wahl, im Falle erhöhter Alkali- und Erdalkaligehalte den Einsatz der reversed-phase-Technik. Letztere kann auch für Meerwasser und nach vorherigem Säureaufschluß auch für Flußwasser verwendet werden (Prange und Kramer 1987). Den Einfluß des Salzgehaltes auf die Nachweisgrenze weist Freitag (1985) nach. Muia et al. (1991) zeigen, daß für die Spurenanalyse von Regenwasser sogar um ein TRFA-Modul erweiterte konventionelle EDRFA-Anlagen (Röntgenröhre mit breitem Fokus) genügen, obwohl die Nachweisgrenzen bei Einsatz einer Feinfokusröhre um Faktoren von 2 bis 10 verbessert werden könnten.

Forschergruppen am Bundesamt für Seeschiffahrt und Hydrographie beschäftigten sich intensiv mit der Spurenanalyse von Meerwasser mittels TRFA (Freimann et al. 1993, Haarich et al. 1993, Schmidt et al. 1993). Die Ergebnisse der Messungen der mit Dibenzodithiocarbamat komplexierten Metalle waren mit denjenigen aus elektrochemischen und atomabsorptionsspektrometrischen Untersuchungen vergleichbar. Reproduzierbarkeit und Richtigkeit waren aus dem Blickpunkt der analytischen Fragestellung ausreichend, besonders die schnelle Multielementanalyse und einfache Eichung ermöglichten einen großen Probendurchsatz. Die erzielte analytische Genauigkeit konnte bei einer Vergleichsanalyse auf Cu, Ni, Zn und Pb im Meerwasser-Referenzmaterial CRM 403 des BCR Brüssel mit derjenigen anderer gebräuchlicher instrumenteller Verfahren konkurrieren.

Die TRFA kann auch erfolgreich zur Untersuchung des partikulären Materials in marinen und fluviatilen Systemen eingesetzt werden (Hasenteufel 1987, Pepelnik et al. 1993, Prange et al. 1993, Reus et al. 1993). Das Probenmaterial wird durch Hochdruckfiltration abgetrennt und zusammen mit dem Filter aufgeschlossen. Dabei ist auf den Blindwert durch das Filtermaterial zu achten: Ist dieser nicht tolerabel, muß die Probe mit Ultraschall wieder abgelöst werden.

5.3 Organische Stoffe

5.3.1 Natürliche organische Stoffe

5.3.1.1 Rezentes biogenes Material: Pflanzenmaterial, Futtermittel, Körpergewebe und Körperflüssigkeiten, Lebensmittel

Pflanzenmaterial, Futtermittel

Pflanzliches Material besteht zu etwa 80...>95Gew.-% aus organischen Verbindungen mit den Elementen C, H, N und O. Diese Elemente stellen für alle übrigen eine natürliche Verdünnung (1:5 bis 1:20 und höher) dar und wirken gegenüber Röntgenstrahlung als schwache Absorber. Hauptelemente der Silicate wie Na, Al, Si oder Fe sind in Pflanzen nur Spurenelemente; Mg, K und Ca repräsentieren Nebenbestandteile mit Konzentrationen bis zu etwa 5 Gew.-%. Der gesamte mineralische Anteil kann bis zu ca. 20 Gew.-% betragen. Die Konzentrationen vieler Spurenelemente in Pflanzen sind bedeutend kleiner als die in Mineralen (die schweren Elemente erreichen zusammen höchstens ~2000 ppm). Für die RFA ergeben sich hieraus einerseits eine hohe Kontaminationsgefahr bei Mahlprozessen und eine notwendigerweise hohe Anforderung an das Nachweisvermögen für Schwermetalle, andererseits aber wenig Linienüberlappungen und oft nahezu lineare Eichkurven.

Das mit Hilfe eines Laborhäckslers vorzerkleinerte Material wird bei etwa 60 °C getrocknet (teilweise auch gefriergetrocknet) und üblicherweise mit einer Widia- (falls die Gehalte an Co und W nicht interessieren) oder einer Chromstahl-Mahlgarnitur (falls die Gehalte an Cr, Mn und Fe nicht zu bestimmen sind) feingemahlen; auch Schwingmühlen mit Achateinsatz oder Mikroschnellmühlen mit Borcarbideinsatz sind gebräuchlich.

Pflanzliches Material wird normalerweise in Form von Pulverproben oder Preßtabletten in das Röntgenspektrometer gegeben, im letztgenannten Fall oft nach Zugabe von Cellulose. Aufgrund einer großen Eindringtiefe der Primärstrahlung ist in biologischen Matrices besonders für kurzwellige Fluoreszenzstrahlung eine deutliche Abhängigkeit der Fluoreszenzintensität von der Probendicke zu beobachten: Zum Beispiel stellten Crößmann und Rethfeld (1977) bei Tabletten über 3 g mit zunehmender Probendicke für CuKα und ZnKα keine Intensitätszunahme mehr fest, wohl dagegen noch für CdKα und PbLβ.

Deshalb ist besonders auf eine gleichmäßige Verteilung des Probenmaterials im Preßling und auf gleichen Preßdruck (z.B.~30 kN $\cdot$ cm^{-2}) innerhalb einer Probenserie zu achten.

Als Referenzproben zur Eichung des Meßverfahrens werden mittels anderer Verfahren bereits gut analysierte natürliche Proben (z.B. SRM 1566 bis 1575 der NBS-Standards) oder synthetisch hergestellte Proben (z.B. nach der "Linters-Methode" mit zerkleinerter und vorgereinigter Baumwollcellulose als Matrix) herangezogen, oder es wird vom Zumischverfahren Gebrauch gemacht (Probe mit Aceton aufschlämmen und Eichlösungen zufügen). Bei der "Linters-Methode" werden 10 g Linters (Baumwollcellulose) und alle interessierenden Elemente (Schwermetalle meist als Acetate; in kleinen Konzentrationen als Lösungen, in höheren als feingemahlenes Pulver) in einer 250-ml-Teflonschale vermischt, bei 80 °C auf Gewichtskonstanz getrocknet, gemahlen und zu 10-g-Tabletten verpreßt (Crößmann und Rethfeld 1977). Bei sorgfältiger Probenvorbereitung sind Meßfehler von 0,1...2 Rel.-% erreichbar.

Eine Matrixkorrektur kann mit Hilfe der Intensität der Untergrundstrahlung oder derjenigen der gestreuten Primärstrahlung erfolgen; die Anwendung von Regressionsverfahren beschreiben Crößmann und Rethfeld (1977).

Die Gesamtabsorption der Proben wird stark von deren anorganischen Bestandteilen beeinflußt. Crößmann und Rethfeld (1977) führen hierzu ein Beispiel an: Für eine Probe aus 86,4% organischen und 13,6% anorganischen Bestandteilen errechneten sie für die relativgewichteten Anteile des Massenabsorptionskoeffizienten bei $\lambda = 0{,}1$ nm einen Wert von nur 26,7% für die organischen, dagegen einen solchen von 71,4% für die anorganischen Bestandteile. Allein 61,6% der Gesamtabsorption werden durch die Konzentration von K und Ca festgelegt. Wurde zusätzlich (über Messung der MoKα-Streustrahlung) der O-Gehalt der Matrix mit berücksichtigt, so konnten in dieses Korrekturverfahren 80% der Matrix miteinbezogen werden. Beitz (1977) zeigt, daß pflanzliche Proben aufgrund ihres Mineralstoffgehalts (besonders Cl, K, Ca) praktischerweise in verschiedene Matrixgruppen eingeteilt werden können, innerhalb derer eine einzige Eichkurve pro Element verwendet werden kann.

WDRFA

Mudroch und Mudroch (1977) untersuchten Pflanzenproben, die vor der Aufmahlung gefriergetrocknet wurden. Mit Hilfe einer Cr-Röhre (50 kV/50 mA) und DZ konnten bei einer Meßzeit von 20 s (je Linie und Untergrund) die Gehalte der Elemente K und Ca, in je 40 s Al, P, Si, Ti, Mn, Fe und in je 100 s Na und Mg quantitativ erfaßt werden. Hierbei wurden als Analysatorkristalle ADP für die Mg-Bestimmung, PET für P und LiF(200) für alle übrigen Elemente verwendet; die Messungen erfolgten unter Vakuum und bei Probendrehung.

Wenn lediglich getrocknetes und gemahlenes Material zu Tabletten gepreßt und auf Anreicherungsverfahren verzichtet werden, sind nur Bestimmungen im ppm-Bereich möglich. Dies gilt auch für die Analyse der Verteilung der Elemente in pflanzlichen Produkten (Anregung mit Mo-Röhre bei 55 kV/55 mA). Zur Herstellung von Laborstandardproben werden als Grundmaterial Baumwollcellulose (Linters) p.a. verwendet. Die Zugabe der zu analysierenden Elemente erfolgt so, daß sich die resultierenden Konzentrationsbereiche sowohl der Analysenelemente als auch der übrigen Matrixelemente im Rahmen der natürlichen Gehalte bewegen. Die Matrixkorrektur erfolgte nach Rechenansätzen von Plesch und Thiele (1979) unter Miteinbeziehung der Fluoreszenzintensität von Kalium und der der inkohärent gestreuten MoKβ-Röhrenlinie. Testanalysen an den NBS-Pflanzenstandardproben SRM 1570, 1571, 1573 und 1575 unterstrichen die Güte des Verfahrens.

Analysen von unverdünnten Pflanzenproben hinsichtlich der Gehalte an Na, Mg, Al, Si, P, S, Cl, K und Ca (Anregung mit Au-Röhre) beschreiben Norrish und Hutton (1977) und Hutton und Norrish (1977). Es wurde gezeigt, daß indirekt aus der Intensität der inkohärent gestreuten AuLα-Linie oder aus der Konzentration der Hauptelemente rechnerisch ermittelte μ/ρ-Werte den direkt gemessenen Absorptionswerten in genügender Genauigkeit entsprechen. Umgekehrt kann die Intensität des Linienuntergrundes in Fällen, wo sie nicht direkt gemessen wird (z.B. beim Simultanspektrometer), mit Hilfe des Massenabsorptionskoeffizienten abgeschätzt werden. Livingstone (1982) wies jedoch — besonders auch für typisches Pflanzenmaterial — nach, daß die üblicherweise als linear betrachtete Beziehung zwischen Untergrundintensität und Matrixkorrekturgröße in besserer Näherung in exponentieller Form beschrieben werden kann. Bereits Hahn-Weinheimer et al. (1965) hatten nichtlineare Zusammenhänge mit der Untergrundintensität nachgewiesen.

EDRFA

Matsumoto und Fuwa (1979) untersuchten NBS-Pflanzenstandardproben auf die Elemente K, Ca, Mn, Fe, Cu und Zn. Es wurde eine Röntgenröhre mit Mo-Anode und ein Mo-Filter eingesetzt; die Zählzeit betrug pro Messung 2000 s. Die Eichung erfolgte mit Internen Standards durch Zugabe von drei ausgewählten Elementen (Si, Cr, Se oder Sc, Ni, Ge).

Nicholson und Hall (1973) setzten zur Untersuchung dünner biologischer Proben eine Mikrofokus-Röntgenröhre mit Ti- und Cu-Transmissionsanode ein. Es konnten Elementmengen von ~1 pg in 10 μm dicken Proben bei einer räumlichen Auflösung von ~3 μm nachgewiesen werden. Für K lag die Nachweisgrenze bei 10 pg, entsprechend einer Konzentration von 30 ppm. Durch Normalisierung der Fluoreszenzintensität auf die Intensität der gestreuten Primärstrahlung konnten Dickeneffekte berücksichtigt werden.

PIXE

Detailuntersuchungen, z.B. die Elementverteilung über eine Blattoberfläche, sind wegen geringen benötigten Probemengen auch erfolgreich mit dem PIXE-Verfahren durchzuführen (Walter et al. 1977).

Körpergewebe

Die quantitative Erfassung der Konzentrationen bestimmter, biochemisch relevanter Spurenelemente wie Na, P, V, Cr, Cu, Zn, Se oder Pb — für deren Bestimmung im geforderten Konzentrationsbereich die RFA geeignet ist — in Körpergeweben (Muskelgewebe, Knochen) von Tieren und Menschen ist besonders wichtig, da nicht nur überhöhte, sondern auch deutlich niedrigere Gehalte im Vergleich zum Normalgehalt (NEP = normal elemental profile) mit dem Auftreten von Krankheiten und Wachstumstörungen korreliert sind.

Sollen Bestimmungen im ppb-Bereich durchgeführt werden, so ist eine Vorkonzentration der Schwermetalle notwendig, welche meist durch gewöhnliche (trockene) Veraschung der (gefrier-)getrockneten Probe bei Temperaturen zwischen 450 °C und 600 °C erfolgt (Natelson und Sheid 1961, Alexander 1962). Das veraschte Material wird zusammen mit organischen Bindemitteln zu Tabletten verpreßt.

Der große Nachteil dieser Methode, nämlich der Verlust an flüchtigen Elementen, kann auch bei langwierigen Veraschungsprozeduren mit Säuren nicht ganz vermieden werden (z.B. immer noch Verluste an As und Hg möglich). Hier erweist sich ein *Druckaufschluß in Sauerstoffatmosphäre* z.B . mittels "Parr-Bombe" oder eines "Bioklaven" (Scheubeck et al. 1979a) als vorteilhaft, mit dem 20 g Biomaterial mit 70...80% Wassergehalt in weniger als einer halben Stunde aufgeschlossen werden können. Die Schwermetallspuren liegen dann in Lösung vor und werden mit Hilfe der RFA auf ähnliche Weise bestimmt, wie es weiter unten für biologische Flüssigkeiten beschrieben wird. Mit dieser Methode waren z.B. die Elemente As, Cd, Hg und Pb im Konzentrationsbereich von 50...250 ppb mit Wiederfindungsraten zwischen 80% und 90% erfaßbar (Scheubeck et al. 1979b). Für tierische Produkte wurde die Unabhängigkeit der Wiederfindungsrate von der Matrixzusammensetzung von Plesch (1979e) nachgewiesen.

WDRFA

Natelson und Sheid (1961) bestimmten Sr in Knochen durch Veraschung der Proben. Mit einer Matrixkorrektur anhand des experimentell bestimmten Durchlässigkeitsgrades der Probe für SrKα-Strahlung kann die Genauigkeit des Verfahrens erhöht werden (Goldman und Anderson 1965).

Alexander (1962) konnte bei der Analyse von gefriergetrockneten Gewebeproben auf Fe, Cu und Zn weder Veraschungsverluste noch Matrixeffekte beobachten. Etwa 100 mg Asche wurden mit einem Internen Standard aus Na- und Ni-Carbonat versetzt, gemischt, gemahlen und in einen Probenhalter gepreßt. Demselben Autor (Alexander 1964) glückte auch der Nachweis von 0,5 µg Os in Gewebeproben.

Mit einer Ag-Röhre (50 kV/20 mA) und einem LiF(200)-Analysatorkristall konnten Strausz et al. (1975) 0,2 µg Se in 5 g Muskelgewebe nachweisen (entsprechend 40 ppb). Hierzu wurden die Proben mit HNO_3 und H_2SO_4 (Mischungsverhältnis 3:1) versetzt und Se unter Zusatz von Cu und Te in den elementaren Zustand reduziert. Daraufhin wurde der Filterniederschlag im Röntgenspektrometer untersucht. Se ist ein wesentlicher Nahrungsbestandteil und soll in 1 g Nahrung nicht außerhalb des Mengenbereiches von 0,5...3,5 µg liegen.

Neben den oben erwähnten Elementen lassen sich auch die leichten Elemente wie P, S, Cl, K oder Ca in Preßtabletten aus unveraschtem Probenmaterial bestimmen. Alexander (1964) wies darauf hin, daß sich für die Gewebeanalyse ein kombiniertes Meßverfahren (WDRFA/AES) als optimal erweist, da die AES für Konzentrationsbestimmungen vieler Elemente (z.B. Be, Mg, Al) besser als die RFA geeignet ist, für einige andere Elemente (z.B. S, Cl, K) aber auch eindeutig schlechter.

EDRFA

Für sechs ausgewählte Elemente in einer getrockneten Leberprobe (Volumen 60 mm^3) wurden bei Röhrenanregung mit Mo-Anode (35 kV/1 mA) und Mo-Filter bei einer Zählzeit von je 1000 s folgende Werte für die niedrigste nachweisbare Konzentration (in ppm) erzielt (Nuclear Semiconductor Applications Laboratory Report CAL-38 1976b): 5,9 Cl, 1,7 K, 1,2 Fe, 0,2 Cu, 0,5 Zn und 0,3 Rb.

Ahlgren et al. (1980) führten Analysen *in vivo* von Pb in Fingerknochen und Cd in der Niere von Menschen durch. PbKα wurde mit einer ^{57}Co-Quelle (20 mCi) angeregt und mit einem Ge(Li)-Detektor analysiert. Die Matrixkorrektur erfolgte über die Streustrahlungsintensität und die Eichung mittels eines Phantom-Fingers aus Wachs und Knochenasche. Der für C_{MDL} erzielte Wert von ~20 ppm reicht aus, um kontaminierte Personen (mit z.B. 100 ppm) gegenüber unkontaminierten (~1...10 ppm) zu erkennen. Wegen Benützung bleihaltiger Gefäße in der Römerzeit ist Pb in menschlichen Skelettknochen jener Epoche stark angereichert; Ahlgren et al. (1981) fanden Konzentrationen von 60...1000 ppm Pb.

Kumar et al. (1989) sowie Alvarez und Mazo-Gray (1991) beschäftigten sich intensiv mit den Matrixkorrekturmethoden für biologische Proben.

Zur Cd-Bestimmung in Nieren setzten Ahlgren et al. (1980) eine ^{241}Am-Quelle (300 mCi), ein Mo-Filter (70 µm dick) und einen Ge(Li)-Detektor ein. Die von Person zu Person unterschiedliche Geometrie des Strahlengangs führt zu Meßfehlern von ±40%, selbst wenn die jeweilige Position der Niere mit Ultraschall genau bestimmt wird. Trotzdem ist es möglich, Anomalien gegenüber Normalgehalten (10...100 ppm) zu diagnostizieren.

Wielopolski et al. (1983) führten *Sr-Analysen in vivo* in menschlichen Knochen mit Hilfe einer ^{125}I- bzw. ^{109}Cd-Anregungsquelle und einem Si(Li)-Detektor durch. Dickenkorrekturen für das die Knochen überlagernde Gewebe wurden mittels Ultraschall ermittelt. Eichproben erhielt man durch AAS-Bestimmungen an Knochen von Toten. Es wurden eine Nachweisgrenze von ca. 15 ppm Sr und eine Reproduzierbarkeit von ca. 95 Rel.-% erreicht.

Da die TRFA ihre analytische Brauchbarkeit zur Mikroanalyse fester Proben unter Beweis gestellt hat (von Bohlen et al. 1987), kann sie auch zur Feststellung der Metallbelastung von Geweben herangezogen werden. So wurden Mikrotom-Gefrierschnitte (10 bis 20 µm dick) direkt auf silikonisierte Quarzglasträger aufgebracht (Klockenkämper und Wiecken 1987, von Bohlen et al. 1988). Es gelang mit dieser Meßtechnik, z.B. die Ni- und Cu- sowie die Ti- und Pb-Belastung des Lungengewebes von Schlossern und Malern nachzuweisen.

PIXE

Wegen nur geringster benötigter Gewebemengen (Elementanalysen im ng-Bereich) bietet sich die Methode der PIXE gerade für Untersuchungen im Rahmen der Zellbiogie (z.B. Unterscheidung zwischen gesunden und krebskranken Zellen) besonders an und soll daher an dieser Stelle zumindest kurz vorgestellt werden:

Von Zombola et al. (1977) wurden die veraschten Zellproben mit HCl unter Zugabe von 400 ppm Mo als Internem Standard gelöst und mit NH_4OH neutralisiert. 5 µl dieser Lösung wurden auf eine vorgereinigte Formvar-Folie aufgebracht, die nach Einbringen in eine Vakuumzone gefriergetrocknet wurde. Weitere Details zu diesbezüglichen Präparationstechniken finden sich bei Mangelson et al. (1977).

Zombola et al. (1977) erreichten bei Probenbeschuß mit 2,25 MeV Protonen und Strahlungsmessung mit einem Si(Li)-Detektor eine Energieauflösung von 225 eV und konnten die Konzentrationen der Elemente Cl, K, Ca, Mn, Fe, Cu und Zn bestimmen. Henley et al. (1977) analysierten isolierte Menschenhaarwurzeln (Länge 2 mm, Trockenmasse ~10 µg) auf die Gehalte an P, S, Cl, K, Ca, Ti, Cr, Mn, Fe und Zn. Walter et al. (1977) untersuchten die schwarzen Pigmente in der Lunge von Rauchern und Nichtrauchern auf Zn und Pb.

Weiterhin widmeten sich Hasselmann et al. (1977), Valkovic (1977) sowie Munnik et al. (1991) der Spurenelementverteilung in biologischen Proben, insbesondere Guffey et al. (1977), Van Rinsfeld et al. (1977) und Johansson und Campbell (1988) deren Korrelation mit dem Auftreten von Krankheiten.

Körperflüssigkeiten

Die in Körperflüssigkeiten (Gewebe- und Rückenmarkflüssigkeit, Blutserum, Urin) vorkommenden Spurenelemente sind Bestandteile wichtiger Verbindungen wie Hämoglobin (Fe), Cobalamin (Co) oder Insulin (Zn); sie beeinflussen auch wesentlich den Ablauf biochemischer Umsetzungen (z.B. Mn oder Cu); teilweise wirken sie hochgradig toxisch (z.B. As). Gerade im Hinblick auf das Erkennen von Vergiftungen ist es notwendig, eine unkomplizierte und insbesonders schnelle Analysenmethode wie die RFA zur Verfügung zu haben.

Zur Analyse auf viele Haupt- und Nebenelemente wie P, S, Cl, K, Ca und Br genügt es meist, einige Tropfen der Probenflüssigkeit auf einem definierten Bereich (evtl. mit Wachsring begrenzt) eines mit Säure vorgereinigten Papierfilters einzutrocknen. Zuweilen ist es auch hinreichend, die getrocknete Probe zu zerreiben und daraus zusammen mit Wachs als Bindemittel Tabletten zu pressen (etwa auf 100 mg Substanz 50 mg Wachs). Ist es nicht möglich, die gewünschten Spurenelemente nachzuweisen, oder muß die notwendige Probenmenge klein gehalten werden (z.B. 5...50 µl Blutserum), müssen Anreicherungsverfahren eingesetzt werden: Die Vorkonzentration der Spurenelemente kann z.B. durch säulenchromatographische oder elektrophoretische Trennung erfolgen (Natelson und Bender 1959). Ist es möglich, diese Elemente im Ionenaustauscher anzureichern, so kann dieser zur Messung tablettiert werden. Neben einer heißen Veraschung ist auch eine Plasmaveraschung (Kaltveraschung bei Normaltemperatur) gebräuchlich. Die Asche wird üblicherweise mit 2M HCl aufgenommen und mit speziell konstruierten Ringöfen (z.B. von Scientific Industries, Springfield, Mass.) auf die Mitte von Whatman-Filtern aufgedampft.

Die Eichung des Analysenverfahrens erfolgt meist nach dem Zumischverfahren; Referenzlösungen werden durch Lösung entsprechender Verbindungen ($K_2Cr_2O_7$, $KMnO_4$, $Fe(NH_4)_2(SO_4)_2 \cdot 6H_2O$, $Co(NO_3)_2 \cdot 6H_2O$, $NiSO_4 \cdot 6H_2O$, $CuSO_4 \cdot 5H_2O$, ZnO oder $ZnSO_4 \cdot 7H_2O$, u.a.) in (zuweilen angesäuertem) Wasser hergestellt (Natelson et al. 1962).

WDRFA

Fe, Ni, Cu, Zn und Sr im Blutserum wurden von Natelson et al. (1962) und Natelson und Sheid(1961) im Konzentrationsbereich von 5...150 µg/100 ml bestimmt. Zur Lösung der veraschten Probe wurde Eisessig zugegeben, um selektiv die Chloride der Spurenelemente, nicht aber NaCl zu lösen. Die Lösung wurde eingedampft und mit angesäuertem Methanol wieder aufgenommen und auf ein Papierfilter gebracht. Zur Messung wurde eine W-Röhre mit Ti-Filter zur Unterdrückung der CrK- und WL-Emissionsstrahlung der Röntgenröhre verwendet. Durch Ionenaustausch von Sr durch Ca war es bei der Sr-Bestimmung möglich, den von der Restmatrix (Proteine, Fette, Kohlenhydrate, Na, Cl, K, u.a.) verursachten Untergrund am Ort der Sr-Linien zu messen.

Purdham et al. (1975) geben eine einfache Methode zur Bestimmung von Br und I in 8 ml Proben von Blutserum und Urin im Konzentrationsbereich von einigen mg/100 ml an. Sie konnten auch Au (Messung von AuLα) im Blutserum bis herab zu 5 µg/100 ml bestimmen. Das organische Material wurde hierzu mit konzentrierten Säuren aufgelöst und Au als Sulfid gefällt.

Die übliche Bestimmung von As im menschlichen Urin (typische Konzentration 10 µg/l) erfolgt mit dem Gutzeit-Test über die Farbstärke eines Indikatorpapiers. Da dieses Verfahren aber nicht störungsfrei arbeitet (Störungen durch P, S, u.a.), wurde es von Mathies (1974) modifiziert und das Testpapier mit der WDRFA analysiert. Dabei wurde eine Nachweisgrenze von etwa 0,1 µg für As erreicht; bei einem Gehalt von 5 µg As betrug der relative Fehler $\leq$2,5%.

Nicht nur bei Trockenaufschlußverfahren, sondern auch bei der aufwendigen und langsamen Plasmaveraschung kann ein Verlust an flüchtigen Elementen (wie Hg) auftreten. Optimal für die Analyse von Blut (1-ml-Proben) erwies sich nach der Siemens Anal. techn. Mitt. Nr.90 die Gefriertrocknung; aus der Trockenmasse wurden 0,2...0,3 mm dicke Tabletten mit einem Durchmesser von 20 mm gepreßt. Es wurden folgende Nachweisgrenzen für Serumproben erzielt (ppm): 2,2 Mg, 0,5 Cl, 0,08 K, 0,03 Ca, 0,06 Zn, 0,03 Br, 0,1 Hg und 0,1 Pb. Beim Aufarbeiten von Harnproben traten Schwierigkeiten auf: Nur bei Zusatz von 0,5% Aerosil waren Tabletten preßbar. Die Nachweisgrenzen lagen für Cu, Zn, As, Sb, Ba, Hg, Tl, Pb und Bi unter 1 ppm.

EDRFA

Getrocknete Proben von Standard-Tierblut, bezogen von der International Atomic Energy Agency (IAEA) in Wien, wurden zu Tabletten verpreßt und entsprechend den Ortec X-Ray Fluorescence Application Studies Nr.3203 auf ihre Spurenelementgehalte untersucht. Zur Analyse auf Na, Al, P, K und Ca wurde eine W-Röhre (20 kV/100 µA) mit Mo-Filter, zu der auf Al, P, S, Cr, Mn und Fe eine Mo-Röhre (10 kV/100 µA) und zu der auf Cl, K, Ca, Mn, Fe, Cu, Zn, Br und Pb eine Mo-Röhre (40 kV/20 µA) mit Mo-Filter eingesetzt; S ließ sich gut mit einer W-Röhre und Al-Filter anregen. Für Mn, Fe, Cu, Zn und Pb wurden C_{MDL}-Werte von 0,21 (Pb) bis 0,8 ppm (Fe) in getrockneten Proben — entsprechend 0,04 bzw. 0,16 ppm in ungetrockneten — erreicht (Meßzeit 4000 s).

Von Agarwal et al. (1975) wurden in Urinproben die Elemente Cl, K, Ca, Br, Rb und Sr qualitativ, die diagnostisch wichtigen Elemente Cu, Zn und Pb auch quantitativ bestimmt (Meßzeit 10...40 min). Da Spurenelemente im Urin durchschnittlich nur von 50 ppb bis 1 ppm vorkommen, war eine Vorkonzentration mit Ionenaustauscherharz (Chelex 100) erforderlich. Es wurde eine Röntgenröhre mit Au-Anode, ein Mo-Sekundärtarget und Y als Interner Standard verwendet.

Ayala et al. (1991) pipettierten zur Diagnose der Bleiexposition einen 2-µl-Tropfen frischen Blutes auf den Quarz-Probenträger der TRFA. Die Pb-Analysen nach Veraschung im Niedertemperatur-Plasmaascher lagen bei belasteten Individuen mit 0,2 bis 0,7 ppm deutlich höher als bei unbelasteten (<0,1 ppm).

PIXE

Bearse et al. (1974, 1977) bestimmten Fe, Cu, Zn, Se und Rb in Blutproben von 0,1 ml Volumen. Vis et al. (1977) erweiterten diese Methode auf mehr als zehn Elemente und legten besonderen Wert auf die Korrektur der Matrixeffekte und den Vergleich mit der AAS.

Lebensmittel

Die Untersuchung pflanzlicher und tierischer Produkte gibt u.a. Aufschluß über den Verseuchungsgrad der Umwelt, in der diese Organismen gelebt haben. Bei der Lebensmittelkontrolle wird die Eignung eines pflanzlichen oder tierischen Produkts für den menschlichen Genuß überprüft, insbesondere, ob die oberen Grenzwerte toxisch wirkender Elemente (wie As, Cd, Hg oder Pb) überschritten werden.

WDRFA

Nach der Siemens Anal. techn. Mitt. Nr.90 werden Fleisch- und Leberproben zuerst im Fleischwolf zerkleinert. 20 g Proben werden mit 25...40 ml H_2O bidest. versetzt und mit einem schnellaufenden Rührer homogenisiert. Nach Vakuumtrocknung und Mahlung des Materials wird eine Tablette gepreßt. Für Cr, As, Se, Br, Sn, Sb, Hg und Pb wurden in Fleischproben Nachweisgrenzen unter 1 ppm erreicht.

Relativ gute Ergebnisse (Reproduzierbarkeit 10...20% bei unterschiedlichen Matrices) erhielt auch Tuchscheerer (1965) bei der Untersuchung pulverförmiger Lebensmittel (Mehl, Eipulver). Die bei 200 °C getrockneten Proben wurden bei 400 °C unter Zugabe von HNO_3 verascht. Die Aschelösungen (1 g Asche und 10 ml HNO_3 (1:1) auf 100 ml mit H_2O verdünnt) wurden gegen Eichlösungen gemessen. Die Nachweisgrenzen lagen bei einigen ppm. Beispiele zur Analyse von K, Ca, Ti, Fe, Cu, Zn, Mo und Ba in verschiedenen Apfelsorten werden angeführt.

EDRFA
Da radioaktive I-Isotope als Spaltprodukte von Kernreaktionen (in Kernreaktoren, bei Atombombentests, u.a.) in die Umwelt gelangen könnten, ist eine Überwachung des Jodgehalts in der Nahrungskette wichtig. Die RFA erlaubt die Bestimmung von Gesamtjod unabhängig von dessen chemischer Bindungsform. Crecelius (1975) fand an gefriergetrockneten Milchpulvertabletten Konzentrationswerte von 0,3 ppm bis zu 3 ppm Jod in guter Übereinstimmung mit den Ergebnissen elektrochemischer Bestimmungen. Die Bestimmung von K und Ca in Milchpulver beschreiben Alvarez und Mazo-Gray (1990).

Günther und von Bohlen (1990) setzten die TRFA zur Multielementbestimmung in Feldsalat und Blumenkohl sowie in deren löslichen und unlöslichen Zellfraktionen ein. Es wurde mit HNO_3 aufgeschlossen und die Elementgehalte mittels Ga als innerem Standard ermittelt.

5.3.1.2 Fossiles biogenes Material: Kerogen, Kohle, Erdöl, Erdölprodukte

Kerogen
Kerogen stellt jenen Teil des sedimentären organischen Materials dar, der in üblichen organischen Lösungsmitteln unlöslich ist. Es ist ein Geopolymer, das sich bei dem Zerfall der ursprünglichen Biopolymeren mit zunehmender Versenkungstiefe bildet. Nach den Carbonaten mit ca. $7 \cdot 10^{16}$ t bildet Kerogen mit ca. 10^{16} t das zweitgrößte Kohlenstoffreservoir der Erdkruste. Bei entsprechender thermischer Beanspruchung können aus ihm Erdöl und Erdgas abgespalten werden; als fester Rückstand bleibt kohliges und/oder graphitisches Material zurück.

Kerogen wird aus einer Probe (z.B. Bohrkern) durch die sukzessive Einwirkung starker Säuren (HF, HCl) zur möglichst vollständigen Entfernung der mineralischen Restmatrix isoliert. In der Praxis ist die Kerogengewinnung durch Demineralisation oft eine schwierige und mühsame Prozedur, die in ihrem gesamten Ablauf meist mehrmals wiederholt werden muß (Hirner et al. 1981). Hierbei können zur Überprüfung des Demineralisationsgrades vorteilhafterweise Röntgenmethoden eingesetzt werden: Mit der Röntgenbeugungsanalyse kann der Restmineralbestand, mit der RFA die Konzentration typischer "nichtbiophiler" Elemente wie Ti oder Fe erfaßt werden.

Meist reicht bei der Analyse von Kerogenproben die Menge des isolierten Kerogens zur Herstellung üblicher Preßtabletten nicht aus. Man ist daher gezwungen, das Meßverfahren geeignet zu modifizieren, ähnlich wie etwa Palme und Jagoutz (1977) und Jagoutz und Palme (1978) dies für kleine Mengen an geologischen und meteoritischem Material taten (synthetische Referenzproben, mathematische Korrekturverfahren). Von Ellrich (1982) wurden 100 mg Kerogen auf vorgefertigte Borsäuretabletten (Ø 2 cm) aufgetragen und angepreßt. Als Referenzproben wurden synthetische Mischproben mit Borsäure als Grundmatrix verwendet, da dieses Material bei Wellenlängen zwischen 0,1 nm und 0,3 nm einen ähnlich großen Massenabsorptionskoeffizienten wie typische Kerogene aufweist. Die FeKα- und NiKα-Strahlung wurde mit einer W-Röhre (40 kV/20 mA) angeregt und mit LiF(200) und DZ und SZ gemessen (Meßzeit 40 s, ohne Vakuum). Wenn bei Bohrkernuntersuchungen (z.B. im Rahmen der geochemischen Erdölexploration) Spurenelementbestimmungen im Kerogenanteil einer Bohrkernprobe schlecht reproduzierbar sind, so liegt dies z.T. an einer schlechten Reproduzierbarkeit der Demineralisierungsprozedur, z.T. auch an starken Inhomogenitäten der Spurenelementverteilung innerhalb einzelner Bohrkernabschnitte, nicht dagegen an der Meßmethode.

Kohle

Obwohl unter *Kohle* eigentlich der gesamte C-haltige Gesteinskörper einschließlich von <1% bis ~40% anorganischen Verunreinigungen verstanden wird, dürfte in vielen Fällen die Analyse der demineralisierten Probe sinnvoller sein. Als häufige Elemente werden nach Krejci-Graf (1982) die bezeichnet, aus denen die organische Substanz der Kohle hauptsächlich zusammengesetzt ist wie H (1...5%), C (40...98%), N (0,5...4%) und O (1...40%); wichtig sind auch die in Kohlen vorwiegend biogenen Elemente P (0,1...1%) und K (0,1...3%) und solche, die sich in Kohlen — hauptsächlich aufgrund der anorganischen Bestandteile — teilweise in beachtlichen Mengen von einigen Zehntel Prozent bis zu mehr als 10 Prozent nachweisen lassen, wie Na, Mg, Al, Si, S, Ca, Ti und Fe.

Bei der Verbrennung von Kohle bleiben durchschnittlich 16...18 Gew.-% an mineralischem Material als Kohleasche zurück, die wegen ihrer Mobilität als *Flugasche* Umweltrelevanz erlangt. Die typische Mineralzusammensetzung von Kohleaschen ist in etwa Mullit (10...15%), Quarz (2...5%), Hämatit und Magnetit (jeweils 1...3%); als Rest kommen Glasphasen und gelegentlich Anhydrit, Gips, Calcit oder Ettringit in Frage. Für die chemische Zusammensetzung von Kohleaschen wird als ein typisches Beispiel angeführt (unveröffentl. Mitt. der Fa. Philips): Haupt- und Nebenelementoxide (Gew.%): 51 SiO_2, 27 Al_2O_3, 10 Fe_2O_3, 3,8 K_2O, 1,3 MgO, 1,3 CaO, 1 SO_3, 1 TiO_2 und 0,8 Na_2O; 2,5 Glühverlust; Spurenelemente (ppm): 540 Mn, 500 V, 480 P, 300 Ni, 200 B, 200 Cu, 200 Ge, 140 Cr, 100 Cl, 100 Zn, 90 As, 70 Pb, 50 Rb, 50 Sr, 50 Ba, 30 Be, 25 Mo, 20 Ga, 5 Se und 1 Cd.

Zur Messung mit der RFA werden sowohl Preß- als auch Schmelztabletten eingesetzt. Besonders für die Analyse von Flugaschen auf leichte Elemente ist auf den Feinmahlungsgrad der Probe großer Wert zu legen; die Fa. Philips (unveröffentl. Mitt.) empfiehlt diesbezüglich die Herstellung von Schmelztabletten mit 5 g Lithiumtetraborat auf 1 g Probe. Mills et al. (1981) trockneten die Proben bei Unterdruck in Stickstoffatmosphäre. Sodann wurden 6 g Probe und 0,6 g Bindemittel (Somar Mix) in einer Schwingmühle mit Chromstahl-Mahleinsatz auf eine Korngröße <76 µm feingemahlen; für Cr- und Fe-Bestimmungen wurde im Wolframcarbideinsatz gemahlen. Preßtabletten sollen möglichst in inerter Atmosphäre (z.B. N_2) aufbewahrt werden. Bei sorgfältiger Probenpräparation sind die Ergebnisse für die Konzentrationen der Haupt- und Nebenelemente gut reproduzierbar (Ergebnisse der Philips-Forschungslaboratorien, Angabe der Reproduzierbarkeit in Rel.-% bei zehnmaliger Tablettenpräparation): Na_2O 4,8, MgO 3,0, Al_2O_3 0,6, SiO_2 0,4, K_2O 0,4, CaO 0,5, TiO_2 0,7 und Fe_2O_3 0,5.

Die Spurenelementanalyse wird an veraschten Proben vorgenommen; Verdünnungen müssen wegen der geringen Elementkonzentrationen möglichst klein gehalten werden. Bewährt haben sich Preßtabletten aus 8 g Probenmaterial mit 2 g Bindemittel wie Wachs oder Borsäure, oder 10-g-Proben mit 2 ml Elvacit-Lösung (20 g Methacrylat auf 100 mg Aceton). Die erzielbaren Nachweisgrenzen von 1...10 ppm reichen meist für die Erfassung der Spurenelementgehalte in Kohleaschen mit Ausnahme von Cd aus. Ohne Veraschung können in unverdünnten Preßtabletten natürlicher Kohleproben normalerweise folgende Spurenelemente erfaßt werden: V, Cr, Mn, Ga, Rb, Mo, Ba, La, Ce und Th.

Da die Eichung durch käufliche NBS-(SRM 1630, 1632, 1632a, 1635) oder BCS-Standardproben (British Coal Standards) oft unzureichend ist, werden durch Vermahlung von spec-pur-Verbindungen der interessierenden Elemente (meist als Oxide und Carbonate) mit Kohle spektraler Reinheit eigene Laborreferenzproben hergestellt. Matrixkorrekturen erfolgen meist mit Hilfe der Compton-Streuintensität der Röhrenlinien (MoKα, WLβ_1 bzw. CrKα). Renault (1980) wies nach, daß die Streuintensität und die Fluoreszenzintensität von Ca und

Fe (als Indikatorelemente für Asche) mit dem Aschegehalt in Beziehung stehen. Umgekehrt kann die von der Probe rückgestreute Intensität (z.B. bei Anregung mit ^{244}Cm) zur Bestimmung des Aschegehalts von Kohlen herangezogen werden (Brown und Jones 1980).

WDRFA

Kiss (1966) bestimmte die Konzentration der Elemente Al, Si, S, Cl, K, Ca, Ti und Fe in Tabletten aus unverdünntem Kohlepulver mit Cr-Röhre (40 kV/24 mA), LiF und PET, DZ und SZ. Die Matrixkorrektur erfolgte durch Berechnung der Massenschwächung der Probe, wobei die unkorrigierten Intensitäten der von den Proben emittierten Fluoreszenzstrahlung als Näherung für deren Matrixzusammensetzung verwendet wurden. Korngrößeneffekte werden ausführlich diskutiert. Pandey et al. (1981) bestimmten Al, Si, Ca, Ti und Fe in Kohleaschen. Gewisse Elemente (Ag, Cd, In, Te, Hg, Tl und die meisten Seltenerdelemente) kommen immer, andere (Se, Sb, Cs, Hf, Ta, W) öfters in Konzentrationen unterhalb der Nachweisgrenze vor; zu deren Erfassung müssen daher andere Analysentechniken (z.B. AAS) herangezogen werden (Mills et al. 1981).

Da sich Kokspulver ohne Bindemittelzusätze kaum zu Tabletten verpressen läßt, füllte Frigge (1977) das Probenpulver einfach 1...2 cm hoch in üblicherweise für Flüssigkeiten eingesetzte Probenbehälter mit Mylarboden. Bei der Analyse auf leichte Elemente wurden die auf ~1 µm feingemahlenen Proben in Heliumatmosphäre gemessen. Mikromengen an Schwefel konnten durch Lösung in Pyridin und Aufdampfen dieser Lösung auf Hostaphanfolien genau erfaßt werden (Nachweisgrenze 15 ng S). Durch Reduktion von Gold in salzsaurer Lösung und adsorptive Bindung an TiO_2 konnte Au in Koks bis in den 10-ppb-Bereich bestimmt werden.

Hirner und Xu (1991) setzten die WDRFA zur Speziierung von 16 Spurenelementen im australischen Julia-Creek-Ölschiefer ein. Hierzu wurden mineralische Bestandteile sequentiell gelöst und die Extraktionsrückstände mittels Röntgenbeugung und -fluoreszenz untersucht.

EDRFA

Wheeler und Jacobus (1980) beschreiben die RFA von Gesamtkohle. Vier Gramm getrocknetes (24 h bei 105 °C), homogenisiertes Kohlepulver wird mit 1 g Borsäure als Bindemittel und 100 mg Natriumstearat als Mahlhilfe 6 min in einer Schwingmühle mit Wolframcarbideinsatz gemahlen und anschließend zu Tabletten verpreßt. Die Meßbedingungen wurden für einzelne Elementgruppen optimiert (Tabelle 5.23).

Tabelle 5.23 EDRFA-Meßparameter für Kohleproben (Wheeler und Jacobus 1980)

Elemente:	Na, Mg, Al, Cl	Si, P, S, K, Ca, Ti, Fe	V, Cr, Mn	Co, Ni, Cu	Ba, Sr	Ag, Cd
Anode:	W	Rh	W	Rh	Rh	W
kV/µA:	6/200	10/200	25/140	50/175	50/200	50/200
Filter:	-	-	Cu	In	Sn	Mo
Energiebereich keV:	0...6	0...10	0...10	0...20	0...40	0...40

Vakuum, Meßzeit 200 s

Für die Elemente mit Z zwischen 20 und 40 werden für die niedrigsten nachweisbaren Konzentrationen Werte zwischen 1 ppm und 10 ppm erreicht, für die Hauptelemente Genauigkeiten von bis zu 0,1%, falls mathematische Matrix- und Spektrenentfaltungskorrekturen eingesetzt werden. Die Multielementanalyse von Kohleasche ist im TEFA Analysis Report (1975) beschrieben. Es werden Borsäure-Preßtabletten hergestellt und die Fluoreszenzstrahlung von Na, Mg, Al, Si, P, S, K, Ca, Ti und Fe mit einer Rh-Röhre (10 kV/100 μA) und die von Sr mit einer Mo-Röhre (40 kV/100 μA) angeregt; in beiden Fällen wird ein Mo-Filter verwendet. Teilchengrößen- und Interelementeffekte können durch sorgfältiges Feinmahlen bzw. mathematische Korrekturmethoden ausgeschaltet werden.

Cooper et al. (1977) beschreiben die Anwendung der EDRFA für die Schwefel-, Hauptelement-, Spurenelement- und Aschegehaltsbestimmung in Kohle, Koks und Flugaschen. Es werden Pulverpreßtabletten hergestellt und Interelementeffekte nach der Exponentenmethode (vgl. Gl.(4.35)) berücksichtigt. Die Meßgenauigkeit betrug ~3 ppm V bei einem Durchschnittsgehalt von 30 ppm V und ~30 ppm S bis 0,1% S bei einem Durchschnittsgehalt von 4% S. Die Richtigkeit der Ergebnisse wurde durch einen Vergleich mit Listenwerten des Illinois State Geological Survey (für Kohle) und mit naßchemisch bestimmten Werten (für Kohleasche) abgesichert.

Nach Wheeler (1983) ergibt die Präparation von Pulvertabletten grundsätzlich die besten Resultate bei der EDRFA von Kohle; allerdings sind solche Präparate nicht sehr langlebig, was sich besonders bei Standardproben nachteilig auswirkt. Darüber hinaus existiert ohnehin nur eine begrenzte Anzahl verläßlicher Kohle-Standards. Der Autor schlägt deshalb vor, synthetische Standardproben (Schmelztabletten) durch Zumischen geeigneter geologischer Standards und Lithiumtetraborat als Schmelzmittel sowie Ammoniumnitrat als Oxidationsmittel herzustellen. Er ist der Auffassung, daß der $Li_2B_4O_7$-Anteil der Standardproben bezüglich der Matrixeffekte weitgehend denjenigen der C-, H- und O-Anteile der Kohle in den Pulvertabletten der untersuchten Proben entspricht. Voraussetzung für gute Ergebnisse ist auch hier eine genügend lange Mahldauer (>4 min) bei der Präparation der Pulvertabletten (5 g Probe + 1 g Borsäure + 100 mg Natriumstearat als Mahlhilfe). Die geringen Unterschiede in den Matrices von Standardproben (Schmelztabletten) und Untersuchungsproben (Pulvertabletten) werden durch ein Rechenprogramm berücksichtigt. Die Übereinstimmung zwischen den auf die oben beschriebene Weise erhaltenen Konzentrationswerten und den "Sollwerten" ist ausgezeichnet.

Die Vorteile der EDRFA bei der Kohleanalyse scheinen in Analytikerkreisen immer mehr Beachtung zu finden, was u.a. auch daran zu ersehen ist, daß im ASTM Kommittee D-5 eine diesbezügliche Standardvorschrift entworfen wird.

Erdöl (Schweröl, Rohöl)

Erdöl besteht aus den Hauptelementen Kohlenstoff (79...89 Gew.-%) und Wasserstoff (9...15%), den Nebenelementen Stickstoff (<1%), Sauerstoff (<3%) und Schwefel (<10%) und Metallen (besonders V, Ni, Co in Porphyrinen) als Spurenelementen (jeweils meist <100 ppm). In der Erdölexploration spielen besonders in der letztgenannten Elementgruppe die sog. biophilen Elemente eine besondere Rolle: z.B. zeigten Ellrich und Hirner (1982) und Ellrich et al. (1985) die Bedeutung der Konzentrationen von S, V, Co, Ni und Se in süddeutschen Erdölen zur Diskussion der Herkunft (Indikatorelemente V, Ni) und sekundären Veränderungen (Indikatorelement S) dieser Öle.

Im einfachsten Fall werden Ölproben in eine (möglichst wassergekühlte) Flüssigkeitsmeßzelle mit Mylarboden gefüllt; die Spektrometerkammer wird mit Heliumgas gespült. Zur Minimalisierung von Absorptionsverlusten sollte die Foliendicke möglichst gering gehalten werden; u.U. ist die mechanische Stabilisierung mit Hilfe eines Gitters aus einem nicht zu bestimmenden Metall zweckmäßig (Gunn 1964).

Metalle in Mineralölen und Mineralölprodukten müssen aus verfahrenstechnischen Gründen in der Industrie oft auch in Konzentrationen <1 ppm erfaßt werden (Katalysatoren: V, Ni, Pb; Isolieröl (Ölalterung): Cu; Heizöl: V, Ni; Hochleistungsturbinen: V; Benzin: Pb; u.a.), wofür das oben beschriebene direkte Meßverfahren nicht genügend nachweisstark ist. Es ist vielmehr der Einsatz von Anreicherungsverfahren notwendig, die u.a. von Louis (1970) zusammenfassend beschrieben werden. Die einfachste dieser Methoden beinhaltet die Verbrennung der Probe, hat aber zwei große Nachteile, nämlich daß zum einen große Probemengen verbraucht werden und zum anderen flüchtige Bestandteile entweichen. In dieser Hinsicht erweist sich die langsame Verkokung der Öle in Gegenwart von Schwefelsäure (oder Benzolsulfon- oder Xylolsulfonsäure) mit anschließender trockener Veraschung als günstig; die gesamte Prozedur dauert aber zumindest 8 h. Weiterhin bietet sich die Säureextraktion an: 100 ml Probe in 100 ml n-Hexan werden mit 300 ml 20%-iger HCl in einem 1000-ml-Zylinder auf einer Schüttelmaschine 20 min lang extrahiert. Der Extrakt in wäßriger Lösung wird durch Filtration auf eine vorbehandelte Ionenaustauschermembran gebracht, die zur Messung in einen mit Mylarfolie bespannten Probenhalter gelegt wird. Bei einem derartigen Vorgehen ist die Erfassung von V, Fe, Ni und Cu in Öl bis herab zu 0,01 ppm möglich (Louis 1970).

Zur Eichung der Meßergebnisse an Erdölen und Erdölprodukten werden vom NBS mehrere Standardproben angeboten: Erdöl (GM-5), Kraftstoff (SRM 1634), S (SRM 1620-1624) und Pb im Kraftstoff (SRM 1636-1638). Von Tokyo Kasei Kogyo Co., Ltd. (Tokio/Japan) sind für S in Kraftstoff die Standardproben S 225...227, S 245 und S 266 erhältlich. Dwiggins (1964) benützte Standardproben von den National Spectrographic Laboratories. Am gebräuchlichsten sind jedoch Standardöle der Conostan-Serie der Continental Oil Company[1], insbesondere C-20 (5000 ppm Ca und jeweils 1000 ppm Na, Mg, Al, Si, P, Ti, V, Cr, Mn, Fe, Ni, Cu, Zn, Mo, Ag, Cd, Sn, Ba und Pb) und C-21 (Metallgehalt je 10 ppm bzw. je 30 ppm). Durch Verdünnung mit Basisölen (Conostan 245 oder C-85 mit Metallgehalt je <0,1 ppm) wird die Reihe der Eichlösungen — z.B. mit 100, 50, 25 und 10 ppm — erhalten. Andererseits sind geeignete Referenzproben auch leicht selbst herzustellen. So beschreibt z.B. Louis (1965), wie er Weißölen definierte Gehalte an Metallen als Naphthenate und an Nichtmetallen als geeignete lösliche Verbindungen zusetzt (Tributylphosphat für P, geschwefeltes Spermöl für S und Chlorparaffin für Cl). NBS bietet unter den Nummern SRM 1051b bis 1080a organometallische Verbindungen für die Elemente Na, Mg, Al, Si, P, K, Ca, V, Cr, Mn, Fe, Co, Ni, Cu, Zn, Sr, Ag, Cd, Sn, Ba, Hg und Pb an, mit deren Hilfe auch synthetische Referenzproben hergestellt werden können.

Die Matrixkorrektur erfolgt meist durch Zugabe eines Internen Standards oder mit Hilfe der Untergrundintensität, die auch aus dem Intensitätsverhältnis der inkohärenten zur kohärenten Streustrahlung ermittelt werden kann (Dwiggins 1964).

WDRFA

Dwiggins (1961) entwickelte eine Methode zur RFA auf Haupt- und Nebenelemente in natürlichen Kohlenwasserstoffen, bei der Reproduzierbarkeit und Richtigkeit der Analyse mindestens so gut wie bei konventionellen Mikroverbrennungsmethoden sein sollen. Da

---

[1] Conostan Division, P.O. Box 1267, Ponca City, Oklahoma, U.S.A.

lediglich Elemente mit sehr niedriger Ordnungszahl viel inkohärente Streustrahlung, schwerere Elemente dagegen mehr kohärente erzeugen, ist das Intensitätsverhältnis der kohärenten zur inkohärenten Streustrahlung ein empfindliches Maß für die Konzentration der leichten Elemente in der Probe. Somit kann nicht nur im reinen Zweikomponentensystem der Kohlenwasserstoffe mit diesem Intensitätsverhältnis die Kohlenstoffkonzentration bestimmt werden, sondern ist bei Hinzuziehung geeigneter Standardproben auch eine Erweiterung auf die Nebenelemente N und S in Erdölen möglich. Gemessen werden die verschiedenen Streupeaks von $WL\alpha_1$, die bei Verwendung eines NaCl-Analysatorkristalls bei den 2θ-Werten 30,60° (kohärente Streuung) und 31,25° (inkohärente Streuung) bzw. bei 29,75° für den Untergrund liegen.

Die Bestimmung des *Schwefelgehalts* — ein wichtiger Parameter bei der Klassifikation kommerzieller Schweröle — kann im Konzentrationsbereich von etwa 0,002 bis 5 Gew.-% viel schneller mit der RFA erfolgen als mit den zeitraubenden ASTM-Methoden. Akama et al. (1980) stellten Preßtabletten durch Verdünnen der Öle mit festem Paraffin bei 90 °C her und Eichproben durch Verdünnen eines Asphaltens bekannten Schwefelgehalts mit Paraffin. Bei Einsatz von W-Röhre (42,5 kV/24 mA), EDDT-Kristall, DZ, Vakuum und grobem Kollimator wurden die Intensitäten von Peak (75,29° 2θ) und Untergrund (73,0° 2θ) je 80 s lang gemessen.

Der größte Teil des Schwefels in Erdölen liegt organisch gebunden vor, die Konzentration des elementaren Schwefels bewegt sich üblicherweise in der Größenordnung einiger ppm. Hirner et al. (1983) bestimmten die Konzentration von elementarem Schwefel in süddeutschen Erdölen, indem sie eine aktivierte Kupferfolie in eine Lösung aus 2 g getrocknetem Öl in 50 ml $CHCl_3$ einbrachten und den dadurch oberflächlich mit Sulfid belegten Kupferstreifen (genau von der Länge des Probenhalter-Innendurchmessers) in einen Probenhalter (ohne Mylarfolie) einpaßten. Die Messung von $SK\alpha$ erfolgte mit einem PET-Kristall (Anregung mit Cr-Röhre). Es können mit dieser Methode Gehalte an elementarem Schwefel prinzipiell bis unter 1 ppm nachgewiesen werden.

Im Konzentrationsbereich von 0,2...4 ppm bestimmte Gunn (1964) den Ni-Gehalt von Ölen im Durchschnitt um 0,04 ppm höher als mit entsprechenden naßchemischen Bestimmungsmethoden; die Standardabweichung betrug 0,06 ppm bei Durchschnittswerten von ~3 ppm. Durch spezielle apparative Vorkehrungen (gekrümmte Kristallmonochromatoren, hochbelastbarer DZ) konnten Hale und King (1961) die Nachweisempfindlichkeit dieser Methode so weit erhöhen, daß Ni-Gehalte in der Größenordnung von 0,1 ppm zu erfassen sind. Kang et al. (1960) bestimmten V, Fe und Ni bis hinab zu 1 ppm bei einer Reproduzierbarkeit von ≥95 Rel.-%; dabei ist eine Matrixkorrektur, basierend auf den S-Gehalten notwendig. Dwiggins und Dunning (1961) zeigten, daß dies z.B. mit Hilfe eines Internen (Cr-Co-)Standards oder (bei stark salzwasserhaltigen Ölen) durch die direkte Bestimmung des Massenschwächungskoeffizienten mittels einer zur Messung des Transmissionsgrads flüssiger Proben modifizierten Röntgenbeugungsanlage möglich ist.

Bei Einsatz von W-Röhre, LiF-Kristall, SZ und Cu als Internem Standard erreichten Bartkiewicz und Hamatt (1964) für die Elemente Fe, Co und Zn Nachweisgrenzen von 5, 10 bzw. 5 ppm. Louis (1965) gibt bei 30-minütiger Meßzeit für Cl, Ca, V, Ni, Zn, Ba und Pb Nachweisgrenzen unter 1 ppm an, für P und S solche zwischen 1 ppm und 3 ppm. Er stellte fest, daß die Nachweisgrenze von der Matrixzusammensetzung kaum beeinflußt wird. Smith und Maute (1962) untersuchten Katalyse-Rückstände in Polyolefinen und fanden 12...130 ppm Al, 17...181 ppm Cl, 1...80 ppm Ti und 0,8...6 ppm Fe.

In der *Asphaltenfraktion* der Erdöle sind die Spurenelemente deutlich angereichert (Hirner 1987), so daß in diesem Fall die RFA meist ohne Anreicherungsverfahren eingesetzt werden kann. Es ist jedoch zu beachten, daß die Reproduzierbarkeit der Asphaltenanalysen in erster Linie direkt von derjenigen der Asphaltenfällung (Lösung der übrigen Ölkomponenten in kochendem n-Pentan oder n-Hexan) abhängig ist.

EDRFA
Obwohl bekannt ist, daß in der Industrie auch die EDRFA zur Bestimmung von Elementspuren in Ölen verwandt wird, sind bislang noch nicht viele dieser Anwendungen in der Literatur veröffentlicht worden (z.B. Christensen und Agerbo 1981). Grundsätzlich eignet sich die EDRFA zur Analyse und Charakterisierung der anorganischen Bestandteile der Rohöle, aber z.B. auch zur Bestimmung des metallischen Abriebes im Maschinenöl.

Im folgenden werden vor allem anhand einiger EG & G Ortec X-Ray Fluorescence Application Studies (1976a; 1977a, b, c; 1978) Beispiele zur EDRFA Bestimmung von Ölen behandelt.

Tabelle 5.24 Meßparameter zur EDRFA von Rohöl[1)]

Elemente	Mg, Al, Si, P	Ti, V, Cr, Mn Fe, Ni, Cu, Zn Mo, Pb	Ag, Cd, Sn
Anode	W	Rh	W
Anodenspannung	5 kV	30 kV	50 kV
Anodenstrom	400 µA	200 µA	50 µA
Energiebereich	0...5 keV	0...20 keV	0...40 keV
Filter	-	Y	Mo
Atmosphäre	He	Luft	He
Meßzeit	800 s	400 s	200 s

[1)] aus EG & G Ortec (1977c)

Im Rohöl können u.a. Na, Mg, Al, Si, P, S, K, Ca, Ti, V, Cr, Mn, Fe, Ni, Cu, Zn, Mo, Ag, Cd, Sn, Ba und Pb bestimmt werden. In Tabelle 5.24 sind die Geräteparameter zur Messung einer Reihe wichtiger Elemente zusammengestellt und in den Bildern 5.14 und 5.15 charakteristische energiedispersive Röntgenfluoreszenzspektren dargestellt, aus denen die Vielzahl der deutlichen Elementlinien ersichtlich ist. Bild 5.16 zeigt die graphische Darstellung der niedrigsten nachweisbaren Elementkonzentrationen (C_{MDL}). Bei Verfügbarkeit zahlreicher gut analysierter Standardproben und bei sorgfältiger Probenpräparation (homogene Probe, konstante Füllhöhe des Probenhalters, Verwendung gekühlter Probenhalter, He-gespülte Spektrometerkammer) können zumindest gleich gute Ergebnisse wie mit anderen üblichen Bestimmungsverfahren erreicht werden: Die Werte für die niedrigste nachweisbare Konzentration liegt z.B. für Schwefel bei Einsatz S-freier Mylarfolien (besser Polypropylen) bei Realmeßzeiten von 30 min bei etwa 4 ppm, für schwere Elemente noch tiefer (einige Zehntel ppm). Bei Matrixkorrektur mit Hilfe der Methode der Fundamentalen Parameter erzielten Christensen und Agerbo (1981) im Meßbereich deutlich über der Nachweisgrenze Genauigkeiten von 2...5 Rel.-%.

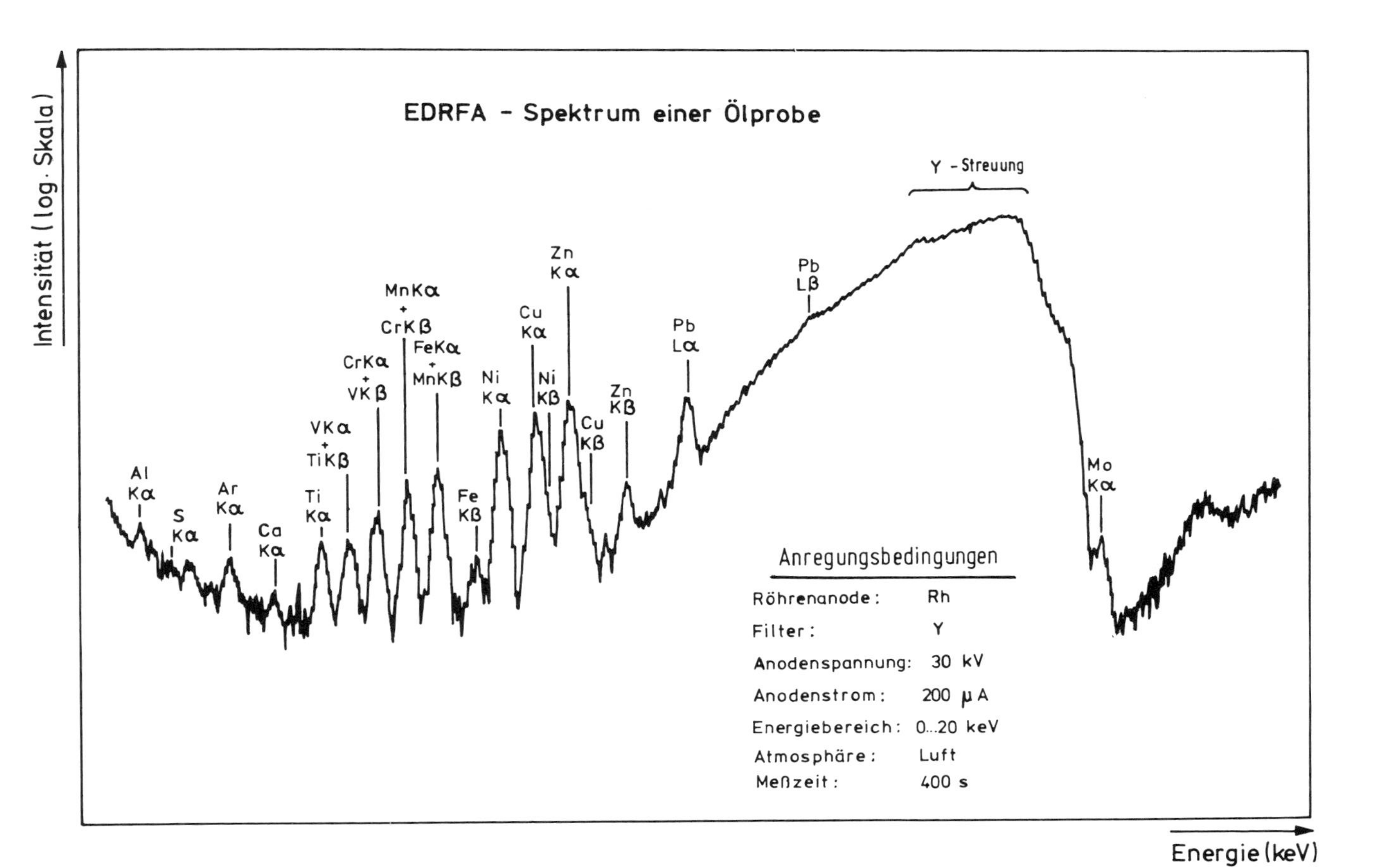

Bild 5.14 EDRFA-Spektrum einer Ölprobe (Energiebereich 0 bis 20 keV) aus Ortec X-Ray Fluorescence Application Studies (1977b)

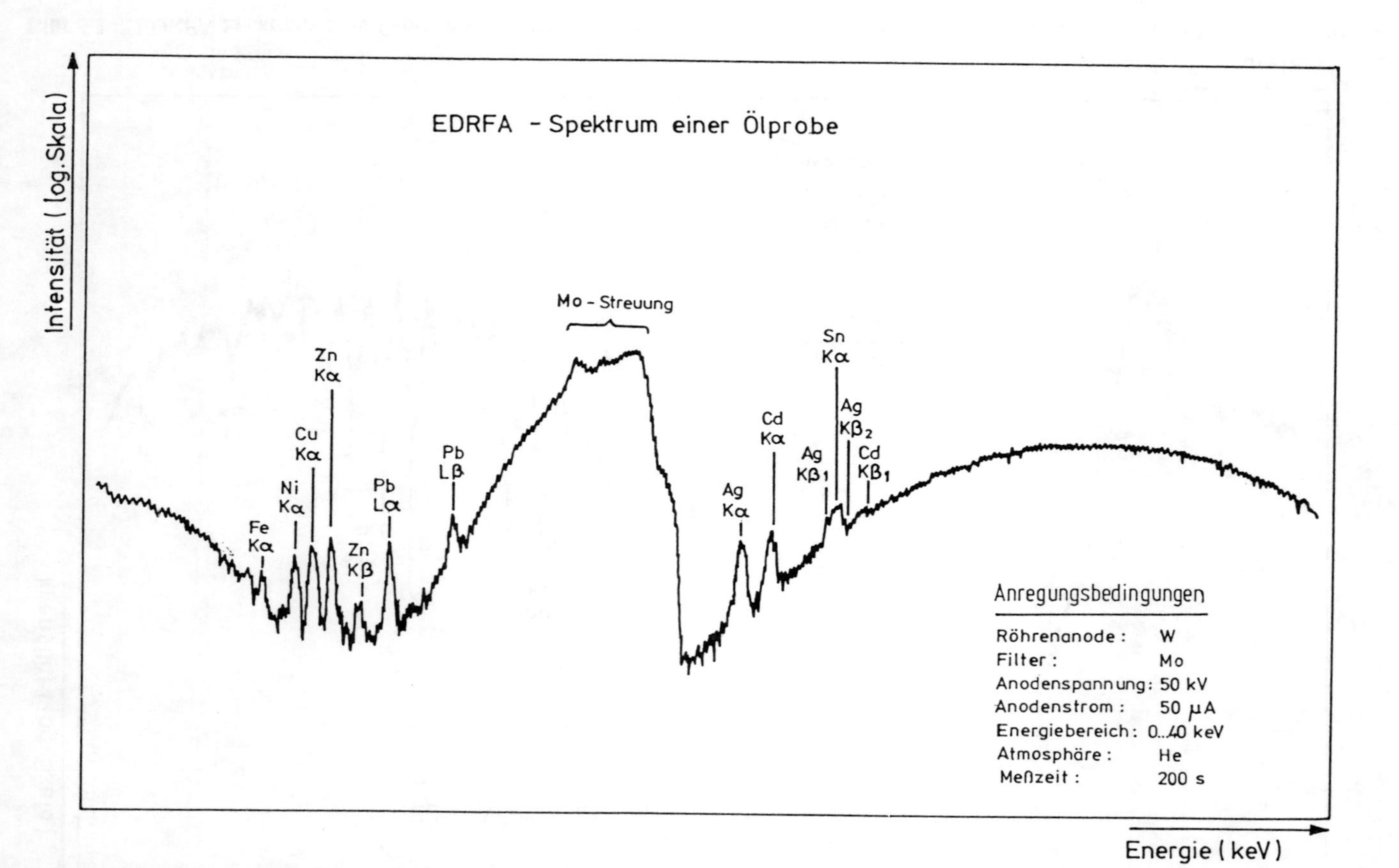

Bild 5.15 EDRFA-Spektrum einer Ölprobe (Energiebereich 0 bis 40 keV) aus Ortec X-Ray Application Studies (1977c)

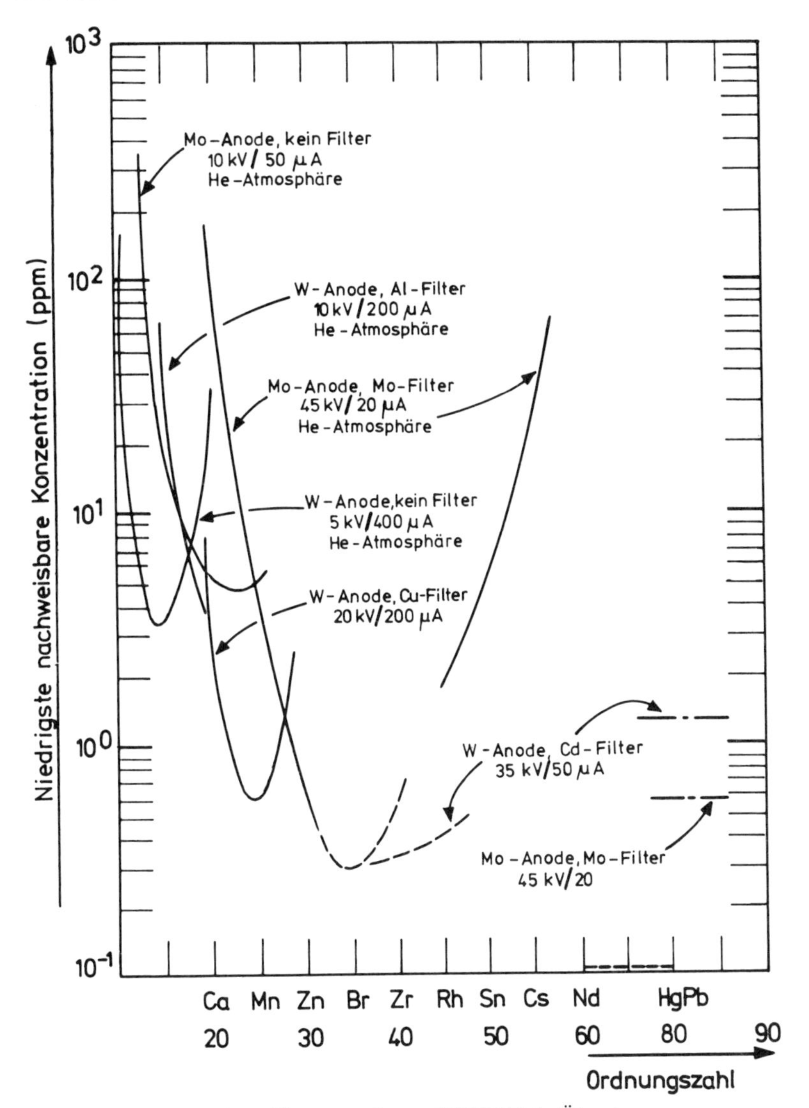

Bild 5.16 Nachweisbare Konzentrationen (EDRFA) in Ölproben aus Ortec X-Ray Fluorescence Application Studies (1977c)

Bei Multielementanalysen mit der TRFA (Bilbrey et al. 1987, Ojeda et al. 1993) gibt es kleinere Probleme mit der Eichung (Standards, Gegenwart von Cu und Zn). Es bleibt allerdings zu hinterfragen, ob zur Bestimmung von S, V, Fe und Ni der Einsatz einer so empfindlichen Methode überhaupt sinnvoll ist, stellt sich dabei doch die Frage nach der Gewinnung von Mikroproben, die repräsentativ für große Mengen sein sollen. Probematerial ist bei derartigen Fragestellungen üblicherweise ja reichlich vorhanden!

Erdölprodukte (Benzin, Schmieröl)

Zur Thematik der Probenpräparation und Eichprobenbeschaffung gilt entsprechend das im letzten Abschnitt für Erdöle Gesagte. Obwohl die folgenden Anwendungsbeispiele mit der WDRFA bearbeitet wurden, gelten sie mit kleineren Modifikationen auch für die EDRFA.

Jenkins (1963) nennt als Beispiele für Einsatzbereiche der RFA in der erdölverarbeitenden Industrie: Analyse von Ablagerungen in Verbrennungsmotoren, Kontrolle von Verunreinigungen in Zuflußleitungen und Beschickungschargen bei Raffinierungsvorgängen, Untersuchung von Verschleiß- und Korrosionsprodukten von Lagern u.v.a.

Jones (1959) bestimmte von 22 ± 1 bis zu 220 ± 2 mg Mn in 1 l Benzin. Als Interner Standard wurde ein Reineisenstab ins Probengefäß eingebracht. Bei Auftragung des Intensitätsverhältnisses MnKα/FeKα gegen die Mn-Konzentration wurden lineare Eichkurven erhalten. V und Ni in Kraftstoffen bestimmten u.a. Shott et al. (1961). Die Proben wurden mit Co als Internem Standard versetzt, in Gegenwart von Benzolsulfonsäure verascht und auf eine Filterscheibe gebracht. Die Nachweisgrenzen waren etwas geringer als 0,1 ppm bei 10-g-Proben und 0,01...0,05 ppm bei 100-g-Proben. Durch Anregung mit einer Mo-Röhre konnten Larson et al. (1974) Blei in Mengen von 0,5 ± 0,5 bis zu 1315 ± 26 mg Pb pro 1 l Benzin analysieren. Als Matrixreferenz wurde die Compton-gestreute Primärstrahlung benützt, und zwar die von MoKα bei niedrigen und hohen Pb-Gehalten (im letzten Fall Verdünnung mit Isooctan) und diejenige von CuKα bei mittleren Gehalten.

Weitere Beispiele zur Untersuchung von Beimischungen in Treibstoffen finden sich bei Müller (1967).

Davis und van Nordstrand (1954) bestimmten Ca und Ba in Schmierölen mit einer Genauigkeit von 2...3 Rel.-%, wenn die Gehalte dieser Elemente >0,05% waren, und mit 1...2 Rel.-% Genauigkeit die Gehalte an Zn bei Konzentrationen >0,005%. Die Matrixkorrektur erfolgte durch synthetische Standards und die Berechnung der Massenschwächung mit Hilfe tabellierter (μ/ρ)-Werte. Jovanović (1970) hielt bei der Analyse von 100...1300 ppm Mo in Ölen Anreicherungsverfahren (Veraschung bei 450 °C, Auflösung mit Schwefel-, Salpeter- und Perchlorsäure, Y als Interner Standard) für zuverlässiger und genauer als die direkte Bestimmung (mit Untergrundintensität als Matrixreferenz). Golden (1971) wies am Beispiel der Fe-Analyse in Schmierölen nach, daß die WDRFA neben AES, AAS und naßchemischen Methoden die besten Ergebnisse liefert. Weitere Arbeiten über die WDRFA von Zusätzen in Schmierölen referiert Müller (1967).

Zur Matrixkorrektur bei Proben von Schmierölzusätzen (bis zu 20% an Zn, Ca oder P) werden in zunehmendem Maße mathematische Methoden eingesetzt (Stehr 1982, West et al. 1982).

Zur Analyse des Abriebes in Maschinenöl kann entweder eine bestimmte Menge des verunreinigten Öles ohne weitere Präparation herangezogen werden, oder aber die Rückstände werden filtriert und somit angereichert; in diesem Falle sind allerdings Festkörperstandardproben zur quantitativen Bestimmung notwendig.

Die Methode der WDRFA hat sich zur Analyse von Mineralölerzeugnissen bereits gut bewährt, so daß auch der Deutsche Normenausschuß entsprechende Arbeitsvorschriften erlassen hat (DIN 51450, DIN 51769 und DIN 51418).

Da mit der TRFA geringste Elementgehalte in kleinen Ölproben unterschiedlichster Herkunft (z.B. Mineral- und Pflanzenöle: Reus 1991, Bunker- und Abfallöle: Schirmacher et al. 1993) relativ unkompliziert bestimmt werden können, kann diese Methode zur genetischen Charakterisierung ("Fingerprinting") umweltchemisch relevanter Ölkontaminationen verwendet werden (Hirner 1991).

5.3.2 Künstliche organische Stoffe

Neben der Bestimmung von Metallen in metallorganischen Einzelverbindungen ist das Hauptanwendungsgebiet der RFA in der chemischen Industrie allgemein die Untersuchung von Elementspuren der schwereren Elemente in organischen Substanzen, so z.B. die Feststellung der Konzentration toxischer Elemente wie Ni, Cu, As, Se, Hg oder Pb in Pharmaka oder Farbstoffen oder etwa die Überwachung der Konzentrationswerte von Al, Cl, Ca, Ti, Mn, Zn oder Sb bei der katalytischen Herstellung von Kunststoffen. In der Bundesrepublik Deutschland werden von allen quantitativen Spurenelementbestimmungen bisher nur schätzungsweise 8% mit der RFA, der Rest fast ausnahmslos mit der AAS durchgeführt (persönl. Mitt. Dr. Brotkorb, BASF).

Neben den in Abschnitt 5.3 bisher beschriebenen üblichen Präparationsverfahren können organische Produkte wie PVC oder Siliconöle vorteilhaft mit einem oxidierenden Borataufschluß angegangen werden (nach Vaeth und Grießmayr 1980).

WDRFA
Toussaint und Vos (1964) benützten die Methode des Intensitätsverhältnisses von inkohärenter zu kohärenter Streustrahlung zur *C-Bestimmung* in festen Kohlenwasserstoffen. McCall et al. (1971) untersuchten die Konzentrationen von *Schwermetallen in organometallischen Verbindungen.* 25 µl Probelösung wurden langsam auf ein Filterpapier gegeben, bis dieses gesättigt war und keine Flüssigkeit überlief. In 19 Verbindungen wurden im Konzentrationsbereich von 6...32% die Elemente Cr, Mn, Fe, Co, Ni, Cu und W quantitativ erfaßt. Die RFA-Ergebnisse wurden mit den theoretisch zu erwartenden Werten verglichen und in Diskrepanzfällen eine Schiedsanalyse nach standardisierten kolorimetrischen Methoden durchgeführt; dabei konnten die RFA-Resultate stets bestätigt werden. Es traten weder Matrixeffekte noch Materialverluste aufgrund der Röntgenbestrahlung auf.

Der Bestimmung von Schwermetallen in organometallischen Polymeren widmeten sich auch von Leyden et al. (1973). In dieser Hinsicht erwies es sich als besonders günstig, daß nicht nur monometallische Polymere, sondern auch polymetallische Copolymere mit der RFA ohne vorherige chemische Trennung untersucht werden können. Als Anregungsparameter dienten Mo-Röhre, LiF(200), SZ, DZ (mit P10-Gas), Vakuum und Probendrehung. Ein Eisendraht und in HCl-gelöstes Manganoxid dienten als Interne Standards. Whatman-Filter wurden mit einem doppelseitigen Klebeband auf Al-(für Mn-Bestimmung) bzw. Cu-(für Fe-Bestimmung) Trägern befestigt. Das Filterpapier wurde mit 5 µl Standardlösung getränkt, getrocknet und zum Schutz mit einer Kollodium-Aceton-Lösung übersprüht. 25...50 mg Probe wurden in 2 ml Tetrahydrofuran oder in Ethylacetat gelöst (auf die unterschiedlichen Eindringtiefen der verschiedenen Lösungsmittel ist zu achten). Es war möglich, Mn und Fe im Bereich von 4...25% quantitativ zu bestimmen. Ein Vergleich mit Ergebnissen kommerzieller Analysenlabors fiel zufriedenstellend aus, die letztgenannten Ergebnisse lagen aber immer niedriger (Veraschungsverlust?). 0,05...10% Al in Organo-Al-Verbindungen wurden von Smith und Royer (1963) bei Einsatz von Cr-Röhre und einem gekühlten Probenhaltergefäß aus Nylon bestimmt. Um das Fenster der Probenzelle zu schützen, dürfen Organo-Al-Verbindungen nicht mit Luft oder Wasser in Berührung kommen; weiterhin muß die komplexbildende Komponente im Überschuß vorhanden sein.

Bei der Bestimmung von Ru in organometallischen Verbindungen zeigen die üblichen Analysenverfahren, wie naßchemische Methoden (P und S stören) oder die AAS (nur für lösliche Verbindungen geeignet), Nachteile, die beim Einsatz der RFA nicht in Kauf genommen werden müssen. Leoni et al. (1975) regten die RuKα-Strahlung mit einer W-Röhre an und analysierten sie mit LiF(220) und SZ. Eich- und Untersuchungsproben gelangten als Pulvertabletten (auf Siliconbasis) bzw. als Lösungen in Benzol oder Methanol zur Messung; die gemessenen Intensitäten wurden auf einen externen Standard bezogen.

Bei Probenmengen zwischen 10 mg und 100 mg und Meßzeiten von 100 s erzielten die Autoren Empfindlichkeiten von 25 ppm für Tabletten bzw. 2 mg Ru/l Lösung.

Bergmann et al. (1967) bestimmten die Elemente Ca, Ti, Cr, Mn, Fe, Co, Ni und Mo im Konzentrationsbereich von 0,01...2 ppm in *Terephthalsäure.* Zur Lösung der Metalloxide wurden die veraschten Proben mit Säure behandelt. Ein Teil der Metalle konnte auf vorbehandelten Kationenaustauschern, die restlichen Elemente Ti, Cr und Mo nach der Überführung in Ammoniumsalze auf vorbehandelten Anionenaustauschern gesammelt werden.

Daugherty et al. (1964a, b, c) untersuchten Fe-, Co-, Ni- und Cu-*Chelate,* Rb- und Cs-Salze sowie Cu- und Hg-Komplexe diverser organischer Verbindungen. Es konnten einige Milligramm Metall mit einem relativen Fehler von ~3% nachgewiesen werden.

Schlüng und Köster-Pflugmacher (1967) bestimmten Ge in organischen Stoffen. W- und Mo-Röntgenröhren dienten zur Anregung und As in Form von zugemischtem Arsenoxid als Interner Standard. Eichlösungen wurden mit Dioxan als Lösungsmittel hergestellt; unlösliche Ge-Verbindungen wurden mit Borax gemahlen und zu Tabletten verpreßt.

Bei 600-mg-Proben konnten Olson und Shell (1960) Se und Hg in organischen Verbindungen im Bereich von 2...40 ppm auf ±1 ppm genau nachweisen. Die Anregung erfolgte mittels W-Röhre (50 kV/ 45mA), die Matrixkorrektur über die Streuintensität der WLβ-Linie.

Zur Br-Bestimmung in organischen Stoffen wurden von Herrmann (1961) 150...200 mg Substanz in einer Bombe aufgeschlossen und je 10 ml der Aufschlußlösung zu 5 ml einer Selenitlösung zugegeben. BrKα (Analysenlinie) und SeKα (Interner Standard) wurden mit Hilfe einer W-Röhre (30 kV/10 mA) angeregt.

EDRFA

Im Ortec TEFA Analysis Report (1977b) wird über die Messung von Si in Polyethylen mit Rh-Röhre (10 kV/200 µA) und Be-Filter mit einem mittleren relativen Fehler von ~1% berichtet (Vakuum, Energiebereich 0...20 keV, Zählzeit 400 s).

Die quantitative Multielementanalyse von flüssigen und festen *pharmazeutischen Proben* ist Gegenstand des Ortec Analysis Report (1975). Die routinemäßige Probenpräparation umfaßte Vermischen der Probe mit Cellulose, Tablettenpressung oder Lösung in wenig Wasser. Für kleine Probemengen wurden kleine Preßtabletten auf Filterpapier aufgebracht bzw. eine Vorkonzentration auf mit Austauscherharz beladenen Filtern durchgeführt. Es wurden unterschiedliche Anregungsbedingungen bei Verwendung von Röntgenröhren mit Mo- und W-Anode (10...50 kV) und Al-, Cu-, Mo- und Cd-Filtern eingesetzt. Bei einer realen Meßzeit von 400 s (entsprechend einer wirklichen Zählzeit von ca. 10 min bei ca. 40% Totzeit) wurden folgende Werte für die niedrigsten nachweisbaren Konzentrationen erzielt (in ppm): 660 Na, 831 Mg, 38 Al, 46 P, 63 S, 16 Cl, 13 K, 17 Ca, 12 Mn, 5,5 Fe, 5,4 Co, 2,5 Cu, 1,8 Zn, 0,4 Ge, 0,3 As, 1,6 Mo und 8,2 I. Die Reproduzierbarkeit der Messungen (5 Wiederholungsmessungen) im Vergleich zur Probenpräparation (3 Tablettenpräparationen) ergab sich zu (Angaben in Rel.-% Standardabweichung) 0,08/2,8 für Ca, 0,6/7,6 für Mn und 0,14/4,3 für Fe.

5.4 Umweltrelevante Anwendungen

In der Umweltanalytik geht es nicht nur um die Untersuchung von Luft und Wasser, sondern auch um diejenige unterschiedlicher Festkörper wie Boden, Abfall, Deponien, Altlasten, ehemalige Lagerstätten (z.B. Erzgebirge) oder luftgetragene Partikel. Wie bereits aus den oben beschriebenen geowissenschaftlichen Anwendungen zu ersehen war, ist die RFA für diese Einsatzgebiete sehr gut geeignet (Margolyn et al. 1991). Aufgrund der hohen Anschaffungskosten und der üblicherweise traditionell auf Lösungsanalytik ausgerichteten Laborstruktur hat sich die RFA allerdings bisher in der Umweltanalytik noch nicht gegenüber weitverbreiteten Methoden wie die AAS oder ICP-OES durchgesetzt.

Böden und Abfall

Als Verwitterungsprodukt der Gesteine setzen sich die Böden zwar hauptsächlich aus mineralischen Bestandteilen zusammen, ebenso sind aber weitere Komponenten wie organische Substanzen (Humus, Wurzeln, Flora und Fauna) sowie die Wasser- und Luftgehalte wichtig. Schroeder (1972) gibt beispielsweise für einen Grünlandboden folgende Zusammensetzung an: mineralische Bestandteile 45%, organische Bestandteile 7%, Wasser 23% und Luft 25%. Böden sind deshalb, ebenso wie Gesteine, durch eine leichte Matrix mit leichten bis mittelschweren Haupt- und Nebenelementen sowie meist schweren Spurenelementen gekennzeichnet, so daß die gleichen RFA-Methoden wie für Silicat- und Carbonatgesteine in Betracht kommen. Mit der RFA werden im allgemeinen nur die anorganischen, mineralischen Komponenten erfaßt; daraus können sich gewisse Schwierigkeiten bei der Präparation und der Verwendung von Referenzproben ergeben. Die Bestimmung der chemischen Zusammensetzung erfolgt entweder an den weitgehend unveränderten und getrockneten Bodenproben (Pulverpreßlinge) oder meist nach Vertreiben des Wassers und Veraschung der organischen Substanz (Pulver- oder Schmelztabletten). Grundsätzlich eignen sich als Eichproben die üblichen Gesteinsstandardproben. Es ist jedoch zu beachten, daß die mineralische Zusammensetzung der Böden in vielen Fällen von denen der Gesteine beträchtlich abweichen kann. Besonders bei der Verwendung eichprobengebundener Matrixkorrekturprogramme ist dies die Ursache größerer Analysenfehler. Deshalb ist man bemüht, spezielle, den verschiedenen Bodentypen entsprechende Standardproben herzustellen.

Neben der Gesteinsverwitterung als Bodenbildung "von unten" wirkt die Bodenoberfläche als Akzeptor für trockene und nasse, geogene und anthropogene Depositionen aus der Atmosphäre, z.B. in Form von Flugasche (Rao et al. 1987, Bettinelli und Taina 1990). Umweltchemisch stellt der Boden ein potentielles Schadstoffreservoir mit Langzeitwirkung dar und wird deshalb zuweilen als "chemische Zeitbombe" bezeichnet. Letzteres trifft besonders auf konzentrierte anthropogene Verunreinigungen zu, wie sie bei Altlasten und Deponien auftreten. Es ist besonders wichtig, darauf hinzuweisen, daß im Gegensatz zu feinkörnigen, homogenen Sedimenten bei heterogenen, geogen gewachsenen sowie anthropogen überprägten Böden eine repräsentative Probennahme und nicht die analytische Endbestimmung in den meisten Fällen das größte Problem einer realitätsnahen Begutachtung darstellt (McBratney und Webster 1981, McBratney et al. 1981, Barth und Mason 1984, Myers and Bryan 1984, Provost 1984, Bruner 1986, Triegel 1988).

WDRFA

Kalman und Heller (1962) beschreiben eine Methode zur Bestimmung von V, Cr, Ni, Cu, Zn im ppm-Bereich und machen Vorschläge zu apparativen und meßtechnischen Verbesserungen.

Lichtfuß und Brümmer (1978) analysierten in Sediment- und Bodenproben die Spurenelemente Cr, Mn, Co, Ni, Cu, Zn, As, Rb, Sr, Cd, Hg und Pb an einer wellenlängendispersiven RFA-Anlage (Mo-Röhre). Das feingemahlene Pulver wurde mit Hoechst-Wachs C verpreßt und die Proben nach dem Additionsverfahren untersucht. Fremdstrahlungen durch Verunreinigungen der Röhre und durch Metallteile in der Meßkammer wurden über eine Untergrundkorrektur mit Hilfe von Reinstproben eliminiert. Die PbLα-Strahlung überlappt die AsKα-Strahlung und läßt sich über das Intensitätsverhältnis PbLα/PbLβ und die PbLβ-Nettointensität errechnen. Die Richtigkeit der RFA-Ergebnisse wurde für Mn, Zn und Cu durch Vergleich mit den Meßresultaten nach der AAS-Methode überprüft. Die relativen Standardabweichungen lagen für Cr, As, Rb, Sr und Pb zwischen 2,5% und 23,7%. Als Nachweisgrenzen wurden gefunden: 3,3 ppm Cr, 1,3 ppm Co, 2,4 ppm Ni, 2,7 ppm As, 0,3 ppm Rb, 0,7 ppm Sr, 2,7 ppm Cd, 1,2 ppm Hg, 2,8 ppm Pb.

Der quantitativen Bestimmung des anorganisch und des organisch gebundenen Schwefels in Böden nach der Additions- und der sogenannten "Korrekturmethode" widmeten sich Darmody et al. (1977).

Weitere Einzelstudien widmen sich der Analyse von 6 bis 22 Haupt- und Spurenelementen in Böden von meist ähnlicher Herkunft und Matrixzusammensetzung (Zsolnay et al. 1984, Yanchu und Quinguang 1988, Deke 1992, Hans et al. 1992). In 13 zertifizierten Referenzböden, die bei den Hauptkomponenten die Konzentrationsbereiche 32,7 - 74,1% SiO_2, 9,8 - 29,3% Al_2O_3 , 2,0 - 12,6% Gesamteisen (als Fe_2O_3), 0,1 - 8,3% CaO und 2,6 - 14,3 % Glühverlust abdeckten, bestimmte Götzl (1993) zusätzlich die Konzentration der Elemente bzw. Oxide MgO, Na_2O, K_2O, TiO_2, MnO, P_2O_5, S, V, Cr, Ni, Cu, Zn, As, Rb, Sr, Y, Zr, Ba und Pb. Alle in der Zusammenfassung des Kap. 4.4 erwähnten empirischen Matrixkorrekturprogramme a) bis d) wurden zusammen mit der Fundamentalparameter- und Trace-Methode sowie einer frühen Version des von der Fa. Siemens angebotenen Matrixkorrekturprogramms "Geoquant" getestet. Mit Ausnahme des zuletzt erwähnten Programms unterschritten alle aufgeführten Matrixkorrekturen die mittlere durchschnittliche relative Abweichung von den zertifizierten Werten um 9,1%, die bei Auswertung ohne Matrixkorrektur erzielt wurde; am besten schnitt die Methode b) nach Gl. (4.33) mit einem durchschnittlichen relativen Fehler von 5,7% ab. Die Reproduzierbarkeit lag für Probenpräparation (Pulverpreßlinge) und Intensitätsmessung zusammen bei ca. 1% und für die darauf basierende Konzentrationsermittlung bei 2,6%. Die mittleren Nachweisgrenzen für Spurenelemente lagen im Bereich von 1 ppm und damit für einige wichtige Vertreter dieser Gruppe wie Tl, Hg, Ga oder Se zu hoch. Mit Ausnahme von Tl und Hg reichen die erzielten Nachweisgrenzen aber aus, um Überschreitungen der Toleranzwerte nach der Klärschlammverordnung sicher detektieren zu können.

EDRFA

Die Meßparameter bei der EDRFA von Bodenproben entsprechen weitgehend denen geologischer Proben (Heckel et al. 1991). Die Haupt- und Nebenelemente Na, Mg, Al, Si, P, S, K, Ca, Ti, Mn und Fe können z.B. mit einer Rh- oder W-Anode, bei Verzicht auf die S-Bestimmung auch mit einer Mo-Anode (10 kV/100...200 μA) im Energiebereich 0...10 keV (ohne Filter, Vakuum) analysiert werden.

Für die Spurenelemente wie Cr, Ni, Co, Cu, Zn, Rb, Sr, Y, Zr, Sb, Ba und Pb eignen sich folgende Anregungsbedingungen: Mo-Anode (40...50 kV/100...200 μA), Energiebereich 0...40 keV, Mo-Filter, Vakuum.

Matrixkorrekturen müssen durchgeführt werden. Reproduzierbarkeit und Richtigkeit entsprechen in günstigen Fällen denen geologischer Proben. Unter anderem berichten Wheeler und Jacobus (1979b) sowie der Ortec Application Laboratory Report (1976) über Probenvorbereitung, Standardproben, Meßbedingungen, Matrixkorrekturen und Vergleich mit Referenzdaten von Bodenproben.

Laurer et al. (1982) präparieren synthetische Eichproben auf der Grundlage von zwei Teilen Al_2O_3 und einem Teil SiO_2 als Matrix zur quantitativen Bestimmung von Fe, Zr, Ba, La, Ce, Pr, Nd, Sm, Pb, Th, U und semiquantitativen Analyse von Nb, Mo, Gd, Dy, Eu, Yb und Hf in Böden und Sedimenten. Die Anregung erfolgt mit einer ^{57}Co-Radionuklidquelle (40 mCi), Detektor ist Reinstgermanium Ge mit einer Auflösung von 484 eV (FWHM) bei 122 keV.

Um sich vor Ort einen schnellen, qualitativen bis zu semi-quantitativen Überblick über die Bodenbelastung mit Schwermetallen an einem Altstandort zu verschaffen, sind die in Kap.3.2.2 beschriebenen mobilen EDRFA-Spektrometer sowohl stationären wie auch mobilen Chemielabors (Container auf LKW) eindeutig überlegen, da sie an unzugängliche Lokalitäten herangetragen werden können (Piorek 1990, Raab et al. 1990).

Natürlich hat inzwischen auch die TRFA ihre Tauglichkeit für Bodenproben (z.B. Mukhtar et al. 1991) und diverse Abfallmaterialien wie solche aus der Müllverbrennung (Gerwinski und Goetz 1987, Schneider und Härtel 1987) und nuklearen Wiederaufbereitungsanlagen (Haarich et al. 1989) unter Beweis gestellt.

Raab et al. (1990) benützten ein im Gelände tragbares (Gewicht 8 kg) energiedispersives RFA-Gerät zur Überprüfung giftiger Industrieabfälle und -kontaminationen. ^{244}Cm diente als Radionuklidquelle, Xe als Proportionalzählrohr-Gas. Neben üblichen Screening-Analysen wurden insbesondere Pb, Cu und Cr bestimmt; die Nachweisgrenzen für diese Elemente betrugen 25, 50 und 15 ppm.

Eine in einem Geländewagen transportierbare EDRFA-Anlage setzten Harding und Walsh (1990) zur Analyse von kontaminierten Böden ein. Das etwa 40 kg schwere Gerät wurde mit einer niederenergetischen Rh-Anode (50 kV/0,35 mA) betrieben, die Röntgenstrahlung wurde in einem 45°-Winkel aufgenommen. Als Detektor diente ein Si(Li)-Halbleiter mit einer Auflösung von 185 eV, bei einer Kühlung von nur −90 °C. Die Probenpräparation erfolgte durch Trocknen in einem Mikrowellengerät, Sieben (2 mm), Mahlen in einer Schnellmühle sowie dem Einbetten in Wolframcarbid-Caps mit Polypropylen-Folienabdeckung (63 μm). Auf diese Weise konnten im Gelände ca. 25 Proben pro Tag genommen, aufbereitet und analysiert werden.

Die Meßbedingungen für die Bodenproben waren:

Elemente	Meßparameter
Mn, Fe, Cu, Zn, Pb, As	35 kV/0,35 mA 0,13 mm Rh-Filter, 200 s
Cd	50 kV/0,35 mA 0,63 mm Cu-Filter, 200 s

Im Vergleich zu empfohlenen Werten von Bodenstandardproben und AAS- bzw. ICP-AES-Ergebnissen ergaben sich folgende Resultate (ppm):

Standard	Elemente	AAS/ ICP-AES	EDRFA	Empfohlener Wert
SO-1	Pb	41	14	21
	Zn	129	147	146
SO-2	Pb	19	17	21
	Zn	55	123	124

Die Nachweisgrenzen waren: Mn 21 ppm, Fe 19 ppm, Cu 26 ppm, Zn 19 ppm, Pb 7 ppm, As 12 ppm und Cd 4 ppm.

Für die in-situ-Analyse von metallischen Schadstoffen in Abfällen und kontaminierten Böden verwandte Piorek (1990) ein tragbares EDRFA-Gerät mit ^{55}Fe-Radionuklidanregung. Als Standardproben wurden unkontaminierte und gespikte, synthetische Bodenproben benutzt. Bestimmt wurden die Elemente Cr, Cu, Zn, As und Cd. Dieselbe Methode gelangte erfolgreich auch zum Einsatz zur Analyse von Chlor in kontaminiertem Motoröl. Die Nachweisgrenzen lagen bei 100-200 mg/kg (Meßzeit 100-200 s).

Süßwassermuscheln dienten Maddox et al. (1990) als Indikatoren für die Verschmutzung im Kentucky Lake, Kentucky, USA. Die Röntgenfluoreszenzanalyse der einzelnen Wachstumsschichten der Aragonit/Calcit-Schalen auf die Elemente Mn, Fe, Sr sowie Cr, Ni und Zn ergab, daß insbesondere Mn ein starker Indikator für auch kurzfristige Kontamination ist.

Aerosole, Stäube und andere umweltrelevante Stoffe

Die zunehmende Industrialisierung ist die Hauptursache für die starke Belastung der Umwelt durch Schadstoffe. Neben der Analyse von Sedimenten (besonders Flußsedimente, z.B. Laskovski et al. 1976), Böden und anderweitigen Feststoffen (z.B. Straßenstaub, Abfälle), deren RFA in den vorangegangenen Kapiteln besprochen wurde, spielt auch diejenige der Luft eine wichtige Rolle. Durch regelmäßige Überwachung der Schadstoffkonzentrationen in der Luft besteht sowohl die Möglichkeit, auftretende Grenzkonzentrationen zu ermitteln, als auch die Emissionen der toxischen Elemente (z.B. Be, V, As, Se, Cd, Sb, Hg, Pb) zu beobachten. Zur quantitativen Bestimmung der chemischen Elemente in festen und flüssigen Bestandteilen der Luft (Aerosole) wird überwiegend die Röntgenfluoreszenzanalyse eingesetzt, da sie eine zerstörungsfreie automatisierbare Bestimmung der relativ einfach herzustellenden Probenpräparate (Luftfiltration) erlaubt und den Durchsatz großer Probenzahlen gewährleistet. Neben den Elementen Na, Mg, Al, Si, P, Cl, K und Ca, die zur Zeit teilweise nur semiquantitativ bestimmt werden können, gelangen vorwiegend die Elemente S, Ti, V, Cr, Mn, Fe, Ni, Cu, Zn, As, Se, Br, Sr, Zr, Mo, Cd, Sb, Sn, Ba und Pb zur Analyse. Als typische Nachweisgrenzen sind dabei 0,1...100 ppm für den Filterbelag zu erreichen (entsprechend einigen ng/m^3 Luft bzw. einigen ng/cm^2 Substanz auf dem Filter). In Bild 5.17 sind die durchschnittlichen Elementgehalte in städtischen Aerosolen dargestellt.

Entscheidend für den Nachweis von Spurenelementen in Aerosolen ist die Art der *Probenahme;* sie hängt in erster Linie vom Volumen der untersuchten Luft, der Menge des gesammelten Substrats und der für die Messung nutzbaren Filterfläche ab.

Quantitative Röntgenfluoreszenzanalysen sind außerdem auch von der Dicke der Partikelschicht auf einem vorgegebenen Medium und der Partikeldichte pro cm^2 abhängig.

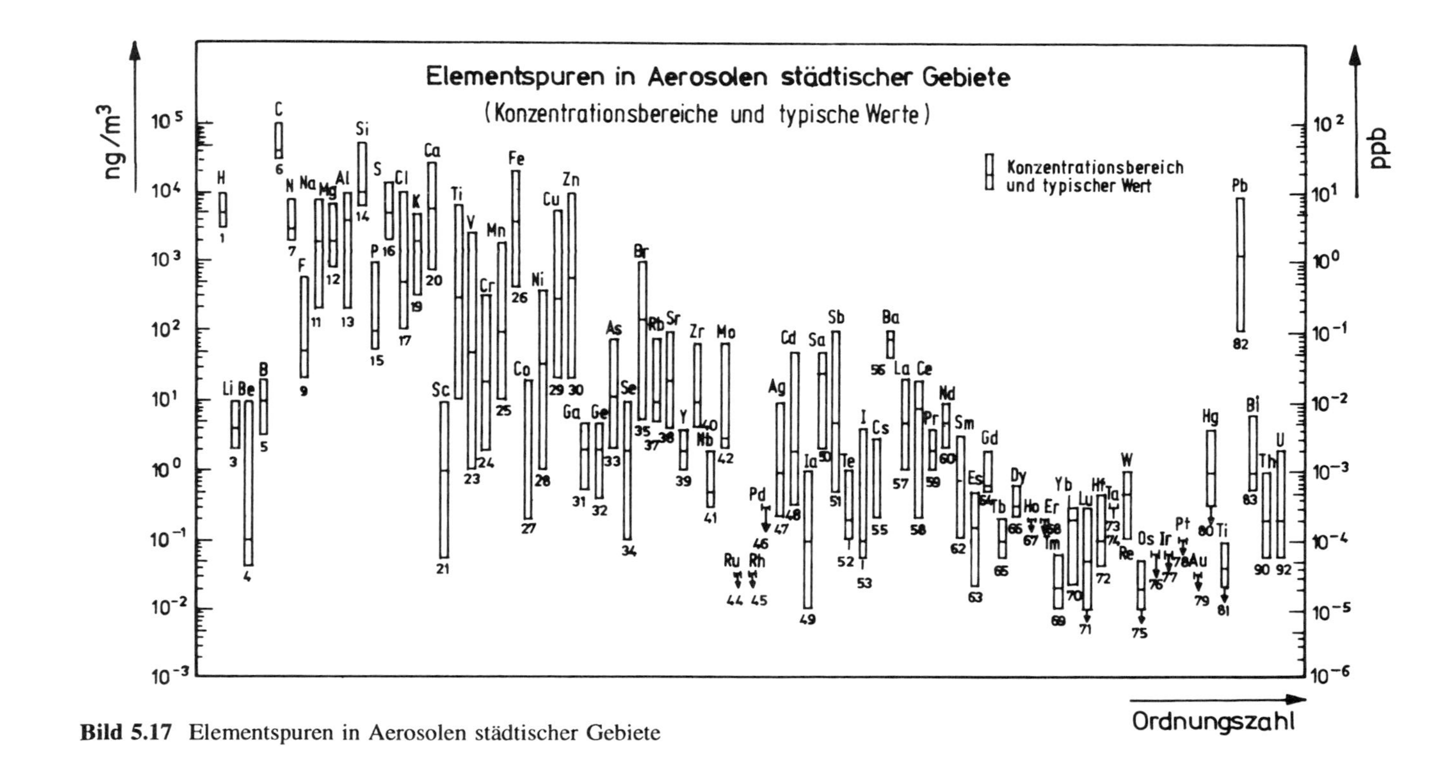

Bild 5.17 Elementspuren in Aerosolen städtischer Gebiete

Weil die zu messenden Elemente der Aerosole meist in einer leichten Matrix auftreten und die auf Filtern gesammelten Partikel in so gleichmäßigen Lagen angeordnet sind, daß sie als dünne, homogene Schichten angesehen werden können, ist die quantitative Analyse der Elemente wegen der dann nur geringen Matrixbeeinflussungen einfach. Allerdings stehen diesem Vorteil, nämlich der Messung "unendlich dünner" Schichten, praktische Erwägungen gegenüber: Nur bei dickeren Schichten gelingt es, das Peak-Untergrundverhältnis genügend groß zu halten; Filtermaterial sowie Staubpartikel verursachen z.T. erheblich schwankende Untergrundintensitäten; darüber hinaus wird die Meßgenauigkeit durch geringe Gehalte einiger der zu untersuchenden Elemente im Filtermaterial verringert.

Die Standardisierung von Meßverfahren und die Schaffung zertifizierter Referenzmaterialien für poröse Substanzen und kleine Teilchen hat in Verbindung mit der zunehmenden Bedeutung des Umweltschutzes in den letzten Jahren große Fortschritte gemacht. Zur Auswahl geeigneter Vergleichssubstanzen und Meßmethoden wurden in Westeuropa Arbeits- und Spezialistengruppen gegründet, die die Möglichkeiten der Beschaffung prüfen und die Charakterisierung und Verfügbarkeit von Referenzmaterialien veranlassen (Robens 1977). Die Gruppen verfügen in Brüssel über Referenzbüros der Gemeinschaft BCR (Bureau Communautaire de Référence).

Grundsätzlich wird ein bestimmtes Volumen (wenige bis einige tausend m^3) der zu untersuchenden Luft mittels Pumpen auf Filtern angesaugt, wobei sich die in der Luft befindlichen Partikel auf der Oberfläche der Filter in dünnen Lagen absetzen und ohne weitere Präparation analysiert werden können. Als Filter geeignet sind Materialien, die ein geringes Flächengewicht bei niedrigen Ordnungszahlen aufweisen, in Porosität und Massenbelegung konstante Eigenschaften sowie niedrige und konstante Gehalte an Spurenelementen besitzen. Ferner sind ein hoher Abscheidungsgrad bei geringem Luftwiderstand und Unempfindlichkeit des Filters gegenüber Röntgenstrahlung wichtig.

Beitz (Siemens Analysentechn. Mitt. Nr. 57) erachtet Whatman-Filter Nr. 40 und solche von Schleicher und Schüll 589/1 als günstig. Eberspächer und Schreiber (1976) empfehlen allgemein Filter der Porengröße 8,0 µm sowie speziell Cellulosenitratfilter, da diese von den Elementen mit $Z \geq 16$ nur S, K und Ca in meßbaren Konzentrationen enthalten.

Cooper(1973) lehnt Glasfaserfilter trotz mancher günstiger Eigenschaften wegen ihrer relativ hohen Konzentrationen an Spurenelementen und ihres höheren Gewichtes ab und empfiehlt Millipore-, Gelman-Celluloseester- sowie Nuclepore-Membranfilter. Letztere verbinden die Vorteile geringer Materialdichte mit geringer Absorption des Substrats. Milliporefilter weisen gute Filtriereigenschaften auf, besitzen allerdings etwas höhere Spurenelementgehalte.

Wichtig ist die vorherige Entfernung der größeren Staubpartikel (>10 µm) durch Sedimentationseinrichtungen oder Fallkammern; außerdem sollte die Filterfläche groß genug sein, um mehrere Einzelproben ausstanzen zu können, wenn keine vorgefertigten Filter verwendet werden. Um höhere Peak/Untergrundverhältnisse zu erhalten, können mehrere beladene Filter der gleichen Probe übereinander gestapelt werden. Die Belegungsdichte eines Filters sollte etwa 0,1...1 mg/cm^2 (Eberspächer und Schreiber 1976) bzw. 0,1...0,3 mg/cm^2 (Holmes 1981) betragen. Bei etwas größeren Staubmengen werden in Klebefolien kleine Vertiefungen von ca. 8 mm Durchmesser gedrückt, diese mit Staub (Menge ~5 mg) gefüllt, der Wanneninhalt verpreßt und mit einem Klebestreifen verschlossen. Spatz und Lieser (1976) benützen einfache Pulverschüttproben (Korngröße < 0,2 mm) und verwenden Kieselgelpräparate als Eichproben.

Im Gegensatz zu vielen Anwendungsbereichen (z.B. Metallurgie, Geochemie) kann bei der Analyse von Aerosolen nur in wenigen Fällen auf vorhandene Standardproben (z.B. Hochofenstaub-Referenzproben IRSID 876-1 und BAS 877-1 mit 21 analysierten Elementen) zurückgegriffen werden. Üblicherweise ist es notwendig, die betreffenden Eichproben für Schlamm und Abfall, für Wässer (Fluß- und Meerwasser, Abwasser, Schmutzwasser) und für Gase (Abgase usw.) selbst etwa in der Weise herzustellen, wie es in den Applikationsdaten der Firma Rigaku (1979) für die Umweltschutzanalyse beschrieben wird. In Abschnitt 5.3 dieser Arbeit werden Präparationsmethoden für die verschiedenartigsten Standardproben der Umweltanalyse (Feststoffe, Wässer, Stäube) in Tabellenform und anhand eines Flußdiagramms vorgestellt.

Nachfolgend sind einige wichtige Präparationsmethoden zusammengestellt:

1. Aufbringen einer Lösung eines oder mehrerer Elemente auf das Filtermaterial, aus dem nach dem Trocknen Scheiben ausgestanzt werden;
2. Aufbringen von Lösungen mittels Konstriktionspipette (Volumen 1 ml) in einem regelmäßigen, engen (Abstand 4 mm) hexagonalen Punktmuster (Eberspächer und Schreiber 1976);
3. Aufbringen einer Suspension sehr feinkörnigen (Ø < 1 µm) Eichmaterials in Isopropanol auf Nuclepore-Filter und beidseitiges Abdecken mit dünnen Kollodium-Filmen (Semmler et al. 1978);
4. Aufbringen der Eichsubstanz durch Zerstäuben hochreiner Elemente im Hochvakuum. Giauque et al. (1978) verwenden als Trägersubstanz Aluminium (800 µg/cm^2) oder Kapton, einen Polyamidfilm (3 mg/cm^2); es lassen sich dünne Lagen mit einer Belegungsdichte von 50...150 µg/cm^2 herstellen. Die Kontrolle der Schichtdicke erfolgt entweder direkt durch Messung mittels eines Schwingquarzes oder indirekt durch Wägung. Auf diese Weise wurden Referenzproben für die Elemente Cr, Mn, Fe, Ni, Co, As, Se, Ag, Au und Pb hergestellt;
5. Dzubay et al. (1977) beschreiben ausführlich die Herstellung von Polymerfilmen mit je einem Eichelement. Der dünne Film (Belegungsdichte 2...4 mg/cm^2) entsteht aus der homogenen Lösung einer organometallischen Verbindung in einem Polymer (z.B. Celluloseacetatpropionat oder Polystyren). Gute Ergebnisse konnten bei der Präparation von V-, Fe-, Co-, Ni-, Cu- und Pb-Filmen (Konzentrationsbereiche: 0,5 ...0,1%; Belegungsdichte: 20 µg/cm^2) erzielt werden;
6. Aufbringen geeigneter Lösungen mit Hilfe eines Zerstäubers. Giauque et al. (1978) benützen z.B. für diesen Zweck einen De Vilbiss-Glaszerstäuber, der die Lösungen (100...500 ppm) in einem Abstand von 5 cm auf Nuclepore-polycarbonat- oder Celluloseester-Membranfilter zerstäubte;
7. Ein von den bisher beschriebenen Herstellungsverfahren für Eichproben abweichendes Verfahren beschreiben Pötzl und Kanter (1980): Sie erzeugen aus der Eichlösung einen durch einen Zerstäuber erzeugten Sprühnebel, der durch ein auf ca. 80 °C erwärmtes Duranglasrohr von 100 mm Ø und 1 m Länge geleitet wird. Da der Wasseranteil verdunstet, befindet sich das Feststoffaerosol direkt auf dem Schwebstoffilter. Diesem wird ein sich langsam bewegender "Homogenisator" (gelochte Porzellanplatte) vorgeschaltet. Durch verschieden lange Expositionszeiten kann eine Reihe von Filtern mit entsprechend abgestufter Oberflächenbelegung gewonnen werden. Der Bezug zu den absoluten Elementkonzentrationen geschieht nach anderen Methoden.

Die Vor- und Nachteile der verschiedenen Methoden werden u.a. von Eberspächer und Schreiber (1976) sowie Dzubay et al. (1977), Giauque et al. (1978), Baum et al. (1978) und Semmler et al. (1978) diskutiert. Grundsätzlich soll bei der Herstellung solcher Aerosol-Eichproben auf völlige Staubfreiheit des Laborraumes geachtet werden. Als Schutz vor Kontamination und auch Oxidation empfiehlt es sich, die Dünnfilm-Eichproben im Vakuum aufzubewahren.

Die Aerosolpräparate können als "dünne Filme" angesehen werden; im Idealfall sind, wie bereits oben erwähnt, die Filter mit einer einzigen Lage von sehr feinkörnigen (Ø < 1 µm) Staubpartikeln belegt. In diesem Fall werden weder die Röntgenröhren-Primärstrahlung noch die Sekundärstrahlung der Elemente nennenswert von der Probe gestreut, so daß Proportionalität zwischen der Impulsrate einer Elementlinie und der Elementkonzentration angenommen werden kann. Obwohl bei sorgfältiger Präparation in vielen Fällen dieser Idealzustand eintritt, müssen doch einige Phänomene beachtet werden, die zu Fehlanalysen führen: Liegen Staubpartikel ganz oder teilweise übereinander, oder sind mehrere Schichten übereinander gestapelt, so muß die auftretende Selbstabsorption der Partikel berücksichtigt und korrigiert werden. Vorschläge zu solchen Korrekturen geben u.a. Cooper (1973), Eberspächer und Schreiber (1976) und Holmes (1981); letzterer referiert in seiner ausführlichen Veröffentlichung die bislang erzielten Ergebnisse und entwickelt ein theoretisches, durch Experimente abgesichertes Korrekturmodell.

Natürliche Staubpartikel besitzen weder eine einheitliche Korngröße noch eine einheitliche chemische Zusammensetzung. Baker und Piper (1976) untersuchten die Einflüsse der Partikelgröße bei der Röntgenfluoreszenzanalyse, die für Elemente ab Z=19 (K) gering, jedoch für alle leichteren Elemente groß sind. Neben anderen Autoren entwickelten Birks et al. (1972), Rhodes und Hunter (1972) sowie Holmes (1981) Gleichungen, die die Absorptionseffekte infolge unterschiedlicher Partikelgröße und -form und stofflichen Inhomogenitäten berücksichtigen. Die Selbstabsorption der Partikel ist für Elemente mit $Z \geq 19$ (K) gering, wenn die Belegung der Filter nur wenige hundert $\mu g/cm^2$ beträgt; so beschreiben z.B. Bergel und Cadieu (1980) die Bestimmung von Nb und Ge in etwa 1 µm dicken Filmen.

Außer den bereits erwähnten theoretischen Möglichkeiten der Korrektur können diese Effekte durch Verwendung sehr ähnlich zusammengesetzter Standardproben eliminiert werden. Chung (1976) führt die Multielementanalyse von dünnen Filmen durch, indem er die Untersuchungsproben und entsprechende Eichproben in ein filmbildendes Polymer eintaucht. Bei diesen dünnen Filmen sind Matrixkorrekturen nicht notwendig. Ähnlich verfahren Billiet et al. (1980): Sie verwenden zur Herstellung der Multielementeichproben (29 Elemente: von Na bis Pb) ein wasserlösliches Methylcellulosepolymerisat.

Die Hauptursache für die Absorption der charakteristischen Röntgenstrahlung aus den Aerosolpartikeln ist das Filtermaterial. Cooper (1978) gibt z.B. für das Whatman-41-Filter Absorptionskorrekturfaktoren von 1,4 bzw. 2,0 für V- bzw. Al-Eichlösungen an, während für Staubpartikel auf der Filtervorderseite die Korrekturfaktoren wesentlich geringer sind.

Van Grieken und Adams (1976) erzielten durch Faltung der mit Aerosol bedeckten Filter höhere Empfindlichkeit und Genauigkeit. Es wird gezeigt, daß die gefalteten, mit Aerosol beladenen Whatmanfilter höhere Empfindlichkeit für die Elemente Ca, Sc und Ti ergeben; dies trifft auch bei gefalteten Nucleporefiltern für die Elemente P, S und Cl zu. Nach Knapp et al. (1976) kann in Aerosolen vorhandene, störende Schwefelsäure durch Behandlung mit Ammoniak in einfacher Weise neutralisiert werden.

WDRFA

Die Siemens Analysentechnischen Mitteilungen Nr. 164, 183, 197 (Verfasser R. Plesch) behandeln die Röntgenanalyse dünner Proben, wie sie bei Untersuchungen im Rahmen des Umweltschutzes anfallen. Insbesondere zur Luftüberwachung, bei der die automatische Analyse des auf Filter niedergeschlagenen Luftstaubes eingesetzt wird, eignet sich das wellenlängendispersive Mehrkanal-Röntgenspektrometer mit festen Kanälen und einem sequentiellen Kanal. Folgende Nachweisgrenzen (ppm) werden angegeben: F 149, Na 29, Mg 2, Al 3, Si 3, P 15, S 9, Cl 9, K 2, Ca 2, Ti 2, V 7, Cr 19, Mn 14, Fe 18.

Frigieri und Trucco (1974) machen für die Analyse von Eisenstaub auf Cellulosefiltern in Gegenwart von Mangandioxid bzw. Natriumaluminiumsilicat experimentelle und theoretische Angaben für die Fälle von "unendlicher" und endlicher Dicke der Teilchen sowie von endlicher Dicke von Teilchen bei gleichzeitiger Überlagerung von einer Schicht "unendlicher" Dicke auf Filtern. Der zuletzt genannte Fall wird als der allgemein häufigste mathematisch erläutert und zur Anwendung empfohlen.

In ähnlicher Weise berechnen Ohno et al. (1980) mit Hilfe einer modifizierten Fundamentalen Parameter-Methode ohne Standardproben die aus Superlegierungen extrahierten Gehalte von Fe und Ni im Konzentrationsbereich von einigen hundert $\mu g/cm^2$.

In dem Philips Bulletin for analytical equipment (1973) wird die halbautomatische Multielementanalyse von Aerosolen auf organischen Filtern (Millipore mit 0,22 µm Porenweite) bei Unterlage einer Scheibe aus Wolfram oder Chrom beschrieben. In Tabelle 5.25 werden die Meßbedingungen mitgeteilt.

Tabelle 5.25 WDRFA-Meßbedingungen für Staubpartikel auf Membranfiltern (Philips Bull. 1973)

Element	Linie	Röhren-anode	Anregung		Analysator-kristall	2θ (°) Linie	2θ (°) Unter-grund	Detektor	Unter-lage
			kV	mA					
S	SKα	Cr	50	50	PET	75,8	75,0	DZ	Cell.
Fe	FeKα	W	60	40	LiF(200)	57,52	59,0	DZ	Cr
Cd	$CdL\alpha_1$	Cr	50	50	PET	53,76	54,76	DZ	Cell.
Sb	$SbL\beta_1$	Cr	50	50	PET	43,26	44,00	DZ	W
Pb	$PbL\beta_1$	Mo	60	40	LiF(200)	28,21	28,71	SZ	W
Hg	$HgL\alpha_1$	Mo	60	40	LiF(200)	35,9	36,9	SZ	Cr

Coy (Fortbildungskurs für RFA der Gesellschaft Deutscher Chemiker, Kassel, 1977) gibt einige Beispiele für die bei der Analyse im Umweltschutz auftretenden Probleme und schildert die vielgestaltigen Analysenaufgaben und die Methoden der WDRFA zu ihrer Bewältigung, wie sie im Bayerischen Landesamt für Umweltschutz in München durchgeführt werden. In Tabelle 5.26 sind diese als Übersicht mitgeteilt.

EDRFA

Multielementanalysen von Stäuben werden im Einzelnen, im methodischen Vergleich und in Ringanalysen von Camp et al. (1974, 1975) sowie Salazar (1992) ausführlich abgehandelt.

Eine Zusammenstellung von verschiedenen Analysenmethoden für Aerosole von Camp et al. (1975) ergab, daß von insgesamt 43 Laboratorien vierzehn die EDRFA, je sieben die WDRFA, PIXE sowie die AAS, fünf Laboratorien die INAA und schließlich drei die AES

Tabelle 5.26 Wellenlängendispersive Röntgenfluoreszenzanalyse zur Spuren- und Gesamtelementanalyse im Umweltschutz (Coy 1977)

Material	Element	Minimal nachweisbare Konzentrationen	Proben-vorbereitung	Eichung	Herstellung der Standard-proben	Fehlerabschätzung
Luftstaub	Br, Cd, Pb	100 µg pro Filter	keine	Standardfilter	Auftropfen von Standard-lösungen, Abscheiden disperser Verbindungen	Doppelbestimmungen, Regressions-rechnung, AAS
Böden, Pflanzen	S, Cl, Zn, As, Cd, Pb	≤3000 ppm	trocknen, mahlen, pressen	Addition, naß-chemische Analyse	pulverförmige und flüssige Zumischung	Regressionsrechnung, Vergleich von Standardproben unterschiedlicher Zusammensetzung
feste Abfälle (Müll, Schlacke, Klärschlamm usw.)	Gesamtanalyse	einige ppm	trocknen, sieben, mahlen, pressen	Addition, Analyse mit anderen Verfahren	pulverförmige und flüssige Zumischung	Vergleich von Standardproben unterschiedlicher Korngrößen und Elementverbindungen zur Abschätzung mineralogischer u.a. Matrixeffekte
Abfallauslaug-lösungen	Metalle	≤100 ppm	Fällung auf Membranfilter, Einengen in Cellulosetabletten	Standardlösungen	wie Probenlösung	naßchemische Analyse, AAS
flüssige Abfälle	U	≤1000 ppm	keine	Standardlösungen, Untergrund, Comptonstreu-peakkorrektur	Lösen von Uranverbindungen in verschiedenen Lösungsmitteln	Vergleich von Standardlösungen verschiedener Dichte und Untergrundintensität aufgrund unterschiedlicher Lösungsmittelzusammensetzung

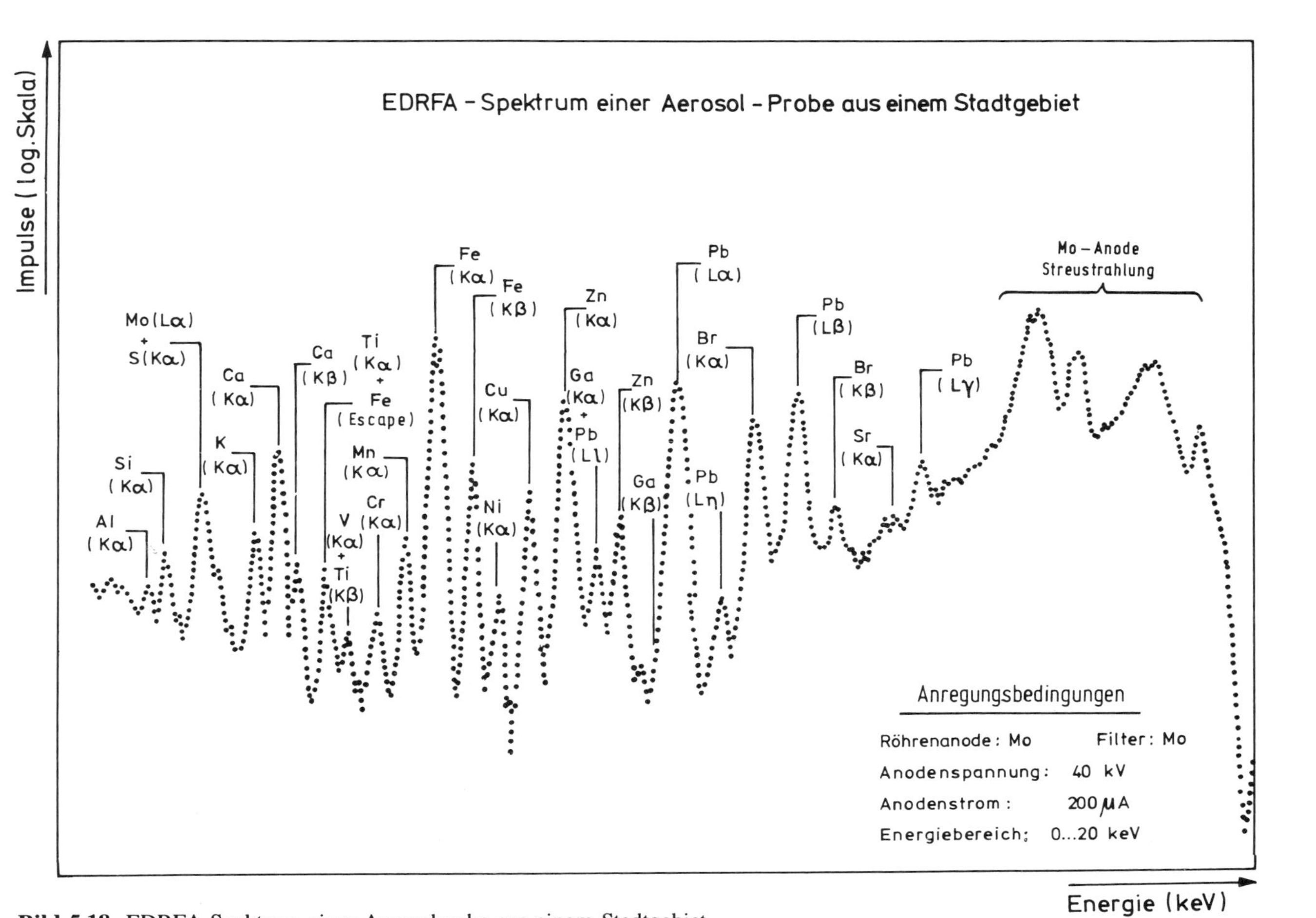

Bild 5.18 EDRFA-Spektrum einer Aerosolprobe aus einem Stadtgebiet

anwandten. Die Anregung mit Röntgenröhren geringer Leistung gelangt bei der EDRFA am häufigsten zum Einsatz, auch in Verbindung mit Transmissionsfiltern; dann folgen die Radionuklidanregung und diejenige mit Röntgenröhren hoher Leistung in Kombination mit einem Sekundärtarget.

Cooper (1973) stellte fest, daß die WDRFA zwar als vorteilhaft zur Analyse der leichten Elemente (Z<21) in Aerosolen anzusehen ist, aber bei schweren Elementen wegen des hohen Bremsstrahlungsuntergrundes im Vergleich zur EDRFA nur höhere Nachweisgrenzen zu erzielen seien.

Die Anregung durch monochromatische Röntgenstrahlen (EDRFA) oder durch Protonen (PIXE) werden von Cooper (1973) als die geeignetsten Methoden zur Erreichung hoher Nachweisempfindlichkeiten von Elementspuren in der Luft angesehen (1 ng/m^3 bzw. 1...10 ng/cm^2). Bei der EDRFA muß auf die Wahl der jeweils am besten geeigneten Sekundärtargets und Monochromatorfilter geachtet werden. In Bild 5.17 sind typische Konzentrationsbereiche von Elementspuren in Aerosolen dargestellt.

Da zumeist Spuren mittelschwerer bis schwerer Elemente in Aerosolen bestimmt werden, sind bei der Verwendung von Röntgenröhren (z.B. Mo, W, Rh) geringer Leistung je nach Anwendungsgebiet hohe Anodenströme (100...200 μA) bei unterschiedlichen Anodenspannungen (10...50 kV) und die Benützung verschiedenartiger und unterschiedlich dicker Filter (z.B. Al, Ti, Cu, Mo, Cd) sowie Meßzeiten von 200...400 s günstig. Bei Serienanalysen kommt es allerdings überwiegend darauf an, simultan eine Vielzahl von Elementen ausreichend exakt zu bestimmen; deshalb muß dann im allgemeinen auf die optimale Bestimmung jedes einzelnen Elementes verzichtet und eine Kompromißlösung für die Anregung der Fluoreszenzstrahlung aller Elementspuren gefunden werden. Ein Beispiel dafür ist in Bild 5.18 dargestellt: der Einsatz einer Molybdän-Röntgenröhre (40 kV/200 μA) und eines Molybdän-Filters ergibt ausreichend hohe Peak/Untergrundverhältnisse für eine Vielzahl von Elementen.

Die Verwendung von Radionukliden als Strahlungsquellen für die Anregung spezieller Elemente gestattet zwar optimale Fluoreszenzausbeute, sie ist jedoch für die quantitative Simultanbestimmung vieler Elemente nicht besonders gut geeignet. Gallorini et al. (1976) benützen ^{71}Ge und ^{241}Am zur Analyse von Zn und Pb in Aerosolen; Bothett und Wagner (1981) setzen ^{238}Pu ein, während Spatz und Lieser (1976) ^{109}Cd (22,1 keV) zur Bestimmung von Cu, Zn, Br und Pb in Staubproben benützen.

Drane et al. (1980) geben ein Beispiel dafür, wie durch die geeignete Auswahl von Sekundärtargets in Verbindung mit gepulsten Hochleistungsröntgenröhren gute Ergebnisse erzielt werden können, wenn die Analysen der Elemente Al (Z=13) bis Pb (Z=82) mit Titan-, Molybdän- bzw. Samarium-Sekundärtargets erfolgten:

Element	Sekundärtarget
Al (Z = 13) bis Cl (Z = 17)	Ti
K (Z = 19) bis Ca (Z = 20)	Ti oder Mo
Ti (Z = 22) bis Rb (Z = 37)	Mo
Sr (Z = 38)	Mo oder Sm
Cd (Z = 48) bis Ba (Z = 56)	Sm
W (Z = 74) bis Pb (Z = 82)	Mo

Die Nachweisgrenzen betragen etwa 1 ng/m^3 Luft bzw. 1...10 ng/cm^2 Filter; sie sind stark von den benützten Geräteparametern sowie der Präparationsmethode abhängig. Ahlberg und Adams (1978) geben für die EDRFA folgende Nachweisgrenzen (ng/cm^2) von Aerosolpartikeln auf Filtern an: 8,7 S, 6,8 Cl, 3,0 K, 2,4 Ca, 25 Ti, 19 V, 14 Cr, 10 Mn, 8,1 Fe, 5,0 Ni, 4,2 Cu, 3,8 Zn, 3,4 As, 3,4 Br, 3,9 Rb, 4,6 Sr, 10 Pb.

Als für die Aerosolanalytik geeignet erweist sich neben der PIXE und Micro-PIXE (Johansson und Campbell 1988) besonders die TRFA mit Nachweisgrenzen von wenigen pg pro Element pro m^3 Luft (Michaelis 1987, Leland et al. 1987, Dixkens et al. 1993). Die letztgenannten Autoren haben einen elektrostatischen Abscheider entwickelt, in dem sich der TRFA-Probenhalter an bestimmter Stelle befindet und dort nur eine spezifische Partikelfraktion sammelt. Diese Apparatur stellt einen ersten Schritt zur Erfassung der Mikrochemie lungengängiger Teilchen dar und müßte noch in Richtung Atemtraktsimulation weitergeführt werden.

6 Vergleich verschiedener Analysenmethoden

Neben der Atomabsorptionsspektrometrie (AAS) und der Atomemissionsspektrometrie (AES) — zuweilen auch als optische Emissionsspektrometrie (OES) bezeichnet — hat sich die RFA zu einer der wichtigsten Methoden in der instrumentellen Analytik entwickelt: Viele Millionen von quantitativen Analysen sind mit ihr bereits weltweit durchgeführt worden.

Der große Stellenwert der RFA leitet sich von ihren zahlreichen Vorteilen her:

1. Die RFA zeichnet sich durch Selektivität, Genauigkeit, Vielseitigkeit und Schnelligkeit aus (zeitsparendes Multielementverfahren). Die Spektren sind für jedes Element spezifisch und charakteristisch. Beeinflussungen durch unsaubere Reagenzien und durch andere in der klassischen Chemie störende Effekte werden meist ausgeschlossen (Ausnahme: Verwendung von Lösungen, Filterpapier, Bindemittel, usw.).
2. Im Vergleich zum optischen Emissionsspektrum ist das Röntgenspektrum viel linienärmer, was die Identifizierung der Emissionslinien wesentlich erleichtert.
3. Der erfaßbare Konzentrationsbereich liegt für Elemente mit $Z>12$ von 100% bis hinab zu meist <1 ppm (ohne Anreicherungsverfahren) bzw. bei einigen ppb (mit Anreicherungsverfahren), in besonderen Fällen bis zu 0,1 ppb.
4. Die Analysengenauigkeit ist gut, die relative Standardabweichung liegt normalerweise zwischen 0,1 und 1%, im Spurenbereich bei etwa 5%.
5. Der physikalische Zustand der Probe ist relativ unkritisch, sie muß aber homogen sein (z.T. Probleme bei der Präparation von Referenzproben). Es können Festkörper, Aerosole und Flüssigkeiten analysiert werden. Chemische Vortrennungen sind in der Regel nicht notwendig. Die Proben werden bei der Analyse nicht zerstört (Ausnahme: empfindliche biologische Proben bei zu langen Meßzeiten).

Trotz seiner zahlreichen Vorteile muß bedacht werden, daß ein Röntgenspektrometer mit zu den teueren instrumentellen Analysengeräten zählt, daß seine Inbetriebnahme (einschl. praktischer Erprobungsphase) Monate erfordert und in der Regel eine erfahrene Fachkraft zu seiner Betreuung vorhanden sein sollte. Von der Anschaffung einer RFA werden daher nur die Laboratorien wirtschaftlichen Nutzen ziehen können, deren Probenanfall hoch ist und die an der routinemäßigen Erfassung einer Vielzahl von Elementen interessiert sind.

Vergleich mit anderen instrumentellen Methoden
Mehrere Vergleichsstudien haben gezeigt, daß die RFA der AAS hinsichtlich Richtigkeit und insbesondere Reproduzierbarkeit bei der Analyse von Gesteins-, Leichtmetall-, Pflanzen- und Trinkwasserproben etwa gleichwertig, zuweilen sogar überlegen ist (Siemens Anal. techn. Mitt. 201, 228 und 268). Analoges gilt im Vergleich mit der AES für Elemente mit $Z>20$ in metallischen und geologischen Proben (Tabelle 6.1 und Schroll 1975, S. 116).

Tabelle 6.1 Vergleich der Analysengenauigkeit von Gußeisen und niedriglegierten Stählen nach den Methoden der RFA und OES (nach Philips Application Lab. Almelo)

		Gußeisen				Stahl (n.l.)	
Z	Element	Mittlere Zusammensetzung Gew.%	AES $\sigma_{abs.}$	WDRFA $\sigma_{abs.}$	EDRFA $\sigma_{abs.}$	Mittlere Zusammensetzung Gew.%	WDRFA $\sigma_{abs.}$
14	Si	2,40	0,026	0,030	0,049	0,48	0,019
15	P	0,128	0,009	0,007	0,011	0,038	0,002
16	S	0,107	0,003	0,005	0,008	0,020	0,002
22	Ti	0,125	0,007	0,004	0,006	0,077	0,004
24	Cr	0,27	0,008	0,011	0,012	0,84	0,004
25	Mn	0,60	0,012	0,012	0,019	0,88	0,010
28	Ni	0,28	0,020	0,030	0,028	1,60	0,003
29	Cu	0,35	0,013	0,009	0,027	0,25	0,005
42	Mo	0,18	0,006	0,003	0,003	0,45	0,005
50	Sn	0,20	0,012	0,009	0,010	0,02	0,002

Zur optimalen Erfassung von Haupt-, Neben- und Spurenelementen läßt sich die RFA in geeigneter Weise mit anderen instrumentellen Verfahren wie der AES (Schroll 1975) oder der instrumentellen Neutronenaktivierungsanalyse INAA kombinieren (Volborth et al. 1968).

Ein Methodenvergleich (ICP, RFA, INAA und Isotopenverdünnungsmethode) bei der Analyse von magmatischen Silikatgesteinen in verschiedenen Laboratorien (Norman et al. 1989) ergab hervorragende Übereinstimmung bei den Ergebnissen von Haupt- und Spurenelementen nach den vier Methoden. Eine systematische RFA-Arbeit ist die von Vivit und King (1989); im Verlauf derselben werden 18 chinesische Standardreferenzproben auf 10 Hauptoxide mit WDRFA und 12 Spurenelemente mit EDRFA beschrieben. Die Hauptelemente wurden an Schmelztabletten (Lithiumtetraborat) bestimmt, die Comptonstreustrahlung diente als Interner Standard. Die bei der Messung der einzelnen Linien auftretenden Fehler werden diskutiert.

Viele Autoren haben sich mit der TRFA im Rahmen der vergleichenden Instrumentellen Analytik beschäftigt. Für den Bereich der Wasseranalytik berichten Knöchel und Petersen (1983) über eine Ringanalyse an Elbwasserproben mit 33 teilnehmenden Arbeitsgruppen, die sieben unterschiedliche Bestimmungsmethoden einsetzten. Da die Analysenfehler der einzelnen Teilnehmer wesentlich kleiner als die Streuung der Gesamtmittelwerte war (meist 7 bis 50%, selten auch >100%), waren die systematischen Fehler am bedeutendsten. Es war aber nicht möglich, die eingesetzten Analysenverfahren (u.a. EDRFA und TRFA) zu bewerten. Deutlich bessere Übereinstimmung fanden Burba et al. (1988) bei der Bestimmung von Cu, Fe, Ni, Pb und Zn in diversen Wasserproben zwischen den Ergebnissen von Direktmessungen mittels Graphitrohr-Atomabsorptionsspektrometrie (GFAAS) und denjenigen mit TRFA sowie Emissionsspektrometrie mit Plasmaanregung (ICP-MS) unter Einschaltung eines Voranreicherungsschrittes an acetylierter Cellulose. Schließlich konnten Freimann et al. (1993) die Brauchbarkeit der TRFA im Zuge von Vergleichsanalysen zur Zertifizierung des Meerwasserstandards CRM 403 unter Beweis stellen.

Aber auch für andere als wässrige Proben hat die TRFA ihr Potential unter Beweis gestellt, was z.B. Vergleichsuntersuchungen an biologischen und Umweltproben unter Hinzuziehung von ICP-OES, ICP-MS und INAA belegen (Michaelis et al. 1985, Michaelis 1986, Günther et al. 1992). In fünf Ringversuchen der internationalen Atombehörde in Wien (IAEA) belegte die TRFA bei 55 bis 69 beteiligten Laboratorien die Listenplätze 1 bis 14 (Schwenke et al. 1987). Nach Angaben der Fa. Atomika lagen bei der Untersuchung eines marinen Sediments (Referenzprobe PACS-1) von den untersuchten 22 Elementen lediglich zwei (V und Hg) mehr als +/- 10 % vom zertifizierten Wert entfernt.

Instrumentelle Analysenmethoden werden als Elementdetektoren in der Speziesanalytik eingesetzt, wobei zur Vortrennung der Spezies meist chromatographische Systeme vorgeschaltet werden. Sinner et al. (1993) trennen Fe(II) und Fe(III) mittels Ionenchromatographie (IC) und bestimmen die Eisengehalte in den entsprechenden chromatographischen Fraktionen off-line mittels GFAAS und TRFA. Während bei der IC mit normalen Trennsäulen eine Detektion vorteilhaft war, war diese Situation im Falle der TRFA bei Einsatz von Kapillarsäulen (microbore) mit Durchflußraten von ca. 10 µl/min gegeben. Gegenüber der photometrischen Standard-Detektion über einen Farbkomplex als on-line-Methode haben die beschriebenen Techniken zwar den Nachteil eines deutlich höheren zeitlichen Aufwandes, andererseits aber den Vorteil von fehlenden Matrixeffekten und im Falle der TRFA den zusätzlichen Vorteil der Multielementdetektionsmöglichkeit.

Zusammenfassend kann zu diesem Abschnitt gesagt werden: Die Erfassung der Allgegenwartskonzentration der Elemente erfordert für die meisten Elemente Nachweisgrenzen von 1 ng/g und für die selteneren Elemente wie die der Pt-Gruppe solche von 1 pg/g oder weniger; deutlich höhere analytische Anforderungen können die Materialwissenschaften stellen. Zur Bewältigung dieser analytischen Fragestellungen stellt die Röntgenanalytik eine Vielzahl von Methoden zur Verfügung: Mit der konventionellen RFA können Konzentrationen bis zu wenigen µg/g, mit der TRFA bis unter ng/ml bestimmt werden; Absolutmengen hinab bis zu µg sind mit der normalen ED/WDRFA, bis zu pg mit der TRFA und schließlich sind mittels SYRFA, PIXE und Mikrosonde Bestimmungen im Femtogrammbereich möglich. Insbesondere fällt der TRFA im Lichte der neueren Entwicklungen in der Instrumentellen Analytik eine führende Position zu, da sie mit etablierten Techniken sowohl der Volumen- (GFAAS, ICP-MS) als auch der Oberflächenanalytik (Elektronenrückstreuung, SIMS) konkurrieren kann (Tölg und Klockenkämper 1993).

Vergleich WDRFA-EDRFA

1. Proben, die gegenüber Röntgenstrahlung empfindlich sind (Radiolyse), wie biologisches Material, werden bei der EDRFA infolge der rund tausendfach geringeren Anregungsleistung weniger beansprucht bzw. zerstört als bei der WDRFA. Dieser Gesichtspunkt spielt auch bei einigen speziellen Anwendungen wie in der Archäometrie oder in der Gemmologie (z.B. Stern und Hänni 1982) eine wichtige Rolle.
2. Aufgrund der simultanen Spektrenaufnahme auf elektronischem Wege ist die Aufnahme eines Gesamtspektrums mit der EDRFA um Größenordnungen kürzer und weniger umständlich (kein Kristall- oder Detektorwechsel) als bei der üblicherweise sequentiellen Spektrenaufnahme auf mechanischem Wege mit der WDRFA (Ausnahme: Simultanspektrometer).
3. Mit Ausnahme des Bereichs der kurzwelligen Röntgenstrahlung ($E>10$ keV) ist die spektrale Auflösung bei der WDRFA (FWHM typisch 5 eV) deutlich besser als bei der EDRFA (FWHM>130 eV). Linienüberlappungen treten daher bei der WDRFA seltener auf als bei der EDRFA.
4. Im Gegensatz zur EDRFA können bei der WDRFA für die einzelnen Peaks und für Untergrundmeßstellen große Impulsraten zur Erzielung eines kleinen zählstatistischen Fehlers erreicht werden. Kleine Konzentrationen sind unbeeinflußt durch die Anwesenheit der Hauptkomponenten erfaßbar, falls die Analysenlinien nicht mit anderen Emissionslinien koinzidieren.
5. Bei der WDRFA ist die durchschnittliche Empfindlichkeit für leichte und mittelschwere Elemente um Faktoren zwischen 10 und 100 besser als bei der EDRFA. Für schwere Elemente ist die EDRFA dagegen mindestens ebenso nachweisempfindlich wie die WDRFA.

Zusammenfassend kann festgestellt werden, daß die EDRFA für Übersichtsanalysen, für biologische Proben und Aerosole (hier auch für quantitative Analysen) sowie für die qualitative Analyse unbekannter Substanzen optimal geeignet ist; zur in-situ-Analyse vor Ort können tragbare Geräte eingesetzt werden. Die WDRFA ist dagegen in Beziehung auf die spektrale Auflösung, auf die Nachweiskraft für leichte Elemente und in einer Vielzahl quantitativer Analysenprobleme der EDRFA überlegen. Ideal wäre somit eine Kombination beider Methoden (WD/EDRFA), wie sie in einigen Analysenlabors eingesetzt wird (z.B. LaBrecque et al. 1982). Schwander und Gloor (1980) beschreiben eine kombinierte WD/ED-

Anlage für die Röntgenmikroanalyse von silicatischen und carbonatischen Gesteinen. Durch Vorschalten von Detektorblenden wird die Anpassung an die Aufnahmekapazität des Si(Li)-Detektors erreicht. Die Gesamtanalyse entspricht zeitlich der einer energiedispersiven Analyse: Während der energiedispersiven Spektrenaufnahme messen gleichzeitig die fest eingestellten WDRFA-Kanäle.

Anhang

Tabelle A.1 Literaturempfehlungen

Einführende Literatur:	Jenkins (1977)
	Jenkins und deVries (1970)
	Klockenkämper (1980)
	Liebhafsky et al.(1960)
	Norrish und Chappel (1967)
	Schroll (1975)
Weiterführende Literatur:	Adler und Rose (1965)
	Ahmedali(1989)
	Anderson (1973) *
	Azároff (1974)
	Bertin (1978)
	Birks (1963) *
	Blochin (1964)
	Dzubay (1977)
	Ehrhardt (1981)
	Herglotz und Birks (1978)
	Jenkins und deVries (1971)
	Jenkins et al.(1981)
	Long (1967) *
	Potts(1987)
	Tertian und Claisse (1982)

Entsprechende Quellennachweise finden sich im Literaturverzeichnis.
Arbeiten, die sich mit dem EMA befassen, sind mit * gekennzeichnet.

Tabelle A.2 Begriffe, Abkürzungen und Symbole

Vorbemerkung:

Bei der Festlegung der in dieser Arbeit benützten Nomenklatur wurde versucht, aus zahlreichen Normen und Empfehlungen Symbole und Bezeichnungen in der Weise zu übernehmen, daß Mehrfachbenennungen weitgehend vermieden werden. Unter anderen wurden hierzu folgende Überlegungen angestellt:

1. Ausgehend von den Empfehlungen der "International Union of Pure and Applied Chemistry (IUPAC)", die für die Atomemissionsspektroskopie auf den Seiten 219 bis 239 des Bandes 33B (1978) der Zeitschrift "Spectrochimica Acta" zu finden sind, und den Vorschlägen von R. Jenkins (X-Ray Spectrom. **6**, 104-109, 1977), veröffentlichte die spektrochemische Kommission der IUPAC 1980 international verbindliche Empfehlungen (Pure und Appl. Chem. **52**, 2541-2552). Siehe auch Jenkins et al. (1991).
2. Für die Bundesrepublik Deutschland ist das Normblatt DIN 1304 ("Allgemeine Formelzeichen") einschließlich Beiblatt zu beachten. Dementsprechend wurde z.B. die bisher übliche Wellenlängeneinheit "Å" durch die SI-Einheit "nm" ersetzt.
3. Für feststehende Begriffe (z.B. Fundamentale Parameter) wurde die Großschreibweise gewählt. Die Angaben von Konzentrationen und Nachweisgrenzen erfolgen in der Reihenfolge Zahl-Element, die von Standardabweichungen, Genauigkeit und Reproduzierbarkeit in umgekehrter Reihenfolge.
4. Für einige allgemeine Ausdrücke wurde von der deutschsprachigen Bezeichnung Gebrauch gemacht, z.B. wurde anstelle von B = Background U = Untergrund gesetzt oder für die Konzentration an der Nachweisgrenze C_{NW} anstelle von C_L (L = Limit) gewählt.

Begriffe (in alphabetischer Reihenfolge)

angular shift	Winkelverschiebung
Dewar	wärmeisoliertes Gefäß (z.B. zur Aufnahme von flüssigem Stickstoff)
Floppy Disk	dünne, runde Magnetplatte zur Datenspeicherung
hardware	im Computer festverdrahtetes Schaltungsnetz
Interface	elektronisches Zwischenglied, Adapter, Schnittstelle
Marker (Cursor)	Markierungspfeil
Matrix	Gesamtheit der in der Probe enthaltenen chemischen Elemente
pile up-rejecting	Zurückweisung von Aufsetzimpulsen
Ratemeter	Mittelwertmesser
reset	Zurückkehren in den Ausgangszustand
Restmatrix	Alle Matrixelemente mit Ausnahme des Analysenelements
scan	Abfahren eines Winkel-(Energie-)Bereichs mit kontinuierlichem Vorschub
smoothing	Glättung von Spektren
software	dem Computer extern eingebbare Programme
step-scanning	Abfahren eines Winkel-(Energie-)Bereichs mit stufenweisem Vorschub
stripping	Differenzbildung zwischen Spektren
Target	Zielscheibe, in der Röntgenspektrometrie: Anode oder Antikathode der Röntgenröhre
time sharing-Betrieb	zeitgestaffelte Verarbeitung mehrerer simultan anfallender Signale durch nur einen Datenaufnehmer

Abkürzungen (in alphabetischer Reihenfolge)

AAS	Atomabsorptionsspektrometrie
AES	Atomemissionsspektrometrie
ADC	Analog-Digital-Konverter
DZ	Durchflußzähler
EDRFA	Energiedispersive Röntgenfluoreszenzanalyse
eff	effektiv
EMA	Elektronenstrahlmikrosondenanalyse
ESCA	electron spectroscopy for chemical analysis (Elektronenspektroskopie zur chemischen Analyse)
EXAFS	Extended X-ray Absorption Fine Structure
FET	Feldeffekttransistor
FWHM	full width at half maximum (Halbwertsbreite einer statistischen Verteilung)
GFAAS	Graphite Furnace (Graphitrohrofen) AAS
HWB	siehe FWHM
IAEA	International Atomic Energy Agency (Wien)
ICP	inductively coupled plasma (induktiv gekoppeltes Hochfrequenzplasma)
INAA	Instrumentelle Neutronen-Aktivierungsanalyse
IUPAC	International Union of Pure and Applied Chemistry
i-Zone	intrinsic-Zone (aktiviertes Detektorvolumen)
LED	light emitting diode (Leuchtdiode)
LEEIXS	low-energy electron-induced X-ray spectroscopy (niederenergetische elektroneninduzierte Röntgenspektroskopie)
loi	loss on ignition (Glühverlust)
LSI	large scale integration (hochgradig integrierte monolithische Halbleiterschaltungen)
MAC	Massenabsorptionskoeffizient
max	maximal
MCA	multi channel analyser (Vielkanalanalysator)
mCi	Milli-Curie
min	minimal
MOS	metal oxide semiconductor (Metalloxid-Halbleiter)
OES	optische Emissionsspektralanalyse
PIXE	particle induced X-ray emission spectroscopy (Teilchen-induzierte Röntgenspektroskopie)
REM	Rasterelektronenmikroskop
RFA	Röntgenfluoreszenz(spektral)analyse (im Englischen XRS oder XRF)
Si(Li)	Halbleiterdetektor aus Lithium-gedriftetem Silizium
SIMS	Sekundärionen-Massenspektrometer
SpE	Spurenelement(e)
SYRFA	RFA mit Synchrotronstrahlanregung
SZ	Szintillationszähler
TEM	Transmissionselektronenmikroskop
VIS	Sichtbarer (visible) Bereich des elektromagnetischen Spektrums
VUV	Vakuum-Ultraviolett (Spektralbereich)
WDRFA	Wellenlängendispersive Röntgenfluoreszenzanalyse
XANES	X-ray Absorption Near Edge Structure

Symbole, Formelzeichen, Konstanten (in alphabetischer Reihenfolge)

a, b, m′, m″	Koeffizienten
c	Lichtgeschwindigkeit ($2{,}99792 \cdot 10^8$ $m \cdot s^{-1}$)
const.	Proportionalitätskonstante
C	Konzentration ($1 = 10^2\% = 10^6$ ppm $= 10^9$ ppb)
C_{NW}	Konzentration an der Nachweisgrenze
C_{MAL}	minimum analyzable limit (niedrigste meßbare Konzentration)
C_{MDL}	minimum detectable limit (niedrigste nachweisbare Konzentration)
χ^2	Test auf Normalverteilung statistischer Werte
d	Schichtdicke, *aber auch* Netzebenenabstand eines Kristalls (nm)
ΔE	Energieunterschied, Energieauflösung (eV)
$\Delta\lambda$	Wellenlängenverschiebung (nm)
Δt	Zeitintervall, differentiell (s)
E	Energie der elektromagnetischen Strahlung (eV)
E_g	Energiebetrag (eV) der Bandlücke von Halbleitern
ε	Minimalenergie (eV), welche zur Erfassung eines Ereignisses im Detektor notwendig ist
ε^*	Effektivität eines EDRFA-Systems, ausgedrückt in Impulszahl pro Meßzeitintervall pro ppm
f	Anzahl der Freiheitsgrade
F	Fanofaktor
Fl	Fläche (mm^2)
g	Gewichtsfaktor
h	Plancksches Wirkungsquantum ($6{,}625 \cdot 10^{-34}$ $J \cdot s$)
i	Bezeichnung des Analysenelements (= Analyt)
i	Röhrenstrom (mA)
I	Strahlungsintensität (s^{-1})
I_F	Fluoreszenzintensität (s^{-1})
I_P	Primärintensität (s^{-1})
I_M	gemessene Intensität (s^{-1})
I_W	wahre Intensität (s^{-1})
$I\|_x$	Intensität (s^{-1}) an der Stelle x
j	Bezeichnung für die Elemente der Restmatrix
k	allgemeine Bezeichnung für ein Matrixelement
K, L, M, N	Bezeichnung der Elektronenschale in der Atomhülle
$K\alpha$, $K\beta_1$... $L\alpha$, $L\beta$...	Bezeichnung der Röntgenemissionslinie
λ	Wellenlänge der Röntgenstrahlung (1 nm = 10 Å)
m	ganze Zahl
μ	linearer Absorptionskoeffizient (cm^{-1})
$\bar{\mu}$	mittlerer linearer Absorptionskoeffizient (cm^{-1})
μ/ρ	Massenschwächungskoeffizient oder Massenabsorptionskoeffizient ($cm^2 g^{-1}$)
n	Anzahl (von Proben, Elementen, Messungen, etc.)
N	Impulszahl
ν	Frequenz der elektromagnetischen Strahlung (s^{-1})

P	Peak = Ort des Intensitätsmaximums einer Linie
φ	Eintritts- bzw. Austrittswinkel zwischen Röntgenstrahlung und Präparatoberfläche (°)
ϕ	Streuwinkel (°)
r	Korrelationskoeffizient
R	Zählrate = Impulse pro Zeiteinheit = cps (counts per second) (s^{-1})
R_c	Reststreuung
ρ	Dichte (g cm^{-3})
s	Standardabweichung (n endlich)
s, p, d, f	Bezeichnung der Elektronenorbitale
1 s, 2 s, 3 s	statistische Wahrscheinlichkeit für 67%, 95% bzw. 99,7% aller (endlichen) Fälle
S	statistische Sicherheit (%)
σ	Standardabweichung (n gegen unendlich)
σ^*	Abschirmkonstante
$\sigma_{\bar{x}}$, $s_{\bar{x}}$	Vertrauensbereich des Mittelwertes (für n gegen unendlich bzw. n endlich)
Σ	Summe
t	Zeit (s), *aber auch* statistische Hilfsgröße zur Berechnung von $s_{\bar{x}}$
t_d	dead time (Totzeit) (s)
T	Zeitintervall, endlich (s)
θ	Beugungswinkel = Winkel zwischen einfallendem Röntgenstrahl und Kristalloberfläche (°)
U	Linienuntergrund
V_0	Röhrenspannung (kV)
V(t)	Verlauf der Spannung (V) mit der Zeit (s)
x_i	Einzelwert einer statistischen Gesamtheit
$\bar{x}$	Mittelwert der x_i
Z	Ordnungszahl des Elements im Periodensystem

Tabelle A.3 Massenschwächungskoeffizienten (Angaben in $cm^2\ g^{-1}$; $\lambda < 0{,}2$ nm) nach Jenkins und De Vries (1970)

Z	El.	λ (nm)																
		0,010	0,015	0,020	0,025	0,030	0,035	0,040	0,045	0,050	0,055	0,060	0,065	0,070	0,075	0,080	0,085	0,090
1	H	0,28	0,30	0,33	0,34	0,35	0,36	0,36	0,36	0,37	0,37	0,37	0,38	0,38	0,38	0,39	0,39	0,39
2	He	0,14	0,16	0,17	0,17	0,18	0,18	0,18	0,19	0,19	0,19	0,20	0,20	0,20	0,21	0,22	0,22	0,23
3	Li	0,12	0,14	0,14	0,15	0,16	0,16	0,17	0,17	0,18	0,19	0,19	0,20	0,22	0,23	0,24	0,27	0,29
4	Be	0,13	0,14	0,15	0,16	0,17	0,17	0,18	0,19	0,21	0,22	0,24	0,25	0,29	0,32	0,36	0,37	0,42
5	B	0,13	0,15	0,16	0,17	0,18	0,19	0,21	0,23	0,25	0,28	0,30	0,34	0,40	0,43	0,49	0,57	0,63
6	C	0,14	0,16	0,17	0,19	0,21	0,22	0,26	0,28	0,34	0,38	0,45	0,53	0,62	0,72	0,81	0,96	1,15
7	N	0,14	0,16	0,18	0,20	0,23	0,27	0,31	0,37	0,44	0,55	0,63	0,80	0,92	1,05	1,25	1,45	1,70
8	O	0,14	0,17	0,19	0,22	0,26	0,33	0,38	0,49	0,58	0,72	0,87	1,10	1,30	1,50	1,80	2,10	2,45
9	F	0,14	0,17	0,19	0,23	0,29	0,38	0,45	0,55	0,72	0,88	1,10	1,30	1,60	1,95	2,40	2,80	3,25
10	Ne	0,15	0,18	0,22	0,27	0,35	0,43	0,59	0,72	0,98	1,20	1,55	1,90	2,30	2,80	3,45	3,95	4,70
11	Na	0,15	0,18	0,23	0,29	0,40	0,52	0,71	0,93	1,20	1,45	1,95	2,45	3,00	3,60	4,40	5,25	6,15
12	Mg	0,15	0,19	0,25	0,35	0,48	0,66	0,91	1,20	1,60	2,05	2,60	3,30	4,10	4,85	5,90	7,10	8,40
13	Al	0,15	0,20	0,27	0,39	0,56	0,78	1,10	1,45	1,95	2,55	3,25	4,10	5,05	6,10	7,30	8,85	10,5
14	Si	0,16	0,22	0,31	0,45	0,67	0,96	1,35	1,80	2,40	3,15	4,05	5,20	6,40	7,75	9,20	10,0	13,5
15	P	0,16	0,23	0,34	0,51	0,77	1,15	1,55	2,20	2,90	3,85	4,85	6,15	7,70	9,35	11,0	13,5	15,5
16	S	0,17	0,25	0,39	0,61	0,93	1,40	1,95	2,70	3,60	4,65	6,10	7,40	9,10	11,5	14,0	16,0	18,5
17	Cl	0,17	0,26	0,42	0,68	1,05	1,65	2,25	3,25	4,20	5,50	7,05	8,85	11,0	13,5	16,0	19,0	23,0
18	Ar	0,17	0,27	0,45	0,73	1,15	1,75	2,50	3,50	4,50	6,10	7,85	9,60	11,5	14,5	18,0	21,5	25,5
19	K	0,19	0,31	0,54	0,91	1,45	2,20	3,15	4,40	5,95	7,80	10,0	12,5	15,0	18,5	23,0	27,5	32,5
20	Ca	0,20	0,35	0,63	1,05	1,70	2,60	3,80	5,30	7,10	9,30	12,0	15,0	18,5	22,0	27,5	32,5	38,5
21	Sc	0,20	0,37	0,67	1,10	1,80	2,65	3,85	5,40	7,30	9,60	12,5	15,5	19,5	23,5	28,0	32,0	39,0
22	Ti	0,20	0,39	0,73	1,25	2,05	3,25	4,60	6,40	8,70	11,5	14,5	18,5	22,0	27,0	33,5	40,0	47,0
23	V	0,22	0,42	0,80	1,30	2,15	3,30	4,85	6,80	9,10	12,0	15,5	19,0	23,5	28,5	34,5	41,5	48,5
24	Cr	0,23	0,47	0,91	1,60	2,65	4,05	6,00	8,35	11,5	15,0	19,0	23,0	29,0	36,0	43,0	49,0	58
25	Mn	0,24	0,50	1,00	1,70	2,70	4,10	6,00	8,40	11,5	15,0	19,0	24,0	29,5	36,5	43,0	52	61
26	Fe	0,26	0,56	1,15	2,05	3,35	5,10	7,65	10,5	14,5	19,0	24,0	27,5	38,5	45,5	54	64	75
27	Co	0,27	0,59	1,25	2,10	3,50	5,40	7,90	11,0	15,0	20,0	25,5	32,0	40,0	49,0	58	69	82
28	Ni	0,30	0,69	1,40	2,60	4,30	6,70	9,70	14,0	18,0	23,5	30,5	37,5	48,0	58	67	74	87
29	Cu	0,30	0,72	1,50	2,75	4,55	7,05	10,5	14,5	19,5	24,5	32,0	39,5	51	61	70	85	99
30	Zn	0,32	0,79	1,65	3,05	5,05	7,75	11,5	16,0	21,5	28,5	35,5	44,5	53	65	77	97	112
31	Ga	0,35	0,84	1,75	3,30	5,45	8,30	12,0	17,0	22,5	30,5	37,5	47,0	55	68	82	100	119
32	Ge	0,35	0,89	1,90	3,50	5,85	9,00	13,0	19,0	24,5	31,5	40,5	48,5	60	72	87	107	126
33	As	0,39	0,98	2,05	3,85	6,35	9,70	14,0	20,5	26,5	34,5	43,5	55	64	76	91	113	133
34	Se	0,39	1,00	2,15	4,05	6,80	10,5	15,0	21,5	28,0	36,5	46,0	56	69	83	97	118	142
35	Br	0,42	1,10	2,45	4,50	7,50	11,5	16,5	23,0	31,0	39,5	50	62	76	90	105	127	150
36	Kr	0,44	1,20	2,60	4,80	7,95	12,5	17,5	24,5	32,5	42,0	53	65	80	95	109	134	22
37	Rb	0,47	1,30	2,80	5,20	8,65	13,5	19,0	26,0	35,0	45,0	57	70	86	101	116	20,50	24,50
38	Sr	0,S0	1,40	3,05	5,60	9,35	14,0	20,5	28,5	37,5	48,0	60	75	92	109	19	22,50	26,50
39	Y	0,54	1,55	3,25	6,05	9,95	15,0	22,0	30,0	40,0	50	65	79	99	16	20,50	24,50	29
40	Zr	0,57	1,65	3,50	6,50	10,5	16,0	23,5	33,0	42,5	53	68	84	15	19	22,50	27	32
41	Nb	0,61	1,75	3,75	6,95	11,5	17,0	25,0	33,5	45,0	57	73	89	16	20	24	28,50	34
42	Mo	0,65	1,85	4,05	7,45	12,5	18,5	27,0	35,5	48,0	60	75	14,50	18	22	26	31	36,50
43	Tc	0,67	2,00	4,25	8,00	13,0	20,0	28,5	38,0	51	63	10,5	15	19	23,50	28	33	40,50
44	Ru	0,69	2,00	4,50	8,50	14,0	20,5	29,5	40,0	53	66	13	16,50	20	25,50	30	35	44
45	Rh	0,73	2,15	4,80	9,00	14,5	21,5	31,0	41,5	56	12	15	19	23	28	33,50	39,50	46,50
46	Pd	0,80	2,30	5,15	9,45	15,5	23,0	33,0	44,0	57	13	16,50	20,50	25	31	36	43,50	50
47	Ag	0,86	2,35	5,50	10,0	16,5	24,5	35,0	47,0	10,50	13,50	17,50	22	27	33	39	46	54
48	Cd	0,86	2,45	5,55	11,0	17,5	25,0	35,5	49,0	11,00	14,50	18,50	23,50	29	35	41,50	49	57,50
49	In	0,89	2,60	5,80	10,5	18,0	26,0	37,0	9,00	12,00	15,50	20	25	30,50	37,50	44,50	42,50	61
50	Sn	0,97	2,85	6,30	11,5	18,5	27,0	38,5	9,50	13,00	16,50	21	26,50	32,50	40	47	55	65
51	Sb	0,99	2,95	6,35	12,0	19,0	28,5	40,0	10,00	13,50	17,50	22,50	28	34,50	43	50	59	69,50
52	Te	1,05	3,10	6,75	12,5	20,0	29,0	7,5	10,50	14,00	18	23	28,50	35	44	51	60,50	71
53	I	1,15	3,35	7,30	13,0	21,0	31,0	8,10	11,50	15,50	19,50	25	31	38	46,50	55	64,50	76
54	Xe	1,15	3,45	7,55	13,5	22	32,5	8,50	12	16	20,5	26,5	32,5	40,5	49	58	69	80
55	Cs	1,20	3,55	7,60	14,0	23	6,20	9	12,5	17	22	28	34,5	43	52	61	73	85
56	Ba	1,30	3,80	7,75	14,5	23,5	6,50	9,40	13,5	18	23	29,5	37	45	56	65	77	90
57	La	1,30	3,80	8,00	14,5	24	6,90	10	14	19	24,5	31	38,5	48	59	69	81	95
58	Ce	1,30	3,80	8,20	14,5	24,5	7,40	11	15	20	26	33	41,5	51	61	73	86	100
59	Pr	1,35	4,00	8,65	15,5	5,10	7,80	11,5	16	21	27,5	35,5	43,5	54	66	78	91	105
60	Nd	1,40	4,15	8,90	15,5	5,40	8,30	12	16,5	22,5	29	36,5	45,5	56	68	81	94	110
61	Pm	1,50	4,35	9,25	16	5,60	8,70	12,5	17,5	23,5	30	38,5	47,5	59	71	84	100	115
62	Sm	1,55	4,50	9,55	16,5	5,70	8,80	12,5	18	23,5	31	39	48,5	60	73	86	105	120
63	Lu	1,65	4,70	9,85	3,70	6,20	9,50	14	19	25,5	33	42	53	65	78	92	110	125
64	Gd	1,70	4,85	10	3,90	6,50	9,80	14	20	26	34	43,5	54	66	81	95	115	130
65	Tb	1,75	5,10	10,5	4,10	6,70	10	14,5	20,5	27	35,5	45	56	69	84	100	117	135
66	Dy	1,85	5,25	11	4,30	7,00	10,5	15,5	22	28	36,5	47	58	71	86	102	122	140
67	Ho	1,95	5,45	11	4,40	7,20	11	16	22	29,5	38,5	48,5	61	75	92	107	127	148
68	Er	2,00	5,65	11,5	4,50	7,50	11,5	16,5	23	31	40,5	51	63	78	96	113	132	157
69	Tm	2,10	5,80	12	4,70	7,80	12	17,5	24,5	32,5	42,5	54	67	83	101	118	141	165
70	Yb	2,15	6,10	12	5,00	8,20	12,5	18	25	33,5	43,5	55	69	86	104	123	145	168
71	Lu	2,25	6,30	3,00	5,40	8,70	13	19	26,5	35,5	46	59	73	89	109	128	153	178
72	Hf	2,30	6,50	3,30	5,70	9,30	13,5	20	27,5	37	47,5	61	76	93	115	135	160	186
73	Ta	2,35	6,70	3,40	6	9,50	14	20,5	28,5	38	49,5	63	79	97	121	140	166	195
74	W	2,45	6,90	3,50	6,20	9,90	14,5	21,5	30	40	53	66	83	102	127	148	174	201
75	Re	2,55	7,25	3,60	6,30	10	15	21,5	30,5	40,5	53	68	85	104	130	150	177	207
76	Os	2,65	7,45	3,65	6,50	10	15,5	22,5	31,5	42	55	70	87	107	133	155	183	210
77	Ir	2,70	7,65	3,75	6,70	10,5	16	23,5	33	44	57	73	91	113	138	162	192	225
78	Pt	2,80	7,75	4,25	7,30	11,5	17	24,5	34	47	58	73	92	115	140	165	195	165
79	Au	2,90	8,00	4,40	7,45	11,5	17,5	25,5	35	48,5	61	77	96	120	145	170	200	180
80	Hg	3,00	2,35	4,65	7,90	12	18	26,5	37	49,5	65	82	103	125	150	185		

λ (nm)															
0,095	0,100	0,105	0,110	0,115	0,120	0,125	0,130	0,135	0,140	0,150	0,160	0,166	0,179	0,193	El.
0,39	0,39	0,40	0,40	0,40	0,41	0,41	0,42	0,42	0,43	0,43	0,44	0,45	0,46	0,48	H
0,24	0,24	0,25	0,26	0,27	0,28	0,30	0,31	0,32	0,33	0,37	0,39	0,41	0,46	0,54	He
0,30	0,32	0,34	0,36	0,38	0,43	0,46	0,50	0,54	0,58	0,67	0,75	0,81	1,00	1,25	Li
0,48	0,53	0,59	0,63	0,70	0,80	0,84	0,90	1,00	1,15	1,40	1,65	1,80	2,15	2,70	Be
0,70	0,78	0,90	0,96	1,10	1,20	1,40	1,60	1,80	2,05	2,20	2,90	3,20	3,90	4,60	B
1,30	1,40	1,60	1,80	2,00	2,30	2,55	2,80	3,10	3,40	4,25	4,90	5,40	6,70	9,00	C
1,95	2,20	2,50	2,80	3,20	3,65	4,10	4,60	5,10	5,60	6,95	8,25	9,15	11,5	14,5	N
2,80	3,30	3,70	4,25	4,85	5,55	6,20	6,95	7,75	8,65	10,5	13,0	14,0	17,5	21,5	O
3,75	4,50	5,10	5,80	6,65	7,60	8,55	9,55	10,5	12,0	14,5	17,5	22,0	27,0	31,0	F
5,50	6,50	7,45	8,65	9,70	11,0	12,0	13,5	15,0	17,0	21,0	27,0	30,0	37,0	45,0	Ne
7,20	8,35	9,65	11,0	12,5	14,0	15,5	17,5	19,5	22,0	27,0	33,0	36,0	46,0	61	Na
9,80	11,0	13,0	15,0	17,0	19,0	21,5	24,0	26,5	30,0	37,0	43,0	48,0	60	77	Mg
12,5	14,0	16,0	18,5	21,0	23,5	26,5	30,0	33,5	37,5	45,0	54	58	73	94	Al
15,5	17,5	20,5	23,5	26,5	29,5	33,5	37,5	42,0	47,0	57	69	76	94	116	Si
18,0	21,0	24,0	27,0	31,0	36,0	39,5	44,0	49,5	55	68	80	91	113	141	P
22,5	26,5	30,0	35,0	39,0	45,0	49,5	55	61	68	85	100	112	139	173	S
26,0	30,5	35,5	40,5	45,5	52	58	64	72	80	98	115	126	158	198	Cl
29,5	34,0	40,0	46,0	51	58	65	72	80	89	108	130	141	174	235	Ar
37,0	43,0	50	58	65	73	82	92	103	114	136	167	179	218	269	K
45,0	52	60	67	78	86	99	110	123	137	161	199	210	257	306	Ca
46,0	53	61	69	79	89	101	113	125	140	168	201	222	273	338	Sc
54	62	72	81	91	104	114	127	142	167	190	220	247	304	377	Ti
57	65	76	87	99	112	125	140	155	172	210	250	275	339	422	V
67	80	89	102	115	131	145	162	180	195	236	274	316	369	445	Cr
71	83	97	110	124	140	156	175	195	216	262	312	348	431	64	Mn
85	99	113	135	148	161	190	201	222	247	284	348	397	60	71	Fe
95	110	128	147	165	187	207	230	257	285	345	416	54	66	81	Co
105	122	137	155	175	195	216	238	264	290	47	55	61	75	90	Ni
116	127	153	175	198	201	228	252	280	41	50	60	65	80	96	Cu
122	138	158	190	214	244	280	36	40	45	54	65	72	89	110	Zn
127	143	167	196	231	31	35	39	43	48	57	69	77	94	116	Ga
133	152	173	210	30	34	38	43	47	53	63	76	84	104	128	Ge
141	160	26,5	30	34	39	43	48	53	59	71	85	94	115	142	As
151	26	29	33	38	42	47	52	58	64	77	91	101	125	152	Se
23,5	27	31	36	40	45	51	57	62	69	84	101	112	137	169	Br
26	30	34	39	44	50	56	62	69	76	92	111	122	148	182	Kr
29	33	38	43	49	55	61	68	76	84	102	121	133	161	197	Rb
31	36	41	47	53	60	67	74	82	91	112	132	145	176	214	Sr
34	40	45	51	58	66	74	82	91	102	121	142	158	192	235	Y
38	43	50	56	64	72	81	90	102	113	132	155	173	211	260	Zr
40	48	54	61	69	78	87	97	107	118	141	165	183	225	279	Nb
43	51	58	66	74	84	94	105	116	127	151	178	197	242	299	Mo
46	56	62	71	81	89	100	113	126	138	163	192	209	258	319	Tc
49	59	67	76	86	96	108	121	133	146	172	202	221	272	337	Ru
54	62	72	80	91	106	117	127	142	155	185	216	240	288	361	Rh
58	66	76	87	102	114	125	138	151	166	198	232	254	308	376	Pd
63	73	82	97	104	116	126	141	155	170	200	237	258	313	380	Ag
67	77	88	104	117	130	143	157	172	190	224	263	289	352	417	Cd
71	82	94	108	121	135	150	165	181	198	237	277	307	366	440	In
76	86	101	115	127	141	157	176	187	207	247	289	322	382	457	Sn
81	93	106	119	132	148	164	180	198	218	258	303	342	404	482	Sb
83	95	114	127	141	157	175	192	211	231	273	318	347	410	488	Te
88	98	120	135	152	168	186	204	223	245	289	337	375	442	527	I
93	112	127	143	158	177	197	216	236	260	305	360	390	465	550	Xe
99	116	139	156	173	192	213	232	252	275	325	375	410	485	580	Cs
104	119	141	158	177	196	218	236	260	285	335	390	425	500	600	Ba
111	126	146	166	184	206	230	253	274	300	360	405	445	530	630	La
117	135	155	170	188	213	238	264	287	310	375	430	475	560	635	Ce
124	143	165	187	203	227	252	278	301	330	395	445	495	570	625	Pr
130	149	172	195	211	236	261	287	315	340	410	470	510		650	Nd
135	156	179	201	222	247	276	307	332	360	435	490	540		175	Pm
137	158	181	203	230	256	288	318	352	380	470		520		185	Sm
147	169	194	218	248	274	307	340	376	415	500		500	160	195	Lu
153	176	200	226	254	284	317	351	390	430			510	165	200	Gd
158	180	203	232	261	293	325	362	400	445			140	170	210	Tb
164	187	210	239	267	300	332	367	408			130	145	180	220	Dy
173	198	222	251	283	316	353	394				140	155	190	230	Ho
180	202	231	261	292	327	363				120	142	160	198	240	Er
192	211	244	278	310	346					126	151	168	209	255	Tm
197	221	254	288	324					108	132	158	174	219	265	Yb
204	235	269	303					104	114	138	166	184	230	280	Lu
210	245	280					97	107	120	145	172	191	235	290	Hf
220	250	290					102	113	124	150	180	200	245	305	Ta
230	260					92	105	114	128	155	186	210	266	320	W
235					88	99	112	124	135	164	197	215	270	330	Re
245				87	93	103	114	127	140	170	205	225	280	345	Os
				91	97	108	120	133	147	179	213	235	290	360	Ir
146	165	190	90	100	112	123	135	147	161	190	220	250	300	375	Pt
156	178	82	92	105	117	128	141	154	168	198	230	260	305	390	Au
	180	88	99	110	122	134	147	161	175	210	240	270	315	405	Hg

Z	El.	λ (nm) 0,210	0,220	0,228	0,237	0,246	0,254	0,268	0,276	0,289	0,305	0,315	0,329	0,345	0,360	0,374
1	H	0,50	0,53	0,54	0,55	0,56	0,57	0,61	0,66	0,70	0,74	0,75	0,81	0,90	0,95	1,00
2	He	0,64	0,71	0,78	0,84	0,91	1,00	1,15	1,25	1,40	1,65	1,80	2,00	2,25	2,55	2,85
3	Li	1,50	1,75	1,90	2,10	2,30	2,55	3,00	3,20	3,70	4,45	5,00	5,60	6,40	7,15	8,00
4	Be	3,30	3,80	4,25	4,70	5,35	5,95	7,20	7,80	9,15	10,5	11	12,5	13,5	15	16
5	B	5,70	6,45	7,30	8,00	8,90	9,80	12	12,5	14,5	16,5	19	22	26	29	32
6	C	11,50	13,5	14,5	17,5	18	31	24	26	29	33	37	42	48	54	61
7	N	18,5	22,0	25,0	28,0	31	34	39	42	47	55	60	69	81	91	103
8	O	28,0	32,0	36,0	40	44,5	50	58	63	73	84	91	106	123	142	162
9	F	39,0	45,0	51,0	56	61	67	78	84	99	118	130	155	165	185	210
10	Ne	56	64,0	72	79	88	97	113	122	138	165	179	210	240	265	300
11	Na	72	83,0	92	106	110	128	146	163	183	211	227	257	294	330	366
12	Mg	95	110	122	137	152	163	193	212	241	280	304	343	390	435	490
13	Al	117	136	153	170	189	206	241	263	295	344	373	419	480	535	595
14	Si	146	172	193	217	241	260	302	328	369	426	464	520	591	665	735
15	P	177	200	227	260	284	311	354	389	432	503	548	610	685	770	850
16	S	217	246	271	316	333	364	419	453	509	593	648	721	820	920	1030
17	Cl	245	282	314	348	376	420	472	512	568	670	739	817	923	1030	1140
18	Ar	270	308	343	380	421	455	523	557	639	737	800	907	1020	1144	1270
19	K	330	380	423	464	514	552	632	689	770	891	968	1080	132	147	162
20	Ca	400	440	483	532	583	631	719	780	875	1009	118	133	150	168	185
21	Sc	421	483	540	595	668	732	850	98	111	127	138	154	174	195	215
22	Ti	475	510	565	623	685	93	105	114	127	147	160	178	202	225	250
23	V	530	612	77	88	96	106	120	129	146	167	181	201	228	255	280
24	Cr	71	81	90	101	113	122	139	153	170	192	208	231	263	295	320
25	Mn	80	90	101	112	124	134	156	171	192	215	234	261	297	330	360
26	Fe	91	108	115	129	144	154	176	193	207	237	265	299	335	375	410
27	Co	98	110	120	134	147	162	185	198	223	257	280	311	371	390	435
28	Ni	116	131	146	163	182	199	208	244	252	290	310	348	410	450	490
29	Cu	123	143	159	176	196	211	232	262	281	321	350	388	450	495	530
30	Zn	135	156	174	193	220	241	272	292	326	374	404	450	510	575	595
31	Ga	144	161	178	197	225	245	275	300	330	380	420	470	545	670	700
32	Ge	158	178	198	218	240	260	300	325	370	415	440	490	595	730	760
33	As	175	197	220	243	270	285	320	340	390	450	485	550	640	800	820
34	Se	188	209	231	256	285	305	335	380	450	540	575	620	700	868	925
35	Br	206	232	261	289	290	315	355	480	485	565	590	645	760	950	1025
36	Kr	226	253	282	313	330	350	395	420	530	590	630	680	820	1020	1100
37	Rb	246	277	308	342	360	385	430	455	580	605	660	730	880	1090	1190
38	Sr	266	298	329	362	385	410	450	480	605	625	700	800	950	1150	1260
39	Y	289	324	358	396	410	440	490	515	630	700	745	860	1025	1200	1310
40	Zr	317	352	388	432	450	475	550	580	675	790	850	910	1080	1260	1390
41	Nb	338	374	414	458	495	540	620	670	750	865	935	1040	1180	1310	1450
42	Mo	360	400	441	483	530	570	660	720	800	920	1005	1120	1260	1400	1540
43	Tc	382	440	490	540	590	630	710	775	865	1000	1080	1210	1370	1510	1670
44	Ru	404	461	508	562	610	650	740	810	905	1040	1120	1260	1425	1570	1720
45	Rh	432	473	518	570	625	670	765	835	925	1065	1155	1270	1440	1590	
46	Pd	450	508	562	620	665	725	825	890	1000	1140	1230	1365			
47	Ag	465	520	578	632	700	740	850	925	1040	1200	1285	1279	1450		355
48	Cd	500	575	608	708	765	830	940	1025	1130	1310				362	385
49	In	531	600	648	730	810	860	980	1065	1185				340	380	400
50	Sn	555	634	681	764	840	900	1040	1120				330	365	410	435
51	Sb	589	664	727	802	870	940				300	315	350	385	425	455
52	Te	598	691	742	841	910				280	315	330	365	405	445	480
53	I	650	738	808	884				265	295	330	350	385	425	470	505
54	Xe	680	780	852				270	280	310	350	370	405	450	495	530
55	Cs	715	815	845			210	275	295	325	365	390	425	475	525	560
56	Ba	675	705	820	225	245	260	285	310	340	385	410	450	495	545	585
57	La	675		220	235	255	270	300	325	355	400	430	470	520	570	610
58	Ce	670	210	235	245	270	285	315	340	375	420	445	490	540	600	640
59	Pr	170	225	250	260	280	300	330	360	390	445	470	520	570	630	675
60	Nd	200	235	265	270	295	310	345	375	410	460	490	540	595	660	710
61	Pm	210	250	275	280	310	325	360	390	430	485	515	565	625	695	745
62	Sm	220	260	290	295	320	340	380	410	450	510	540	595	655	720	780
63	Lu	230	275	305	310	335	355	395	425	470	530	560	620	680	755	810
64	Gd	245	285	315	320	350	370	410	445	490	550	585	645	715	790	845
65	Tb	250	300	335	340	365	390	430	470	510	580	610	675	740	825	885
66	Dy	265	315	345	350	380	410	450	485	530	600	640	705	780	860	920
67	Ho	280	335	360	370	400	425	470	510	550	630	670	740	815	895	950
68	Er	295	345	370	380	415	440	485	530	575	650	690	765	840	930	1000
69	Tm	300	365	385	400	435	460	510	550	600	680	720	790	880	970	1040
70	Yb	320	380	395	415	450	480	530	570	625	710	755	830	920	1020	1080
71	Lu	335	390	415	435	470	500	560	605	660	740	795	870	960	1050	1140
72	Hf	350	400	425	450	490	520	580	620	680	765	820	900	990	1070	1170
73	Ta	370	410	440	470	515	550	610	650	720	800	855	940	1035	1150	1230
74	W	380	445	455	485	530	560	625	670	730	830	890	975	1080	1180	1270
75	Re	395	465	470	500	550	585	650	700	765	870	920	1010	1125	1230	1325
76	Os	405	470	480	520	570	600	670	725	790	900	955	1045	1160	1275	1375
77	Ir	420	480	500	545	590	630	695	745	815	925	990	1090	1210	1330	1425
78	Pt	435	485	520	555	610	655	745	800	895	1020	1080	1215	1370	1500	
79	Au	455	490	535	585	640	685	775	840	940	1065	1140	1270	1420	1570	
80	Hg	470	510	565	615	665	720	820	880	990	1120	1215	1365	1505		

λ (nm)

0,395	0,415	0,440	0,459	0,473	0,518	0,540	0,577	0,607	0,621	0,645	0,686	0,708	0,834	0,989	1,190	El.
1,15	1,25	1,40	1,60	1,65	2,10	2,30	2,75	3,25	3,50	3,90	4,60	5,05	7,85	12,50	22	H
3,30	3,85	4,60	5,15	5,60	7,35	8,20	10	11,50	12	13	15,50	17	29	48	85	He
9,25	10,50	12	13	13,5	16	17,5	28	33	35,5	40	47	52	84	140	245	Li
17,5	25	31	35	38	50	56	68	79	85	96	114	127	200	330	565	Be
37	43	51	58	63	82	90	114	131	139	153	176	210	330	545	930	B
72	85	103	116	125	159	175	220	255	270	305	345	400	640	1050	1780	C
125	140	165	190	200	260	290	350	410	440	490	590	645	1040	1680	2800	N
180	210	245	275	300	385	435	530	615	650	735	875	965	1520	2440	4000	O
245	280	330	370	410	530	600	720	840	900	1015	1205	1315	1970	3110	5030	F
350	400	475	535	575	745	840	1015	1165	1250	1390	1605	1745	2700	4220	6640	Ne
430	490	580	650	715	915	1030	1230	1435	1525	1680	1940	2100	3395	4925	8160	Na
565	650	760	850	930	1120	1330	1580	1825	1962	2100	2450	2660	4050	350	590	Mg
690	790	915	1035	1130	1425	1610	1930	2165	2280	2500	2900	3170	330	500	850	Al
950	965	1125	1265	1375	1730	1960	2260	2565	2725	3000	290	315	480	740	1230	Si
970	1115	1290	1435	1570	1965	2180	2550	290	310	335	395	435	650	1015	1640	P
1175	1375	1580	1770	1920	220	250	300	345	365	410	480	525	795	1320	2100	S
1315	1480	170	190	210	275	300	365	420	450	490	585	635	960	1570	2500	Cl
149	170	200	230	250	325	360	425	500	530	585	690	765	1160	1860	3000	Ar
186	215	250	280	305	380	425	500	575	610	670	780	855	1300	2120	3425	K
215	245	280	320	345	435	480	575	660	760	770	900	980	1500	2380	3850	Ca
250	285	330	370	400	505	560	665	765	810	890	1045	1135	1750	2680	4260	Sc
285	325	380	425	455	580	645	765	880	930	1020	1200	1300	2000	2975	4680	Ti
325	370	430	480	520	660	730	865	990	1050	1150	1340	1460	2200	3260	5050	V
375	425	490	550	590	755	835	985	1130	1200	1295	1540	1670	2470	3510	5480	Cr
420	475	550	675	665	840	935	1110	1270	1350	1460	1740	1920	2700	3790	5895	Mn
475	540	630	700	760	950	1070	1255	1450	1480	1620	1915	2040	2910	4100	6275	Fe
495	570	660	735	790	1040	1160	1350	1540	1590	1740	2030	2195	3070	4380	6640	Co
560	630	740	830	900	1150	1260	1470	1640	1710	1825	1970	2225	3140	4540	6900	Ni
610	690	795	885	960	1190	1350	1560	1760	1800	1950	2245	2415	3450	5035	7550	Cu
675	820	940	1050	1130	1310	1460	1670	1890	1940	2040	2325	2510	3645	5235		Zn
790	845	1010	1145	1225	1410	1575	1770	2000	2050	2185	2470	2645	3810			Ga
840	920	1095	1210	1320	1500	1670	1895	2110	2180	2300	2575	2750	3995			Ge
900	990	1165	1310	1420	1585	1795	2000	2225	2300	2400	2680	2880		1020	1580	As
1010	1100	1225	1380	1530	1710	1930	2135	2370	2440	2540	2800	3010		1110	1740	Se
1100	1180	1305	1410	1615	1810	2060	2265	2495	2560	2680	2925		840	1100	1875	Br
1190	1280	1390	1505	1720	1940	2190	2410	2620	2700	2790			895	1300	2035	Kr
1290	1385	1495	1630	1810	2040	2330	2520					710	950	1380	2200	Rb
1400	1500	1615	1740	1910	2170	2465				655	720	760	1020	1500	2400	Sr
1460	1620	1710	1875	2020	2290			635	660	695	770	810	1080	1620	2555	Y
1565	1740	1880	1940	2125			615	675	700	745	820	865	1155	1740	2755	Zr
1660	1870	2140				590	655	720	755	800	875	930	1230	1870	2960	Nb
1775	2000				575	630	700	770	805	850	935	990	1315	2005	3180	Mo
1880				485	610	970	745	825	860	905	1000	1055	1410	2150	3420	Tc
		460	490	525	645	705	785	870	900	950	1055	1120	1490	2280	3620	Ru
	410	490	520	560	690	750	835	920	958	1015	1120	1180	1580	2435	3840	Rh
385	435	520	550	590	730	800	880	980	1020	1075	1190	1260	1675	2590	4100	Pd
408	460	550	585	625	790	860	945	1040	1075	1160	1280	1350	1800	2700	4230	Ag
435	490	585	620	665	820	890	995	1100	1140	1210	1340	1415	1880	2930	4660	Cd
455	515	610	650	700	860	930	1040	1150	1200	1260	1400	1480	1975	3080	4880	In
490	550	660	720	760	915	990	1100	1210	1260	1340	1475	1575	2280	3360	5300	Sn
510	585	680	730	780	960	1050	1160	1280	1340	1420	1560	1660	2355	3500	5510	Sb
535	605	720	770	825	1005	1100	1225	1350	1400	1480	1640	1740	2500	3650	5825	Te
565	640	760	805	870	1060	1160	1290	1425	1480	1570	1730	1840	2645	3870		I
595	670	800	850	910	1120	1220	1350	1485	1560	1660	1830	1940	2790			Xe
625	700	845	895	960	1180	1280	1420	1575	1640	1730	1915	2010				Cs
660	745	880	940	1010	1230	1345	1490	1640	1720	1825	2005	2130				Ba
690	780	925	980	1055	1290	1400	1560	1720	1800	1900	2090	2210				La
720	815	965	1025	1110	1350	1475	1630	1800	1885	2000	2195					Ce
760	850	1015	1070	1160	1420	1550	1710	1880	1975	2095						Pr
795	890	1060	1125	1210	1475	1610	1780	1970	2070	2180						Nd
835	935	1110	1180	1270	1550	1675	1860	2060	2155							Pm
865	995	1160	1230	1320	1620	1760	1950	2155								Sm
905	1015	1205	1280	1380	1680	1840	2010									Lu
945	1060	1260	1345	1445	1760	1910	2110									Gd
985	1110	1320	1400	1510	1840	2000										Tb
1035	1160	1380	1460	1560	1920	2090										Dy
1070	1220	1440	1525	1640	2000											Ho
1120	1260	1480	1580	1690	2175											Er
1170	1310	1550	1460	1760												Tm
1220	1370	1610	1720	1840												Yb
1260	1420	1680	1750													Lu
1320	1480	1730	1815													Hf
1370	1530	1810														Ta
1420	1595															W
1475																Re
1630																Os
																Ir
																Pt
																Au
																Hg

Tabelle A.4 Analysatorkristalle

Nr.	Kristall	2 d nm	Reflexionsebene Kristallsystem	Reflexions-vermögen	Auf-lösung	störende Fluoreszenz-strahlung	Wellenlängenbereich nm	Bemerkungen
1	α-Quarz, α-SiO_2	0,1624	$(50\bar{5}2)$ hexagonal	gering	sehr gut	Si	CuKα bis BiKα 0,016...0,154	
2	α-Korund, α-Al_2O_3	0,1660	$(14\bar{5}6)$ hexagonal	mäßig	mäßig	von anderen Netzebenen	ab BaKα 0,0387	sehr gute thermische und mechanische Eigenschaften
3	Topas	0,2712	(303) orthorhombisch	mäßig, unterschiedlich	sehr gut	F, Al, Si	VKα bis YKα 0,023...0,259	Intensität ~5...10% von LiF(200)
4	α-Korund, α-Al_2O_3	0,2748	$(03\bar{3}0)$ hexagonal	gut	sehr gut		ab BaKα 0,0387...0,160	sehr gute thermische und mechanische Eigenschaften, hohe Dispersion
5	α-Quarz, α-SiO_2	0,2750	$(20\bar{2}3)$ trigonal	gering	sehr gut	Si	VKα bis TmKα 0,024...0,262	
6	Lithiumfluorid, LiF	0,2848	(220) kubisch	gut	sehr gut	F, fremde Reflexe höherer Ordnungen	TiKα bis ErKα, BaLα 0,0248...0,272	exakte Justierung wichtig
7	Lithiumfluorid, LiF	0,4027	(200) kubisch	sehr gut	sehr gut	F	KKα bis CeKα, LaLα 0,0351...0,384	hohe Intensität und Dispersion
8	Aluminium, Al	0,4048	(200) kubisch	gut	-	Al	KKα bis XeKα, PdLα 0,0408...0,446	für gebogene Monochromatoren
9	Natriumchlorid, NaCl	0,5641	(200) kubisch	sehr gut	gut	Na, Cl	SKα bis SnKα, MoLα 0,0492...0,538	höhere Intensität als LiF(200) für S- und Cl-Bestimmung in leichter Matrix
10	Silicium, Si	0,6276	(111) kubisch	gut	-	Si	PKα bis AgKα, ZrLα 0,0547...0,598	geradzahlige Ordnungen werden unterdrückt

Fortsetzung Tabelle A.4

Nr.	Kristall	2 d nm	Reflexionsebene Kristallsystem	Reflexions-vermögen	Auf-lösung	störende Fluoreszenz-strahlung	Wellenlängenbereich nm	Bemerkungen
11	Germanium, Ge	0,6532	(111) kubisch	gut	sehr gut	GeLα,β,γ	PKα bis PdKα, YLα 0,0569...0,623	ersetzt PET und EDDT; unterdrückt Reflexe geradzahliger Ordnungen; exakte Justierung wichtig
12	α-Quarz, α-SiO_2	0,6686	$(10\bar{1}1)$ trigonal	gut	sehr gut	Si	PKα bis PdKα, YLα 0,0583...0,638	kann EDDT und PET ersetzen; Intensität etwas höher
13	Pyrolyse-Graphit	0,6715	(002) hexagonal	gut bis sehr gut	mäßig	-	PKα, SKα, ClKα, KKα	breite Linienprofile, hohe Intensität
14	Indiumantimonid, InSb	0,7481	(111)	gut	sehr gut	hoher Untergrund	PKα, besonders für SiKα bis PdKα	Reflexe 2. Ordnung sehr schwach
15	α-Quarz, α-SiO_2	0,8510	$(10\bar{1}0)$ trigonal	mäßig	sehr gut	Si	AlKα bis NbKα BrLα bis IrLα 0,0742...0,812	höheres Reflexionsvermögen, aber geringere Intensität als PET und EDDT
16	Pentaerythrit, PET	0,8742	(002) tetragonal	gut	niedrig	-	AlKα bis NbKα BrLα bis OsLα 0,0762...0,834	niedriger Untergrund; geringe Lebensdauer, p- und T-empfindlich
17	Ethylendiamin-d-tartrat EDDT	0,8808	(020) monoklin	mäßig	niedrig	-	AlKα bis NbKα BrLα bis MnKα 0,0768...0,840	geringere Intensität als PET
18	Ammoniumdihydrogenphosphat, ADP	1,064	(101) tetragonal	niedrig	-	P	MgKα bis RbKα GeLα bis PaLα 0,0927...1,015	geringere Intensität als PET und EDDT

Fortsetzung Tabelle A.4

Nr.	Kristall	2 d nm	Reflexionsebene Kristallsystem	Reflexions-vermögen	Auf-lösung	störende Fluoreszenz-strahlung	Wellenlängenbereich nm	Bemerkungen
19	Sorbit-hexa-acetat, SHA	1,399	(110) monoklin	gut bis sehr gut	gut bis sehr gut	Ca der Probe	MgKα, NaKα, besonders 0,9...1,4	auch für gekrümmte Kristalle
20	Gips, $CaSO_4{\cdot}2H_2O$	1,5213	(020) monoklin	mäßig	-	S,Ca	NaKα bis GaKα NiLα bis IrLα 0,132...1,448	hoher Untergrund
21	Thalliumhydrogen-phthalat, TlAP	2,590	$(10\bar{1}0)$ orthorhombisch	sehr gut	gut	Tl	FKα bis MgKα, ab VLα	
22	Rubidiumhydrogen-phthalat, RbAP	2,612	$(10\bar{1}0)$ orthorhombisch	gut	gut	Rb	wie TlAP	Intensität 50% von TlAP
23	Ammoniumhydrogen-phthalat, NH_4AP	2,614	$(10\bar{1}0)$ orthorhombisch	gering	gering	-	wie TlAP	chemisch und mechanisch wenig beständig, geringe Intensität
24	Natriumhydrogen-phthalat, NaAP	2,639	$(10\bar{1}0)$ orthorhombisch	mäßig	mäßig	-	wie KAP	Intensität 20...50% von TlAP
25	Kaliumhydrogen-phthalat, KAP	2,6632	$(10\bar{1}0)$ orthorhombisch	mäßig	mäßig	K	OKα bis VKα CrLα bis NdLα 0,232...2,540	Intensität 20...50% von TlAP
26	Bleistearat, PbSt	10,04		mäßig	-	Pb	BeKα bis NaKα < GeLα 1,135...1,24	für ultralangen Wellenbereich

Tabelle A.5 Linieninterferenzen bei der Röntgenfluoreszenzanalyse

	Analytische Linie			Elementinterferenz						Röntgenröhren-/Absorberinterferenz					
	Linie	keV	nm		Linie	n	keV	nm	I		Linie	n	keV	nm	I
F	$K\alpha_{1,2}$	0,667	1,832	Ca	$K\beta_{1,3}$	6	4,012	1,8538	15	Ag	$L\beta_{2,15}$	5	3,347	1,8517	25
				P	$K\alpha_{1,2}$	3	2,013	1,8474	150	Mo	L_l	3	2,015	1,8452	3
				Co	L_l	1	0,678	1,8292	9	Rh	$L\gamma_{2,3}$	5	3,363	1,8427	5
										Rh	$L\alpha_2$	4	2,692	1,8422	10
										W	M_3–N_4	3	2,021	1,8402	0,1
										W	$M\gamma$	3	2,035	1,8276	1
										Sc	$K\alpha_{1,2}$	6	4,088	1,8192	150
										La	L_l	6	4,124	1,8036	2
Na	$K\alpha_{1,2}$	1,041	1,1910	Zn	$L\beta_1$	1	1,034	1,1983	26	Sc	$K\alpha_{1,2}$	4	4,088	1,2128	150
										La	$M\gamma$	1	1,026	1,2080	1
										La	$L\beta_3$	5	5,143	1,2053	6
										La	L_l	4	4,124	1,2024	2
										Ag	$L\beta_1$	3	3,150	1,1804	42
										Au	$M\alpha_2$	2	2,118	1,1708	100
										Au	$M\alpha_1$	2	2,123	1,1680	100
Mg	$K\alpha_{1,2}$	1,253	0,9890	Ca	$K\beta_{1,2}$	3	3,690	1,0078	150	Mo	$L\beta_3$	2	2,473	1,0027	3
				Ti	$K\beta_{1,3}$	4	4,931	1,0056	20	Ag	$L\gamma_2$	3	3,743	0,9936	3
				Ca	$SK\alpha_3$	3	3,711	1,0020	2	Ag	$L\gamma_3$	3	3,749	0,9919	2
				Zr	$L\gamma_{2,3}$	2	2,502	0,9907	0,5	Mo	$L\beta_{2,15}$	2	2,518	0,9846	1
				As	$L\alpha_{1,2}$	1	1,282	0,9671	100	Rh	L_n	2	2,519	0,9843	1
										La	$L\beta_1$	4	5,041	0,9836	50
Al	$K\alpha_{1,2}$	1,486	0,8340	Mn	$K\alpha_{1,2}$	4	5,894	0,8413	150	Rh	$L\beta_6$	2	2,922	0,8483	3
				Rb	L_l	1	1,482	0,8364	3	W	L_l	5	7,386	0,8391	3
				Ti	$K\alpha_{1,2}$	3	4,508	0,8249	150	Ar	$K\alpha_{1,2}$	2	2,957	0,8386	150
										Sc	$K\beta_{1,3}$	3	4,460	0,8339	20
										Ag	$L\alpha_2$	2	2,978	0,8326	10
										Ag	$L\alpha_1$	2	2,984	0,8309	100
										Rh	$L\beta_{2,15}$	2	3,001	0,8262	25
										La	L_n	3	4,524	0,8220	1

Fortsetzung Tabelle A.5

	Analytische Linie			Elementinterferenz						Röntgenröhren-/Absorberinterferenz					
	Linie	keV	nm		Linie	n	keV	nm	I		Linie	n	keV	nm	I
Si	$K\alpha_{1,2}$	1,739	0,7126	Rb	$L\beta_1$	1	1,752	0,7075	45	Ag	$L\gamma_5$	2	3,428	0,7233	0,1
				Y	L_η	1	1,761	0,7041	1	La	$L\beta_3$	3	5,143	0,7232	6
										Au	M_4–N_3	1	1,746	0,7101	0,01
										Ag	$L\gamma_1$	2	3,519	0,7045	10
P	$K\alpha_{1,2}$	2,013	0,6158	Y	$L\beta_1$	1	1,995	0,6211	45	Cr	$K\beta_{1,3}$	3	5,946	0,6255	18
				Nb	L_η	1	1,996	0,6211	1	W	$L\beta_2$	5	9,960	0,6223	20
				Ca	$K\beta_{1,3}$	2	4,012	0,6179	15	Mo	L_l	1	2,015	0,6151	3
				Y	$L\beta_6$	1	2,034	0,6094	3	La	$L\gamma_2$	3	6,059	0,6138	1
				Zr	$L\alpha_2$	1	2,040	0,6078	10	W	M_3–N_4	1	2,021	0,6134	0,1
				Zr	$L\alpha_1$	1	2,042	0,6071	100	La	$L\gamma_3$	3	6,073	0,6123	1
										W	$M\gamma$	1	2,035	0,6092	1
										Sc	$K\alpha_{1,2}$	2	4,088	0,6064	150
S	$K\alpha_{1,2}$	2,307	0,5373	Zr	$L\gamma_1$	1	2,302	0,5384	1	Au	$L\beta_1$	5	11,440	0,5418	50
				Nb	$L\beta_6$	1	2,312	0,5361	3	Mo	$L\alpha_2$	1	2,289	0,5414	10
				Nb	$L\beta_4$	1	2,319	0,5346	3	Mo	$L\alpha_1$	1	2,293	0,5407	100
										Au	$L\gamma_3$	6	13,807	0,5387	2
										W	M_2–N_4	1	2,314	0,5357	0,1
										Au	$L\beta_2$	5	11,583	0,5351	20
										La	$L\alpha_2$	2	4,633	0,5351	10
										Au	$L\beta_3$	5	11,608	0,5339	6
										La	$L\alpha_1$	2	4,650	0,5331	100
										W	$L\gamma_3$	5	11,672	0,5310	2
Cl	$K\alpha_{1,2}$	2,621	0,4729	Pb	M_3–N_4	1	2,629	0,4715	5	Mo	$L\gamma_1$	1	2,623	0,4726	1
										Ag	L_l	1	2,633	0,4708	2
										Au	M_3–O_1	1	2,636	0,4703	0,1

Fortsetzung Tabelle A.5

	Analytische Linie			Elementinterferenz						Röntgenröhren-/Absorberinterferenz					
	Linie	keV	nm		Linie	n	keV	nm	I		Linie	n	keV	nm	I
K	$K\alpha_{1,2}$	3,312	0,3742	U	$M\beta$	1	3,336	0,3716	60	Ag	$L\beta_1$	TC	3,13	3,96	
										Mo	$K\beta_3$	6	19,587	0,3797	7
										Mo	$K\beta_1$	6	19,605	0,3794	17
										W	$L\beta_3$	3	9,817	0,3788	6
										W	$L\beta_{1,5}$	3	9,946	0,3739	1
										W	$L\beta_2$	3	9,960	0,3734	20
										Mo	$K\beta_2$	6	19,962	0,3726	4
										Au	$L\gamma_1$	4	13,379	0,3706	10
										Ag	$L\beta_{2,15}$	1	3,347	0,3703	25
										Rh	$K\alpha_{1,2}$	6	20,165	0,3688	150
										Rh	$L\gamma_{2,3}$	1	3,363	0,3686	5
Ca	$K\alpha_{1,2}$	3,690	0,3359							Ag	$K\alpha_2$	6	21,987	0,3383	50
										Ag	$K\alpha_1$	6	22,159	0,3356	100
										W	L_l	2	7,386	0,3356	3
										Au	$L\beta_6$	3	11,158	0,3333	0,1
										Au	$L\beta_4$	3	11,203	0,3319	4
										Ag	$L\gamma_2$	1	3,743	0,3312	3
Sc	$K\alpha_{1,2}$	4,088	0,3032	Th	M_2–N_4	1	4,117	0,3011	5	Rh	$K\alpha_1$	5	20,213	0,3066	100
				La	L_l	1	4,124	0,3006	2	Au	$L\beta_9$	3	12,145	0,3061	0,01
				Cs	L_n	1	4,141	0,2993	1						
Ti	$K\alpha_{1,2}$	4,508	0,2750	Ba	$L\alpha_2$	1	4,450	0,2786	10	Ag	$K\alpha_1$	5	22,159	0,2797	100
				Sc	$K\beta_{1,3}$	1	4,460	0,2780	20	Au	$L\gamma_1$	3	13,379	0,2780	10
				Ba	$L\alpha_1$	1	4,465	0,2776	100	La	L_n	1	4,524	0,2740	1
										Rh	$K\beta_3$	5	22,695	0,2731	8
										Au	$L\gamma_8$	3	13,624	0,2730	0,1
										Rh	$K\beta_1$	5	22,720	0,2728	16
La	$L\alpha_1$	4,650	0,2666	Cs	$L\beta_1$	1	4,619	0,2684	50	Au	$L\gamma_3$	3	13,807	0,2693	2
				Nd	L_l	1	4,632	0,2676	2	Rh	$L\beta_2$	5	23,169	0,2675	4
				Cs	$L\beta_4$	1	4,649	0,2667	5	Au	L_1–N_4	3	13,997	0,2657	0,01
				Cs	$L\beta_3$	1	4,716	0,2629	6	Au	$L\gamma_{11}$	3	14,017	0,2653	0,01

Fortsetzung Tabelle A.5

	Analytische Linie				Elementinterferenz						Röntgenröhren-/Absorberinterferenz				
	Linie	keV	nm		Linie	n	keV	nm	I		Linie	n	keV	nm	I
Ba	$L\beta_1$	4,827	0,2568	Ce	$L\alpha_2$	1	4,822	0,2571	10	W	$L\beta_4$	2	9,524	0,2603	4
				Ce	$L\alpha_1$	1	4,839	0,2562	100	W	$L\beta_6$	2	9,610	0,2580	0,1
										Au	$L\alpha_2$	2	9,626	0,2575	10
										W	$L\beta_1$	2	9,671	0,2564	50
										Au	$L\alpha_1$	2	9,712	0,2552	100
V	$K\alpha_{1,2}$	4,949	0,2504	Ba	$L\beta_3$	1	4,926	0,2516	6	Mo	$K\beta_3$	4	19,587	0,2531	7
				Ti	$K\beta_{1,3}$	1	4,931	0,2514	20	Mo	$K\beta_1$	4	19,605	0,2529	17
				Pr	L_n	1	4,935	0,2515	1	W	$L\beta_3$	2	9,817	0,2525	6
				Cs	$L\beta_{2,15}$	1	4,935	0,2512	20	W	$L\beta_{15}$	2	9,946	0,2493	1
				Ti	$K\beta_5$	1	4,961	0,2499	0,02	W	$L\beta_2$	2	9,960	0,2489	20
										Ag	$K\beta_3$	5	24,907	0,2488	8
										Ag	$K\beta_1$	5	24,938	0,2485	18
Pr	$L\alpha_1$	5,033	0,2463	Ba	$L\beta_6$	1	4,993	0,2483	0,1	Mo	$K\beta_2$	4	19,962	0,2484	4
				Sm	L_l	1	4,994	0,2482	2	Rh	$K\alpha_2$	4	20,070	0,2471	50
				La	$L\beta_1$	1	5,041	0,2459	50	Rh	$K\alpha_1$	4	20,213	0,2453	100
				La	$L\beta_4$	1	5,061	0,2449	5	W	$L\beta_7$	2	10,127	0,2448	0,1
										Ag	$K\beta_2$	5	25,452	0,2435	5
Ba	$L\beta_2$	5,156	0,2404	La	$L\beta_3$	1	5,143	0,2411	6	W	$L\beta_5$	2	10,199	0,2431	0,1
				Nd	L_n	1	5,145	0,2409	1	Au	L_n	2	10,307	0,2405	1
				Eu	L_η	1	5,176	0,2395	2						
Nd	$L\alpha_1$	5,229	0,2370	Nd	$L\alpha_2$	1	5,207	0,2381	10	Au	L_2–M_2	2	10,588	0,2342	0,01
				Ba	$L\beta_7$	1	5,207	0,2381	0,1						
Ce	$L\beta_1$	5,261	0,2356	Ce	$L\beta_4$	1	5,276	0,2350	5						
				Cs	$L\gamma_1$	1	5,279	0,2348	5						
Cr	$K\alpha_{1,2}$	5,411	0,2291	Ce	$L\beta_3$	1	5,364	0,2311	6	La	$L\beta_{2,15}$	1	5,383	0,2303	20
				V	$K\beta_{1,3}$	1	5,426	0,2284	20	La	$L\beta_{10}$	1	5,413	0,2290	0,01
										La	$L\beta_7$	1	5,449	0,2275	0,1

Fortsetzung Tabelle A.5

	Analytische Linie			Elementinterferenz						Röntgenröhren-/Absorberinterferenz					
	Linie	keV	nm		Linie	n	keV	nm	I		Linie	n	keV	nm	I
Pr	$L\beta_1$	5,488	0,2259	Ba	$L\gamma_1$	1	5,530	0,2242	5	Au	L_1–M_1	2	10,926	0,2269	0,01
				Cs	$L\gamma_2$	1	5,541	0,2237	1	W	$L\gamma_5$	2	10,947	0,2265	0,1
				Ta	L_1	1	5,546	0,2235	2	Au	$L\beta_{17}$	2	10,990	0,2256	0,01
				Cs	$L\gamma_3$	1	5,552	0,2233	1	Ag	$K\alpha_2$	4	21,987	0,2255	50
										Ag	$K\alpha_1$	4	22,159	0,2238	100
										Au	$L\beta_4$	2	11,203	0,2213	4
Nd	$L\beta_{1,4}$	5,721	0,2167	Sm	$L\alpha_1$	1	5,635	0,2200	100	W	$L\gamma_1$	2	11,284	0,2197	10
				La	$L\gamma_1$	1	5,788	0,2142	5	Rh	$K\beta_3$	4	22,695	0,2185	8
				Ba	$L\gamma_2$	1	5,796	0,2139	1	Rh	$K\beta_1$	4	22,720	0,2182	16
				Ba	$L\gamma_3$	1	5,808	0,2134	1	Au	$L\beta_1$	2	11,440	0,2167	50
				Eu	$L\alpha_2$	1	5,816	0,2132	10	W	$L\gamma_8$	2	11,466	0,2162	0,1
										W	$L\gamma_6$	2	11,537	0,2149	0,01
										Mo	$K\alpha_2$	3	17,371	0,2141	50
										Rh	$K\beta_2$	4	23,169	0,2140	4
										Au	$L\beta_2$	2	11,583	0,2140	20
										W	$L\gamma_2$	2	11,606	0,2136	1
										Au	$L\beta_3$	2	11,608	0,2136	6
Mn	$K\alpha_{1,2}$	5,894	0,2103	Nd	$L\beta_3$	1	5,828	0,2127	6	Mo	$K\alpha_1$	3	17,476	0,2128	100
				Pr	$L\beta_{2,15}$	1	5,849	0,2119	20	W	$L\gamma_3$	2	11,672	0,2124	2
				Cr	$K\beta_{1,3}$	1	5,946	0,2085	18	Au	$L\beta_5$	2	11,914	0,2081	1
Fe	$K\alpha_{1,2}$	6,398	0,1937	Mn	$K\beta_{1,3}$	1	6,489	0,1910	20	La	$K\beta_1$	6	37,795	0,1968	21
										Ag	$K\beta_2$	4	25,452	0,1948	5
										La	$K\beta_2$	6	38,723	0,1921	7
										Au	$L\gamma_5$	2	12,972	0,1911	0,1
Co	$K\alpha_{1,2}$	6,924	0,1790	Nd	$L\gamma_3$	1	6,900	0,1796	1	Au	$L\gamma_2$	2	13,707	0,1809	1
				Fe	$K\beta_{1,3}$	1	7,057	0,1757	20	Au	$L\gamma_3$	2	13,807	0,1796	2

Fortsetzung Tabelle A.5

	Analytische Linie			Elementinterferenz						Röntgenröhren-/Absorberinterferenz					
	Linie	keV	nm		Linie	n	keV	nm	I		Linie	n	keV	nm	I
Ni	$K\alpha_{1,2}$	7,471	0,1659	Co	$K\beta_{1,3}$	1	7,648	0,1621	20	Ag	$K\alpha_2$	3	21,987	0,1691	50
										Ag	$K\alpha_1$	3	22,159	0,1678	100
										W	L_l	1	7,386	0,1678	3
										La	$K\beta_3$	5	37,714	0,1643	9
										La	$K\beta_1$	5	37,795	0,1640	21
										Rh	$K\beta_3$	3	22,695	0,1639	8
										Rh	$K\beta_1$	3	22,720	0,1637	16
Cu	$K\alpha_{1,2}$	8,040	0,1542	Ni	$K\beta_{1,3}$	1	8,263	0,1500	20	W	$L\alpha_{1,2}$	TC	8,260	0,1501	
Zn	$K\alpha_{1,2}$	8,630	0,1436	Cu	$K\beta_{1,3}$	1	8,904	0,1392	20	W	$L\alpha_1$	1	8,396	0,1476	100
										Ag	$K\beta_2$	3	25,452	0,1461	5
										Au	L_l	1	8,493	0,1460	3
										Mo	$K\alpha_2$	2	17,371	0,1427	50
										W	L_n	1	8,723	0,1421	1
										Mo	$K\alpha_1$	2	17,476	0,1419	100
Ga	$K\alpha_{1,2}$	9,241	0,1341	Pb	L_l	1	9,183	0,1350	3	Au	L_s	1	9,173	0,1351	0,01
										W	$L\beta_1$	TC	9,491	0,1306	
As	$K\alpha_1$	10,542	0,1176	Ga	$K\beta_2$	1	10,356	0,1196	0,3	Au	L_n	1	10,307	0,1203	1
				Pb	$L\alpha_2$	1	10,448	0,1186	10	Au	L_2–M_2	1	10,588	0,1171	0,01
				Pb	$L\alpha_1$	1	10,550	0,1175	100						
Pb	$L\beta_1$	12,612	0,0983	Pb	$L\beta_3$	1	12,791	0,0969	6	Ag	$K\beta_3$	2	24,907	0,0995	8
										Ag	$K\beta_1$	2	24,938	0,0994	18
										La	$K\beta_3$	3	37,714	0,0986	9
										La	$K\beta_1$	3	37,795	0,0984	21
										Ag	$K\beta_2$	2	25,452	0,0974	5
Th	$L\alpha_1$	12,967	0,0956	Th	$L\alpha_2$	1	12,807	0,0968	10	La	$K\beta_2$	3	38,723	0,0960	7
				Pb	$L\beta_5$	1	13,013	0,0953	1	Au	$K\beta_3$	6	77,567	0,0959	13
										Au	$L\gamma_5$	1	12,972	0,0956	0,1
										Au	$K\beta_1$	6	77,971	0,0954	27
										Au	L_2–N_3	1	13,184	0,0940	0,01

Fortsetzung Tabelle A.5

	Analytische Linie			Elementinterferenz						Röntgenröhren-/Absorberinterferenz					
	Linie	keV	nm		Linie	n	keV	nm	I		Linie	n	keV	nm	I
Rb	Kα_1	13,393	0,0926	Pb	Lβ_{10}	1	13,273	0,0934	0,01	Au	Kβ_2	6	80,172	0,0928	10
				Pb	Lβ_9	1	13,375	0,0927	0,01	Au	Lγ_1	1	13,379	0,0927	10
				U	Lα_2	1	13,437	0,0923	10	W	Kβ_3	5	66,940	0,0926	12
										Au	Kα_2	5	66,978	0,0925	50
										W	Kβ_1	5	67,233	0,0922	26
U	Lα_1	13,612	0,0911							Au	Lγ_8	1	13,624	0,0910	0,1
										Au	Lγ_2	1	13,707	0,0904	1
										Au	Kα_1	5	68,792	0,0901	100
										W	Kβ_2	5	69,020	0,0898	10
										Au	Lγ_3	1	13,807	0,0898	2
Sr	Kα_1	14,163	0,0875	Pb	Lγ_5	1	14,305	0,0867	0,1	Au	L_1–N_4	1	13,997	0,0886	0,01
				Th	L_n	1	14,507	0,0854	1	Au	Lγ_{11}	1	14,017	0,0884	0,01
										Au	Lγ_4	1	14,297	0,0867	0,1
										W	Kα_2	4	57,972	0,0855	50
Y	Kα_1	14,956	0,0829	Pb	Lγ_1	1	14,762	0,0840	10	W	Kα_1	4	59,308	0,0836	100
				Rb	Lβ_3	1	14,949	0,0829	8						
				Rb	Kβ_1	1	14,959	0,0829	16						
				Th	Lβ_6	1	14,973	0,0828	0,1						
				Pb	Lγ_2	1	15,099	0,0821	1						
				Rb	Kβ_2	1	15,183	0,0816	3						
				Pb	Lγ_3	1	15,215	0,0815	2						
Zr	Kα_1	15,772	0,0786	Th	Lβ_2	1	15,621	0,0794	20	Au	Kβ_3	5	77,567	0,0799	13
				Th	Lβ_4	1	15,640	0,0793	4	Au	Kβ_1	5	77,971	0,0795	27
				Pb	Lγ_4	1	15,775	0,0786	0,1	Au	Kβ_2	5	80,172	0,0773	10
				Sr	Kβ_3	1	15,822	0,0783	8						
				Sr	Kβ_1	1	15,833	0,0783	16						
				Sr	Kβ_2	1	16,082	0,0771	3						

Fortsetzung Tabelle A.5

	Analytische Linie				Elementinterferenz						Röntgenröhren-/Absorberinterferenz				
	Linie	keV	nm		Linie	n	keV	nm	I		Linie	n	keV	nm	I
Nb	$K\alpha_1$	16,612	0,0746	Th	$L\beta_1$	1	16,199	0,0765	50	La	$K\alpha_2$	2	33,028	0,0751	50
				U	$L\beta_{15}$	1	16,383	0,0757	1	La	$K\alpha_1$	2	33,436	0,0741	100
				Th	$L\beta_3$	1	16,423	0,0755	6	W	$K\beta_3$	4	66,940	0,0741	12
				U	$L\beta_2$	1	16,425	0,0755	20	Au	$K\alpha_2$	4	66,978	0,0740	50
				U	$L\beta_4$	1	16,573	0,0748	4	W	$K\beta_1$	4	67,233	0,0738	26
				Y	$K\beta_3$	1	16,723	0,0741	8						
				Y	$K\beta_1$	1	16,735	0,0741	16						
				Y	$K\beta_2$	1	17,013	0,0729	4						
Mo	$K\alpha_1$	17,476	0,0709	U	$L\beta_5$	1	17,067	0,0726	1	Au	$K\alpha_1$	4	68,792	0,0721	100
				U	$L\beta_1$	1	17,217	0,0720	50	W	$K\beta_{2}$-	4	69,020	0,0718	10
				U	$L\beta_3$	1	17,452	0,0710	6	W	$K\beta_{2}$·	4	69,089	0,0718	10
				Zr	$K\beta_3$	1	17,651	0,0702	9						
				Zr	$K\beta_1$	1	17,665	0,0702	18						
				Zr	$K\beta_2$	1	17,967	0,0690	4						

n = Ordnungszahl der Röntgenbeugung
I = relative Intensität der 1. Ordnung, normalisiert zur Intensität der Hauptlinien der K-, L- oder M-Serien
TC = Interferenz der Comptonstrahlung

Daten nach White und Johnson (1970) und Potts (1987)

Tabelle A.6 Hersteller von RFA-Geräten und Zubehör, sowie Verteiler von Standardproben

Einige Hersteller (bzw. deren Vertretungen) von Röntgenspektrometern:

Atomica Instruments GmbH, Bruckmannring 6, D-85764 Oberschleißheim

Baird Europe B.V., Produktieweg 30, P.O.Box 81, NL-2380 AB Zoeterwoude, Holland

EDAX International, Inc., P.O. Box 135, Prairie View, Illinois 60069, U.S.A. (vertreten durch Röntgenanalytik Meßtechnik GmbH)

EG & G ORTEC GmbH, Hohenlindener Str. 12, D-81677 München 80.

Link Systems, Halifax Road, High Wycombe, Bucks, HP 123SE, England.

N.V. Philips Gloeilampenfabrieken, S & I Electron Optics, Building TQIII-2, Eindhoven, Holland.

Philips Industrial Electronics Deutschland GmbH, Postfach 310320, D-34113 Kassel.

Princeton Gamma-Tech GmbH (PGT), Mainzer Str. 103, D-65189 Wiesbaden.

Röntgenanalytik Meßtechnik GmbH, Georg-Ohm-Str. 6, D-65232 Taunusstein-Neuhof.

Siemens AG, Bereich Meß- und Prozeßtechnik, Abt. Analysenmeßtechnik, E689, Postfach 211080, D-76137 Karlsruhe.

Technos Co., Ltd., 2-23, Haya-Cho, Neyagawa City, Osaka 572, Japan (vertreten durch Philips).

Tracor Europa GmbH, Lusshardtstr.6, D-76646 Bruchsal.

Vertriebsfirmen für RFA-Zubehör:

Corporation Scientific Claisse, 7-1104, Place de Mérici, Quebec, Canada/G1S 4N8.

Herzog Maschinenfabrik GmbH u. Co., Postfach 2329, D-49013 Osnabrück.

Kontron GmbH, Material- und Strukturanalyse, Oskar-v.-Müller-Str. 1, D-85386 Eching b. München.

Labor-Schoeps, Arnoldstr. 63-65, Postfach 1160, D-47139 Duisburg-Beeck.

Verteiler von Standardproben:

In der Zeitschrift X-Ray Spectrometry werden ab 1977 Einzelheiten über Referenzproben laufend mitgeteilt.

BAS Bureau of Analysed Samples Ltd., Newham Hall, Newby, Middlesbrough, UK,T589EA.

BNF Metals Technology Centre, Grove Laboratories, Denchworth Road, Wantage, OXON OX12 9BJ, UK.

Brammer Standard Company Inc. Houston, Texas.

Canadian Association for Applied Spectroscopy c/o Mines Branch Dept. of Mines and Technical Services, 555 Booth Street, Ottawa, Canada.

Centre de Rechereches Pétrographiques et Geochimiques, Vandoeuvre-Nancy, France.

MBH Analytical Ltd., Station House, Potters Bar, Herfordshire EN6 1AL, UK.

Mintek, Randburg 2125, Südafrika.

U.S. Geological Survey, Reston, Virginia 22092, U.S.A.

Zusammenstellung ausgewählter Standardproben ausländischer Herkunft

Uran- und Thoriumerze können vom Department of Energy, New Brunswick Laboratory, D-350, 9800 South Cass Avenue, New Brunswick, Illinois 60439, U.S.A., bezogen werden.

Einzel- und Multielementstandardproben für die RFA von *Aerosolen, Stäuben* und *umweltrelevanten Substanzen* vertreibt Applied Research Division, Columbia Scientific Industries, 11950 Jollyville Road, P.O. Box 9908, Austin, Texas 78766, U.S.A.

Umweltrelevante Standardproben und solche von *tierischen* und *pflanzlichen Substanzen* werden von der Internationalen Atomenergiekommission in Wien abgegeben und vom Laboratory of Marine Radioactivity, Oceanographic Museum, Monaco-Ville, Principality of Monaco.

Auf dem *organisch-chemischen* und *biologischen* Sektor werden als NBS-Standardproben u.a. folgende Substanzen aufgeführt: *organische* und *metallorganische Verbindungen, Pflanzen, Ochsenleber, Kohle* (u.a. mit Hg-Gehalt), Kraftstoffe, Erdöl (National Bureau of Standards (NBS) Gaithersburg, MD.20234, U.S.A.).

Tabelle A.7 t-Verteilung

n	f	S 20%	40%	60%	80%	90%	95%	98%	99%
2	1	0,325	0,727	1,376	3,078	6,314	12,706	31,821	63,657
3	2	0,289	0,617	1,061	1,886	2,920	4,303	6,965	9,925
4	3	0,277	0,584	0,978	1,638	2,353	3,182	4,541	5,841
5	4	0,271	0,569	0,941	1,533	2,132	2,776	3,747	4,604
6	5	0,267	0,559	0,920	1,476	2,015	2,571	3,365	4,032
7	6	0,265	0,553	0,906	1,440	1,943	2,447	3,143	3,707
8	7	0,263	0,549	0,896	1,415	1,895	2,365	2,998	3,499
9	8	0,262	0,546	0,889	1,397	1,860	2,306	2,896	3,355
10	9	0,261	0,543	0,883	1,383	1,833	2,262	2,821	3,250
11	10	0,260	0,542	0,879	1,372	1,812	2,228	2,764	3,169
12	11	0,260	0,540	0,876	1,363	1,796	2,201	2,718	3,106
13	12	0,259	0,539	0,873	1,356	1,782	2,179	2,681	3,055
14	13	0,259	0,538	0,870	1,350	1,771	2,160	2,650	3,012
15	14	0,258	0,537	0,868	1,345	1,761	2,145	2,624	2,977
16	15	0,258	0,536	0,866	1,341	1,753	2,131	2,602	2,947
17	16	0,258	0,535	0,865	1,337	1,746	2,120	2,583	2,921
18	17	0,257	0,534	0,863	1,333	1,740	2,110	2,567	2,898
19	18	0,257	0,534	0,862	1,330	1,734	2,101	2,552	2,878
20	19	0,257	0,533	0,861	1,328	1,729	2,093	2,539	2,861
30	29	0,256	0,530	0,854	1,311	1,699	2,045	2,462	2,756
↓									
∞	∞	0,253	0,524	0,842	1,282	1,645	1,960	2,326	2,576

Der Vertrauensbereich $s_{\bar{x}}$ des Mittelwertes $\bar{x}$ errechnet sich bei n Messungen mit der Standardabweichung s zu:

$$s_{\bar{x}} = \frac{t(f,S) \cdot s}{\sqrt{f}} \quad \text{mit } f = \text{Anzahl der Freiheitsgrade} = n-1$$

Die Werte in obiger Tabelle beziehen sich auf die doppelseitige Fraktile der Studentverteilung. Soll — z.B. zur Berechnung der Nachweisgrenzen (Plesch 1978) — nur die einseitige Fraktile berücksichtigt werden, so sind die S-Werte entsprechend zu ändern (z.B. wird aus S = 90% dann S = 95%).

Quellen: Dixon und Massey (1957), Marsal (1979), 7.Aufl. von DOCUMENTA GEIGY (1968)

Literaturverzeichnis

Aberg, T. und *J. Utriainen* (1969): Evidence for a "radiative Auger effect" in X-ray photon emission. Phys.Rev.Lett. **22**, 1346-1348.

Adler, I. und *H.J. Rose, Jr.* (1965): X-Ray Emission Spectrography. In: G.H. Morrison (Ed.): Trace Analysis. Interscience Publ., New York, 271-324.

Agarwal, B.K. und *B.R.K. Agarwal* (1978): Study of X-Ray L2 absorption edges of Gd, Dy, Ho and Er in metals and compounds, X-Ray Spectrom.**7,** 12-14.

Agarwal, M., R.B. Bennett, I.G. Stump und *J.M. D'Auria* (1975): Analysis of Urine for Trace Elements by Energy Dispersive X-Ray Fluorescence Spectrometry with a Pre-Concentrating Chelating Resin. Anal. Chem. **47**, 924-927.

Agus, F. und *W.R. Hesp* (1974): Factors involved in mineral sample preparation. CSIRO Mineral Research Laboratory, Div. Miner. Invest. Report 100, Sydney, Austr.

Ahlberg, M.S. und *F.C. Adams* (1978): Experimental Comparison of Photon- and Particle-induced X-Ray Emission Analysis of Air Particulate Matter. X-Ray Spectrom., **7**, 73-80.

Ahlgren, L., J.-O. Christoffersson und *S. Mattsson* (1981): Lead and barium in archeological roman skeletons measured by nondestructive X-Ray fluorescence analysis. Adv. X-Ray Anal.**24**, 377-382.

Ahlgren, L., T. Grönberg und *S. Mattsson* (1980): In vivo X-ray fluorescence analysis for medical diagnosis. Adv. X-Ray Anal.**23**, 185-192.

Ahmedali, S.T. (Editor) (1989): X-ray fluorescence analysis in the Geological Sciences; Advances in Methodology. Geological Association of Canada Short Course Vol.**7**.

Ahrens, L.H. (1970): The composition of stony meteorites (IX). Abundance trends of the refractory elements in chondrites, basaltic achondrites and Apollo 11 fines. Earth Planet. Sci. Lett. **10**, 1-6.

Aiginger, H. (1991): Historical development and principles of total reflection X-ray fluorescence analysis (TXRF). Spectrochim. Acta **46B**, 1313-1321.

Aiginger, H., P. Wobrauschek und *C. Streli* (1987): Totalreflexions-Röntgenfluoreszenzanalyse — Physikalische Prinzipien und neue Entwicklungen — In: Michaelis, W. und A.Prange (Hrsg.): Totalreflexions-Röntgenfluoreszenzanalyse. GKSS-Forschungszentrum Geesthacht, 20-35.

Akama, Y., T. Nakai und *F. Kawamura* (1980): Determination of Sulphur in Heavy Oil by X-Ray Fluorescence Spetrometry. Fresenius Z. Anal. Chem.**303**, 413-414.

Akimoto, J., M. Imafuku, Y. Sugitani und *I. Nakai* (1988): Fe K-Edge XANES and Mössbauer Study of the Amorphous State in Metamict Gadolinite and Samarskite. In: Synchrotron Radiation Applications in Mineralogy and Petrology. Theophrastus Publ., Athen, 141-171.

Albrecht, L.S. und *D.A. Gedcke (*1974): Selective Background Reduction for Trace-Element Analysis by X-Ray Fluorescence. Pittsburg Conference on Analytical Chemistry and Applied Spectroscopy, Cleveland, Ohio, 4p.

Alexander, G.V. (1964): X-Ray Fluorescence Analysis of Biological Tissues. Appl. Spectroscopy **18**, 1-4.

Alexander, G.V. (1962): Determination of Zinc, Copper, and Iron in Biological Tissues — An X-Ray Fluorescence Method. Anal. Chem.**34**, 951-953.

Alfthan, C. von und *P. Rautala* (1980): Applications of a New Multielement Portable X-Ray Spectrometer to Material Analysis. Adv. X-Ray Anal., **23**, 27-36.

Allcott, G.H und *H.W. Lakin* (1978): Tabulation of geochemical data for the United States Geological Surveys six Geochemical Exploration Reference materials. USGS open File Report 78-163.

Alvarez, M. und *V. Mazo-Gray* (1991): Determination of Trace Elements in Organic Specimens by Energy-Dispersive X-Ray Fluorescence Using a Fundamental Parameters Method. X-Ray Spectrom. **20**, 67-72.

Alvarez, M. und *V. Mazo-Gray* (1990): Determination of Potassium and Calcium in Milk Powder by Energy-Dispersive X-Ray Fluorescence Spectrometry. X-Ray Spectrom. **19**, 285-288.

Ames, L., W. Drummond, J. Iwanczyk und *A. Dabrowski* (1983): Energy resolution measurements of mercuric iodide detectors using a coded FET preamplifier. Adv. X-Ray Anal.**26**, 325-330.

Andermann, G. und *F. Fujiwara* (1986): High Resolution X-Ray Fluorescence Spectroscopy — A potential useful technique for chemical bonding studies in fossil fuels. ACS Div. Fossil Fuels, Preprints **31**, 79-86.

Andermann, G. und *J. W. Kemp* (1958): Scattered X-rays as Internal Standards in X-ray emission spectroscopy. Anal. Chem.**30**, 1306-1309.

Anderson, C.A. (1973): Microprobe Analysis. J. Wiley & Sons, New York.

Andrews, C.R. und *R.K. Mays* (1978): Instrumental techniques for the analysis of paper filters and pigments. Adv. X-ray Anal. **22**, 207-211.

Anzelmo, J.A. und *B.W. Boyer* (1987): The analysis of Carbon and other light elements using layered synthetic microstructures. Advances in X-Ray analysis **32**, 193-200.

Arai, T. (1991): Intensity and distribution of background X-rays in wavelength-dispersive spectrometry. X-Ray Spectrom. **20**, 9-22.

Arai, T. (1976): Iron ore analysis with X-ray fluorescent Spectrometer. Transactions of the Iron and Steel Institute of Japan **16**, 596-605.

Arai, T., T. Sohmura und *H. Tamenori* (1983): Determination of boron oxide in glass by x-ray fluorescence analysis. Adv. X-Ray Anal. **26**, 423-430.

ARL Standard Applikationsbericht (1980): A new low-cost bench-top simultaneous X-ray spectrometer. ARL Luton Report No. 8000 55.

Artz, B.E. (1977): X-ray fluorescence analysis of catalytic converters using single element standards and theoretical corrections for interelements effects. X-Ray Spectrom. **6**, 165-170.

Artz, B.E., E.C. Kao und *M.A. Short* (1979): Using DEC Operating System for X-Ray Diffraction and X-Ray Fluorescence Analysis. Adv. X-Ray Anal., **22**, 425-431.

Atkin, B.P. und *P.K. Harvey* (1989): Determination of major and trace element abundances in selected CANMET ore standards by X-Ray fluorescence spectrometry. Geostandards Newsletter **13**, 273-275.

Auermann, R., J.C. Russ und *R.B. Shen* (1980): Routine Energy Dispersive Analysis of Sulfur in Coal. Adv. X-Ray Anal., **23**, 65-70.

Austin, M.J., W.W. Fletcher, B.G.I.R.A. Sheffield, R.J. Leech und *K.Hickson* (1972): Mathematical correction of matrix effects in soda-lime-silica glasses. Philips Bull. anal. equip. 7000.38.3700.11.

Ayala, R.E., E.M. Alvarez und *P. Wobrauschek* (1991): Direct determination of lead in whole human blood by total reflection X-ray fluorescence spectrometry. Spectrochim. Acta **46B**, 1429-1432.

Azároff, L.V. (1974): X-Ray Spectroscopy. McGraw-Hill Book Comp., New York, 560 S.

Bachmann, H.G., E. Koberstein und *R. Straub* (1978): Einsatz der energiedispersiven Röntgenfluoreszenz-Analyse in Forschungs- und Betriebslaboratorien. Chemie-Technik, **7**, 441-446.

Backerud, L. (1972): An evaluation of the suitability of X-ray fluorescence spectroscopy in the analysis of complex alloy systems. X-Ray Spectrom. **1**, 3-14.

Bador, R., M. Romand, M. Charbonnier und *A. Roche* (1981): Advances in low-energy electron-induced X-ray spectroscopy (LEEIXS) Adv. X-Ray Anal.**24**, 351-361.

Baker, J. W. (1982): Volatilization of sulfur in fusion techniques for preparation of discs for x-ray fluorescence analysis. Adv. X-Ray Anal.**25**, 91-94.

Baker, E.T. und *D.Z. Piper* (1976): Suspended particulate matter: collection by pressure filtration and elemental analysis by thin-film X-ray fluorescence. Deep-Sea Res., **23**, 181-186.

Ball, T.K.S. J. Botth, E.F. Nickless und *R.T. Smith* (1979): Geochemical prospecting for baryte and celestite using a portable radioisotope fluorescence analyzer. J. Geochem. Explor., **11**, 277-284.

Baricco, M., L. Battezzati, S. Enzo, I. Soletta und *G. Cocco* (1993): X-Ray absorption spectroscopy and diffraction study of miscible and immiscible binary metallic systems prepared by ball milling. Spectrochim. Acta **49A**, 1331-1344.

Barrios, N., O. Morel, M. Zlósilo und *W. Schlein* (1978): Determination of uranium in aqueous solution by X-ray fluorescence. X-Ray Spectrom.**7**, 31-32.

Barth, D.S. und *B.J. Mason* (1984): Soil Sampling Quality Assurance and the Importance of an Exploratory Study. In: Schweitzer, G.E. und J.A. Santo Lucito (Hrsg.): Environmental Sampling for Hazardous Wastes. American Chemical Society, Washington D.C., 97-104.

Bartkiewicz, S.A. und *E.A. Hammatt* (1964): X-Ray Fluorescence determination of Cobalt, Zinc, and Iron in Organic Matrices. Anal. Chem.**36**, 833-836.

Barton, J.B., A.J. Dabrowski, J.S. Iwanczyk, J.H. Kusmiss, G. Ricker, J. Vallenga, A. Warren, M.R. Soillante, S. Lis und *G. Entine* (1982): Performance of room-temperature X-ray detectors made from mercuric iodide (HgI_2) platelets. Adv. X-Ray Anal. **25**, 31-37.

Basu Chandhury, G.P., C.K. Ganguli und *N. Sen* (1987): X-Ray fluorescence determination of Niobium and Tantalum in Geological Materials. X-Ray Spectrometry **16**, 123-124.

Battiston, G.A., R. Gerbasi, S. Degetto und *G. Sbrignadello* (1993): Heavy Metal speciation in coastal sediments using total-reflection X-ray fluorescence spectrometry. Spectrochim. Acta **48B**, 217-221.

Bauer, R. und *R. Rick* (1978): Computer Analysis of X-Ray Spectra (EDS) from Thin Biological Specimens. X-Ray Spectrom. **7**, 63-69.

Baum, R.M., R.D. Willis, R.L. Walter, W.F. Gutknecht und *A.R. Stiles* (1978): Solution-Deposited Standards using a Capillary Matrix and Lyophilization. In Dzubay (Ed.): X-Ray Fluorescence Analysis of Environmental Samples. Ann. Arbor Science, USA, 165-174.

Bearden, J.A. (1979): X-ray wavelengths. In: Weast (Ed.): Handbook of Chemistry and Physics, 60. Auflage. CRC Press, Inc., Boca Raton, Florida, E-152...E-190.

Bearse R.C., C.E. Borns, D.A. Close und *J.J. Malanify* (1977): Elemental Variations in Whole Blood following Gamma Radiation Injury of Mice. Nucl. Instr. Meth.**142**, 143-150.

Bearse, R.C., D.A. Close, J.J. Malanify und *C.J. Umbarger* (1974): Elemental Analysis of Whole Blood Using Proton-Induced X-Ray Emmission. Anal. Chem. 46, 499-503.

Beitz, L. (1977): Die Anwendung der Matrixkorrektur bei der Analyse von pflanzlichen Produkten. In: Die Röntgenfluoreszenzanalyse und ihre Anwendung bei der Untersuchung von Pflanzen, Böden, Wasser, Abfallstoffen, Düngemitteln und Staub. Landwirtschafliche Untersuchungs- und Forschungsanstalt, Münster (Westf.), 85-103.

Beitz, L.: Die qualitative und quantitative Röntgenfluoreszenz-Analyse von Stäuben. Siemens Analysentechn. Mitt. Nr.57.

Beitz, L., U. Kraeft: Vergleich verschiedener Präparationsverfahren bei der Röntgenfluoreszenzanalyse von Zementrohmehlen. Siemens Analysentechn. Mitt. Nr. 229.

Beitz, L., L. Müller und *R. Plesch:* Die empirische Matrixkorrektur in der Röntgenfluoreszenzanalyse von Stählen. Siemens Analysentechn. Mitt Nr. 161.

Beitz, L., L. Müller und *R. Plesch:* Analyse von Erzproben mit dem Sequenz-Röntgenspektrometer SRS 200. Siemens Analysentechn. Mitt. Nr. 202.

Bellary, V.P., S.S. Desphande, R.M. Dixit und A.V. Sankanam (1981): X-ray fluorescence method for the determination of rare earths, uranium and thorium in allanites. Fresenius Z. Anal. Chem. **309**, 380-382.

Bennett, H. und *G. Oliver* (1992): XRF Analysis of Ceramics, Minerals and allied Materials. John Wiley & Sons.

Berdikov, V.V., O.I. Grigorèv und *B.S. Jokhin* (1980): Energy-Dispersive X-Ray Fluorescence Analysis with Pyrographite Crystals and Small X-Ray Tubes. J. Radional. Chem., **58**, 123-131.

Bergel, L. und *F.J. Cadieu* (1980): Analysis of the Nb-Ge content in thin films by quantitative X-ray fluorescence. X-Ray Spectrom. **9**, 19-24.

Bergmann, J.G., C.H. Ehrhardt, L. Granatelli und *J.L. Janik* (1967): Determination of Trace Metals in Terephthalic Acid by Ion Exchange Concentration and X-Ray Fluorescence. Anal. Chem.**39**, 1331-1333.

Berneike, W. (1993): Basic features of total-reflection X-ray fluorescence analysis on silicon wafers. Spectrochim Acta **48B**, 269-275.

Bertin E.P. (1978): Introduction to X-ray spectrometric analysis. Plenum Press, New York - London.

Bettinelli, M. und *P. Taina* (1990): Rapid Analysis of Coal Fly Ash by X-Ray Fluorescence Spectrometry. X-Ray Spectrom. **19**, 227-232.

Bianconi, A., L. Incoccia und *S. Stipcich* (1983): EXAFS and Near Edge Structure. Springer-Verlag, Berlin, 420S.

Bidoglio, G., P.N. Gibson, M. O'Gorman und *K.J .Roberts* (1993): X-ray absorption spectroscopy investigation of surface redox transformations of thallium and chromium on colloidal mineral oxides. Geochim. Cosmochim. Acta **57**, 2389-2394.

Bilbrey, D.B., G.R. Bogart, D.E. Leyden und *A.R. Harding* (1988): Comparison of Fundamental Parameters Programs for Quantitative X-Ray Fluorescence Spectrometry. X-Ray Spectrom. **17**, 63-74.

Bilbrey, D.B., D.J. Leland, D.E. Leyden, P. Wobrauschek und *H. Aiginger* (1987): Determination of Metals in Oil Using Total Reflection X-Ray Fluorescence Spectrometry. X-Ray Spectrom. **16**, 161-166.

Billiet J., R. Dams und *J. Hoste* (1980): Multielement thin film standards for XRF analysis. X-Ray Spectrom. **9**, 206-211.

Birks, L.S. (1963): Electron Probe Microanalysis. Interscience, New York.

Birks L.S., J.V. Gilfrich und *P.G. Burkhalter* (1972): Development of X-Ray Fluorescence Spectroscopy for Elemental Analysis of Particulate Matter in the Atmosphere and in Source Emissions. EPA-R2-72-063.

Blochin, M.A. (1964): Methoden der Röntgenspektralanalyse. Verlag Otto Sagner, München.

Blomquist, P.O. (1975): X-ray fluorescence analysis of corrosion products of steel. X-ray Spectrom. **4**, 95-98.

Blum, F. und *M.P. Brandt* (1973): The Evaluation of the Use of a Scanning Electron Microscope Combined with an Energy Dispersive X-Ray Analyser for Quantitative Analysis. X-Ray Spectrom. **2**, 121-124.

Boniforti, R., G. Buffoni, C. Colella und *R. Riccardi* (1974): On Obtaining Consistent Solutions of the Equations for Quantitative Analysis by X-Ray Fluorescence Spectrometry. X-Ray Spectrom. **3**, 115-119.

Bothett, K. und *D. Wagner* (1981): Bestimmung von Spurenelementen im Sedimentationsstaub mittels energiedispersiver RFA. Fresenius Z. Anal. Chem. **306**, 15-19.

Bougault, H., P. Cambon und *H. Toulhoat* (1977): X-Ray spectrometric analysis of trace elements in rocks. Correction for instrumental interferences. X-Ray Spectrom. **6**, 66-72.

Bramlet, H.L. und *J.H. Doyle* (1982): Direct Analysis of Plutonium Metal for Gallium, Iron and Nickel by Energy-Dispersive X-Ray Spectrometry, Adv. X-Ray Anal. **25**, 163-168.

Brändle, J.L., M.I. Cerqueira und *J.B. Polonio* (1974): A new method for first order line interference corrections in X-ray spectrochemical analysis. Application to the analysis of geological samples. X-Ray Spectrom. **3**. 130-132.

Branner, J. und *M. Heinen* (1982): Vergleich von Korrekturverfahren für die Röntgenfluoreszenz-analyse von Cr und Ni in hochlegierten Stählen. Fresenius Z. Anal. Chem. **310**, 396-400.

Broll, N. (1986): Quantitative X-Ray Fluorescence Analysis. Theory and Practice of the Fundamental Coefficient Method. X-Ray Spectrom. **15**, 271-286.

Broll, N., P. Caussin und *M. Peter* (1992): Matrix Correction in X-Ray Fluorescence Analysis by the Effective Coefficient Method. X-Ray Spectrom. **21**, 43-49.

Broll, N. und *R. Tertian* (1983): Quantitative X-Ray Fluorescence Analysis by Use of Fundamental Influence Coefficients. X-Ray Spectrom. **12**, 30-37.

Breitwieser, E. und *K.H. Lieser* (1978): Multielementstandards auf Kieselgelbasis zur Bestimmung von Spurenelementen in silicatischen Proben durch Röntgenfluoreszenzanalyse. Fresenius Z.Anal, Chem. **292**, 126-131.

Broothaers, L. (1979): X-ray fluorescence analysis of metals in ores and concentrates by Compton scattering. Spectrochim. Acta **34B**, 177-184.

Brown, D.B., J.V. Gilfrich und *M.C. Peckerar* (1975): Measurement and Calculation of absolute intensities of X-ray spectra. J. Appl. Phys. **46**, 4537-4540.

Brown, F.V. und *S.A. Jones* (1980): On-Site Determination of Ash in Coal Utilizing a Portable XRF Analyzer. Adv. X-Ray Anal. **23**, 57-63.

Bruner, R.J. (1986): A Review of Quality Control Considerations in Soil Sampling. In: Perket, C.L. (Hrsg.): Quality Control in Remedial Site Investigation: Hazardous and Industrial Solid Waste Testing. ASTM Publ. 925, 35-42.

Budesinsky, B.W. (1980): Multielement X-ray fluorescence spectrometry of solutions. X-Ray Spectrom. **9**, 13-18.

Budesinsky, B.W. (1975): Theoretical Correction of Interelement Effects: System Iron, Nickel and Chromium. X-Ray Spectrom. **4**, 166-170.

Burba, P., P.-G.Willmer und *R.Klockenkämper* (1988): Elementspuren-Bestimmungen (AAS, ICP-OES, TRFA) in natürlichen Wässern nach Voranreicherung: ein Vergleich. Vom Wasser **71**, 179-194.

Burkhalter, P.G. (1971): Radioisotopic X-Ray Analysis of Silver Ores Using Compton Scatter for Matrix Compensation. Anal. Chem. **43**, 10-17.

Burr, A.F. (1979): Introduction to X-ray cross sections. In: Weast (Ed.): Handbook of Chemistry and Physics, 60. Auflage. CRC Press, Inc., Boca Raton, Florida, E-147...E-151.

Caimann, V. und *E. Winter* (1971): Praktische Anwendung eines Korrekturverfahrens zur Beseitigung von Interelementeffekten bei der Röntgenspektralanalyse von Gläsern. Glastechn. Ber. **44**, 519-528.

Calas, G., A.Manceau und *J.Petiau* (1988): Crystal Chemistry of Transition Elements in Minerals Through X-Ray Absorption Spectroscopy. In: Synchrotron Radiation Applications in Mineralogy and Petrology. Theophrastus Publ., Athen, 77-95.

Caldwell, V.E. (1976): A Practical Method for the Accurate Analysis of High-Alloy Steels by X-Ray Emission. X-Ray Spectrom. **5**, 31-35.

Camp, D.C., A.L. Van Lehn, J.R. Thodes und *A.H. Pradzynski* (1975): Intercomparison of trace element determinations insimulated and real air particulate samples. X-Ray Spectrom. **4**, 123-137.

Camp, D.C., J.A. Cooper und *J.R. Rhodes* (1974): X-ray fluorescence analysis - results of a first round intercomparison study. X-Ray Spectrom. **3**, 47-50.

Carlsson, G. (1972): Comparison of some procedures for X-ray fluorescence analysis of metallurgical slags. X-ray Spectrom. **1**, 155-159.

Carr-Brion, K.G. (1974): The Effect of Compton Scattering on High Energy X-Ray Fluorescence. X-Ray Spectrom. **3**, 88-89.

Carr-Brion, K.G. (1973): On-Stream Energy Dispersive X-Ray Analyzers. X-Ray Spectrom. **2**, 63-67.

Chamberlain, G.T. (1980): The derivation of influence coefficients from experimental and calculated XRF data. X-Ray Spectrom. **9**, 96-100.

Chappell, B.W. (1991): Trace element analysis of rocks by X-Ray Spectrometry. Advances in X-Ray Analysis **34**, 263-276.

Charnock, J.M., C.D. Garner, R.A.D. Pattrick und *D.J. Vaughan* (1988): The Nature of Copper, Iron and Silver Sites in Tetrahedrites Using EXAFS Spectroscopy. In: Synchrotron Radiation Applications in Mineralogy and Petrology. Theophrastus Publ., Athen, 133-139.

Chattopadhyay, S., C. Mande, H.D. Juneja und *K.N. Munshi* (1986): XANES Study of Two Bivalent Cobalt Polymers. X-Ray Spectrom. **15**, 239-240.

Chevalier, P., J.X.Wang und *H.Bougault* (1988): Possibilities for analysis by X-ray fluorescence induced by synchrotron radiation. Analusis **16**, 261-266.

Chopra, K.L. (1969): Thin Film Phenomena, McGraw Hill, New York.

Christensen, L.H. und *A. Agerbo* (1981): Determination of Sulfur and Heavy Metals in Crude Oil and Petroleum Products by Energy-Dispersive X-ray Fluorescence Spectrometry and Fundamental Parameter Approach. Anal. Chem. **53**, 1788-1792.

Chung, F.H. (1976): A new approach to quantitative multielement X-ray fluorescence analysis. Adv. X-Ray Anal. **19**, 181-190.

Chung, F.H., A.J. Lentz und *R.W. Scott* (1974): A versatile thin film method for quantitative X-ray emission analysis. X-Ray Spectrom. **3**, 172-175.

Claisse, F. (1956): Accurate X-ray fluorescence analysis without Internal standard. Report No. 327, Dept. of Mines, Quebec.

Claisse, F. und *M. Quintin* (1967): Generalization of the Lachance-Traill method for the correction of the matrix effect in X-ray fluorescence analysis. Can. Spect. **12**, 129-133; 146.

Clark, N.H. und *R.J. Mitchell* (1973): Scattered primary radiation as an Internal Standard in X-ray emission Spectrometry: Use in the analysis of copper metallurgical products. X-Ray Spectrom. **2**, 47-55.

Clayton, C.G. und *T.W. Packer* (1980): Some Applications of Energy Dispersive X-Ray Fluorescence Analysis in Minerals Exploration, Mining and Process Control. Adv. X-Ray Anal., **23**, 1-14.

Colby, J.W. (1968): Quantitative microprobe analysis of thin insulating films. Adv. X-Ray Anal. **11**, 287-305.

Colombo, A. und *G. Rossi* (1978): Reference material for ore, ore concentrates and coke samples. An approach to derive consensus values and associated uncertainties from collaborative studies. Geostandards Newsletter **2**, 109-114.

Conde, C.A.N., L.F. Requicha Ferreira und *A.J. de Campos*(1982): The gas proportional scintillation counter as a room-temperature detector for energy-dispersive X-ray fluorescence analysis. Adv. X-Ray Anal. **25**, 29-44.

Cooper, J.A. (1973): Review of a Workshop on X-Ray Fluorescence Analysis of Aerosols. Batelle Pacific Northwest Lab., Richland, Washington, USA, 28p.

Cooper, J.A., B.D. Wheeler, G.C. Wolfe, D.M. Bartell und *D.B. Schlafcke* (1977): Determination of sulfur, ash and trace element content of coal, coke and flying ash using multielement tube-excited X-ray fluorescence analysis. Adv. X-ray Anal. **20**, 431-436.

Coy, K. (1977): Bestimmung toxischer Elemente in Luftstaub und biologischen Proben sowie Gesamtanalyse von Müll und Müllverarbeitungsprodukten. GDCh-Fortbildungskurs für RFA Nr. 50/77, Kassel.

Crecelius, E.A. (1975): Determination of Total Jodine in Milk by X-Ray Fluorescence Spectrometry and Jodide Electrode. Anal Chem. **47**, 2034-2035.

Criss, J.W. (1980): Fundamental-parameters calculation on a laboratory microcomputer. Adv. X-Ray Anal. **23**, 93-97.

Criss, J.W., L.S. Birks und *J.V. Gilfrich* (1978): Versatile X-Ray Analysis Programm Combining Fundamental Parameters and Empirical Coefficients. Anal. Chem **50**, 33-37.

Criss, J.W. und *L.S. Birks* (1968): Calculation Methods for Fluorescent X-Ray Spectrometry. Anal Chem. **40,** 1080-1086.

Crößmann, G. und *H. Rethfeld* (1977): Anwendung der RFA bei der Untersuchung von Pflanzen und Futtermitteln auf Schwermetalle. In: Die Röntgenfluoreszenzanalyse und ihre Anwendung bei der Untersuchung von Pflanzen, Böden,Wasser, Abfallstoffen, Düngemitteln und Staub. Landwirtschaftliche Untersuchungs- und Forschungsanstalt, Münster (Westf.). 104-137.

Cross, J.B. und *L.V. Wilson* (1983): Elemental analysis of geological samples using a multichannel, simultaneous X-ray spectrometer. Adv. X-Ray Anal. **26**, 451-456.

Dabrowski, A.J. (1982): Solid-state room-temperature energy-dispersive X-ray detectors. Adv. X-Ray Anal. **25**, 1-21.

Dahl, M. und *A. Karlsson* (1973): A simple calculation model with great versatility for interelement effects in steel by X-ray fluorescence analysis. X-Ray Spectrom. **2**, 75-83.

Dalheim, P. (1980): Application of the fundamental parameters model to energy-dispersive X-ray fluorescence analysis of complex silicates. Adv. X-Ray Anal., **23**, 71-76.

Darmody, R.G., D.S. Fanning, W.J. Drummond, Jr. und *J.E. Foss* (1977): Determination of Total Sulfur in Tidal Marsh Soils by X-ray Spectroscopy. Soil Sci. Soc. Am. J. **41**, 761-765.

Das Gupta, K., A.A. Bahgat und *P.J. Seibt* (1980): Studies of the Non-linear Rise in intensity of X-Ray Lines. X-Ray Spectrom. **9**, 25-27.

Daugherty, K.E., R.J. Robinson und *J.I. Mueller* (1964a):X-Ray Fluorescence Spectrometric Analysis of Iron (III), Cobalt (II), Nickel (II), and Copper (II) Chelates of 8-Quinolinol. Anal. Chem. **36**, 1869-1870.

Daugherty, K.E., M.W. Goheen, R.J. Robinson und *J.I.Mueller* (1964b): X-Ray Fluorescence Spectrometric Analysis of Rubidium(I) and Cesium (I) Salts of 5-Nitrobarbituric Acid. Anal. Chem. **36**, 2372-2373.

Daugherty, K.E., R.J. Robinson und *J.I. Mueller* (1964c): X-Ray Fluorescence Spectrometric Analysis of the Copper (II) and Mercury (II) Complexes of 6-Chloro-2-methoxy-9-thiolacridine. Anal. Chem. **36**, 1098-1100.

Davis, E.N. und *R.A. Van Nordstrand* (1954): Determination of Barium, Calcium, and Zinc in Lubricating Oils. Use of Fluorescent X-Ray Spectroscopy. Anal. Chem. **26**, 973-977.

Davoli, I., E. Paris und *A. Mottana* (1988): XANES Analysis of M1-M2 Cations in Monoclinic Pyroxenes. In: Synchrotron Radiation Applications in Mineralogy and Petrology. Theophrastus Publ., Athen, 97-131.

De Boer, D.K.G. (1991): X-ray Standing Waves and the critical sample thickness for Total-reflection X-Ray Fluorescence analysis. Spectrochim. Acta **46B**, 1433-1436.

De Boer, D.K.G. und *W.W. Van den Hoogenhof* (1991): Total reflection X-ray fluorescence of single and multiple thin-layer samples. Spectrochim. Acta **46B**, 1323-1331.

de Groot, P.B. (1983): XRF analysis by combining the standard method with matrix-correction models. Adv. X-Ray Anal. **26**, 395-400.

Dehm, R., D.D. Klemm, C. Müller, J. Wagner und *K. Weber-Diefenbach* (1983): Exploration for Antimony Deposits in Southern Tuscany, Italy. Mineral. Deposita **18**, 423-434.

de Jesus, A.S.M. (1973): A Correction for Interelemental Background Contributions in Energy-dispersive X-Ray (EDX) Spectroscopy. X-Ray Spectrom. **2**, 179-188.

de Jongh, W.K. (1977): Die hybride Matrixkorrektur in der Roentgenspektrometrie. X-Ray Spectrom. **6**, 223-224.

de Jongh, W.K. (1973): X-Ray Fluorescence Analysis Applying Theoretical Matrix Corrections. Stainless Steel. X-Ray Spectrom. **2**, 151-158.

de Jongh, W.K. (1970): Heterogeneity effects in X-ray Fluorescence Analysis. Philips Bulletin 79.177.

de Jongh, W.K. und *P.H. Müller* (1971): New method of glass and batch sample preparation for X-ray fluorescence spectrometry. Glastechn. Ber. 44, 506-511.

Deke, Y. (1992): Determination of Chemical Elements in Soil by X-ray Fluorescence Spectrometry with Aluminium Ring-Double Layer Pellet Method. Fenxi Huaxue **20**, 176-179.

Denton, C.L., G. Himsworth und *J. Whitehead* (1972): The analysis of titanium dioxide pigments by automatic simultaneous X-ray fluorescence spectrometry. The Analyst. **97**, 461-465.

Dick, J.G., C.C. Wan und *R. DiFruscia* (1977): The Calculation of Mylar Film Absorption Correction Coefficients in X-Ray Spectrochemical Analysis of Aqueous Samples. X-Ray Spectrom. **6**, 212-214.

Dixkens, J. und *H. Fissan* (1993): A new particle sampling technique for direct analysis using total-reflection X-ray fluorescence spectrometry. Spectrochim. Acta **48B**, 231-238.

Dixon, W.J. und *F.J. Massey, Jr.* (1957): Introduction to Statistical Analysis. McGraw-Hill Book Comp. New York, Toronto, London, 2. Aufl.

Domi, N. (1992): X-Ray fluorescence intensity of an element in multicomponent ores and the use of Compton radiation for matrix effect correction. X-Ray Spectrometry **21**, 163-170.

Dow, R.H. (1982): A statistical comparison of data obtained from pressed disk and fused bead preparation techniques for geological samples. Adv. X-Ray Anal. **25**, 117-120.

Drabseh, S. (1974): Eine Methode zur eichprobenfreien quantitativen Röntgenfluoreszenzanalyse. X-Ray Spectrom. **3**, 120-124.

Drane, E.A., D.G. Rickel, W.J. Courtney und *T.G. Dzubay* (1980): Computer Code for Analyzing X-Ray Fluorescence Spectra of Airborne Particulate Matter. Adv. X-Ray Anal., **23**, 149-156.

Dunn, W.L., C.R. Efird, R.P. Gardner und *K. Verghese* (1975): A Mathematical Model for Tertiary X-Rays from Heterogeneous Samples, X-Ray Spectrom, **4**,18-25.

Duncan, A.R., A.J. Erlank, J.P. Willis und *L.H. Ahrens* (1973): Composition and inter-relationships of some Apollo 16 samples. Proc. Lunar Sci. Conf. 4th, Geochim. Cosmochim. Acta Suppl. **4**, 1097-1113, Pergamon Press, Oxford.

Duževič, D. und *T. Gaćeša* (1974): X-ray spectrometry of Al + Ni powder compacts and alloy thin films. X-Ray Spectrom. **3**, 143-148.

Dwiggins, Jr., C.W. (1964): Automated Determination of Elements in Organic Samples Using X-Ray Emission Spectrometry. Anal. Chem. **36**, 1577-1582.

Dwiggins, Jr., C.W. (1961): Quantitative Determination of Low Atomic Number Elements Using Internsity Ratio of Coherent to Incoherent Scattering of X-Rays. Determinations of Hydrogen and Carbon. Anal. Chem. **33**, 67-70.

Dwiggins, Jr., C.W. und *H.N. Dunning* (1961): Quantitative Determination of Traces of Vanadium, Iron, and Nickel in Oils by X-Ray Spectrography. Anal. Chem. **32**, 1137-1141.

Dzubay, T.G. (1978): X-Ray Fluorescence Analysis of Environmental Samples. Ann. Arbor Science, Michigan.

Dzubay, T.G., P.J. Lamothe und *H. Yasuda* (1977): Polymer Films as Calibration Standards for X-Ray Fluorescence Analysis. Adv. X-Ray Anal., **20**, 411-421.

Ebel, H., M.F. Ebel, R. Svagera, M. Heller und *R. Kaitna* (1993): Angle dependent XRF for the analysis of thin Al(x)Ga(1-x)As layers on GaAs and thin Zn Layers on steel. Advances in X-Ray Analysis **36**, 263-272.

Ebel, H., R. Svagera und *S. Rezai Afshar* (1992): Depth profiling by means of X-Ray fluorescence analysis. Advances in X-Ray Analysis **35**, 783-794.

Eberspächer, H. und *H. Schreiber* (1976): Über die Röntgenfluoreszenzanalyse von Aerosol-Präparaten. X-Ray Spectrom.. **5**, 49-54.

Ehrhardt, H. (1981): Röntgenfluoreszenzanalyse. Anwendung in Betriebslaboratorien. Von einem Autorenkollektiv unter Federführung von H. Ehrhardt. VEB Deutscher Verlag für Grundstoffindustrie, Leipzig.

Eller, R. (1987): Einsatz der TRFA für die Edelmetallanalytik bei geologischen Proben. In: Michaelis, W. und A. Prange (Hrsg.): Totalreflexions-Röntgenfluoreszenzanalyse. GKSS-Forschungszentrum Geesthacht, 74-76.

Eller, R., F.Alt, G.Tölg und *H.J.Tobschall* (1989): An efficient combined procedure for the extreme trace analysis of gold, platinum, palladium and rhodium with the aid of graphite furnace atomic absorption spectrometry and total-reflection X-ray fluorescence analysis. Fresenius Z. Anal. Chem. **334**, 723-739.

Ellrich, J. (1982): Spurenelemente in Erdölen, ihren Begleitwässern und der Kerogenfraktion ausgewählter Bohrkernproben aus dem süddeutschen Alpenvorland. Dissertation TU München.

Ellrich, J., A.V. Hirner und *H. Stärk* (1985): Distribution of trace metals in crude oils from Southern Germany. Chem. Geol. **48**, 313-323.

Ellrich, J. und *A. Hirner* (1982): Elementspurengehalte süddeutscher Erdöle. Erdöl und Kohle, Erdgas, Petrochemie **35**, 387.

Evans, K.D., B. Leigh und *M. Lewis* (1977): The Absolute Determination of the Reflection Integral of Bragg X-Ray Analyser Crystals. Two-reflection Methods. X-Ray Spectrom. **6**,132-139.

Fabbi, B.P., H.N. Elsheimer und *L.F. Espos* (1976): Quantitative analysis of selected minor and trace elements through use of a computerized automatic X-ray spectrograph. Adv. X-ray Anal. **19**, 237-292.

Farges, F., J.A. Sharps und *G.E. Brown Jr.* (1993): Local environment around gold(III) in aqueous chloride solutions: An EXAFS spectroscopy study. Geochim. Cosmochim. Acta **57**, 1243-1252.

Faye, G.H. und *R. Sutarno* (1977): CCRMP ores and related materials. Geostandards Newsletter **1**, 31-34.

Feather, C.E. und *F.C. Baumgartner* (1983): Simultaneous determination of 36 elements by X-ray fluorescence spectrometry as a prospecting tool. Adv. X-Ray Anal. **26**, 443-450.

Fernandez, J.E. (1992): Rayleigh and Compton Scattering Contributions to the XRF Intensity. X-Ray Spectrom. **21**, 57-68.

Fialin, M. (1988): Modification of Philibert-Tixier ZAF Correction for Geological Samples. X-Ray Spectrom. **17**, 103-106.

Fiori, C.E., R.L. Myklebust, K.F.J. Heinrich und *H. Yakowitz* (1976): Prediction of Continuum Intensity in Energy-Dispersive X-Ray Microanalysis. Anal. Chem. **48**,172-176.

Florestan, J. (1967): Methodes physiques d'analyses. Verlag GAMS.

Franzini, M., L. Leoni und *M. Saitta* (1976a): Determination of the X-Ray Mass Absorption Coefficient by Measurement of the Intensity of AgKα Compton Scattered Radiation. X-Ray Spectrom. **5**, 84-87.

Franzini, M., L. Leoni und *M. Saitta* (1976b): Enhancement effects in X-ray fluorescence analysis. X-Ray Spectrom. **5**, 208-211.

Freiburg,C., W. Krumpen und *U. Troppenz* (1993): Determinations of Ce, Eu and Tb in the electroluminescent materials Gd_2O_2S and La_2O_2S by total-reflection X-ray spectrometry. Spectrochim. Acta **48B**, 263-267.

Freimann, P., D. Schmidt und *A. Neubauer-Ziebarth* (1993): Reference materials for quality assurance in sea-water analysis: performance of total-reflection X-ray fluorescence in the intercomparison and certification stages. Spectrochim. Acta **48B**, 193-198.

Freitag, K. (1985): Energy Dispersive X-Ray Analysis with Multiple Total Reflection — An Improvement of Detection Limits. In: Sansoni, B. (Hrsg.): Instrumentelle Multielementanalyse. VCH, Weinheim, 257-268.

Freitag, K., U. Reus und *J. Fleischhauer* (1989): Extension of the analytical range of total reflection X-ray fluorescence spectrometry to lighter elements ($11 \leq Z < 16$) and increase in sensitivity by excitation with tungsten Lα radiation. Spectrochim. Acta **44B**, 499-504.

Frigge, J. (1977): Röntgenfluoreszenzanalyse im Spuren- und Mikrobereich. In: Die Röntgenfluoreszenzanalyse und ihre Anwendung bei der Untersuchung von Pflanzen, Boden, Wasser, Abfallstoffen, Düngemitteln und Staub. Landwirtschaftliche Untersuchungs- und Forschungsanstalt, Münster (Westf.), 31-41.

Frigieri, P. und *R. Trucco* (1974): X-ray fluorescence spectrometry on variable thin deposits of powdered materials. X-Ray Spectrom. **3**, 40-46.

Galán, L.P. de (1976): Model, equations and correcting factors for the X-ray fluorescence analysis of geological materials. Adv. X-ray Anal. **19**, 227-238.

Gallorini, M., N. Genova, E. Orvini und *R. Stella* (1976): Radioisotope-induced X-ray fluorescence in the analysis of atmospheric particulates: Quantitative determination of Zn and Pb. J. Radioanal. Chem. **34**, 135-139.

Gardner, R.P. und *J.M. Doster* (1979): The reduction of matrix effects in X-ray fluorescence analysis by the Monte Carlo, Fundamental Parameters Method. Adv. X-Ray Anal. **22**, 343-356.

Gardner, R.P., R. Trucco und *E. Caretta* (1975): Analysis of Powdered Materials by X-Ray Fluorescence Spectrometry. Evaluation and Correction of the Interferences. X-Ray Spectrom. **4**, 28-32.

Gebhardt, F. und *S. Kimmel* (1971): Versuche zur Bestimmung des Gemenges von Kalk-Natron-Kieselglas mit Hilfe der Röntgenfluoreszenzanalyse. Glastechn. Ber. **44**, 511-515.

Gebhardt, F. und *S. Kimmel* (1970): Beitrag zur Bestimmung von Natriumoxid in Natron-Kalk-Silicatgläsern mit Hilfe der Röntgenfluoreszenzspektroskopie. Glastechn. Ber. **43**, 93-96.

Gebhardt, F. und *S. Kimmel* (1967): Beitrag zur Überwachung der Rohstoffe und Fertigprodukte in der Glasindustrie mit Hilfe der Röntgenfluoreszenzspektroskopie. Glastechn. Ber. **40**, 307-310.

Gedcke, D.A. (1972): The Si(Li) X-Ray Energy Analysis System: Operating Principles and Performance. X-Ray Spectrom. **1**, 129-141.

Gedcke, D.A., L.G. Byars und *N.C. Jacobus* (1983): FPT: An integrated fundamental parameters program for broadband EDXRF analysis without a set of similar standards. Adv. X-Ray Anal. **26**, 355-368.

Gedcke, D.A., B.D. Wheeler und *N.C. Jacobus* (1979a): Quantitative Elemental Analysis of Fertilizers and Soil Additives with an Energy Dispersive X-Ray Fluorescence Analyzer. Symposium on the Application of Energy Dispersive X-Ray Fluorescence Analysis to Agrochemistry, Moscow, 20 p.

Gedcke, D.A., B.D. Wheeler und *N.C. Jacobus* (1979b): Cement Production Control Using an Energy Dispersive X-Ray Fluorescence Analyzer. Rock Products, Proceeding of the International 14th Cement Seminar, Maclean-Hunter Publ. Corp., Chicago, USA, 61-69.

Gedcke, D.A., E. Elad und *P.B. Denee* (1977): An Intercomparison of Trace Element Excitation Methods for Energy-dispersive Fluorescence Analysers. X-Ray Spectrom. **6**, 21-29.

Gehrke, R.J. und *R.G. Helmer* (1975): Nickel-59 Excitation Source for X-Ray Fluorescence Analysis of Carbon and Low Alloy Steels. X-Ray Spectrom., **4**, 77-84.

Geiss, R.H. und *T.C. Huang* (1975): Quantative X-Ray Energy Dispersive Analysis with the Transmission Electron Microscope. X-Ray Spectrom. **4**, 196-201.

Gerwinski, W. und *D. Goetz* (1987): TRFA-Analysen von Referenzmaterialien und Müllverbrennungs-Schlacken. In: Michaelis, W. und A. Prange (Hrsg.): Totalreflexions-Röntgenfluoreszenzanalyse. GKSS-Forschungszentrum Geesthacht, 63-70.

Gesellschaft Deutscher Metallhütten- und Bergleute (1981): Lagerstätten der Steine, Erden und Industrieminerale. Verlag Chemie Weinheim, Deerfeld Beach Florida, Basel.

Gesellschaft Deutscher Metallhütten- und Bergleute (1980): Probenahme, Theorie und Praxis. Verlag Chemie Weinheim, Deerfeld Beach Florida, Basel.

Giauque, R.D., R.B. Garrett und *L.Y. Goda* (1978): Calibration of Energy Dispersive X-Ray Spectrometers for Analysis of Thin Environmental Samples. In Dzubay (1978): X-Ray Fluorescence Analysis of Environmental Samples. Ann Arbor Science, USA, 153-164.

Giauque, R.D., R.B. Garett und *L.Y. Goda* (1977): Energy dispersive X-ray fluorescence spectrometry for determination of twenty-six trace and two major elements in geochemical specimens. Anal. Chem. **49**, 62-67.

Giauque, R.D. und *J.M. Jaklevic* (1971): Rapid quantitative analysis by X-ray spectrometry. Adv. X-Ray Anal. **15**, 164-175.

Giessen, B.C. und *G.E. Gordon* (1967): X-Ray Diffraction: New High-Speed Technique Based on X-Ray Spectrography. Science **159**, 973.

Giles, H.L. und *G.M. Holmes* (1978): The X-ray fluorescence analysis of ferroniobium by a fusion method. X-Ray Spectrom. **7**, 2-4.

Gilfrich, J.V. und *L.S. Birks* (1968): Spectral Distribution of X-Ray Tubes for Quantitative X-Ray Fluorescence Analysis. Anal. Chem. **40**, 1077-1080.

Gilfrich, J.V., E.F. Skelton, D.J. Nagel, A.W. Webb, S.B. Quadri und *J.B. Kirkland* (1983): X-ray fluorescence analysis using synchrotron radiation. Adv. X-Ray Anal. **26**, 313-323.

Götzl, P. (1993): Quantitative Elementanalytik an Referenzböden mit Hilfe der Röntgenfluoreszenzspektroskopie. Diplomarbeit, Universität GH Essen, 201S.

Gohshi, Y., T. Nakamura und *M. Yoshimura* (1975): Chemical state analysis of Vanadium by high resolution X-ray spectroscopy. X-Ray Spectrom. **4**, 117-118.

Golden, G.S. (1971): The Determination of Iron in Used Lubricating Oil. Appl. Spectroscopy **25**, 668-671.

Goldman, M. und *R.P. Anderson* (1965): X-Ray Fluorescence Determination of Strontium in Biologic Materials by Direct Matrix-Transmittance Correction. Anal. Chem. **37**, 718-721.

Gordon, B.M. und *K.W. Jones* (1991): Synchrotron Radiation and Its Application to Chemical Speciation. In: Subramanian, K.S., G.V. Iyengar und K. Okamoto (Hrsg.): Biological Trace Element Research. ACS Symp. Ser. **445**, 290-305.

Gottschalk, G.W. (1980): Auswertung quantitativer Analysenergebnisse. In: H. Kienitz, R. Bock, W. Fresenius, W. Huber, G. Tölg (Ed.) Analytiker Taschenbuch Band **1**, 63-99 Verlag Springer.

Gould, R.W. (1978): Metals and alloys. In: Herglotz und Birks (Ed.): X-Ray-Spectrometry. M. Dekker Inc. New York und Basel, 277-295.

Gould, R.W. und *S.R. Bates* (1972): Some applications of a computer program for quantitative spectrochemical analysis. X-Ray Spectrom. **1**, 25-29.

Goulon, J., A. Retournard, P. Friant, C. Goulon-Ginet, C. Berthe, J.-F. Muller, J.-L. Poncet, R. Guilard, J.-C. Escalier und *B. Neff* (1984): Structural Characterization by X-Ray Absorption Spectroscopy (EXAFS/XANES) of the Vanadium Chemical Environment in Boscan Asphaltenes. J. Chem. Soc. Dalton Trans, 1095-1103.

Govindaraju, K. (1982): Report (1967-1981) on four ANRT rock reference samples: Diorite DR-N, Serpentine UB-N, Bauxite BX-N and Disthene DT-N. Geostand. Newsl. **6**, 91-159.

Govindaraju, K. und *I. Roelandts* (1993): Second Report for the first three GIT-IWG Rock Reference samples. Geostandards Newsletter **17**, No 2.

Griffatong, A. und *H. Hellmann* (1973): Neue Untersuchungen zur Bestimmung von gelösten und ungelösten Schwermetallen in Gewässern durch Röntgenfluoreszenz. Vom Wasser **40**, 69-87.

Griffith, J.M. und *H.R. Whitehead* (1975): A simple empirical inter-element correction procedure applied to the X-ray fluorescence analysis of nickelbase alloys. X-Ray Spectrom. **4**, 178-185.

Grimaldi, R., V. Paris und *E. Mariani* (1981): Quantitative determination of the various forms of aluminium in steels by X-ray fluorescence spectrometry. X-Ray Spectrom. **10**, 163-167.

Grote, R. und *C.R. Cothern* (1974): A Time Saving Approach to Peak Spectra Analysis. X-Ray Spectrom. **3**, 151-152.

Gülaçar, O.F. (1974): Dosage de traces de cuivre, de nickel et de cobalt dans les roches par une technique combinée extraction- fluorescence. X. Anal. Chim. Acta **73**, 255-264.

Günther, K. und *A. von Bohlen* (1990): Simultaneous multielement determination in vegetable foodstuffs and their respective cell fractions by total-reflection X-ray fluorescence (TXRF). Z. Lebensm. Unters. Forsch. **190**, 331-335.

Günther, K., A. von Bohlen, G. Paprott und *R. Klockenkämper* (1992): Multielement analysis of biological reference materials by total-reflection X-ray fluorescence and inductively coupled plasma mass spectrometry in the semiquant mode. Fresenius J. Anal. Chem. **342**, 444-448.

Guffey, J.A., H.A. Van Rinsvelt, R.M. Sarper, Z. Karcioglu, W.R. Adams und *R.W. Fink* (1977): Comparison of the Elemental Composition of Normal and Diseased Human Tissues by PIXE Analysis. Nucl. Instr. Meth. **149**, 489-494.

Gui-Nian, D. und *K.E. Turner* (1989): A Method of Correcting Dead Time and Pulse Pile-up Errors in Energy-Dispersive X-Ray Analysis. X-Ray Spectrom. **18**, 57-62.

Gunn, B.M. (1976): The Use of Computers in X-Ray Fluorescence Analysis. X-Ray Spectrom. **5**, 175-177.

Gunn, E.L. (1964): Problems of Direct Determination of Trace Nickel in Oil by X-Ray Emission Spectrography. Anal. Chem. **36**, 2086-2090.

Gunn, E.L. (1956): Determination of platinum in reforming catalyst by X-ray fluorescence. Anal. Chem. **28**, 1433-1440.

Gurvich, Y.M. (1987): Energy dispersive analysis for quality assurance of aluminium alloys. Advances in X-Ray Analysis **30**, 265-272.

Gurvich, Y. M. (1982): Feasability study for on-stream X-ray analysis of baryte. Adv. X-Ray Anal. **25**, 139-144.

Gurvich, Y.M. (1982): "Standard Background" method of X-ray Spectral analysis for quality control of noble metals in alumina-based automobile exhaust catalysts. Adv. X-Ray Anal. **25**, 145-149.

Gurvich, Y.M., A. Buman und *I. Lokshin* (1983): Determination of light elements on the CHEM-X multichannel spectrometer. Adv. X-Ray Anal. **26**, 437-442.

Gwozdz, R. (1974): A critical survey of mixing, dilution and addition methods and possible extensions of the theory Part I. X-Ray Spectrom. **3**, 2-14.

Haarich, M., D. Schmidt, P. Freimann und *A. Jacobsen* (1993): North Sea projects ZISCH and PRISMA: application of total-reflection X-ray spectrometry in sea-water analysis. Spectrochim. Acta **48B**, 183-192.

Haarich, M., A. Knöchel und *H. Salow* (1989): Einsatz der Totalreflexions-Röntgenfluoreszenzanalyse in der Analytik von nuklearen Wiederaufbereitungsanlagen. Spectrochim. Acta **44B**, 543-549.

Hahn-Weinheimer, P. (1975): Natürliche und anthropogene Stoffbelastung der Isar und ihrer Nebenflüsse sowie der Ramsauer Ache. DFG-Bericht im Schwerpunktprogramm "Geochemie umweltrelevanter Spurenstoffe".

Hahn-Weinheimer, P. und *A. Hirner* (1975): Major and trace elements in Canadian asbestos ore bodies. 3rd Int. Conf. Phys. Chem. Asb. Min., Quebec, Kanada, Paper 625,16 S.

Hahn-Weinheimer, P. und *H. Johanning* (1968): Geochemical investigation on differentiated granite plutons in the Black Forest. In: Origin and Distribution of the Elements. Editor L.H. Ahrens, Pergamon Press, 777-793.

Hahn-Weinheimer, P., H. Johanning und *H. Ackermann* (1965): Beziehungen zwischen Massenschwächung und Untergrundintensität in der Röntgenfluoreszenz-Spektralanalyse. Z. analyt. Chem. **214**, 241-252.

Hahn-Weinheimer, P. und *H. Ackermann* (1963): Geochemical investigation of differentiated granite plutons of the Southern Black Forest-II. The zoning of the Malsburg Granite pluton as indicated by the elements Ti, Zr, P, Sr, Ba, Rb, K and Na. Geochim. Cosmochim. Acta **31**, 2197-2218.

Hahn-Weinheimer, P. und *H. Johanning* (1963): Beitrag zur quantitativen Röntgenspektralanalyse von Gläsern — Matrixeffekte in Zwei- und Mehrstoffsystemen. Glastechn. Ber. **36**, 183-193.

Hale, C.C. und *W.H. King, Jr.* (1961): Direct Nickel Determinations in Petroleum Oils by X-Ray at the 0.1 ppm Level. Anal. Chem. **33**, 74-77.

Hall, S.H. und *L.E. Harbison* (1977): X-ray spectrochemical matrix correction in the analysis of copper ores. X-Ray Spectrom. **6**, 86-88.

Hans, D., U. Baumann, K. Solluk, A. Rüttimann und *S. Uhlig* (1992): Contaminated Soil Mapping (Heavy Elements) — A Comparison of Atom Absortion Spectrometry (AAS) and X-ray Fluorescence Analysis (XRF). Fresenius Environ. Bull. **1**, 741-747.

Hansel, J.M. Jr., C.J. Martell, G.B. Nelson und *E.A. Hakkila* (1977): Concentration of U and Np from Pu and Pu alloys for determination by X-ray fenorescence. Adv. X-Ray Anal. **20**, 445-452.

Harding, A.R. und *J.P.Walsh* (1990): Application of field mobile EDXRF analysis to contaminated soil characterization. Advances in X-Ray Analysis **33**, 647-663.

Harm, B., G. Loch und *R. Plesch:* Die Analyse von Kohlenstoff in Stahl mit dem Mehrkanal-Röntgenspektrometer MRS 400. Siemens Analysentechn. Mitt. Nr. 220.

Harmon, J.C., G.E.A. Wyld, T.C. Yao und *J.W. Otvos* (1979): X-ray fluorescence analysis of stainless steels and low alloy steels using secondary targets and the EXACT program. Adv. X-Ray Anal., **22**, 325-335.

Harvey, P.K. (1992): X-Ray Fluorescence Determination of trace elements in geological materials: An iterative approach in Compton scatter corrections for matrix absorption. X-Ray Spectrometry **21**, 3-10.

Harvey, P.K. und *B.P. Atkin* (1981): The rapid determination of Rb, Sr and their ratios in geological materials by X-ray fluorescence spectrometry using a Rhodium X-ray tube. Chem. Geol. **32**, 291-301.

Harvey, P.K., D.M. Taylor, R.D. Hendry und *F. Bancroft* (1973): An accurate fusion method for the analysis of rocks and chemically related materials by X-ray fluorescence spectrometry. X-Ray Spectrom. **2**, 33-44.

Hasenteufel, S. (1987): Untersuchung von Spurenelementgehalten in marinen Schwebstoffen aus der Nordsee mit Hilfe der Totalreflexions-Röntgenfluoreszenzanalyse. In: Michaelis, W. und A.Prange (Hrsg.): Totalreflexions-Röntgenfluoreszenzanalyse. GKSS-Forschungszentrum Geesthacht, 60-72.

Hasler, M.F. und *J.W. Kemp* (1957): Amer. Soc. for testing Materials, A.S.T.M. Committee E-2, Philadelphia, PA.

Hasselmann, I., W. Koenig, F.W. Richter, U. Steiner, V. Wätjen, J.C. Bode und *W. Ohta* (1977): Application of PIXE to Trace Element Analysis in Biological Tissues. Nucl. Instr. Meth. 142, 163-169.

Hathaway, L.R. und *G.W. James* (1977): Preconcentration of Uranium in Natural Waters for X-Ray Fluorescence Analysis. Adv. X-Ray Anal., **20**, 453-458.

Hawthorne, A.R. und *R.P. Gardner* (1978): A Proposed Model for Particle-size Effects in the X-Ray Fluorescence Analysis of Heterogencous Powders that Includes Incidence Angle and Non-random Packing Effects. X-Ray Spectrom. **7**, 198-205.

Hebert, A.J. und *K. Street Jr.* (1974): Nondispersive soft X-ray fluorescence spectrometer for quantitative analysis of the major elements in rocks and minerals. Anal. Chem. **46**, 203-207.

Heckel, J., M. Brumme, A. Weinert und *K. Irmer* (1991): Multi-Element Trace Analysis of Rocks and Soils by EDXRF Using Polarized Radiation. X-Ray Spectrom. **20**, 287-292.

Heinrich, K.F.J. (1966): In: Kinley, Heinrich und Wittry (Ed.): The Electron Microprobe. J. Wiley, New York, 296-377.

Heinrich, K.F.J. und *H. Yakowitz* (1975): Absorption of Primary X-Rays in Electron Probe Microanalysis. Anal. Chem. **47**, 2408- 2411.

Henley, E.C., M.E. Kassouny und *J.W. Nelson* (1977): Proton-Induced X-Ray Emission Analysis of Single Human Hair Roots. Science **197**, 277-278.

Herglotz, H.K. und *L.S. Birks* (1978): X-Ray Spectrometry. Marcel Dekker Inc., New York.

Herrmann, M. (1961): Über die Brombestimmung durch Röntgenfluorescenzanalyse. Z. Anal. Chem. **181**, 122-125.

Hevesy von, G. (1932): Chemical Analysis by X-Rays and its Applications. McGraw-Hill, New York.

Hevesy von, G., J. Böhm und *A. Faessler* (1930): Quantitative röntgenspektroskopische Analyse mit Sekundärstrahlen. Z. Physik **63**, 74-105.

Hirner, A. (1992): Trace metal speciation in soils and sediments using sequential chemical extraction methods. Intern. J. Environ. Anal. Chem. **46**, 77-85.

Hirner, A.V. (1991): Stabile Isotope als umweltchemische Tracer. Essener Hochschulblätter, Universität GH Essen, 73-86.

Hirner, A.V. (1987): Metals in crude oils, asphaltenes, bitumen, and kerogen — Molasse Basin, Southern Germany. In: Filby, R.H. und J.F. Brauthaver (Hrsg.): Metal Complexes in Fossil Fuels. ACS Symp. Ser. **344**, 146-153.

Hirner, A. (1980): Behaviour of trace elements in chrysotile. 4th Int. Conf. on Asbestos, Turin, Italien. Proc. 217-227.

Hirner, A. und *Z. Xu* (1991): Trace metal speciation in Julia Creek oil shale. Chem. Geol. **91**, 115-124.

Hirner, A., R. Treibs und *W. Graf* (1983): Verteilung der stabilen Isotope des Schwefels in süddeutschen Erdölen. Erdöl u. Kohle, Erdgas, Petrochemie **36**, 36.

Hirner, A., W. Graf und *P. Hahn-Weinheimer* (1981): A contribution to geochemical correlation between crude oils and potential source rocks in the Eastern Molasse Basin (Southern Germany). J. Geochem. Explor. **15**, 663-670.

Hoffmann, P.M. Hein, V. Scheuer und *K.H. Lieser* (1990): Application of Total-Reflection X-Ray Fluorescence Spectrometry in Material Analysis. Mikrochim. Acta [Wien] 1990, II, 305-313.

Holmes, G.S. (1981): The limitations of accurate "thin-film" X-ray fluorescence analysis of natural particulate matter: Problems and solutions. Chem. Geol. **33**, 333-353.

Horiuchi, T. (1993): Initial idea to use optical flats for X-ra fluorescence analysis and recent applications to diffraction studies. Spectrochim. Acta **48B**, 129-136.

Horiuchi, T. und *K. Matsushige* (1993): Total-reflection X-ray diffractometry and its applications to evaporated organic thin films. Spectrochim. Acta **48B**, 137-142.

Huang, T.C., A. Fung und *R.L. White* (1989): Recent measurements of long-wavelength X-Rays using synthetic multilayers. X-Ray Spectrometry **18**, 53-56.

Huang, T.C., W. Parrish und *G.L. Ayers* (1981): A rapid and precise computer method for qualitative X-Ray Fluorescent Analysis. Adv. X-Ray Anal. **24**, 407-412.

Hügi, Th., H. Schwander und *W. Stern* (1975): Preliminary data on mineral standards Basel - 1b (biotite) and - 1h (hornblende). Schweiz. mineral. petrogr. Mitt. **55**, 403-406.

Husain, M. und *A.Narula* (1992): Characterization of Materials by Chemical Shift of X-Ray Absorption Edges. X-Ray Spectrom. **21**, 83-86.

Huth, G.C., A.J. Dabrowsky, M. Singh, T.E. Economov und *A.L. Turkevich* (1979): A new X-ray spectroscopy concept: room temperature mercuric iodide with Peltier-cooled preamplification. Adv. X-Ray Anal. **22**, 461-472.

Hutton, J.T. und *K. Norrish* (1977): Plant Analyses by X-Ray Spectrometry: II. Elements of Atomic Number greater than 20. X-Ray Spectrom. **6**, 12-17.

Ito, M., S. Sato und *M. Narita* (1981): Comparison of the Japanese industrial standards and α-correction method for X-ray fluorescence analysis of steels. X-Ray Spectrom. **10**, 103-108.

Issahary, D. und *I. Pelly* (1982): Simultaneous multielement analysis of phosphates by X-ray fluorescence. X-Ray Spectrom. **11**, 8-12.

Jablonski, B.B. und *D.E. Leyden* (1981): A Microcomputer Based Control and Data Acquisition System for Early Model Wavelength-dispersive X-Ray Fluorescence Spectrometers. X-Ray Spectrom. **10**, 177-179.

Jablonski, B.B. und *D.E. Leyden* (1979): Determination of uranium in carbonate solutions by extraction onto a chemically modified surface. Adv. X-Ray Anal. **22**, 59-69.

Jagoutz, E. und *C. Palme* (1978): Determination of Trace Elements on Small Geological Samples Fused in Lithium Tetraborate with X-Ray Fluorescence Spectrometry. Anal. Chem. **50**, 1555-1558.

Jagoutz, E. und *C. Palme* (1976): Vielkanal für die Röntgenfluoreszenzanalyse. Vortragskurzfassung, Frühjahrstagung der Sektion Geochemie der DMG, Göttingen.

Jaklevic, J.M., R.D. Giauque und *A.C. Thompson* (1990): Recent Results Using Synchrotron Radiation for Energy-Dispersive X-Ray Fluorescence Analysis. X-Ray Spectrom. **29**, 53-58.

James, G.W. (1980): Elemental Analysis of Uraniferous Rocks and Ores by X-Ray Spectrometry. Adv. X-Ray Anal., **23**, 77-80.

Jecko, G. (1977): Bulk composition of IRSID iron ore and other nonmetallic reference samples. Geostandards Newsletter, **1**, 11-13.

Jecko, G., H. Pohl und *P.D. Ridsdale* (1977): Euro-Standards of Iron Ores. Geostandards Newsletter, **1**, 131-135.

Jenkins, R. (1980): Nomenclature, symbols, units and their usage in spectrochemical analysis - IV. X-Ray Emission Spectroscopy. Pure Appl. Chem. **52**, 2541-2552.

Jenkins, R. (1979): A review of empirical influence coefficient methods in X-ray spectrometry. Adv. X-Ray Anal. 22, 281-292.

Jenkins, R. (1977): Einführung in die Röntgenspektrometrie. Heyden & Son Ltd., London.

Jenkins, R. (1973): Combination of the Energy Dispersion Spectrometer with the Powder Diffractometer. Norelco Reporter **20**, 22-30.

Jenkins, R. (1971): Use of X-ray spectrometer/computer combination for the analysis of wide concentration range alloys. Philips Bull. 7000.30.0338.11.

Jenkins, R. (1967): Analysis of copper based alloys by X-ray fluorescence spectrometry. Philips scient. & anal. equip. Bull. 79.177 FS4.

Jenkins, R. (1963): Die Röntgenfluoreszenzanalyse und ihre Anwendung in der Petroleumindustrie. Erdoel-Z. **79**, 59-66.

Jenkins, R., R. Manne, R. Robin und *C. Senemaud* (1991): IUPAC-Nomenclature System for X-Ray Spectrometry. X-Ray Spectrom. **20**, 149-160.

Jenkins, R. und *J.L. de Vries* (1971): Worked Examples in X-Ray Analysis. Macmillan & Co. Ltd., London-Basingstoke.

Jenkins, R. und *J.L. de Vries* (1970): Practical X-Ray Spectrometry. Macmillan & Co Ltd., London-Basingstoke.

Jenkins, R., R.W. Gould und *D. Gedcke* (1981): Quantitative X-Ray Spectrometry. Marcel Dekker, Inc., New York - Basel.

Jenkins, R., D. Myers und *E.R. Paolini* (1977): An interactive program for the control of the X-ray spectrometer, for data collection and data manipulation — use in qualitative analysis. Adv. X-Ray Anal. **20**, 507-513.

Johanning, H. (1963): Leitelemente im Bärhalde Granit (Südschwarzwald). Ein Beitrag zur quantitativen Röntgenspektralanalyse von Haupt-, Neben- und Spurenelementen in Silicaten. Diplomarbeit, Universität Frankfurt/Main.

Johansson, S.A.E. und *J.L. Campbell* (1988): PIXE — A Novel Technique for Elemental Analysis. J.Wiley & Sons, New York.

John, A. und *R. Plesch* (1978): Röntgenanalyse mineralischer Proben mit dem Mehrkanal-Röntgenspektrometer MRS 400. Siemens-Zeitschrift, **52**, 381-384.

Jones IV, D.R. und *G.D. Bowling* (1981): Glass and glass raw materials analysis using a Philips PW1600 wavelength dispersive X-ray spectrometer. Adv. X-Ray Anal. **24**, 399-400.

Jones, R.A. (1959): Determination of Manganese in Gasoline by X-Ray Emission Spectrography. Anal. Chem. **31**, 1341-1344.

Jovanović D. (1970): Development of an X-Ray Emission Spectrography Method for the Determination of Molybdenum in Oils. Anal. Chem. **42**, 775-776.

Kähkönen, H, P. Suhonen und *M. Yli-Penttila* (1974): Quantitative Analysis Using the Absorption of White X-Ray Radiation. X-Ray Spectrom. **3**, 37-39.

Källne, E. und *T. Aberg* (1975): Decomposition of the aluminium $K\alpha_{1,2}$-Doublet. X-Ray Spectrom. **4**, 26-27.

Kalman, Z.H. und *L. Heller* (1962): Theoretical study of X-ray fluorescence determination of traces of heavy elements in a light matrix. Anal. Chem. **34**, 946-951.

Kang, C.-C.C., E.W. Keel und *E. Solomon* (1960): Determination of Traces of Vanadium, Iron, and Nickel in Petroleum Oils by X-Ray Emission Spectrography. Anal. Chem. **32**, 221-225.

Kanngieser, B., B. Beckhoff und *W. Swoboda* (1991): Comparison of Highly Oriented Pyrolytic and Ordinary Graphite as Polarizers of Mo Kα Radiation in EDXRF. X-Ray Spectrom. **20**, 331-336.

Karamanova, J. (1980): Self-Consistent Empirical Correction for matrix effects in X-Ray Analysis. J. Radioanal. Chem. **57**, 473-479.

Kasrai, M. und *D.S. Urch* (1978): Radiative Auger Transitions of Iron Compounds. Chem. Phys. Lett. **53**, 539-541.

Kataoka, Y. und *T. Arai* (1990): Basic studies of multi-layer thin film analysis using fundamental parameter method. Advances in X-Ray Analysis **33**, 213-223, 225-235.

Keith, H.D. und *T.C. Loomis* (1978): Corrections for Scattering in X-Ray Fluorescence Experiments. X-Ray Spectrom. **7**, 225-240.

Kelliher, W.C. und *W.G. Maddox* (1988): X-ray fluorescence analysis of alloy and stainless steels using a mercuric iodide detector. Advances in X-Ray Analysis **31**, 439-444.

Kemper, M.A. (1974): A Method for predicting X-ray fluorescence anomalies in multiphase metal alloys. X-Ray Spectrom. **3**, 111-114.

Kennedy, P.C., B. Roser und *J. Hunt* (1983): Analyses of the United States Geological Survey geochemical exploration reference samples GXR 1...6. Geostandards Newsletter **7**, 305-313.

Khadikar, P.V. (1988): Shape and Extended Fine Structure of the X-Ray K-Absorption Discontinuity in Some Cobalt Mixed-Ligand Complexes. X-Ray Spectrom. **17**, 189-194.

Khan, M.R. und *D. Crumpton* (1981): Proton-Induced X-Ray Emission Analysis. CRC Crit. Rev. Anal. Chem. **11**, 103-260.

King, B.S., L.F. Espos und *B.P. Fabbi* (1978): X-ray fluorescence minor and trace element analyses of silicate rocks in the presence of large interelement effects. Adv. X-Ray Anal. **21**, 75-88.

Kiss, L.T. (1966): X-Ray Fluorescence Determination of Brown Coal Inorganics. Anal. Chem. **38**, 1731-1735.

Kis-Varga, M. (1979): A Fundamental Parameter Method for Analysis of Alloys by Isotope-excited X-Ray Fluorescence. X-Ray Spectrom., **8**, 73-78.

Klockenkämper, R. (1991): Totalreflexions-Röntgenfluoreszenzanalyse. In: Günzler, H. et al. (Hrsg.): Analytiker Taschenbuch, Bd.10. Springer-Verlag, Berlin, 111-152.

Klockenkämper, R. (1989): Totalreflexions-Röntgenfluoreszenz — Prinzip und Anwendungen. GIT Fachz. Lab. **33**, 441-447.

Klockenkämper, R. (1980): Röntgenspektralanalyse. In: Ullmanns Encyklopädie der technischen Chemie, Bd. 5: Analysen- und Meßverfahren. Verlag Weinheim, 501-518.

Klockenkämper, R., A. von Bohlen, L.Moens und *W.Devos* (1993): Analytical characterization of artists´ pigments used in old and modern paintings by total-reflection X-ray fluorescence. Spectrochim. Acta **48B**, 239-246.

Klockenkämper, R. und *A. von Bohlen* (1992): Total Reflection X-Ray Fluorescence — An Efficient Method for Micro-, Trace and Surface Layer Analysis. J. Anal.At. Spectrom., **7**, 273-279.

Klockenkämper, R.M. Becker und *H. Bubert* (1991): Determination of the heavy-metal ion-dose after implantation in silicon-wafers by total reflection X-ray fluorescence analysis. Spectrochim. Acta **46B**, 1379-1383.

Klockenkämper, R. und *B. Wiecken* (1987): Übersichtsanalysen von Gewebedünnschnitten. In : Michaelis, W. und A. Prange (Hrsg.): Totalreflexions-Röntgenfluoreszenzanalyse. GKSS-Forschungszentrum Geesthacht, 51-54.

Kloyber, H., H. Ebel, M. Mantler und *S. Koitz* (1980): Quantitative Röntgenfluoreszenzanalyse mit Hilfe des linearen und quadratischen Hybridmodells. X-Ray Spectrom. **9**, 170-175.

Knapp, K.T. und *R.L. Bennett* (1976): Sulfur analysis of air pollution samples containing sulfuric acid with a vacuum X-ray fluorescence spectrometer. Adv. X-Ray Anal. **19**, 427-434.

Knöchel, A. (1990): TXRF, PIXE, SYXRF; Principles, critical comparison and applications. Fresenius J. Anal. Chem. **337**, 614-621.

Knöchel, A. und *W. Petersen* (1983): Ergebnisse einer Ringanalyse von Elbwasser auf Schwermetalle. Fresenius Z. Anal. Chem. **314**, 105-113.

Knöchel, A. und *A. Prange* (1981): Analytik von Elementspuren in Meerwasser. I. Fresenius Z. Anal. Chem., **306**, 252-258.

Knoth, J., R. Bormann, R. Gutschke, C. Michaelsen und *H. Schwenke* (1993): Examination of layered structures by total-reflection X-ray fluorescence analysis. Spectrochim. Acta **48B**, 285-292.

Knoth, J. und *H. Schwenke* (1978): An X-Ray Fluorescence Spectrometer with Totally Reflecting Sample Support for Trace Analysis at the ppb Level. Fresenius Z. Anal. Chem. **291**, 200-204.

Kodoma, H., J.E. Brydon und *B.C. Stone* (1967): X-ray spectrochemical analysis of silicates using synthetic standards with a correction for interelemental effects by a computer method. Geochim. Cosmochim. Acta **31**, 649-659.

Köster, H.M. (1966): Zur Röntgen-Fluoreszenz-Spektralanalyse von Rubidium, Strontium, Barium und Blei in Kaolinen und Tonen. Contr. Mineral. Petrol. **12**,168-172.

Kohno, H. und *T. Arai* (1993): Instrumentations and Applications for the soft and ultrasoft X-Ray measurements. Advances in X-Ray Analysis **36**, 59-64.

Koningsberger, D.C. und *R. Prins* (1988): X-Ray Absorption. J.Wiley & Sons, NY, 673 S.

Koopmann, C. und *A. Prange* (1991): Multielement determination in sediments from the German Wadden Sea — investigations on sample preparation techniques. Spectrochim. Acta **46B**, 1395-1402.

Koul, P.N. und *B.D. Padalia* (1985): EXAFS Studies of Some Copper and Cobalt Compounds and Complexes in Aqueous Solution and Polycristalline Form. X-Ray Spectrom. **14**, 152-156.

Kraft, G. (1980): Probenahme an festen Stoffen. In: Analytiker-Taschenbuch Bd. **1**, 3-17 (Eds.: H. Kienitz, R. Bock, W. Fresenius, W. Huber, G. Tölg) Springer-Verlag Berlin — Heidelberg — New York.

Kramar, U. und *H. Puchelt* (1981): Application of Radionuclide Energy-Dispersive X-Ray Fluorescence Analysis in Geochemical Prospecting. J. Geochem. Explor. **15**, 597-612.

Kregsamer, P. (1991): Fundamentals of total reflection X-ray fluorescence. Spectrochim. Acta **46B**, 1333-1340.

Kregsamer, P. und *P. Wobrauschek* (1991): Total reflection X-ray fluorescence analysis of the rare earth elements by K-shell excitation. Spectrochim. Acta **46B**, 1361-1367.

Krejci-Graf, K. (1982): Über die häufigeren Elemente in Kohlen. Erdöl und Kohle, Erdgas, Petrochemie **35**, 163-170.

Kuczumow, A. und *J.A .Helsen* (1990): Some Features of the Lachance-Traill Equation. X-Ray Spectrom. **19**, 289-294.

Kumar, S., S. Singh, D. Mehta, M.L. Garg, P.C. Mangal und *P.N. Trehan* (1989): Matrix Corrections for Quantitative Determination of Trace Elements in Biological Samples using Energy-Dispersive X-Ray Fluorescence Spectrometry. X-Ray Spectrom. **18**, 207-210.

Kumpulainen H. (1980): Uranium analysis by X-rays from geological samples. J. radioanal. chem. **59**, 635-640.

LaBrecque, J.J. und *W.C. Parker* (1983): A new technique for radioisotope excited X-ray fluorescence. Adv. X-Ray Anal. **26**, 337-340.

LaBrecque, J.J., H. Schorin, P. Rosales und *W.C. Parker* (1982): The determination of strontium and yttrium in Venezuelan laterites from Cerro Impacto by both energy- and wavelength-dispersive X-ray fluorescence. Chem. Geol. **35**, 357-366.

LaBrecque, J.J., W. Parker und *D. Adames* (1980): Application of an americium-241 source for the determination of barium, lanthanum and cerium in lateritic material by X-ray fluorescence. J. radioanal. chem., **59**, 193-201.

Laguitton, D. und *M. Mantler* (1977): Lama I — A general FORTRAN program for quantitative X-ray fluorescence analysis. Adv. X-Ray Anal. **20**, 515-528.

Laine, E. und *L. Tukia* (1973): Isotope-Excited X-Ray Fluorescence Analysis of Binary Alloys Using Energy Dispersion. X-Ray Spectrom. **2**, 115-119.

Lantos, J. und *D. Litchinsky* (1981): In Situ Rock Analysis. Adv. X-Ray Anal. **23**, 37-43.

Larson, J.A., M.A. Short, S. Bonfiglio und *W. Allie* (1974): An X-Ray Fluorescence Technique for the Analysis of Lead in Gasoline. X-Ray Spectrom. **3**, 125-129.

Laskowski, N., T. Kost, D. Pommerenke, A. Schäfer und *H.J. Tobschall* (1976): Abundance and distribution of some heavy metals in recent sediments of a highly polluted limnic-fluviatile ecosystem near Mainz, West Germany. In: Environmental Biogeochemistry, Vol. 2, Editor J.O. Nriagu, Ann Arbor Sci. Publ., Ann Arbor, Michigan, 587-595.

Laurer, S.R., J. Furfaro, M. Carlos, W. Lei, R. Bellad und *T.T. Kneip* (1982): Energy Dispersive Analysis of Actinides, Lanthanides and other Elements in Soil and Sediment Samples. Adv. X-Ray Anal. **25**, 201-208.

Lecomte, R., S. Landsberger, P. Paradis, S. Monaro und *G. Desaulniers* (1981): Analyse Automatique des Spectres de Rayons-X par Dépouillement Spectral. X-Ray Spectrom., **10**,113-116.

Leland, D.J., D.B. Bilbrey, D.E. Leyden, P. Wobrauschek und *H. Aiginger* (1987): Analysis of Aerosols Using Total Reflection X-Ray Spectrometry. Anal. Chem. **59**, 1911-1914.

Leoni, L. und *M. Saitta* (1977): Matrix effect corrections by AgKα Compton scattered radiation in the analysis of rock samples for trace elements. X-Ray Spectrom. **6**, 181-186.

Leoni, L. und *M. Saitta* (1976): Determination of Yttrium and Niobium on Standard silicate rocks by X-ray fluorescence analyses. X-Ray Spectrom. **5**, 29-30.

Leoni, L., G. Braca, G. Sbrana und *E. Giannetti* (1975): Rapid Determination of Ruthenium in Organometallic Compounds, Supposted Catalysts and Organometallic Polymers by X-Ray Fluorescence. Anal. Chim. Acta **80**, 176-179.

LeHouillier, R., S. Turmel und *F. Claisse* (1977): "Loss on Ignition" in fused glass buttons. Adv. X-Ray Anal. **20**, 459-469.

Levine, H.S. und *K.L. Higgins* (1991): Phosporus determination in Borophosphosilicate or Phosphosilicate glass films on a Si Wafer by wavelength dispersive X-Ray spectroscopy. Advances in X-Ray analysis **34**, 299-305.

Levine, H.S. und *K.L. Higgins* (1991): Determination of Phosphorus in Borophosphosilicate or Phosphosilicate Glass Films on a Silicon Wafer by Wavelength-dispersive X-ray spectrometry. X-Ray Spectrometry **20**, 255-264.

Leyden, D.E. (1987): XRF in North America. Advances in X-Ray Analysis **30**, 1-5.

Leyden, D.E., J.C. Lennox, Jr. und *C.U. Pittman, Jr.* (1973): Rapid determination of heavy elements in organometallic polymers by X-ray fluorescence. Anal. Chim. Acta **64**, 143-146.

Liang, L.-C. (1991): Study of Oxygen Peak Shifts Among Some Minerals Using a Tungsten-Silicon Multilayer Pseudo-Crystal. X-Ray Spectrom. **20**, 89-90.

Lichtfuss, R. und *G. Brümmer* (1978): Röntgenfluoreszenzanalyse von umweltrelevanten Spurenelementen in Sedimenten und Böden. Chem. Geol. **21**, 51-62.

Liebhafsky, H.A., H.G. Pfeiffer, E.H. Winslow und *P.D. Zemany* (1960): X-Ray Absorption and Emission in Analytical Chemistry. J. Wiley & Sons, Inc., New York — London.

Lieser, K.H., R. Sommer, T. Hofmann und *P. Hoffmann* (1981): Powder Dilution as a New Method of Elimination of Interelement Effects in Energy Dispersive X-Ray Fluorescence Analysis. Fresenius Z. Anal. Chem., **307**, 177-184.

Lincoln, A.J. und *E.N. Davis* (1959): Quantitative determination of platinum in alumina base reforming catalyst by X-ray spectroscopy. Anal. Chem. **31**, 1317-1320.

Lister, B. (1978): The Preparation of Twenty Ore Standards. IGS 20-39. Preliminary Work and Assessement of Analytical Data. Geostandards Newsletter, **2**, 157-186.

Livingstone, L.G. (1982): A Modified Background-Ratio Method for X-Ray Fluorescence Analysis of Soil and Plant Materials. X-Ray Spectrom. **11**, 89-98.

Lloyd, L.A. und *P. Jackson:* New techniques of recovery and analysis resurrect cornish tin mine dormant for sixty years. Philips analyt. equip. Bulletin Nr. 7000.38.4320.11.

Lodha, G.S., K.J.S. Sawhney und *V.M. Choubey* (1989): Determination of Y, Zr, Ba, La and Ce in Granitic Rocks Using Energy-Dispersive X-Ray Fluorescence. X-Ray Spectrom. **18**, 225-228.

Long, J.L. (1980): Direct determination of niobium in uranium-niobium alloys. Adv. X-Ray Anal. **23**, 177-183.

Long, J.V.P. (1967): Electron Probe Microanalysis. In: J. Zussman (Ed.): Physical methods in determinative mineralogy. Academic Press, London — New York, 215-260.

Loon van, J.C. und *J.C.M. Parissis* (1969): Scheme of silicate analysis based on lithium metaborate fusion followed by atomic-absorption spectrometry. Analyst **94**,1057-1062.

Louis, R. (1970): Röntgenanalyse von Metallspuren in Mineralölen mit Ionenaustauscher-Membranen. Erdöl und Kohle, Erdgas, Petrochemie **23**, 347-350.

Louis, R. (1965): Nachweisgrenzen bei der Röntgen-Emissionsspektralanalyse von Mineralölen. Z. Anal. Chem. 208, 34-43.

Lubecki, A., B. Holynska und *M. Wasilewska* (1968): Grain size effect in non-dispersive X-ray fluorescence analysis. Spectrochim. Acta **23B**, 465-479.

Lucas-Tooth, H.J., B.W. Adamson und *Y.M. Gurvich* (1982): The analysis of copper alloys by CHEM-X, low power WDX multichannel spectrometer. Adv. X-Ray Anal. **25**, 169-1972.

Lucas-Tooth, H.J. und *B.J. Price* (1961): A Mathematical Method for the Investigation of Inter-Element Effects in X-Ray Fluorescent Analyses. Metallurgia **64**, 149-152.

Luke, C.L. (1968): Determination of trace elements in inorganic and organic materials by X-ray fluorescence spectroscopy. Anal. Chim. Acta **41**, 237-250.

Lukow, V. (1980): Eine praxisorientierte Bestimmung der Nachweisgrenze. Fresenius Z. Anal. Chem. **303**, 23-25.

Lumb, P.G. (1971): Non-ferrous metals — a scheme of analysis by X-ray spectrometry. Philips Bull. 7000.38.1700.11.

Lurio, A., W. Reuter und *J. Keller* (1977): Low energy mass absorption coefficients from proton induced X-ray spectroscopy. Adv. X-Ray Anal. **20**, 481-486.

Lynch, B. und *H. de Koning* (1977): X-ray spectrometry in the metals industry. Philips Application Report from Application Laboratories for X-ray analysis Almelo, The Netherlands.

Maassen, G. (1968): Einsatz der Röntgenfluoreszenzanalyse im N.E.-Metallhüttenlaboratorium. Vortragstagung Darmstadt: Anwendung der RFA in Industrie und Forschung, 23-32.

Mack, M. und *N. Spielberg* (1958): Statistical factors in X-ray intensity measurements. Spectrochim. Acta **B 12**, 169-178.

Maddox, W.E., Duobinis-Gray, L., D.A. Owen und *J.B. Sickel* (1990): X-Ray Flourescence Analysis of Trace Metals in the Annual Growth Layers of Freshwater Mussel Shells. Advances in X-Ray Analysis **33**, 665-672.

Mahan, K.I. und *D.E. Leyden* (1982): Techniques for the preparation of lithium tetraborate fused single multielement standards. Adv. X-Ray Anal. **25**, 95-102.

Mangelson, N.F., M.X. Hill, K.K. Nielson und *J.F. Ryder* (1977): Proton Induced X-Ray Emission Analysis of Biological Samples: Some Approaches and Applications. Nucl. Instr. Meth. **142**, 133-142.

Mantler, M. (1993): Quantitative XRFA of light elements by the fundamental parameter method. Advances in X-Ray Analysis **36**, 27-33.

Mantler, M. (1982): A new method for quantitative X-ray fluorescence analysis of mixtures of oxides or other compounds by empirical parameter methods. Adv. X-Ray Anal. **26**, 351-354.

Mantler, M. (1974): Zur experimentellen Bestimmung von Massenschwächungskoeffizienten mittels Röntgenfluoreszenz und variabler Strahlengeometrie. X-Ray Spectrom. **3**, 90-98.

Mantler, M. und *H. Ebel* (1980): X-Ray Fluorescence Analysis Without Standards. X-Ray Spectrom. **9**, 146-149.

Margolyn, E.M., S.I. Ashkenazy, I.A. Fedoseev und *A.M. Shilnykov* (1991): Energy-Dispersive X-Ray Fluorescence Analysis in Ecology: Problems and Decisions. X-ray Spectrom. **20**, 45-50.

Markowicz, A., P. Van Dyck und *R. Van Grieken* (1980): Radiometric diameter concept and exact intensities for spherical particles in X-ray fluorescence analysis. X-Ray Spectrom. **9**, 52-56.

Marotz, R. (1977): Analyse nichtmetallischer Substanzen zur Prozeßkontrolle bei der Stahlproduktion. Vortrag GDCh-Fortbildungskurs Nr. 50/77, Kassel.

Marsal, D. (1979): Statistische Methoden für Erdwissenschaftler. 2. Auflage. E. Schweizerbart'sche Verlagsbuchhandlung, Stuttgart.

Mathies, J.C. (1974): X-ray Spectrographic Microanalysis of Human Urine for Arsenic. Appl. Spectroscopy **28**, 165-170.

Mathiesen, J.M. (1974): Quantifications of sub-microgram elemental concentrations using micro-dot samples. Adv. X-Ray Anal. **17**, 318-324.

Mathieson, A.M. (1977): A Procedure to Increase Signal in X-Ray Spectrometry. X-Ray Spectrom. **6**, 176.

Matsumoto, K. und *K. Fuwa* (1979): Major and trace elements determination in geological and biological samples by energy-dispersive X-ray fluorescence spectrometry. Anal. Chem., **51**. 2355-2358.

McBratney, A.B., R. Webster und *T.M. Burgess* (1981): The Design of Optimal Sampling Schemes for Local Estimation and Mapping of Regionalized Variables. I. Theory and Method. Comput. Geosci. **7**, 331-334.

McBratney, A.B. und *R. Webster* (1981): The Design of Optimal Sampling Schemes for Local Estimation and Mapping of Regionalized Variables. II. Program and Examples. Comput. Geosci. **7**, 335-365.

McCall, Jr., J.M., D.E. Leyden und *C.W. Blount* (1971): Rapid Determination of Heavy Elements in Organometallic Compounds Using X-Ray Fluorescence. Anal. Chem. **43**, 1324-1325.

McCarthy, T.S. und *L.H. Ahrens* (1972): Chemical sub-groups amongst HL chondrites. Earth. Planet. Sci. Lett. **14**, 97-102.

McCarthy, T.S, L.H. Ahrens und *A.J. Erlank* (1972): Further evidence in support of the mixing model for howardite origin. Earth Planet. Sci. Lett. **15**, 86-93.

Mencik, Z. (1975): Note on the Accuracy Involved in the Use of Effective Mass Absorption Coefficients in X-Ray Fluorescence Analysis with Polychromatic Radiation. X-Ray Spectrom. **4**, 108-113.

Menu, M., T.Calligaro, J. Salomon, G. Amsel und *J. Moulin* (1990): The Dedicated Accelerator-based IBA Facility AGLAE at the Louvre. Nucl. Instr. Meth. Phys. Res. **B45**, 610-614.

Metals Handbook (1973): Volume 8.

Michaelis, W. (1987): Entwicklung und Stand der Totalreflexions-Röntgenfluoreszenzanalyse. In: Michaelis, W. und A. Prange (Hrsg.): Totalreflexions-Röntgenfluoreszenzanalyse. GKSS-Forschungszentrum Geesthacht, 7-18.

Michaelis, W. (1986): Multielement analysis of environmental samples by total-reflection X-ray fluorescence spectrometry, neutron activation analysis and inductively coupled plasma optical emission spectroscopy. Fresenius Z. Anal. Chem. **324**, 662-671.

Michaelis, W., H.-U. Fanger, R. Niedergesäß und *H. Schwenke* (1985): Intercomparison of the multielement analytical methods TXRF, NAA and ICP with regard to trace element determinations in environmental samples. In: Sansoni, B. (Hrsg.): Instrumentelle Multielementanalyse. VCH, Weinheim, 693-709.

Miller, L.E. und *H.J. Abplanalp* (1980): Energy-dispersive X-Ray Fluorescence (EDXRF) Analysis as a Reliable Nondestructive Industrial Tool. Adv. X-Ray Anal. **23**, 157-161.

Mills, J.C. und *C.B. Belcher* (1978): Quantitative X-Ray Spectrometric Analyses with a Gold Tube Attachment. X-Ray Spectrom. **7**, 138-144.

Mills, J.C., K.E. Turner, P.W. Roller und *C.B. Belcher* (1981): Direct Determination of Trace Elements in Coal: Wavelength-dispersive X-Ray Spectrometry with Matrix Correction Using Compton Scattered Radiation. X-Ray Spectrom. **10**, 131-137.

Mori, S. und *M. Mantler* (1993): Application of the fundmental parameter method to analyses of light element compounds considering the scattering effects. Advances in X-Ray Analysis **36**, 47-57.

Mudroch, A. und *O. Mudroch* (1977): Analysis of Plant Material by X-Ray Fluorescence Spectrometry. X-Ray Spectrom. **6**, 215-217.

Müller, R.O. (1967): Spektrochemische Analysen mit Röntgenfluoreszenz. R. Oldenbourg Verlag, München — Wien.

Muia, L.M., F.L. Razafindramisa und *R.E. van Grieken* (1991): Total reflection X-ray fluorescence analysis using an extended focus tube for the determination of dissolved elements in rain water. Spectrochim. Acta **46B**, 1421-1427.

Muia, L. und *R. van Grieken* (1991): Determination of rare earth elements in geological materials by total reflection X-ray fluorescence. Anal. Chim. Acta **251**, 177-181.

Mukhtar, S., S.J. Haswell, A.T. Ellis und *D.T. Hawke* (1991): Application of Total-reflection X-ray Fluorescence Spectrometry to Elemental Determinations in Water, Soil and Sewage Sludge Samples. Analyst **116**, 333-338.

Munnik, F., P.H.A. Mutsaers, E. Rokita und *M.J.A. de Voigt* (1991): PIXE and Micro-PIXE Studies of Exogenous Element Distributions in Animal Organs. X-Ray Spectrom. **20**, 283-286.

Murata, M. (1973): Analysis of manganese-zinc ferrite by an X-ray fluorescence method. X-Ray Spectrom. **2**, 111-113.

Murata, M. und *M. Noguchi* (1974): An ion exchanger-epoxy resin pelletization method for sample preparation in X-ray fluorescence analysis — Micro analysis of metal ions in industrial waste water. Anal. Chim. Acta, **71**, 295-302.

Musket, R.G. (1979): Energy-dispersive X-ray analysis for Carbon on and in Steels. Adv. X-Ray Anal., **22**, 401-410.

Myers, J.C. und *R.C. Bryan* (1984): Geostatistics Applied to Toxic Waste. A Case Study. In: Verly, G., M.David, A.G.Journel und A.Marechal (Hrsg.): Geostatistics for Natural Sources Characterization. D.Reidel Publ. Comp., Dordrecht, Holland, 893-901.

Natelson, S., D.R. Leighton und *C. Calas* (1962): Assay for the Elements Chromium, Manganese, Iron, Cobalt, Copper and Zinc Simultaneously in Human Serum and Sea Water by X-Ray Spectrometry, Microchem. J. **6**, 539-556.

Natelson, S. und *B. Sheid* (1961): X-Ray Spectrometric Determination of Strontium in Human Serum and Bone. Anal. Chem. **33**, 396-401.

Natelson, S. und *S.L. Bender* (1959): X-Ray Fluorescence (Spectroscopy) as a Tool for the Analysis of Submicrogram Quantities of the Elements in Biological Systems. Microchem. J. **3**, 19-34.

Neff, H. (1976): Quantitative Bestimmung von Spurenelementen in Gesteinen mit Hilfe der energiedispersiven Röntgenfluoreszenzanalyse. Siemens-Zeitschrift **50**, 402-405.

Nesbitt, R.W., H. Mastins, G. Stotz und *R.D. Bruce* (1976): Matrix corrections in trace element analysis by X-ray fluorescence: An extension of the Compton scattering technique to long wavelengths. Chem. Geol., **18**, 203-213.

Neumann, C. und *P.Eichinger* (1991): Ultra-trace analysis of metallic contaminants on silicon wafer surfaces by vapour phase decomposition/total reflection X-ray fluorescence (VDP/TXRF). Spectrochim. Acta **46B**, 1369-1377.

Nicholson, W.A.P. und *T.A. Hall* (1973): X-ray fluorescence microanalysis of thin biological specimens. J. Phys. E Sci. Instr. **6**, 781-784.

Nicolosi, J.A. (1986): The use of LSM for quantitative analysis of elements boron to magnesium. Advances in X-Ray analysis **30.**

Nicolosi, J.A., J.P. Groven und *D. Merlo* (1987): The use of layered synthetic microstructures for quantitative analysis of elements: Boron to Magnesium. Advances in X-Ray analysis **32**, 183-192.

Nielson, K.K. (1978): Application of Direct Peak Analysis to Energy-dispersive X-Ray Fluorescence Spectra. X-Ray Spectrom., **7**, 15-22.

Nielson, K.K. und *V.C. Rogers* (1986): Particle size effects in geological analyses by X-Ray fluorescence. Advances in X-Ray analysis **29**, 587-592.

Nielson, K.K. und *R.W. Sanders* (1983): Multielement analysis of unweighed biological and geological samples using back-scatter and fundamental parameters. Adv. X-Ray Anal. **26**, 385-390.

Nissenbaum, J., A. Holzer, M. Roth und *M. Schieber* (1981): X-Ray Fluorescent Analysis of high Z materials with mercuric iodide room temperature detectors. Adv. X-Ray Anal. **24**, 303-309.

Norman, M.D., W.P. Leeman, B.P. Blanhard, I.G. Fitton und *D. James* (1989): Comparison of major and trace element analyses by ICP, XRF, INAA and ID methods. Geostandards Newsletter **13**, 283-290.

Norrish, K. und *J.T. Hutton* (1977): Plant Analyses by X-Ray Spectrometry: I. Low Atomic Number Elements, Sodium to Calcium. X-Ray Spectrom. **6**, 6-11.

Norrish, K. und *J.T. Hutton* (1969): An accurate X-ray spectrographic method for the analysis of a wide range of geological samples. Geochim. Cosmochim. Acta **33**, 431-453.

Norrish, K. und *B. Chappell* (1967): X-ray Fluorescence Spectrography. In: J. Zussman (Ed.): Physical methods in determinative mineralogy. Academic Press, London — New York, 161-214.

Nuclear Semiconductor Application's Laboratory Report (1976a): Study of Precision of Measurements on Metal Samples. CAL-29, 8p.

Nuclear Semiconductor Application's Laboratory Report (1976b): Analysis of Biological Materials with the Spectrace TM 440: dried Liver and Blood Analysis. CAL-38, 6p.

O'Connor, B.H., G.C. Kerrigan, W.W. Thomas und *R. Gasseng* (1975): Analysis of the heavy element content of atmospheric particulate fractions using X-ray fluorescence spectrometry. X-Ray Spectrom. **4**, 190-195.

Ohno, K., J. Fujiwara und *I. Morimoto* (1980): X-ray fluorescence analysis without standards of small particles extracted from superalloys. X-Ray Spectrom. **9**, 138-142.

Ojeda, N., E.D. Greaves, J. Alvarado und *L. Sajo-Bohus* (1993): Determination of V, Fe, Ni and S in petroleum crude oil by total-reflection X-ray fluorescence. Spectrochim. Acta **48B**, 247-253.

Olson, E.C. und *J.W. Shell* (1960): The Simultaneous Determination of Traces of Selenium and Mercury in Organic Compounds by X-Ray Fluorescence. Anal. Chim. Acta **23**, 219-224.

Okamoto, T., S. Yamashita, T. Yamaguchi und *H. Wakita* (1990): EXAFS Measurement with Laboratory Equipment: Problems and their Countermeasures. X-Ray Spectrom. **19**, 15-22.

Ortec Analysis Report (1975): Multielement Analysis of Pharmaceuticals using Tube Excited Fluorescence Analysis. EG und G, Ortec, Oak Ridge, Ohio, USA, 28p.

Ortec Application Laboratory Report (1976): Chemical Analysis of Soil Samples. EG und G, Ortec, Oak Ridge, Ohio, USA, 7p.

Ortec TEFA Analysis Report (1977a): Analysis of the Palladium Concentration in Printed Circuit Boards and Catalysts Powder by Energy-dispersive X-Ray Fluorescence. EG und G, Ortec, Oak Ridge, Ohio, USA, 32p.

Ortec TEFA Analysis Report (1977b): Silica in Polyethylene. EG und G, Ortec, Oak Ridge, USA, 9p.

Ortec TEFA Analysis Report (1975a): Multielement Analysis of Manganese Nodules Using Tube Excited X-Ray Fluorescence Analysis. EG und G, Ortec, Oak Ridge, Ohio, USA, 6p.

Ortec TEFA Analysis Report (1975b): Multielement Analysis of Manganese Ore Blends Using Tube Excited Energy Dispersive X-Ray Fluorescence Analysis. EG und G, Ortec, Oak Ridge, Ohio, USA, 9p.

Ortec TEFA Analysis Report (1975c): Multielement Analysis of Aerosols deposited on filter paper using tube excited X-Ray Fluorescence Analysis. EG und G, Ortec, Oak Ridge, Ohio, USA, 12p.

Ortec X-Ray Fluorescence Application Studies (1978): Qualitative Analysis of Engine Oil Filters by Energy Dispersive X-Ray Fluorescence. EG und G, Ortec, Oak Ridge, Ohio, USA, 7p.

Ortec X-Ray Fluorescence Application Studies (1977a): Fuel Oils, Hydrocarbons, and Boiler Deposits. EG und G, Ortec, Oak Ridge, Ohio, USA, 15p.

Ortec X-Ray Fluorescence Application Studies (1977b): Analysis of Crude Oil by Energy Dispersive X-Ray Fluorescence. EG und G, Ortec, Oak Ridge, Ohio, USA, 15p.

Ortec X-Ray Fluorescence Application Studies (1977c): Analysis of Oil by Energy Dispersive X-Ray Fluorescence. EG und G, Ortec, Oak Ridge, Ohio, USA, 7p.

Ortec X-Ray Fluorescence Application Studies (1977d): Minimum Detectable Limits of Geological Material. EG und G, Ortec, Oak Ridge, Ohio, USA, 10p.

Ortec X-Ray Fluorescence Application Studies (1976a): Quantative Determination of Sulfur in Oil and Determination of Minimum Detectable Concentration. EG und G, Ortec, Oak Ridge, Ohio, USA, 4p.

Ortec X-Ray Fluorescence Application Studies (1976b): Chemical Analysis of Ni-Cr-Co-W Alloys by Energy Dispersive X-Ray Fluorescence. EG und G, Ortec, Oak Ridge, Ohio, USA, 4p.

Ortner, H.M., E. Lassner und *P. Hertroys* (1975): Experiences with automated X-ray fluorescence spectrometry in the analysis of refractory metals. X-Ray Spectrom. **4**, 2-10.

Packer, L.L., M.L. Jarvinen und *H. Sipilä* (1985): Application of Penning Mixture Proportional Counters for Gas Turbine Engine X-ray Fluorescence Spectrometer Wear Metal Monitor. Anal. Chem. **57**, 1427-1433.

Palme, C. und *E. Jagoutz* (1977): Application of the Fundamental Parameter Method for the Determination of Major and Minor Elements on Fused Geological Samples with X-ray Fluorescence Spectrometry. Anal. Chem. **49**, 717-722.

Pandey, H.D., R. Haque und *V. Ramaswamy* (1981): Use of Compton Scattering in X-Ray Fluorescence for Determination of Ash in Indian Coal. Adv. X-Ray Anal. **24**, 323-336.

Paris, E., A. Mottana, G. Della Ventura und *J.-L. Robert* (1993): Titanium valence and coordination in synthetic richterite - Ti-richterite amphiboles. A synchroton-radiation XAS study. Eur. J. Mineral. **5**, 455-464.

Parker, P.J. (1978): An iterative method for determining background intensities used in XRF calibration lines for flux-fusion silicate analysis. X-Ray Spectrom. **7**, 38-43.

Parker, W.C. und *J.J. LaBreque* (1982): Some Elemental Determinations of Catalytic Materials using a Thin-Film Internal Standard Technique by Radioisotope excited X-Ray Fluorescence. Adv. X-Ray Anal. **25**, 151-155.

Parus, J., J. Kierzek, T. Zoltowski, G. Kuc und *W. Ratynski* (1979): Determination of solids content in slurries by X-ray scattering. Adv. X-Ray Anal., **22**, 411-417.

Paserat, F. (1977): Einsatz der RFA bei Herstellung und Verarbeitung von Cu-Legierungen. Vortrag GDCh-Fortbildungskurs Nr. 50/77, Kassel.

Paserat, F. (1968): Einsatz der Röntgenfluoreszenzanalyse in einem Messinghalbzeugwerk. Vortragstagung Darmstadt: Anwendung der RFA in Industrie und Forschung, 33-40.

Pavicevic, M.K., D. Timotijevic und *G. Amthauer* (1993): Electron configuration of the valence and the conduction band of magnetite (Fe_3O_4) and hematite (α-Fe_2O_3). Inst. Phys. Conf. Ser. **130**, 101-104.

Pavicevic, M., P.Ramdohr und *A.El Goresy* (1972): Electron microprobe investigations of the oxidation states of Fe and Ti in ilmenite in Apollo 11, Apollo 12, and Apollo 14 crystalline rocks. Proc. 3rd Lun. Sci. Conf. (Suppl. 3, Geochim. Cosmochim. Acta) **1**, 295-303.

Pepelnik, R., B. Erbslöh, W. Michaelis und *A. Prange* (1993): Determination of trace element deposition into a forest ecosystem using total-reflection X-ray fluorescence. Spectrochim. Acta **48B**, 223-229.

Perera, R.C.C. und *B.L. Henke* (1980): Multilayer X-Ray Spectrometry in the 20-80 Å Region: A Molecular Orbital Analysis of CO and CO_2 in the Gas and Solid States. X-Ray Spectrom. **9**, 81-89.

Pfundt, H. (1977): Analyse von Rohstoffen, Hilfsstoffen und Zwischenprodukten zur Steuerung der Aluminiumproduktion. Vortrag GDCh-Fortbildungskurs Nr. 50/77, Kassel.

Philips Bulletin (1973): The analysis of aerosols using an X-ray sequential, semi-automatic spectrometer. Bulletin f. analyt. equipm. 17.7000.38.5120.11.

Philips scientific and analytical equipment (1965): X-ray spectrochemical analysis of cast iron. Philips Bull. 79.177/FS2.

Pinkerton A., K. Norrish und *P.J. Randall* (1990): Determination of Forms of Sulphur in Plant Material by X-Ray Fluorescence Spectrometry. X-Ray Spectrom. **19**, 63-66.

Pinta, M. (1978): X-Ray Fluorescence Spectrometry. In: Modern Methods for Trace Element Analysis. Ann Arbor Science Publ. Inc., Michigan, 297-350.

Piorek, S. (1990): XRF technique as a method of choice for on-site analysis of soil contaminants and waste material. Advances in X-Ray Analysis **33**, 639-645.

Platbrod, G. (1985): Graphical Comparison od Mathematical Models for Quantitative X-ray Fluorescence Analysis of Cobalt Alloys. Anal. Chem. **57**, 2541-2544.

Plesch, R. (1988): Die bivalente Fehlerschätzung in der Röntgenspektometrie. Fresenius Z. Anal. Chem. **332**, 232-236.

Plesch, R. (1986): Die reziproke Auswertung in der Röntgenspektrometrie. Fresenius Z. Anal. Chem. **325**, 686-690.

Plesch, R. (1985): Die Korrektur der Sekundärfluoreszenz in der Röntgenspektrometrie. Fresenius Z. Anal. Chem. **321**, 748-752.

Plesch, R. (1982): Der Korrelationskoeffizient — Prüfgröße der Analytik?. GIT Fachz. Lab. **26**, 1040-1044.

Plesch, R. (1981a): Zur Praxis der Matrixkorrektur in der Röntgenspektrometrie. Fresenius Z. Anal. Chem. **305**, 358-363.

Plesch, R. (1981b): Comparison of Different Methods for the Matrix Correction in X-Ray Spectrometry. X-Ray Spectrom. **10**, 193-195.

Plesch, R.: Langzeitanalysen an geologischen Standards mit dem Siemens-Sequenz-Röntgenspektrometer. Siemens Analysentechn. Mitt. Nr. 248.

Plesch, R. (1980): Hilfsmethoden der Matrixkorrektur in der Röntgenspektrometrie. Fresenius Z. Anal. Chem. **302**, 393-397.

Plesch, R. (1979a): Die Restmatrix in der Röntgenspektrometrie. Fresenius Z. Anal. Chem. **296**, 266-269.

Plesch, R. (1979b): Automatische Verlustkorrekturen bei der Röntgenanalyse oxidischer Stoffe. TIZ Fachberichte **103**, 332-334.

Plesch, R.(1979c): Automatische Filterkorrekturen in der Röntgenspektrometrie partikularer Substanzen. Fresenius Z. Anal. Chem. **294**, 112-116.

Plesch, R. (1979d): Automatische Korrektur von Korngrößeneffekten in der Röntgenspektrometrie. Siemens Energietechnik **1**, 75-77.

Plesch, R. (1979e): Analytische Eigenschaften des Druckaufschlusses organischer Substanzen. Fresenius Z. Anal. Chem. **298**, 400-403.

Plesch, R. (1978): Praktische Fehlertheorie der Röntgenspektrometrie. X-Ray Spectrom. **7**, 156-159.

Plesch, R. (1977a): Reply to the comments of W.K. de Jongh. X-Ray Spectrom. **6**, 224-225.

Plesch, R. (1977b): Der Einfluß der Standards auf den Fehler der Röntgenanalyse. Siemens Analysentechn. Mitt. Nr. 205.

Plesch, R. (1977c): Energie- oder Wellenlängendispersive Röntgenanalyse in der Zementindustrie. Zement-Kalk-Gips, 279-281.

Plesch, R. (1977d): Röntgenanalyse dünner Proben im Rahmen des Umweltschutzes. Siemens Analysentechn. Mitt. Nr. 197.

Plesch, R. (1976a): Empirical Matrix Corrections in Practical X-Ray Spectroscopy. X-Ray Spectrom. **5**, 142-148.

Plesch, R. (1976b): Die hybride Matrixkorrektur in der Röntgenspektrometrie. X-Ray Spectrom. **5**, 204-207.

Plesch, R. (1976c): Synthetische Ersatzstandards in der Röntgenspektrometrie. Siemens Analysentechn. Mitt. Nr. 191.

Plesch, R.: Verwendung des Mehrkanal-Röntgenspektrometers MRS 300 für die Luftüberwachung. Siemens Analysentechn. Mitt. Nr. 183.

Plesch, R. (1975): Röntgenanalyse im Umweltschutz. Siemens Analysentechn. Mitt. Nr. 164.

Plesch, R. (1974a): Der nichtlineare Ausgleich in der Röntgenspektrometrie. Z. Anal. Chem. **272**, 6-10.

Plesch, R. (1974b): Eine einfache Matrixkorrektur für die Röntgenspektrometrie. Z. Anal. Chem. **272**, 262-267.

Plesch, R. und *B. Thiele* (1979): Leistungsfähige Matrixkorrektur in der Röntgenspektrometrie. Anal. Chim. Acta **112**, 75-82.

Pötzl, K. und *H.J. Kanter* (1980): Ein neues Verfahren zur Herstellung von Eichstandards für die Röntgenfluoreszenzanalyse von Aerosolen. Vortragsreferat 8. Conf. Aerosols in Science, Medicine and Technology, Wien.

Pohl, H. und *R. Oberhauser* (1978): German Standards of Iron Ores. Geostandards Newsletter **2**, 27-30.

Porter, D.E. (1973): High Intensity Excitation Sources for X-Ray Energy Spectroscopy. X-Ray Spectrom. **2**, 85-89.

Potts, P.J. (1987): A Handbook of Silicate Rock Analysis, Chapter 8: X-ray fluorescence analysis: principles and practice of wavelength dispersive spectrometry.

Potts, P.J. und *P.C. Webb* (1992): X-Ray fluorescence spectrometry. Journal of Geochemical Exploration **44**, 251-296.

Pouchou, J.L. und *F. Pichoir* (1984): A New Model for Quantitative X-Ray Microanalysis, Part I: Application to the Analysis of Homogeneous Samples. Rech. Aérosp. 1984-3, 13-38.

Prange, A. (1993): Totalreflexions-Röntgenfluoreszenz. Nachr. Chem. Tech. Lab. **41**, 40-45.

Prange, A. (1989): Total reflection X-ray spectrometry: method and applications. Spectrochim Acta **44B**, 437-452.

Prange, A. (1987): Totalreflexions-Röntgenfluoreszenzanalyse. GIT Fachz. Lab, **31**, 513-526.

Prange,A., H. Böddeker und *K. Kramer* (1993): Determination of trace elements in river-water using total-reflection X-ray fluorescence. Spectrochim. Acta **48B**, 207-215.

Prange, A., K. Kramer und *U. Reus* (1993): Boron nitride sample carriers for total-reflection X-ray fluorescence. Spectrochim. Acta **48B**, 153-161.

Prange, A. und *H. Schwenke* (1992): Trace element analysis using total-reflection X-ray fluorescence spectrometry. Adv. X-Ray Anal. **35**, 899-923.

Prange, A. und *K. Kramer* (1991): Determination of trace element impurities in ultrapure reagents by total reflection X-ray spectrometry. Spectrochim. Acta **46B**, 1385-1393.

Prange, A. und *K. Kramer* (1987): Aufbereitung von wässrigen Proben zur Bestimmung von Schwermetallen mit Hilfe der TRFA. In: Michaelis, W. und A. Prange (Hrsg.): Totalreflexions-Röntgenfluoreszenzanalyse. GKSS-Forschungszentrum Geesthacht, 48-50.

Price, B.J., J. Padur und *H.B. Robson* (1991): A review of the relative merits of low powered WDXRF and EDXRF spectrometers for routine quantitative analysis. Advances in X-Ray Analysis **34**, 193-199.

Provost, L.P. (1984): Statistical Methods in Environmental Sampling. In: Schweitzer, G.E. und J.A. Santolucito (Hrsg.): Environmental Sampling for Hazardous Wastes. American Chemical Society, Washington D.C., 79-96.

Prumbaum, R. (1978): Möglichkeiten zur Untersuchung von Schlacken und Feuerfeststoffen mittels Röntgenfluoreszenzanalyse. Siemens Analysentechn. Mitt. Nr. 252.

Purdham, J.T., O.P. Strausz und *K.I. Strausz* (1975): X-Ray Fluorescence Spectrometric Determination of Gold, Bromine, and Iodine in Biological Fluids. Anal. Chem. **47**, 2030-2032.

Puumalainen, P. (1977): X-Ray Tube Excited Fluorescence Method using Critical Absorbers. X-Ray Spectrom. **6**, 80-82.

Quatieri, S., G. Antonioli, G. Artioli und *P.P. Lottici* (1993): XANES study of titanium coordination in natural diopsidic pyroxenes. Eur. J. Mineral. **5**, 1101-1109.

Raab, G.A., C.A. Kuharic, W.H. Cole III, R.E. Euwall und *J.S. Duggan* (1990): The use of field-portable X-Ray fluorescence technology in the hazardous waste industry. Advances in X-Ray Analysis **33**, 629-637.

Raith, B., M. Roth, K. Göllner, B. Gonsior, H. Ostermann und *C.D. Uhlhorn* (1977): Trace element analysis by ion induced X-ray emission spectroscopy. Nucl. Instr. Meth. **142**, 39-44.

Rajeev und *J. Muralbiolhar* (1989): Determination of Manganese in High-Chromium steels by X-Ray Fluorescence Spectrometry. X-Ray Spectrometry **18**, 211-214.

Rao, N.V., C.V. Raghavaiah, G. Satyanarayana und *D.L. Sastry* (1987): Elemental Analysis of Coal Ash Using Energy-Dispersive X-Ray Fluorescence. X-Ray Spectrom. **16**, 147-150.

Rasberry, S.D. und *K.F.J. Heinrich* (1976): Referat Colloquium Spectroscopicum Internationale XVI. Heidelberg.

Rasberry, S.D. und *K.F.J. Heinrich* (1974): Calibration for Interelement Effects in X-Ray Fluorescence Analysis. Anal. Chem. **46**, 81-89.

Rayburn, K.A. (1968): Elemental analysis of cracking catalysts by X-ray fluorescence. Anal. Chem. **22**, 726-729.

Reed, D.J. und *A.H. Gillieson* (1972): X-ray fluorescence applied to the on-stream analysis of sulphide ore fractions.X-Ray Spectrom. **1**, 69-80.

Reimer, L. und *G. Pfefferkorn* (1973): Rasterelektronenmikroskopie. Springer, Berlin — Göttingen — Heidelberg — New York.

Renault, J. (1980): Rapid Determination of Ash in Coal by Compton Scattering, Ca, and Fe X-Ray Fluorescence. Adv. X-Ray Anal. **23**, 45-55.

Reus, U. (1991): Determination of trace elements in oils and greases with total reflection X-ray fluorescence: sample preparation methods. Spectrochim. Acta **46B**, 1403-1411.

Reus, U., B. Markert, C. Hoffmeister, D. Spott und *H. Guler* (1993): Determination of trace metals in river water and suspended solid by TXRF spectrometry. Fresenius J. Anal. Chem. **347**, 430-435.

Rhodes, J.M., J.B. Adams, D.P. Blanchard, M.P. Charette, K.V. Rodgers, J.W. Jacobs, J.C. Brannon und *L.A. Haskin* (1975): Chemistry of agglutinate fractions in lunar soils. Proc. Lunar Sci. Conf. 6th, Geochim. Cosmochim. Acta Suppl. **6**, 2291-2307.

Rhodes, J.R. und *C.B. Hunter* (1972): Particle Size Effects in X-Ray Emission Analysis — Simplified Formulae for Certain Practical Cases. X-Ray Spectrom., **1**, 113-117.

Riddle, C. (1993): Analysis of geological materials. Marcel Dekker, Inc., N.Y.

Rigaku (1979): The use of fluorescent X-ray spectroscopy in environmental protection. Rigaku Industrial Corporation Report 3000-C10AD1E.

Rinaldi, F.F. und *P.E. Aguzzi:* X-ray spectrographic analysis of iron bearing materials in a pyrite-processing plant. Philips scientific and anal. equipm. bulletin Nr. 79.177.

Ristic, M.M. und *M.K. Pavicevic* (1982): The influence of electronic structure and interatomic bond on X-ray emission spectra of aluminium in Ni-Al_2O_3 system. Bulletin T. LXXXI de l'Academie Serbe des Sciences et des Arts, Belgrad. Classe des Sciences techniques **20**, 71-78.

Robens, E. (1977): Zertifizierte Referenzmaterialien und genormte Meßmethoden für feinteilige und poröse Substanzen. Sprechsaal **110**, 716-719.

Rose, H.J., I. Adler und *F.J. Flanagan* (1963): Use of La_2O_3 as a heavy absorber in the X-ray fluorescence analysis of silica rocks. US geol. Surv. prof. paper 450-B, 80.

Rousseau, R. und *F. Claisse* (1974): Theoretical Alpha Coefficients for the Claisse-Quintin Relation for X-Ray Spectrochemical Analysis. X-Ray Spectrom. **3**, 31-36.

Russ, J.C. (1978): Getting accurate intensity values from energy dispersive X-ray spectra using fixed energy windows. Adv. X-Ray Anal. **21**, 221-227.

Russ, J.C. (1977): Processing of energy dispersive X-ray spectra. Adv. X-Ray Anal. **20**, 487-496.

Russ, J.C. (1972): Quantitative Results with X-Ray Fluorescence Spectrometry using Energy Dispersive Analysis of X-Rays. X-Ray Spectrom. **1** ,119-123.

Russ, J.C., R. Jenkins, R.B. Shen und *A.O. Sandborg* (1978): Verification of stability and precision for energy dispersive XRF systems. Adv. X-Ray Anal., **21**, 229-240.

Ryon, R.W., J.D. Zahrt, P. Wobranscheck und *H. Aiginger* (1982): The use of polarized X-rays for improved detection limits in energy dispersive X-ray spectrometry. Adv. X-Ray Anal. **25**, 63-74.

Ryon, R.W. und *J.D. Zahrt* (1979): Improved X-ray fluorescence capabilities by excitation with high intensity polarized X-rays. Adv. X-Ray Anal. **22**, 453-460.

Sakurai, K. und *A. Iida* (1990): Near-surface chemical characterization using grazing incidence X-ray fluorescence. Advances in X-Ray Analysis **33**, 205-211.

Salazar, A. (1992): Glass Fibre Filter for Analysis of Aerosol Particles using Energy Dispersive X-ray Fluorescence. X-Ray Spectrom. **21**, 143-148.

Samuels, L.E. (1971): Metallurgical Polishing by Mechanical Methods. Elsevier, Amsterdam.

Samuelson, M.L. und *S.B. McConnell* (1991): X-Ray fluorescence analysis of high-density brines using a Compton scattering ratio technique. Advances in X-Ray Analysis **34**, 285-292.

Sandborg, A.O. und *J.C. Russ* (1977): Counting rate performance of pulsed-tube systems. Adv. X-Ray Anal. **20**, 547-554.

Sanders, S.C., J.D. Zahrt und *G. Bell* (1982): Trace and minor element analysis of obsidian from the San Francisco volcanic field using X-ray fluorescence. Adv. X-Ray Anal. **25**, 121-125.

Sato, H. (1978): Fluorescent X-ray analysis of iron ore and the like by glass bead technique. Transactions of the Iron and Steel Insitute of Japan **18**, 721-727.

Schirmacher, M., P. Freimann, D. Schmidt und *G. Dahlmann* (1993): Trace metal determination by total-reflection X-ray fluorescence (TXRF) for the differentiation between pure fuel oil (bunker oil) and waste oil (sludge) in maritime shipping legal cases. Spectrochim. Acta **48B**, 199-205.

Schlotz, R.(1990): Methoden zur Bestimmung von Sulfat- und Sulfid-Anteilen in Zementproben mit Hilfe der Röntgenfluoreszenzanalyse (RFA). Siemens Analysentechnische Mitteilungen 322.

Schmidt, D., W. Gerwinski und *I. Radke* (1993): Trace metal determinations by total-reflection X-ray fluorescence analysis in the open Atlantic Ocean. Spectrochim. Acta **48B**, 171-181.

Schneider, I. und *R. Härtel* (1987): Anwendung der TRFA zur Multielementanalytik von Proben aus der Müllverbrennung. In: Michaelis, W. und A.Prange (Hrsg.): Totalreflexions-Röntgenfluoreszenzanalyse. GKSS-Forschungszentrum Geesthacht, 71-73.

Schönfelder, V., A. Hirner und *K. Schneider* (1973): A Telescope for Soft Gamma Ray Astronomy. Nucl. Inst. Meth. **107**, 385-394.

Schuster, M. (1991): A total reflection X-ray fluorescence spectrometer with monochromatic excitation. Spectrochim. Acta **46B**, 1341-1349.

Schwenke, H., R. Bormann, J. Knoth und *A. Prange* (1993): Some potential developments for trace element and surface analysis using a grazing incident X-ray beam. Spectrochim. Acta **48B**, 293-299.

Schwenke, H., J. Knoth und *H. Böddeker* (1987): Ein Versuch zur Bewertung der TRFA im Vergleich zu anderen Multielementmethoden an Hand von IAEA-Ringversuchen. In: Michaelis, W. und A.Prange (Hrsg.): Totalreflexions-Röntgenfluoreszenzanalyse. GKSS-Forschungszentrum Geesthacht, 55-59.

Semmler, R.A., R.D. Draftz und *J. Puretz* (1978): Thin Layer Standards for the Calibration of X-Ray Spectrometers. In Dzubay (ed.): X-Ray Fluorescence Analysis of Environmental Samples. Ann Arbor Science, USA, 181-184.

Servant, J.-M., L. Meny und *M. Champigny* (1975): Energy Dispersion Quantitative X-Ray Microanalysis on a Scanning Electron Microscope. X-Ray Spectrom. **4**, 99-107.

Shen, R.B. und *A. Sandborg* (1983): Measurements of Composition and Thickness for Single Layer Coating with Energy Dispersive XRF Analysis. Adv. X-Ray Anal. **26**, 431-436.

Shen, R.B., J. Criss, J.C. Russ und *A.O. Sandborg* (1980): Modified NRLXRF Program for Energy Dispersive X-Ray Fluorescence Analysis. Adv. X-Ray Anal. **23**, 99-110.

Shen, R.B., J.C. Russ und *W. Stroeve* (1979): Modelling Intensity and Concentration in Energy Dispersive X-Ray Fluorescence. Adv. X-Ray Anal., **22**, 385-393.

Sherman, J. (1959): Simplification of a formula in the correlation of fluorescent X-ray intensities from mixtures. Spectrochim. Acta **15**, 466-470.

Sherman, J. (1955): The theoretical derivation of fluorescent X-ray intensities from mixtures. Spectrochim. Acta **7**, 283-306.

Shiraiwa, T. und *N. Fujino* (1974): Theoretical Correction Procedures for X-Ray Fluorescent Analysis. X-Ray Spectrom. **3**, 64-73.

Shiraiwa, T. und *N. Fujino* (1974): Theoretical Calculations of Fluorescent X-Ray Intensities in Fluorescent X-Ray Spectrometric Analysis. Jap. J. Appl. Phys., **5**, 886.

Short, M.A. (1976): Optimum "Windows" in Quantitative Energy Dispersive Analysis. X-Ray Spectrom., **5**, 169-171.

Short, M.A. und *T.G. Gleason* (1982): Performance characteristics of a high resolution Si(Li) detector using a time variant amplifier and a pulsed source of X-rays. Adv. X-Ray Anal. **25**, 45-48.

Short, M.A. und *J. Tabock* (1981): Escape peak intensities in Argon/Methane flow detectors. Adv. X-Ray Anal. **24**, 363-367.

Short, M.A. und *J. Tabock* (1975): X-ray mass absorption coefficient measurements for aluminium in the range 1.9 to 9.9 Å. X-Ray Spectrom. **4**, 119-120.

Shott, Jr., J.E., T.J. Garland und *R.O. Clark* (1961): Determination of Traces of Nickel and Vanadium in Petroleum Distillates. An X-Ray Emission Spectrographic Method Based on A New Rapid-Ashing Procedure. Anal. Chem. **33**, 506-510.

Shrivastava, B.D., S.S. Katre, K. Srinivasulu und *S.K. Joshi* (1993): X-Ray Absortion Near Edge study of some Rare Earth Complexes. X-Ray Spectrom. **22**, 109-113.

Sieber, J.R. und *P.A. Pella* (1986): Improved determination of Cobalt in steel by X-Ray Fluorescence Analysis. X-Ray Spectrometry **15**, 287-288.

Singh, V.K. und *A.R. Chetal* (1993): Determination of Nearest Neighbour Distance of some Nickel Systems from XANES. X-Ray Spectrom. **22**, 86-88.

Singh, M., B.C. Clark, A.J. Dabrowski, J.S. Iwanczyk, D.E. Leyden und A.K. Baird (1981): Background and sensitivity considerations of X-Ray Fluorescence Analysis with a room-temperature mercuric iodide spectrometer. Adv. X-Ray Anal. **24**, 337-343.

Singh, M., A.J. Dabrowsky, G.C. Huth, J.S. Iwanczyk, B.C. Clark und *A.K. Baird* (1980): X-ray fluorescence analysis at room temperature with an energy dispersive mercuric iodide spectrometer. Adv. X-Ray Anal. **23**, 249-256.

Sinner, T., P. Hoffmann und *H.M. Ortner* (1993): Determination of Fe(II) and Fe(III) in small samples by microbore ion chromatography and photometric, atomic absorption spectrometry and total-reflection X-ray fluorescence spectrometry detection. Spectrochim. Acta **48B**, 255-261.

Sipilä, H. (1981): Improving the Detection Limit in Wavelength Dispersive XRF. Adv. X-Ray Anal. **24**, 333-335.

Skillicorn, B. (1982): X-ray tubes for energy dispersive XRF spectrometry. Adv. X-Ray Anal. **25**, 49-57.

Slapa, M., J. Chwaszczewska, J. Jurkowski, G.C. Huth und *A.J. Dabrowski* (1982): Preliminary study of the behavior of HPGe detectors with ion implanted contacts in the ultralow-energy X-ray region. Adv. X-Ray Anal. **25**, 23-30.

Smith, G.D. und *R.L. Maute* (1962): Determination of Catalyst Residues in Polyolefins by X-Ray Emission Spectrometry. Anal. Chem. **34**, 1733-1735.

Smith, H.F. und *R.A. Royer* (1963): Determination of Aluminum in Organo-Aluminum Compounds by X-Ray Fluorescence. Anal. Chem. **35**, 1098-1099.

Smith, R.A. (1982): The use of EDXRF for Liquids in a Uranium-Vanadium Solvent Extraction Process. Adv. X-Ray Anal. **25**, 103-106.

Smith, T.K. (1982): A combined dilution and line-overlap coefficient solution for the determination of Rare Earths in monazite concentrates. Adv. X-Ray Anal. **25**, 133-137.

Smith, T.K. (1980): An Electronic Modification of an Automatic X-Ray Fluorescence Spectrometer with Sample Loader to Increase the Flexibility of the Measurement Sequence. X-Ray Spectrom. **9**, 2-4.

Spatz, R. und *K.H. Lieser* (1979): Optimization of a Spectrometer for Energy-dispersive X-Ray Fluorescence Analysis by X-Ray Tubes in Combination with Secondary Targets for Multielement Determination. X-Ray Spectrom. **8**, 110-113.

Spatz, R. und *K.H. Lieser* (1978): Analysis of Uranium Ores by Energy Dispersive X-Ray Fluorescence. Fresenius Z. Anal. Chem., **293**, 107-109.

Spatz, R. und *K.H. Lieser* (1977): Kritischer Vergleich des Meßbereichs und der Nachweisgrenzen für die EDRFA mit Röhrenanregung und mit Radionuklidanregung am Beispiel von Pulverschüttproben auf Kieselgelbasis. Fresenius Z. Anal. Chem. **288**, 267-272.

Spatz, R. und *K.H. Lieser* (1976): Bestimmung von Spurenelementen in Staubproben durch Röntgenfluoreszenzanalyse mit Radionuklidanregung unter Berücksichtigung der Matrixeffekte. Fresenius Z. Anal. Chem. **280**, 197-200.

Spielberg, N., W. Parrish und *K. Lowitzsch* (1959): Geometry of the non-focusing X-ray fluorescence spectrograph. Spectrochim. Acta **15**, 564-583.

Springett, M.W. (1980): Portable X-ray fluorescence analyzers and their use in an underground exploration program for tin. Adv. X-Ray Anal. **23**, 19-25.

Suchomel, J. und *F. Umland* (1981): Eine neue Auswertemethode der Röntgenfluoreszenzanalyse 3. Mitteilung. Anwendung des inneren Standards. Fresenius Z. Anal. Chem. **307**, 14-18.

Sumartoja, J. und *M.W. Paris* (1980): A method for measuring X-ray mass-absorption coefficients of geological materials. Chem. Geol. **28**, 341-347.

Scheubeck, E., J. Gehring und *M. Pickel* (1979a): Druckaufschlußeinrichtung für die schnelle Aufbereitung von größeren Substanzmengen an Biomaterialien und organischen Substanzen zur analytischen Erfassung von Schwermetallspuren. Fresenius Z. Anal. Chem. **297**, 113-116.

Scheubeck, E., A. Nielsen und *G. Iwantscheff* (1979b): Schnellverfahren für den Aufschluß von größeren Mengen an Biomaterial zur analytischen Erfassung von Schwermetallspuren. Fresenius Z. Anal. Chem. **294**, 398-401.

Schlüng, M. und *A. Köster-Pflugmacher* (1967): Röntgenfluorimetrische Bestimmung von Germanium in organischen und anorganischen Verbindungen. Z. Anal. Chem. **232**, 93-97.

Schönfelder, V., A. Hirner und *K. Schneider* (1973): A telescope for soft gamma ray astronomy. Nucl. Instr. Meth. **107**, 385-394.

Schorin, H. (1982): Quantitative determination of Ga, Zn, Cu, Ni, Mn and Cr by X-ray fluorescence in laterites and bauxites using two evaluation methods. Adv. X-Ray Anal. **25**, 127-131.

Schrey, F. und *P.K. Gallagher* (1977): X-ray fluorescence analysis of some ferrite compositions. Ceram. Bull. **56**, 981-983.

Schroll, E. (1975): Analytische Geochemie, Band I: Methodik. Enke-Verlag, Stuttgart.

Schroeder, B., G. Thompson, M. Sulanowska und *J.N. Ludden* (1980): Analysis of geologic materials using an automated X-ray fluorescence system. X-ray Spectrom. **9**, 198-205.

Schroeder, D. (1972): Bodenkunde in Stichworten. Ferdinand Hirt, Kiel.

Schreiner, W.N. und *R. Jenkins* (1979): Use of a new versatile interactive regression analysis program for X-ray fluorescence analysis. Adv. X-Ray Anal., **22**, 375-384.

Schwander, H. und *F. Gloor* (1980): Zur quantitativen Mikrosondenanalyse von geologischen Proben mittels kombiniertem EDS/WDS. X-Ray Spectrom. **9**, 134-137.

Schwander, H. und *W. Stern* (1969): Zur Analyse von Cordierit. Schweiz. Min. Petrogr. Mitt. **49**, 585-595.

Stanjek, H. (1982): Mineralbestand und Geochemie der Eisenerze der Grube Leonie/Auerbach, Opf. Unveröffentl. Dipl. Arbeit TU München.

Statham, P.J. (1977): Pile-up Rejection: Limitations and Corrections for Residual Errors in Energy-dispersive Spectrometers. X-Ray Spectrom. **6**, 94-103.

Statham, P.J., J.V.P. Long, G. White und *K. Kandiah* (1974): Quantitative Analysis with an Energy--Dispersive Detector using a Pulsed Electron Probe and Active Signal Filtering. X-Ray Spectrom. **3**, 153-158.

Stecher, O. (1981): A Computer Program to Evaluate a Counting Loss Correction Constant in XRF Analysis. X-Ray Spectrom. **10**, 109-112.

Steger, H.F., G.H. Faye, W.S. Bowmann und *R. Sutarno* (1979): New CCRMP reference uranium ore BL-5 and sulfide concentrates CCU-1 and CZN-1. Geostandards Newsletter **3**, 173-176.

Stehr, K.C. (1982): Energy dispersive XRF analysis of lubricating oil additives with secondary target excitation and the EXACT Fundamental Parameters Program. Adv. X-Ray Anal. **25**, 173-176.

Stephenson, D.A. (1969): An improved flux-fusion technique for X-ray emission analysis. Anal. Chem. **41**, 966-967.

Stern, W.B. (1979): Probleme der quantitativen röntgenspektrometrischen Analyse von Hauptkomponenten und Spuren in geologischen Proben. Schweiz. mineral. petrogr. Mitt., **59**, 83-104.

Stern, W.B. (1977): Le dosage du chlore dans quelques géostandards silicatés. Geostand. Newsletter **1**, 181-184.

Stern, W.B. (1976): On trace element analysis of geological samples by X-ray fluorescence. X-Ray Spectrom. **5**, 56-60.

Stern, W.B. (1971): Zur röntgenfluoreszenzanalytischen Untersuchung kleiner Probenmengen. Min. Petrogr. Mitt. **51**, 525-528.

Stern, W.B. (1969): On the chemical composition of anorthoclase from Mt. Kibo/Kilimanjaro (Tanzania). Contr. Mineral. Petrol. **20**, 198-202.

Stern, W.B. und *H.A. Hänni* (1982): Energy Dispersive X-Ray Spectrometry, a non Destructive Tool in Gemmology. J. Gemmol. **18**.

Stern, W.B. und *J.-P. Descoeudres* (1977): X-ray fluorescence analysis of archaic Greek pottery. Archaeometry **19**, 73-86.

Stössel, R.P. und *A.Prange* (1985): Determination of Trace Elements in Rainwater by Total-Reflection X-ray Fluorescence. Anal. Chem. **57**, 2880-2885.

Stone, R.E., F.J. Walter, D.H. Blackburn, P. Pella und *H.W. Kraner* (1981): A Standard Technique for Measuring Window Absorption and Other Efficiency Losses in Seminconductor Energy-dispersive X-Ray Spectrometry. X-Ray Spectrom., **10**, 91-96.

Stork, A.L., D.K. Smith und *J.B. Gill* (1987): Evaluation of geochemical reference standards by X-Ray fluorescence analysis. Geostandards Newsletter **11**, 107-113.

Strasdeit, H., A.-K. Duhme, R. Kneer, M.H. Zenk, C. Hermes und *H.-F. Nolting* (1991): Evidence for Discrete $Cd(SCys)_4$ Units in Cadmium Phytochelatin Complexes from EXAFS Spectroscopy. J. Chem. Soc., Chem. Commun., 1129-1130.

Strasheim, A. und *M.P. Brandt* (1967): A quantitative X-ray fluorescence method of analysis for geological samples using a correction technique for the matrix effects. Spectrochim. Acta **23B**, 193-196.

Strauss, B.H. und *F.P. Valente* (1978): Reliability of Energy Dispersive X-Ray Fluorescence Analysis of Low-Alloy Steels. Adv. X-Ray Anal., **21**, 43-49.

Strausz, K.I., J.T. Pudham und *O.P. Strausz* (1975): X-Ray Fluorescence Spectrometric Determination of Selenium in Biological Materials. Anal. Chem. **47**, 2032-2034.

Streli, C., H. Aiginger und *P. Wobrauschek* (1993): Light element analysis with a new spectrometer for total-reflection X-ray fluorescence. Spectrochim. Acta **48B**, 163-170.

Streli, C., P. Wobrauschek und *H. Aiginger* (1991): A new X-ray tube for efficient excitation of low-Z-elements with total reflection X-ray fluorescence analysis. Spectrochim. Acta **46B**, 1351-1359.

Streli, C., H. Aiginger und *P. Wobrauschek* (1989): Total reflection X-ray fluorescence analysis of low-Z-elements. Spectrochim. Acta **44B**, 491-497.

Strittmatter, R.B. (1982): X-ray fluorescence of intermediate - to high-atomic-number elements using polarized X-rays. Adv. X-Ray Anal. **25**, 75-79.

Sutton, S.R., K.W. Jones, B. Gordon, M.L. Rivers, S. Bajt und *J.V. Smith* (1993): Reduced chromium in olivine grains from Lunar basalt 15555: X-ray Absorption Near Edge Structure (XANES). Geochim. Cosmochim. Acta **57**, 461-468.

Taggart Jr., J.E. und *J.S. Wahlberg* (1980): New mold design for casting fused samples. Adv. X-Ray Anal. **23**, 257-261.

Tertian, R. (1987): The Claisse-Quintin and Lachance-Claisse Alpha Correction Algorithms and their Modifications. A Critical Examination. X-Ray Spectrom. **16**, 261-266.

Tertian, R. (1986): Mathematical Matrix Correction Procedures for X-Ray Fluorescence Analysis. A critical Survey. X-Ray Spectrom. **15**, 177-190.

Tertian, R. (1975): A self-consistent calibration method for industrial X-ray spectrometric analyses. X-Ray Spectrom. **4**, 52-61.

Tertian, R. (1974): Concerning Interelemental Crossed Effects in X-Ray Fluorescence Analysis. X-Ray Spectrom. **3**, 102-108.

Tertian, R. (1973): A New Approach to the Study and Control of Interelement Effects in the X-Ray Fluorescence Analysis of Metal Alloys and Other Multicomponent Systems. X-Ray Spectrom. **2**, 95-109.

Tertian, R. und *R. Claisse* (1982): Principles of Quantitative X-Ray Fluorescence Analysis. Heyden & Son Ltd., London.

Tertian, R. und *R. Géninasca* (1972): Analyse des roches par une méthode de fluorescence X comportant une correction précise pour l'effet interélément. X-Ray Spectrom. **1**, 83-92.

Tertian, R. und *R. Vie le Sage* (1977): Crossed Influence Coefficients for Accurate X-Ray Fluorescence Analysis of Multicomponent Systems. X-Ray Spectrom. **6**, 123-131.

Thomas, W.W. und *J.R. De Laeter* (1972): The analysis of Ni, Ga and Ge in iron meteorites by X-ray fluorescence spectrometry. X-Ray Spectrom. **1**, 143-146.

Tölg, G. und *R. Klockenkämper* (1993): The role of total-reflection X-ray fluorescence in atomic spectroscopy. Spectrochim. Acta **48B**, 111-127.

Tölgyessy, J., E. Havranek und *E. Dejmkova* (1990): Radionuclide X-Ray Fluorescence Analysis with Environmental Applications. In: G.Soekla (Ed.): Wilson and Wilson's comprehensive analytical chemistry. Vol. XXVI, Elsevier Sci. Publ., 282S.

Toussaint, C.J. und *G. Vos* (1964): Quantitative Determination of Carbon in Solid Hydrocarbons Using the Intensity Ratio of Incoherent to Coherent Scattering of X-Rays. Appl. Spectroscopy **18**, 171-174.

Triegel, E.K. (1988): Sampling Variability in Soils and Solid Waste. In: Keith, L.H. (Hrsg.): Principles of Environmental Sampling. American Chemical Society, Washington D.C., 385-394.

Tuchscheerer, T. (1965): Systematische Spurenelement-Untersuchungen in Lebensmitteln mit Hilfe der Röntgenfluoreszenz. Z. anal. Chem. **215**, 416-424.

Ugarte, D., G. Castellano, J. Trincavelli, M. Del Giorgio und *J.A. Riveros* (1987): Evaluation of the Main Atomic Number, Absorption and Fluorescence Correction Models in Quantitative Microanalysis. X-Ray Spectrom. **16**, 249-254.

Uhlig, S. (1994): X-Ray Fluorescence Analysis — The real state-of-the-art. International Labmate **1**, 13-15.

Uhlig, S. und *L. Müller* (1993): X-ray Fluorescence Analysis of Liquid Samples. Siemens Analytical Application Note 335.

Uhlig, S. und *L. Müller* (1991): Boron analysis in Ceramic and Glass Industries using wavelength-dispersive X-ray fluorescence analysis. Siemens Analytical Application Note 326.

Urch, D.S. und *P.R. Wood* (1978): The determination of the valency of manganese in minerals by X-ray fluorescence spectroscopy. X-Ray Spectrometr. **7**, 9-11.

Vaeth, E. und *E. Grießmayr* (1980): Oxidierender Borataufschluß von organischen Substanzen für die Röntgenfluorescenzanalyse. Fresenius Z. Anal. Chem. **303**, 268-271.

Valkovic, V. (1977): Proton-Induced X-Ray Emission: Applications in Medicine. Nucl. Instr. Meth. **142**, 151-158.

Van Borm, W.A. und *F.C. Adams* (1991): A Standardless ZAF Correction for Semi-quantitative Electron Probe Microanalysis of Microscopical Particles. X-Ray Spectrom. **20**, 51-62.

Van den Hoogenhof, W.W. und *D.K.G. de Boer* (1993): Glancing-incidence X-ray analysis. Spectrochim. Acta **48B**, 277-284.

Van der Kam, P.M.A., R.D. Vis und *H. Verheul* (1977): The influence of matrix effects on absolute analysis using PIXE. Nucl. Instr. Meth. **142**, 55-60.

Van Grieken, R.E. und *F.C. Adams* (1976): Folding of aerosol loaded filters during X-ray fluorescence analysis. X-Ray Spectrom. **5**, 61-67.

Van Rinsvelt, H.A., R.D. Lear und *W.R. Adams* (1977): Human Diseases and Trace Elements: Investigation by Proton-Induced X-Ray Emission. Nucl. Instr. Meth. **142**, 171-180.

Van Zyl, C. (1982): Rapid preparation of rebust pressed powder briquettes containing a styren and wax mixture as binder. X-Ray Spectrom. **11**, 29-31.

Vane, R.A. (1983): A comparison of the XRF 11 and EXACT fundamental parameters programs when using filtered direct and secondary target excitation in EDXRF, Adv. X-Ray Anal. **26**, 369-376.

Vane, R. (1979a): Analysis of a Wide Range of Alloy Types. United Scientific Corp. Anal. Instrum. Division Application Laboratory Report, CAL-57, 22p.

Vane, R. (1979b): Analysis of Uranium Ore and Plant Solutions for Molybdenum and Uranium. United Scientific Anal. Instrum. Division Application Laboratory Report, CAL-56, 6p.

Vane, R. (1977a): Trace element sensitivities in geological samples. Nuclear Semiconductor Application's Laboratory Report, Tracor Europe, CAL-50, 7p.

Vane, R. (1977b): Trace Element Sensitivities in Geological Samples. Nuclear Semiconductor Application's Laboratory Report, Tracor Europe, 8p.

Vane, R.A. und *W.D. Steward* (1980): The effective use of filters with direct excitation of EDXRF. Adv. X-Ray Anal., **23**, 231-239.

Vane, R.A., W.D. Steward und *M. Baker* (1980): The fast Analysis of Uranium Ore by EDXRF. Adv. X-Ray Anal., **23**, 81-86.

Vatai, E. und *L. Ando* (1986): Portable X-Ray Fluorescence Analyser with Increased Precision by Using the Method of Balanced Filters. X-Ray Spectrom. **15**, 23-28.

Verdurmen, E.A.Th. (1977): Accuracy of X-ray fluorescence spectrometric determination of Rb and Sr concentrations in rock samples. X-Ray Spectrom. **6**, 117-122.

Verein Deutscher Ingenieure (1981): Stoffbestimmung an Partikeln in der Außenluft. Messen der Bleimassenkonzentration mit Hilfe der Röntgenfluoreszenzanalyse. VDI 2267, Blatt 2.

Vicente, V.A. und *S.E. Rasmussen* (1978): X-ray fluorescence analysis of niobium-germanium alloys. X-Ray Spectrom. **7**, 5-8.

Vis, R.D., P.M.A. Van der Kam und *H. Verheul* (1977): Elemental Trace Analysis in Serum Using Proton-Induced X-Ray Fluorescence. Nucl. Instr. Meth. **142**, 159-162.

Vishnoi, A.D., V.B. Sapre und *C. Mande* (1988): XANES Study of Tungsten L_{III} Discontinuity in Some Rare Earth Tungstates. X-Ray Spectrom. **17**, 213-216.

Vivit, D.V. und *B.-S.W. King* (1988): The determination of major oxide and trace element concentrations in eighteen Chinese standard reference samples by X-Ray fluorescence spectrometry. Geostandards Newsletter **12**, 363-370.

Volborth, A.V. (1969): Elemental Analysis Geochemistry. Elsevier, Amsterdam, London und New York.

Volborth, A.V. (1965): Dual grinding and X-ray analysis of all major oxides in rocks to obtain true composition. Appl. Spectrosc. **19**, 1-7.

Volborth und *Alexis* (1969): Elemental Analysis in Geochemistry; Part A: Major elements. Elsevier, Amsterdam, London, New York.

Volborth, A., B.P. Fabbi und *H.A. Vincent* (1968): Total nondestructive analysis of CAAS syenite. Adv. X-Ray Anal. **11**, 158-163.

Von Bohlen, A., R. Klockenkämper, G. Tölg und *B. Wiecken* (1988): Microtome sections of biomaterials for trace analyses by TXRF. Fresenius Z. Anal. Chem. **331**, 454-458.

Von Bohlen, A., R. Eller, R. Klockenkämper und *G. Tölg* (1987): Microanalysis of Solid Samples by Total-Reflection X-ray Fluorescence Spectrometry. Anal. Chem. **59**, 2551-2555.

Vrebos, B.A.R. und *P.A. Pella* (1988): Uncertainties in Mass Absoprtion Coefficients in Fundamental Parameter X-Ray Fluorescence Analysis. X-Ray Spectrom. **17**, 3-12.

Vrebos, B. und *J.A. Helsen* (1985): Inverse formulations of the Sherman Equation for X-Ray Spectrometry: A Review of Existing Algorithms. X-Ray Spectrom. **14**, 27-35.

Wallace, P.L., W.L. Haugen, E.M. Gullikson und *B.L. Henke* (1978): A soft X-ray spectrometer for the study of plutonium and plutonium-based materials. X-Ray Spectrom. **7**, 160-163.

Walter, R.L., D. Willis, W.F. Gutknecht und *R.W. Shaw, Jr.* (1977): The Application of Proton-Induced X-Ray Emission to Bioenvironmental Analyses. Nucl. Instr. Meth. **142**, 181-197.

Wang King, B.S. (1987): Determination of trace elements in eight Chinese stream-sediment reference samples by energy dispersive X-ray spectrometry. Geost. Newsletters **11**, 193-195.

Wannemacher, J. und *H. Heilmann* (1980): Determination of the Sulphur content of geological samples by X-ray fluorescent analysis. Fresenius Z. Anal. Chem. **304**, 125-128.

Ward, J. (1987): Determination of Arsenic in Rocks and Ores with a sequential X-Ray spectrometer. X-Ray Spectrometry **16**, 223-228.

Ware, N.G. (1991): Combined energy-dispersive-wavelength-dispersive quantitative electron microprobe analysis. X-Ray Spectrom. **20**, 73-79.

Wariwoda, L., M. Mantler und *F. Weber* (1993): Analysis of graphite in casteels using XRFA. Advances in X-Ray Analysis **36**, 35-46.

Waychunas, G.A., B.A. Rea, C.C. Fuller und *J.A. Davis* (1993): Surface Chemistry of ferrihydrite: Part 1. EXAFS studies of the geometry of coprecipitated and adsorbed arsenate. Geochim. Cosmochim. Acta **57**, 2251-2269.

Webb, P.C., P.J. Potts und *J.S. Watson* (1990): Trace element analysis of geochemical reference samples by energy dispersive X-ray fluorescence spectrometry. Geostandard Newsletters, **14**, 3, 361-372.

Weber, K. (1976): Die vereinfachte Formulierung des Korngrößeneinflusses. X-Ray Spectrom. **5**, 7-12.

Weber, K. (1974): Die Korrektur der Probentransparenz in der Röntgenspektralanalyse. X-Ray Spectrom. **3**, 159-166.

Weber-Diefenbach, K. (1994): Röntgenfluoreszenzanalyse. In : Amthauer, G. und M.Pavicevic (Ed.): Physikalisch-Chemische Untersuchungsmethoden in den Geowissenschaften. Springer (im Druck).

Weber-Diefenbach, K. (1979): Erfahrungen mit der energiedispersiven Röntgenfluoreszenzanalyse. Fortschr. Miner. **57**, Bh. 1, 233-234.

Weisbrod, U., R. Gutschke, J. Knoth und *H. Schwenke* (1991): X-ray induced fluorescence spectrometry at grazing incidence for quantitative surface and layer analysis. Fresenius J. Anal. Chem. **341**, 83-86.

West, H.M. (1982): The analysis of oil additives using fundamental influence coefficients. Adv. X-Ray Anal. **25**, 177-180.

West, N.G., C.J. Purnell, R.H. Brown und *E. Withers* (1982): The measurement of low concentrations of organic and inorganic gaseous contaminants in occupational environments by X-ray spectrometry (XRS). Adv. X-Ray Anal. **25**, 181-187.

West, N.G., G.L. Hendry und *N.T. Balley* (1974): The analysis of slags from primary and secondary copper smelting processes by X-ray fluorescence. X-Ray Spectrom. **3**, 78-87.

Wegscheider, W., B.B. Jablonski und *D.E. Leyden* (1979): Automated determination of optimum excitation conditions for single and multielement analysis with energy dispersive X-ray fluorescence spectrometry. Adv. X-Ray Anal., **22**, 433-451.

Wheeler, B.D. (1983): Chemical Analysis of Coal by Energy Dispersive X-Ray Fluorescence Utilizing Artificial Standards. Adv. X-Ray Anal. **26**, 457-466.

Wheeler, B.D. und *N.C. Jacobus* (1980): Elemental Analysis of Whole Coal Using Energy Dispersive X-Ray Fluorescence. Amer. Ceramics Society Meeting, April 1980, 15p.

Wheeler, B.D. und *N.C. Jacobus* (1979a): Quantitative Analysis of 300 and 400 Series Stainless Steel by Energy Dispersive X-Ray Fluorescence. Adv. X-Ray Anal., **22**, 395-400.

Wheeler B.D. und *N.C. Jacobus* (1979b): Multielement Analysis of Soil and Shale by Energy Dispersive X-Ray Fluorescence. Symposium on the Application of Energy Dispersive X-Ray Fluorescence Analysis to Agrochemistry, Moscow, UdSSR 13p.

Wheeler, B.D., D.M. Bartell und *J.A. Cooper* (1977): Chemical Analysis of Nickel Ores by Energy Dispersive X-Ray Fluorescence. Adv. X-Ray Anal., **23**, 423-430.

Wheeler, B.D. und *D.M. Bartell* (1976): Chemical Analysis of Gray Iron, Ductile Iron and Mild Steel by Energy-dispersive X-Ray Fluorescence. Ductile Iron Society Meeting, Colorado Springs, Colorado, USA, June 1976, 8p.

Wheeler, B.D., D.M. Bartell und *J.A. Cooper* (1976): Chemical Analysis of Portland Cement by Energy Dispersive X-Ray Fluorescence. Abstracts of 1976 Pittsburgh Conference on Analytical Chemistry and Applied Spectroscopy, Cleveland, Ohio, USA, No. 432,10p.

White, E.W. und *G.G. Johnson* (1970): X-ray Emission and Absortion Wavelength and Two-Theta Tables. ASTM Data series DS37A, American Society for Testing and Materials, Philadelphia.

Wielopolski, L., D. Vartsky, S. Yasumura und *S.H. Cohn* (1983): Application of XRF to measure strontium in human bone *in vivo.* Adv. X-Ray Anal. **26**, 415-421.

Wilband, J.T. (1975): Rapid method for background corrections in trace element analysis by X-ray fluorescence: An extension of Reynold's method. Am. Miner. 60, 320-323.

Willis, J.E. (1990): Characterization of thin films using XRF. Advances in X-Ray Analysis **33**, 189-195.

Willis, J.P. (1991): Mass absorption coefficient determination using Compton scattered tube radiation: Applications, limitations and pitfalls. Advances in X-Ray Analysis **34**, 243-261.

Willis, J.P., L.H. Ahrens, R.V. Danchin, A.J. Erlank, J.J. Gurney, P.K. Hofmeyer, T.S. McCarthy und *M.J. Orren* (1971): Some interelement relationships between lunar rocks and fines, and stony meteorites. Proc. Lunar Sci. Conf., 2nd, Geochim. Cosmochim. Acta Suppl. **2**, 1123-1138, MIT Press, Cambridge.

Wobrauschek, P., P. Kregsamer, W. Ladisch, R. Rieder und *C. Streli* (1993): Total-reflection X-ray fluorescence analysis using special X-ray sources. Spectrochim. Acta **48B**, 143-151.

Wobrauschek, P., P. Kregsamer, C. Streli, R. Rieder und *H. Aiginger* (1992): TXRF with various excitation sources. Adv. X-Ray Anal. **35**, 925-931.

Wobrauschek, P., P. Kregsamer, C. Streli und *H. Aiginger* (1991): Instrumental developments in total-reflection X-ray fluorescence analysis for K-lines from oxygen to the rare elements. X-Ray Spectrom. **20**, 23-28.

Wobrauschek, P. und *H. Aiginger* (1986): Analytical application of total reflection and polarized X-rays. Fresenius Z. Anal. Chem. **324**, 865-874.

Wyrobisch, W. (1977): Comparison of two background correction procedures for X-ray fluorescence trace element analysis of some standard samples. Geostand. Newsletter **1**, 107-109.

Yakubovich, A.L., S.M. Przhiyalgovsky, G.N. Tsamerian und *I.A. Roschina* (1980): X-Ray Radiometric Analysis of Ores and Minerals Using Apparatus Based on Semiconductor Detectors. J. Radioanal. Chem., **57**, 447-460.

Yamashita, S., K.Taniguchi, S.Nomoto, T.Yamaguchi und *H.Wakita* (1992): A New Laboratory XAFS Spectrometer for X-Ray Absorption Spectra of Light Elements. X-Ray Spectrom. **21**, 91-98.

Yanchu, H. und *W. Quinguang* (1988): The Determination of Major and Trace Elements in Soils and Sediments by X-ray Fluorescence Spectroscopy. Huanjing-Huaxue **7**, 34-38.

Yap, C.T. (1989): EDXRF Studies on the Variation in Elemental Concentrations of Ceramic Glazes. X-Ray Spectrom. **18**. 31-34.

Yap, C.T. (1987): X-Ray Fluorescence determination of trace element concentrations of Zinc and Arsenic and their relation to ceramic attribution. X-Ray Spectrometry **16**, 229-234.

Yokhin, B. und *R.C. Tisdale* (1993): High-sensitivity energy-dispersive XRF technology. Part 2: Advances in instrumentation. American Laboratory **25**, 36H-L.

Yolken, H.T. (1974): Standard Reference Materials and meaningful X-ray measurements. Adv. X-ray Anal. **17**, 1-15.

Zahrt, J.D. (1983): X-ray polarization: Bragg diffraction and X-ray fluorescence. Adv. X-Ray Anal. **26**, 331-336.

Zahrt, J.D. und *R. Ryon* (1981): Multiple scattering and polarization of X-Rays. Adv. X-Ray Anal. **24**, 345-350.

Zemany, P.D. (1960): Line interference corrections for X-ray spectrographic determination of vanadium, chromium and manganese in low-alloy steels. Spectrochim. Acta **16**, 736-741.

Zemany, P.D., H.A. Liebhafsky und *H.G. Pfeiffer* (1954): X-Ray Absorption and Emission in Analytical Chemistry. John Wiley & Sons, New York.

Zombola, R.R., P.A. Kitos und *R.C. Bearse* (1977): Proton Induced X-ray Emission Analysis of L-Cells Grown in Vitro. Anal. Chem. **49**, 2203-2205.

Zsolnay, I.M., J.M. Brauer und *S.A. Sojka* (1984): X-Ray Fluorescence Determination of Trace elements in Soil. Anal. Chim. Acta **162**, 423-426.

Sachwortverzeichnis